Buchführung und Bilanzierung nach IFRS und HGB

Buchführung und Bilanzierung nach IFRS und HGB

Eine Einführung mit praxisnahen Fällen

4., aktualisierte Auflage

Jochen Zimmermann
Jörg Richard Werner
Jörg-Markus Hitz

Pearson

Bibliografische Information der Deutschen Nationalbibliothek

Die Deutsche Nationalbibliothek verzeichnet diese Publikation in der Deutschen Nationalbibliografie; detaillierte bibliografische Daten sind im Internet über *http://dnb.dnb.de* abrufbar.

10 9 8 7 6 5 4 3 2 1

23 22 21 20

ISBN 978-3-86894-361-0 (Buch)
ISBN 978-3-86326-861-9 (eBook)

www.pearson.de
A part of Pearson plc worldwide

Programmleitung: Martin Milbradt, mmilbradt@pearson.de
Lektorat: Markus Stahmann, markus.stahmann@pearson.com
Korrektorat: Petra Kienle
Umschlagfoto: © lovelyday12, Shutterstock
Herstellung: Philipp Burkart, pburkart@pearson.de
Satz: Gerhard Alfes, mediaService, Siegen (www.mediaservice.tv)
Druck und Verarbeitung: Drukkerij Wilco, Amersfoort

Printed in the Netherlands

Inhaltsübersicht

Inhaltsverzeichnis

Vorwort

Geschäftsprozesse abzubilden und in Form von Einkommen im Rechnungswesen zu messen, bildet einen zentralen Gegenstandsbereich der Betriebswirtschaftslehre. In den letzten zwei Jahrzehnten hat sich das Denken über die angemessenen Ansatz- und Messvorschriften fundamental geändert: Gegenüber dem Vorsichtsprinzip hat man den Informationsgedanken des Rechnungswesens deutlich betont. Besonders sichtbar wird dieses Primat der Informationsbilanzierung in der verpflichtenden Anwendung der *International Financial Reporting Standards* (IFRS) für Konzernbilanzen kapitalmarktorientierter Unternehmen. Oberstes Ziel dieser Standards ist es, insbesondere für Investoren auf Kapitalmärkten entscheidungsnützliche Informationen bereitzustellen.

Zwar gelten in Deutschland – neben den internationalen Rechnungslegungsstandards – weiterhin auch die nationalen Regelungen des Handelsgesetzbuchs (HGB) bzw. die sogenannten Grundsätze ordnungsgemäßer Buchführung (GoB). Unternehmen erstellen ihre Einzelabschlüsse nach wie vor unter Heranziehung der deutschen Bilanzierungsregeln. Doch die materiellen Unterschiede zwischen HGB und IFRS schwinden; denn auch der deutsche Gesetzgeber orientiert sich zunehmend an den informationsgeprägten Vorschriften des *International Accounting Standards Board* (IASB).

Die zunehmende Verbreitung der IFRS in Europa und der Welt hat in der letzten Dekade für einen raschen Wandel bei den Vorschriften gesorgt: Standards mussten überarbeitet, Lücken geschlossen, Inkonsistenzen beseitigt und Anwendungsproblemen musste abgeholfen werden. Dieser Prozess erscheint nun weitgehend abgeschlossen. Große und grundlegende Umwälzungen stehen derzeit nicht auf der Agenda des IASB. Trotzdem wird es einen weiteren Ausbau der Informationsfunktion der Rechnungslegung geben, aber dieser wird im Wege der Berichterstattung über nicht-finanzielle Zusammenhänge geschehen, wie jetzt im Rahmen der sogenannten „CSR-Richtlinie“ für bestimmte große Unternehmen vorgeschrieben. Die konzeptionelle Herausforderung liegt dann in der Verschränkung der finanziellen und nicht-finanziellen Informationsbereitstellung. Ob und wie sich dies auf die Inhalte einzelner Standards auswirkt, bleibt abzuwarten.

Rechnungslegung als Instrument zur Bereitstellung entscheidungsnützlicher Informationen zu begreifen und dabei die gemeinsame europäische Basis der internationalen Rechnungslegung als Ausgangspunkt zu wählen, bleibt im Lehrbuchmarkt eine Ausnahme. Zwar existiert eine Vielzahl von Büchern, die sehr detailliert ausschließlich oder zumindest in Teilbereichen die Bilanzierung nach IFRS thematisieren. Einführende Werke auf Basis der IFRS, die auch die Grundlagen der Buchführung abdecken, gibt es wenige – was im Übrigen auch für den internationalen Markt gilt, der von Lehrbüchern zur US-amerikanischen Rechnungslegung dominiert ist. Auch in der vierten Auflage füllt dieses Buch eine Lücke.

Mit der Darstellung der internationalen Rechnungslegung verfolgen wir insbesondere drei Ziele: Erstens wollen wir die Grundlagen der Buchführung und Abschlusserstellung nach IFRS problem- und praxisorientiert schildern. Zweitens soll ein solides Verständnis für die Unterschiede zwischen IFRS und HGB geschaffen werden. Damit wird der Anspruch eingelöst, einen zwar einführenden, aber ganzheitlichen Überblick über die Rechnungslegung kapitalmarktorientierter Unternehmen in Deutschland zu schaffen. Schließlich soll, drittens, von Beginn an auch ein ökonomisch fundiertes Verständnis für die Rolle und Auswirkungen der Publizität kapitalmarktorientierter Unternehmen vermittelt werden und für deren Einbettung in ein spezifisches institutionelles Umfeld in Deutschland. So gelingt es auch, die Rechnungslegung in den größeren Kontext der Wirtschaftswissenschaft einzuordnen wie auch Bezugspunkte zu und Schnittmengen mit anderen Gebieten aufzuzeigen.

Durch die Fokussierung auf Konzepte und Methoden haben wir einen breiten Zugang zur Rechnungslegung gewählt, der die Gemeinsamkeiten in der Rechnungslegung betont. Schließlich teilen die Rechnungslegungssysteme IFRS und HGB (wie im Übrigen auch die US-amerikanischen US GAAP) eine Reihe von Regeln. Beispiele dafür sind die Bilanzierung zu Anschaffungskosten oder das Realisationsprinzip: Vorhanden in allen Systemen werden sie in jedem einzelnen nur unterschiedlich akzentuiert. So könnte zunächst unerheblich erscheinen, ob die Strukturierung eines Lehrwerks nach HGB oder IFRS erfolgt. Erfahrungsgemäß ergeben sich aber für Studierende Probleme, wenn sie aus der Welt des deduktiv und systematisch entstandenen HGB auf internationale Standards wechseln. Deren thematisch erschlossene Gebiete erschweren einem zunächst im HGB geübten Leser den Zugriff. Der internationale Ansatz sichert dementsprechend eine breitere Kompetenz. Der Weg über die IFRS betont zudem die Informationsorientierung und die Verankerung der Rechnungslegung in ökonomischen Gedankengebäuden.

Das vorliegende Buch hat eine Entstehungsgeschichte, an der inzwischen eine Vielzahl von Personen beteiligt war: An der ersten Auflage (2008) wirkten neben den Verfassern auch Dr. Jan-Philipp Kilian, Dr. Christoph Lippert, Dr. André R. Meier, Dr. Stefan Schweinberger und Prof. Dr. Stefan Veith mit. Bei der grundlegend aktualisierten zweiten Auflage (2011) ist Jörg-Markus Hitz dem Autorenteam beigetreten. Unterstützung hatten die Autoren seinerzeit durch Dipl.-Kfm. Sebastian Kaumanns, Prof. Dr. Nico Lehmann und Prof. Dr. Michael Meser; bei der dritten, überarbeiteten und erweiterten Auflage (2015) durch Dr. Steffen Bohm, Dipl.-Kfm. Sebastian Kaumanns, Elisabeth Kläs, M.Sc., Prof. Dr. Nico Lehmann, Dr. Philipp Löw, Dr. Stephanie Koch und Dr. Julian Schramm. Für die vierte Auflage geht unser Dank an Max Brauckmann, M.Sc., Steffen Guder, M.Sc., Martin Knipp, M.Sc., Max Neubauer, M.Sc., Dr. Henning Schnack, M.Sc., Dr. Oliver Steinebach und Julie Thies, M.Sc.

Die Dynamik des Standardsetzungsprozesses stellt auch ein Lehrbuch vor Herausforderungen: Es ist kaum möglich, jeder Standardänderung eine Neuauflage folgen zu lassen. Die Companion-Website berichtet über Änderungen der Standards, jedenfalls soweit diese Auswirkungen auf die Richtigkeit der Darstellungen im vorliegenden Text haben.

Jochen Zimmermann

Jörg Richard Werner

Jörg-Markus Hitz

Ergänzende Lehrmaterialien

Umfangreiches zusätzliches Material zum vorliegenden Buch findet sich auf der Website unter *www.pearson-studium.de*. Für besseres Verständnis sorgt dabei ein Icon, das verdeutlicht, dass zu der betreffenden Stelle im Text weiteres Material verfügbar ist.

EXTRAS ONLINE

Für Studierende

- Am Ende eines jeden Kapitels enthält das Buch Aufgaben, die von Studierenden im Selbststudium gelöst werden können.
- Studierende haben die Möglichkeit das Glossar als PDF für Arbeitszwecke herunterzuladen.

Für Dozent*innen

- Dozent*innen finden im passwortgeschützten Dozent*innenbereich den kompletten Foliensatz zum Einsatz in der Lehre.
- Zusätzliche Aufgaben mit Musterlösungen zur Absprache in der Präsenzvorlesung.

Rechnungslegung kapitalmarktorientierter Unternehmen

1

ÜBERBLICK

1.1 Publizität als Instrument der Kapitalmarktkommunikation

Lernziele

- Unter Unternehmenspublizität wird die Bereitstellung unternehmensbezogener Informationen an einen offenen, also nicht eingeschränkten Adressatenkreis außerhalb des Unternehmens verstanden.
- Unternehmenspublizität berichtet nicht nur über wirtschaftliche Sachverhalte, wie die Vermögens-, Finanz- und Ertragslage, sondern kann auch wirtschaftliche Sachverhalte beeinflussen, beispielsweise wenn Investoren die Informationen der Publizität bei ihren Entscheidungen berücksichtigen und es zu Aktienkursreaktionen kommt.
- Publizität verursacht – aus Unternehmensperspektive – sowohl Kosten als auch Nutzen.

Die Kommunikation von Unternehmen mit Außenstehenden bezeichnet man als Publizität: Rechnungslegung wiederum ist ein wichtiger Bestandteil dieser Publizität, üblicherweise die verpflichtende zahlenmäßige, also quantitative Berichterstattung, deren wichtigstes Instrument der Jahresabschluss ist. Breit definiert fallen unter Unternehmenspublizität zunächst sämtliche von Unternehmen veröffentlichten Informationen. Für das Weitere ist es jedoch sinnvoll, den Begriff einzuschränken. Enger gefasst zeichnet sich Publizität insbesondere durch zwei zentrale Charakteristika aus:

1. Publizität dient der Vermittlung unternehmensbezogener Informationen und wird von Unternehmen selbst durchgeführt beziehungsweise veranlasst.

2. Publizität richtet sich an einen nicht vorab eingeschränkten und damit anonymen Adressatenkreis („Öffentlichkeit"). Sie ist demnach abzugrenzen von der gezielten Vermittlung von Unternehmensinformationen durch das Management an einen klar abgegrenzten Teilnehmerkreis, beispielsweise die Mitglieder von Aufsichtsräten oder Prüfungsausschüssen.

Mit der Publizität übermittelt das Unternehmen Informationen, die das Entscheidungsverhalten Außenstehender beeinflussen können. In der Informationsökonomie, der ökonomischen Lehre von Informationen und deren Verarbeitung, versteht man Publizität daher als Informationssystem, das potenziell informative „Signale" sendet. Die Publizität kapitalmarktorientierter Unternehmen stellt eine spezifische Spielart der allgemeinen Unternehmenspublizität dar. Sie ist an den Informationswünschen der Teilnehmer an organisierten Kapitalmärkten, den Wertpapierbörsen, ausgerichtet. Teilnehmer am Kapitalmarkt sind vor allem (potenzielle) Inhaber von Eigen- und Fremdkapitaltiteln (insbesondere Aktien und Unternehmensanleihen). Diese Investoren werten die Signale der Unternehmenspublizität aus und prüfen dabei insbesondere, ob sie verlässlich und relevant sind und ob es sich um positive oder negative Signale bezüglich der Erwartungen über die künftige Wertentwicklung eines Unternehmens handelt. Soweit ein Signal einen Hinweis darauf gibt, dass die Marktteilnehmer ihre ursprünglichen Einschätzungen revidieren müssen, ist eine Reaktion zu erwarten, etwa, dass weitere Aktien nachgefragt oder vorhandene Papiere zum Verkauf angeboten werden.

Ein Beispiel für ein derartiges Signal ist die Bekanntgabe einer revidierten, niedrigeren Umsatz- und Erfolgsprognose für das Geschäftsjahr 2018 durch die Continental AG. Dies geschah am 22. August 2018 über eine sogenannte „Ad-hoc-Mitteilung" (siehe ▶ Abbildung 1.1). Ad-hoc-Mitteilungen sind, genauso wie die periodische Rechnungslegung, Bestandteil der Unternehmenspublizität: Sie werden von Unternehmen zur Bekanntgabe kursrelevanter Informationen veröffentlicht und richten sich an einen unbestimmten Adressatenkreis. Mit ihnen geht dem Markt ein Signal zu, das entweder positiv oder negativ bezüglich der künftigen Wertentwicklung eines Unternehmens interpretiert werden kann. In der Mitteilung vom 22. August 2018 gab die Continental AG bekannt, ihre Erfolgsprognosen für das Geschäftsjahr 2018 nicht mehr erreichen zu können. Aufgrund von reduzierten Umsatzerwartungen, gestiegenen Kosten sowie Gewährleistungsfällen senkte die Continental AG unter anderem die Prognose für den bereinigten operativen Gewinn (EBIT) von mehr als 10 % auf mehr als 9 %. Diese Korrektur des operativen Gewinnziels überraschte offenkundig Analysten und Anleger. Das *Handelsblatt* titelte beispielsweise am Tag der Bekanntgabe der Gewinnwarnung: „Continental kassiert erneut Prognose – Aktie bricht ein."

Mit dieser Ad-hoc-Mitteilung sind dem Kapitalmarkt – oder genauer: den derzeitigen und potenziellen Investoren – Informationen zugegangen, die offenbar zuvor so nicht bekannt waren. Derartige Neuigkeiten können geeignet sein, ursprüngliche Erwartungen zu revidieren und die Entscheidungen über das Kaufen, Halten oder Verkaufen von Wertpapieren zu beeinflussen. Wichtig ist dabei, welches operative Gewinnergebnis ursprünglich für das Jahr 2018 erwartet wurde. Welche Erwartungen einzelne Aktionäre hatten, ist naturgemäß schwer zu ergründen, sodass hier nur einige grobe Kriterien angeführt werden können, die solche Erwartungen durchschnittlich beeinflussen mögen. Ein besonders einfaches Maß für das erwartete Ergebnis des aktuellen Jahres ist der Vorjahresgewinn. Demnach ist alles, was darüber hinausgeht, eine positive, alles, was darunterfällt, eine negative „Überraschung". Die Gewinnerwartungen können natürlich auch durch die Entwicklung vergleichbarer Unternehmen beziehungsweise des gesamten Markts beeinflusst sein oder auch durch Prognosen verschiedener Analysten oder des jeweiligen Managements. Im vorliegenden Fall der Continental AG senkte das eigene Management überraschend seine Prognosen für das laufende Geschäftsjahr und revidierte somit auch die Erwartungen von Analysten und Anlegern. Damit sind wichtige Voraussetzungen dafür erfüllt, dass es zu einer „Überraschung" der Adressaten gekommen ist, die das Verhalten im Hinblick auf Kauf-, Halte- oder Verkaufsentscheidungen von Continental-Aktien beeinflusst hat. Da es sich um eine negative „Überraschung" handelte, waren nach der Veröffentlichung eine sinkende Nachfrage nach Anteilen und fallende Aktienpreise zu erwarten.

Änderung der Prognose für das Geschäftsjahr 2018

Hannover, 22. August 2018

Reduzierte Umsatzerwartungen, Kostensteigerungen und Gewährleistungsfalle fuhren im dritten Quartal 2018 zu einem Rückgang des bereinigten operativen Ergebnisses (EBIT bereinigt). Aus heutiger Sicht wird für den Zeitraum 1. Juli bis 30. September 2018 mit einem Umsatz in Höhe von rund elf Milliarden Euro und einem bereinigten operativen Ergebnis (EBIT bereinigt) in Höhe von mehr als 700 Millionen Euro auf Konzernebene gerechnet.

Die oben genannten Sachverhalte belasten auch das vierte Quartal und machen nachfolgende Prognoseänderungen für das Jahr 2018 notwendig:

Der Konzernumsatz wird im laufenden Jahr bei rund 46 Milliarden Euro vor Wechselkurseffekten liegen. Bisher hatten wir rund 4 7 Milliarden Euro erwartet. Den negativen Umsatzeffekt aus Wechselkursen im Jahr 2018 schätzen wir aktuell auf rund 1 Milliarde Euro. Bisher lag die Einschätzung bei mehr als einer Milliarde Euro. Das bereinigte operative Ergebnis (EBIT bereinigt) wird nach der Änderung bei mehr als 9% liegen. Bisher lautete die Prognose auf mehr als 10%.

Abbildung 1.1: Ad-hoc-Mitteilung (Auszug) der Continental AG vom 22. August 2018

▶ Abbildung 1.2 zeigt, dass die Kurse am 22. August 2018, also dem Tag der Bekanntgabe der Informationen, deutlich gefallen sind. Der Tagesschlusskurs lag um € 24 (rund 13 %) unter dem des Vortags. Auch das Handelsvolumen spiegelte die Reaktion des Kapitalmarkts deutlich wider: So wurden am 22. August rund zehnmal mehr Aktien der Continental AG gehandelt als durchschnittlich an den drei Handelstagen zuvor (siehe ▶ Abbildung 1.3). Dies deutet darauf hin, dass die Marktteilnehmer in ihren Entscheidungen in der Tat auf Unternehmenspublizität reagieren.[1]

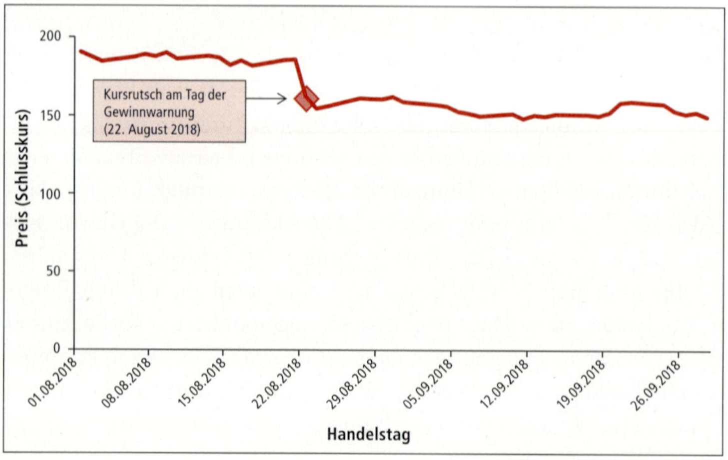

Abbildung 1.2: Kursverlauf der Continental-Aktie (XETRA) vom 1. August 2018 bis 28. September 2018 (Daten: Datastream, eigene Darstellung)

1 Der Verweis auf ein einzelnes Unternehmen kann natürlich weder Beweis noch ausreichende Evidenz für die Relevanz von Unternehmenspublizität sein. Eine entsprechende Untersuchung müsste auf Basis einer sehr großen Unternehmensstichprobe erfolgen. Die wohl erste große empirische Studie, in der Evidenz für eine Entscheidungs- bzw. Kapitalmarktrelevanz nachgewiesen wurde, geht auf Ball und Brown (1968) zurück.

Reaktionen des Markts sind insbesondere immer dann zu erwarten, wenn internes, für den Unternehmenswert relevantes Wissen, das zunächst nur der Unternehmensleitung zugänglich war, allgemein bekannt wird. Dies geschieht erst durch Publizität. Im Beispiel der Continental AG bezog sich das interne Wissen auf die schwächer als erwartete Erfolgsentwicklung für das Geschäftsjahr 2018. Allgemein muss sich das interne Wissen aber nicht notwendigerweise auf den Jahresabschluss beziehen. Denkbar wäre etwa auch die Bekanntgabe von Informationen im Zusammenhang mit dem Gewinnen oder Verlieren wichtiger Kunden, mit Unternehmensübernahmen oder gelungenen Patentanmeldungen. Solche Informationen sind häufig geeignet, Marktpreise zu beeinflussen. Entscheidend für einen gut funktionierenden Kapitalmarkt ist, dass internes Wissen erst durch Publizität allgemein zugänglich wird. Wichtige Informationen über ein Unternehmen und seine künftige Wertentwicklung werden damit breiter verteilt: Statt einer kleinen Gruppe von Managern haben durch Publizität alle an einem Unternehmen interessierten Gruppen Zugang zu diesem Wissen und können ihre Handlungen daraufhin ausrichten in der Gewissheit, nicht gegenüber anderen Außenstehenden benachteiligt zu sein.

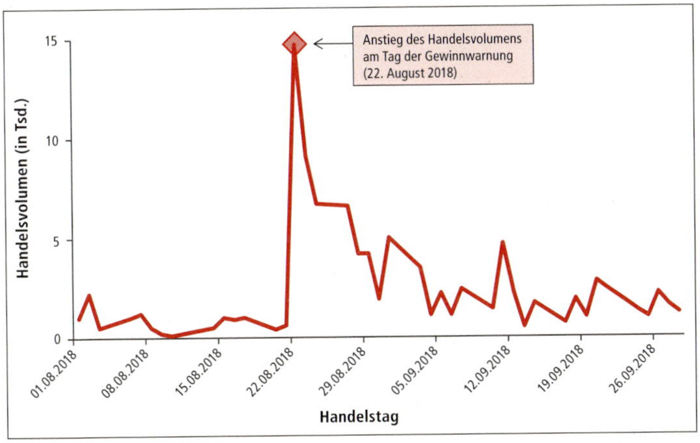

Abbildung 1.3: Handelsvolumen der Continental-Aktie (XETRA) vom 1. August 2018 bis 28. September 2018 (Daten: Datastream, eigene Darstellung)

Da unter die Unternehmenspublizität offenkundig zahlreiche Aktivitäten der Kommunikation von Unternehmen mit Außenstehenden fallen und die Veröffentlichung des Jahresabschlusses demnach nur eines von zahlreichen „Informationsereignissen“ im Jahresverlauf darstellt, soll an dieser Stelle ein kurzer Überblick über die Formen der Unternehmenspublizität gegeben werden, die in den folgenden Abschnitten vertieft werden. Die Unterscheidung erfolgt insbesondere anhand zweier Merkmale:

- Hinsichtlich der *Freiwilligkeit* der Veröffentlichung ist die gesetzlich vorgeschriebene von der freiwilligen Publizität zu unterscheiden. Die vom deutschen bzw. europäischen Gesetzgeber vorgeschriebene Erstellung und Veröffentlichung eines Jahresabschlusses etwa dient der Umsetzung bestimmter Schutzziele durch den Gesetzgeber und „zwingt“ Unternehmen aus diesem Grunde mit hoheitlichen Mitteln zur Publizität, selbst wenn Unternehmen hierin keinen Nutzen sehen mögen. Ganz anders ist der Fall bei der freiwilligen Publizität, etwa der Veröffentlichung von zusätzlichen, bereinigten Ergebnisgrößen, die Unternehmen aus eigenem Antrieb erstellen und veröffentlichen. Hier ist im Regelfall davon auszugehen, dass der wahrgenommene Nutzen der Publizität die Kosten der Erstellung und Veröffentlichung übersteigt und Unternehmen diese Gelegenheit nutzen, sich von Mitbewerbern durch solche Publizität abzuheben.

- Hinsichtlich der *Regelmäßigkeit* ist die periodisch wiederkehrende von der unregelmäßigen, anlassbezogenen Publizität zu unterscheiden. Zur Ersteren zählen im Regelfall die zeitraumbezogenen Berichterstattungsanlässe, also die Veröffentlichung von Jahresabschlüssen sowie Zwischenberichten. Charakteristisch hierfür ist, dass die Kapitalmarkteilnehmer einen Bericht erwarten, den genauen Inhalt, also beispielsweise die Höhe des erwirtschafteten Jahresergebnisses, vorab aber nicht kennen. Im Gegensatz hierzu stellt bei der anlassbezogenen Publizität die Veröffentlichung an sich häufig bereits eine Überraschung für den Kapitalmarkt dar, zumindest wenn dieser keine Kenntnis hatte vom Vorliegen solch auslösender Fälle. Zur nichtregelmäßigen, anlassbezogenen Publizität zählt beispielsweise die Verpflichtung zur unverzüglichen Veröffentlichung von Ad-hoc-Mitteilungen, sobald sich kursrelevante Tatsachen im Unternehmen zugetragen haben.

Exkurs 1.1 **Marktreaktion auf Unternehmensnachrichten**

Ein weiteres Beispiel für eine Kapitalmarktreaktion auf Unternehmenspublizität durch Veröffentlichung einer Ad-hoc-Mitteilung ist die Bekanntgabe der Unternehmensstrategie „Vision 2020" durch die Siemens AG am 6. Mai 2014. In dieser Mitteilung gab die Siemens AG bekannt, dass sie ihre Konzernstrukturen zukünftig entlang der Bereiche Elektrifizierung, Automatisierung und Digitalisierung aufstellen wird. In diesen Bereichen sieht Siemens langfristig die größten Wachstumspotenziale. Insgesamt wird im Rahmen der Unternehmensstrategie „Vision 2020" eine weitreichende Neuaufstellung und Verschlankung der bestehenden Strukturen angekündigt. Wie insbesondere im Rahmen einer Analysten-Pressekonferenz am 7. Mai 2014 weiter ausgeführt, erwartete Siemens durch die angekündigten Maßnahmen im Rahmen der „Vision 2020" Ergebniszunahmen durch Produktivitätssteigerungen in Höhe von rund € 1 Mrd. bis zum Ende des Geschäftsjahres 2016. Obgleich eine neue Konzernstrategie von Analysten und Anlegern erwartet wurde, überraschte insbesondere der in der Analysten-Pressekonferenz angekündigte Umfang des Konzernumbaus. Die Online-Ausgabe der Finanzzeitschrift *Wirtschaftswoche* konstatierte beispielsweise am 7. Mai 2014, dem Tag der Analysten-Pressekonferenz: „Bei Siemens bleibt praktisch kein Stein auf dem anderen." Die Ad-hoc-Mitteilung und insbesondere die Analysten-Pressekonferenz sorgten somit dafür, dass es zu einer „Überraschung" der Adressaten gekommen ist, die das Verhalten im Hinblick auf Kauf-, Halte- oder Verkaufsentscheidungen von Siemens-Aktien beeinflusst hat. Da es sich aus Anlegersicht um eine positive Überraschung handelte, waren nach der Veröffentlichung eine wachsende Nachfrage nach Anteilen und steigende Aktienpreise zu erwarten. →

→ Fortsetzung

Die folgende ▶ Abbildung 1.4 zeigt, dass die Kurse insbesondere am 7. Mai 2014, also dem Tag der Analysten-Pressekonferenz, tatsächlich gestiegen sind. Der Tagesschlusskurs lag um etwa € 2 (rund 2 %) über dem des Vortags. Auch das Handelsvolumen war deutlich höher: So wurden am 7. Mai 2014 etwa doppelt so viele Aktien der Siemens AG gehandelt als durchschnittlich an den drei Tagen zuvor.

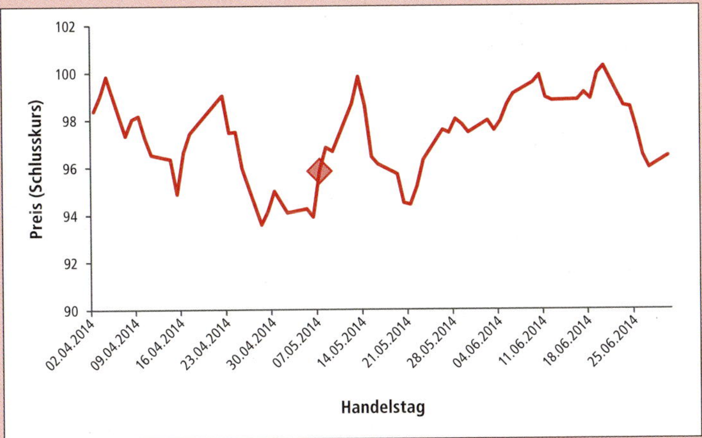

Abbildung 1.4: Kursverlauf der Siemens-Aktie (XETRA) vom 2. April 2014 bis 30. Juni 2014 (Daten: Datastream, eigene Darstellung)

Aufgaben

1. Nennen Sie die wesentlichen Merkmale von Publizität!

2. Fällt Werbung für Produkte und Dienstleistungen unter den Begriff der Unternehmenspublizität? Begründen Sie Ihre Antwort!

3. Durch welche Handlungen reagieren Anleger auf Signale, die mit der Publizität verbunden sind? Nennen Sie Beispiele!

Weiterführende Literatur Zum Thema „Publizität" können insbesondere die Kurzbeiträge von Kirchner, 2001, und Pellens, 2001, empfohlen werden. Eine umfassendere Diskussion findet sich in Merkt, 2001. Den Zusammenhang zwischen Publizitätssystem und Corporate Governance beleuchten etwa Wüstemann, 2003, sowie Bushman und Smith, 2001. Die erste Studie, in der explizit die Entscheidungs- beziehungsweise Kapitalmarktrelevanz von Rechnungslegungsdaten empirisch untersucht wurde, geht auf Ball und Brown, 1968, zurück.

1.2 Ökonomische Zwecke der Rechnungslegung

Lernziele

- Rechnungslegung stiftet ökonomischen Nutzen, wenn es ihr gelingt, die Folgen asymmetrisch verteilter Informationen zu mindern.
- Rechnungslegung kann auf zwei grundlegende Weisen nützlich sein, indem sie mittels ihrer Informationsfunktion Informationsasymmetrien mindert oder mittels ihrer Anspruchsbemessungsfunktion Größen und Kennziffern zur Verfügung stellt, die zur Verhaltenssteuerung, insbesondere von Managern, verwendet werden können.

Bevor die in ▶ Abschnitt 1.1 skizzierten Spielarten und Erscheinungsformen der Unternehmenspublizität in den folgenden Abschnitten näher betrachtet werden, stellt sich zunächst die Frage, warum wir in der Unternehmenspraxis Publizität in derartiger Vielfalt beobachten bzw. warum der nationale wie europäische Rechtssetzer diese derart umfangreich vorschreibt. Dies ist die Frage nach den Zwecken einer bestimmten Form der Publizität, nämlich der vorgeschriebenen Rechnungslegung, bzw. nach der ökonomischen Erklärung, wie Rechnungslegung Wert schaffen kann. Ein derart ökonomisches Verständnis des potenziellen Nutzens von Unternehmensberichterstattung ist erforderlich, um Regulierungsentscheidungen nachzuvollziehen bzw. mitunter zu kritisieren, vor allem aber ist die Kenntnis der Zwecke spezifischer Rechnungslegungsordnungen wie etwa dem HGB-Bilanzrecht oder den IFRS unerlässlich, um deren Einzelvorschriften sachgerecht anzuwenden und auszulegen.

Rechnungslegung kann für die Anspruchsgruppen eines Unternehmens auf sehr verschiedene Arten nützlich sein. Wozu sie konkret dienen soll, ergibt sich aus dem spezifischen Zweck der Rechnungslegung nach einem bestimmten System. Mit dem Rechnungslegungszweck ist die Frage angesprochen, welchen Aufgaben und – damit zusammenhängend – welchen Adressaten die Rechnungslegung primär dienen soll. Erst ein tieferes Verständnis der Rechnungszwecke ermöglicht es, die einzelnen Vorschriften zum Ansatz und zur Bewertung von Vermögen und Schulden sowie zur Ermittlung und zum Ausweis des Erfolgs zu verstehen und in der praktischen Anwendung auszulegen und umzusetzen. Grundsätzlich sind zwei Zielsetzungen zu unterscheiden:

- die Bereitstellung entscheidungsnützlicher Informationen für derzeitige und potenzielle Investoren, Fremdkapitalgeber und weitere Anspruchsgruppen (*Informationsfunktion*);
- die Bereitstellung von Rechnungslegungsgrößen, an die vertragliche oder gesetzliche Ansprüche anknüpfen (*Anspruchsbemessungsfunktion*).

Beide Zwecksetzungen können ihrerseits auf verschiedene Arten konkretisiert sein. Die Informationsfunktion etwa mag sich sehr unterschiedlich auf die Inhalte der Rechnungslegung auswirken, je nachdem, wer informiert werden soll. Gleiches gilt für die Anspruchsbemessung und die Frage, wessen Ansprüche worauf die Rechnungslegung messen soll. Da sich beide Zwecke in unterschiedlicher Ausprägung und

Akzentuierung in der HGB-Rechnungslegung wie in den IFRS wiederfinden, sollen sie nun näher betrachtet werden.

Informationsfunktion Aus Sicht der „Informationsökonomie", der ökonomischen Lehre von der Produktion und Verarbeitung von Informationen, dient die Unternehmenspublizität dem Abbau von Informationsasymmetrien. Derart asymmetrische, also ungleich verteilte Informationen, bestehen typischerweise zwischen der Unternehmensleitung und den (außen stehenden) Stakeholder-Gruppen, die ein Interesse an dem Unternehmen und an seiner wirtschaftlichen Verfassung, insbesondere der Vermögens-, Finanz- und Ertragslage haben. Letztere sind vornehmlich solche Adressaten, die von der Unternehmensführung ausgeschlossen sind. Dazu zählen beispielsweise die Eigentümer, wenn sie nicht selber die Manager sind, die Fremdkapitalgeber, aber auch etwa Mitarbeiter, Kunden und der Staat/Fiskus. In der Literatur wird in diesem Zusammenhang vielfach von Insidern und Outsidern gesprochen. Naturgemäß sind Manager einer Firma Insider. In Deutschland trifft dies aber auch auf bestimmte Gruppen von Eigentümern zu, nämlich insbesondere auf diejenigen, die große Anteilspakete halten. Diese Eigentümer sind beispielsweise bei Aktiengesellschaften oft im Aufsichtsrat der Unternehmen vertreten, an denen sie beteiligt sind. Damit haben sie Zugang zu internen Informationen und sind dementsprechend weniger stark auf die allgemeine Publizität angewiesen als die Eigner kleinerer Anteilspakete, die ihre Kauf- und Verkaufsentscheidungen auf Basis der öffentlich verfügbaren Informationen treffen müssen.

Rechnungslegung ist geeignet, Informationsasymmetrien abzubauen und somit Außenstehende über wichtige Unternehmenseigenschaften zu informieren, also etwa Investoren über die Vermögens-, Finanz- und Ertragslage. Solch eine Angleichung der Informationsstände von Insidern und Outsidern ist ökonomisch erwünscht, etwa im Sinne des Anlegerschutzes. Denn zum einen ermöglicht die bessere Versorgung von Investoren mit relevanten Unternehmensinformationen, dass diese ihr Kapital dort investieren, wo es die beste Verwendung findet, also die höchste erwartete Rendite für ein bestimmtes Risikoniveau verspricht. Somit ist die Informationsfunktion geeignet, die Allokationsfunktion des Kapitalmarkts zu stärken. Zum anderen stellt die ausreichende Versorgung potenzieller Investoren eine Bedingung für die Bereitstellung von Kapital dar. Denn ein rationaler Investor würde nicht vorschnell einem Unternehmen Geld anvertrauen, dessen finanzielle Verfassung und Zukunftsaussichten nicht ausreichend bekannt sind. Ebenso wünschen Anleger im Anschluss an ihre Investitionsentscheidung regelmäßige Berichte darüber, wie die Manager das ihnen anvertraute Kapital verwendet und verwaltet haben („Rechenschaft").

Vorschriften zur kapitalmarktorientierten Rechnungslegung wie etwa die IFRS zeichnen sich durch eine spezifische Informationsfunktion aus, indem als primärer Adressatenkreis ausdrücklich Anleger, also gegenwärtige und potenzielle Investoren in Eigen- und Fremdkapitaltitel, benannt werden. In den IFRS, aber ebenso etwa in den gleichermaßen kapitalmarktorientierten US-amerikanischen Rechnungslegungsstandards US GAAP, ist daher vom Erfordernis der Entscheidungsnützlichkeit („decision usefulness") die Rede: Die durch Bilanz, Erfolgsrechnung und weitere Instrumente vermittelten Unternehmensinformationen sollen Anleger unterstützen, die künftig zu erwartenden Unternehmenserfolge und deren Risiko möglichst akkurat zu beurteilen, um fundierte Anlageentscheidungen zu treffen.

Die ausschließliche Betonung der Informationsfunktion ist charakteristisch für Vorschriften der kapitalmarktorientierten Rechnungslegung. Aktionäre wie Gläubiger, die Finanztitel an Unternehmen halten, sollen „geschützt" werden, indem sie möglichst umfassend informiert und somit in die Lage versetzt werden, sich selbst zu schützen, etwa durch den Verkauf der Anteile. Offen bleibt an der Stelle, was genau nun informative Rechnungslegung für Kapitalmarktinvestoren ausmacht. Der internationale Regelsetzer – das International Accounting Standards Board (IASB) – etwa geht davon aus, dass solche Rechnungslegungsinformationen potenziell entscheidungsnützlich sind, die zugleich relevant wie vertrauenswürdig sind und sich konkret durch Eigenschaften wie Vergleichbarkeit (im Zeitverlauf und im zwischenbetrieblichen Vergleich), Aktualität, Nachprüfbarkeit und Verständlichkeit auszeichnen. Wie genau diese „qualitativen Eigenschaften" einer entscheidungsnützlichen Rechnungslegung zu verstehen bzw. zu konkretisieren sind, ist mitunter strittig. Wünscht man daher ein objektives Maß der Entscheidungsnützlichkeit, so kann man auf die empirische, also eine beobachtungsgestützte Messung der Informationswirkungen von Rechnungslegung zurückgreifen. Eine Möglichkeit, empirisch Entscheidungsnützlichkeit festzustellen, ist etwa die Betrachtung der Marktreaktionen auf die Veröffentlichung von Rechnungslegungsdaten. In diesem Sinne gibt das in ▶ Abschnitt 1.1 erläuterte Beispiel Anhaltspunkte, dass die Veröffentlichung einer Gewinnwarnung der Continental AG für Marktteilnehmer entscheidungsnützliche Informationen enthielt, da es in Folge zu einem markanten Aktienkursrückgang kam.

Anspruchsbemessungsfunktion Wenn Rechnungslegung eine Anspruchsbemessungsfunktion erfüllt, produziert sie (quantitative) Informationen bzw. Größen, an die dann privatrechtliche oder gesetzliche Ansprüche unmittelbar anknüpfen. Die häufigste Anspruchsgrundlage ist der Unternehmenserfolg, der als Maßstab der Wertschöpfung auch ausdrücken kann, was an Außenstehende verteilbar ist. So ist es etwa charakteristisch für das deutsche Handelsrecht, dass der Jahresüberschuss Grundlage ist für die Ansprüche von Aktionären auf Dividendenausschüttungen (Ausschüttungsbemessungsfunktion), während das deutsche Steuerrecht über das Maßgeblichkeitsprinzip die Ansprüche des Fiskus auf erfolgsabhängige Steuern mit der Gewinnermittlung verknüpft.

Neben solchen gesetzlichen Vorgaben können aber auch individuelle privatvertragliche Vereinbarungen die Informationen der Rechnungslegung nutzen, um Ansprüche abzuleiten. Ein Beispiel ist die erfolgsabhängige Vergütung von Managern, bei der typischerweise zumindest ein Teil, der sogenannte Bonus, an einer Erfolgsgröße, etwa Jahresüberschuss oder EBIT, festgemacht wird. Damit sollen Anreize für Manager geschaffen werden, ihre Tätigkeit engagiert und im Sinne des Unternehmenserfolgs und der Anteilseigner auszuüben. So entnimmt man beispielsweise dem Vergütungsbericht des Volkswagen Konzerns, der Teil des Lageberichts ist, dass sich die variable, also leistungsabhängige Vergütung des Vorstands zusammensetzt aus einer langfristigen Komponente („Long Term Incentive") und dem sogenannten Bonus. Zu diesem heißt es: „Der

Jahresbonus orientiert sich am Ergebnis des jeweiligen Geschäftsjahres. Er ist dabei jeweils zur Hälfte abhängig vom erreichten Operativen Ergebnis des Volkswagen Konzerns zuzüglich des anteiligen Operativen Ergebnisses der chinesischen Joint Ventures einerseits und von der erreichten operativen Umsatzrendite des Volkswagen Konzerns andererseits." (Geschäftsbericht VW-Konzern 2017, S. 68). Offenkundig wird mit dieser Vergütungsregelung bezweckt, Anreize für die Steigerung des operativen Ergebnisses, wie es im Konzernabschluss nach IFRS berichtet wird, zu schaffen.

Ein weiteres Beispiel aus der Praxis sind Kreditvertragsklauseln, beispielsweise im Rahmen eines langfristigen Investitionskredits, durch die sich die darlehensgebende Bank etwa ein Kündigungsrecht für den Fall sichert, dass die bilanzielle Verschuldungsquote, also der Anteil des Fremdkapitals am Gesamtkapital, eine bestimmte Schwelle überschreitet. Die Bank nutzt somit Daten der Rechnungslegung als „Risikoindikator", um sich dagegen abzusichern, dass der Darlehensnehmer sich überschuldet und somit das Insolvenz- und Ausfallrisiko steigert.

Während durch die Informationsfunktion Outsider informiert werden, die sich dann selbst etwa durch Wertpapierverkauf („Exit") zu schützen vermögen, verwendet die Anspruchsbemessungsfunktion die Daten der Rechnungslegung, um schützende Maßnahmen auszulösen. So schützt die Ausschüttungsbemessungsfunktion, die höchstens den Gewinn zur Ausschüttung zulässt, Gläubiger davor, dass Eigentümer über Gebühr Entnahmen tätigen und die Unternehmenssubstanz aushöhlen. Die erfolgsabhängige Vergütung schützt etwa Anteilseigner davor, dass Manager das ihnen anvertraute Kapital unrentabel anlegen, indem Manager Anreize erhalten, gewinnbringend zu investieren. Und festgeschriebene Verschuldungsquoten sind wie geschildert in der Lage, Darlehensgeber vor der Entwertung ihrer Ansprüche durch ein Management zu bewahren, welches Verschuldung und Insolvenzrisiko nach oben treibt. Dabei ist nicht gesagt, dass die verschiedenen Ausprägungen der Anspruchsbemessungsfunktionen gleichermaßen durch dieselben Rechnungslegungsvorschriften abgedeckt werden können. Das ist sogar eher unwahrscheinlich. Wahrscheinlich ist hingegen, dass eine eher auf Anspruchsbemessung ausgelegte Rechnungslegung im Gegensatz zur informationsorientierten Rechnungslegung mehr Gewicht legt auf Nachprüfbarkeit und weniger auf Entscheidungsrelevanz.

Während die IFRS eindeutig durch die Informationsfunktion geprägt werden, dominiert die Anspruchsbemessungsfunktion die Regelungen des Handelsbilanzrechts. Zahlreiche Unterschiede zwischen den Vorschriften können hierdurch erklärt werden. Vor allem Gläubiger sollen geschützt werden, und zwar indem der Gewinn als „ausschüttbarer" bzw. „entziehbarer" Gewinn verstanden wird. Insofern ist hier auch die Rede von der „Ausschüttungsbemessungsfunktion" des Jahresabschlusses. Das Gesellschaftsrecht begrenzt die Ausschüttungsansprüche auf den eher „vorsichtig" bestimmten Gewinn. So stellt etwa § 57 Abs. 3 AktG fest: „Vor Auflösung der Gesellschaft darf unter die Aktionäre nur der Bilanzgewinn verteilt werden." Gleichzeitig handelt es sich hierbei aber auch um eine anlegerschützende Regelung, da immerhin ein Mindestanspruch der Anteilseigner auf Ausschüttungen festgelegt wird, der an die Gewinnermittlung anknüpft. Wie hoch das ausschüttungsfähige Ergebnis ausfällt und inwiefern somit das Interesse von Gläubigern am Erhalt von Unternehmenssubstanz gegen das Anlegerinteresse an Ausschüttungen abgewogen wird, bestimmen die konkreten Ansatz- und Bewertungsregeln des HGB, vor allem aber die diesen zu Grunde liegenden Grundsätze ordnungsmäßiger Buchführung. Diese sehen eine „objektivierte, vorsichtige (umsatzgebundene und verlustantizipierende) Ermittlung des Gewinns" (Moxter, 1987) vor. Die derart vorsichtsgeprägten Grundsätze ordnungsmäßiger Buchführung strahlen zudem, wie geschildert, über das sogenannte Maßgeblichkeitsprinzip auf die steuerliche Gewinnermittlung aus und prägen damit auch die Ansprüche des Fiskus auf Steuerzahlungen.

Zusammenfassend kann damit festgehalten werden, dass die Rechnungslegung nach IFRS sowie das Handelsbilanzrecht den Schutz von Anteilseignern bezwecken. Allerdings stehen nach IFRS Kapitalmarktinvestoren (Eigner und Gläubiger) im Vordergrund, im HGB wiederum sämtliche Gläubiger. Auch wird die Schutzfunktion unterschiedlich umgesetzt, nach IFRS durch die Informationsfunktion, nach HGB durch die Anspruchsbemessungsfunktion, konkretisiert als Ausschüttungsbemessungsfunktion. Gläubigerschutz beispielsweise kann insofern auf zwei Arten erreicht werden: als Schutz durch Informationen und als Schutz durch Gestaltung insbesondere von Gewinnermittlungsregeln. Dies lässt sich dann auf die Kapitalgeber eines Unternehmens insgesamt verallgemeinern und als Anlegerschutzfunktion in den Spielarten des Schutzes durch Information und durch auszahlungsvermeidende Gewinnermittlungsregeln auffassen. Die grundlegend unterschiedlichen Varianten des Anteilseignerschutzes nach IFRS wie nach HGB schlagen sich nieder in unterschiedlichen Auffassungen der Gewinnermittlung („periodengerechter Erfolg" versus „entziehbarer" Betrag) und führen auch zu fallweise unterschiedlichen Bewertungen, insbesondere dem höheren Stellenwert von aktuellen Marktwertansätzen („fair values") nach IFRS, dem die strikte Orientierung des HGB an Vergangenheitswerten („historischen Kosten") gegenübersteht.

EXTRAS ONLINE

Aufgaben

1. Wie kann ein Gesetzgeber durch Rechnungslegungsvorschriften versuchen, Aktionäre davor zu schützen, dass Manager das anvertraute Eigenkapital in unrentable Projekte investieren?

2. Inwiefern erscheint eine Bewertung von Vermögenswerten zu Marktwerten („fair values") problematisch, wenn Banken mit Hilfe von Kreditverträgen schützende bilanzielle Verschuldungsklauseln vorsehen?

Weiterführende Literatur Eine grundlegende ökonomische Auseinandersetzung mit den Rechnungslegungszwecken findet man bei Holthausen und Watts, 2001, sowie bei Bushman und Smith, 2001. Zur tradierten Zwecksetzung des deutschen Handelsrechts siehe etwa Moxter, 1987. Auseinandersetzungen mit der Zwecksetzung der kapitalmarktorientierten Rechnungslegung nach IFRS finden sich etwa bei Hitz, 2005, S. 11–16, sowie bei Pelger, 2010.

1.3 Gesetzlich vorgeschriebene Publizität

1.3.1 Rechtliche Verortung der Publizitätspflichten

Lernziele

- Es ist zwischen gesellschafts- und kapitalmarktrechtlichem Anlegerschutz zu unterscheiden.
- Die Publizitätsregulierung in Deutschland ist traditionell Gegenstand des Gesellschaftsrechts.

Gesetzliche Vorschriften zur Publizität dienen im Regelfall dem Schutz von Institutionen, etwa dem effizienten Kapitalmarkt, oder von bestimmten Gruppen Unternehmensaußenstehender, etwa den Anlegern. Man spricht hier auch vom Funktionenschutz einerseits, also etwa der Gewährleistung eines funktionierenden Kapitalmarkts, und vom Individualschutz andererseits, also der Wahrung der Interessen von als schutzwürdig erachteten Dritten. Die Vorschriften zur Publizität kapitalmarktorientierter Unternehmen dienen typischerweise dem Anlegerschutz, gewährleisten aber gleichzeitig den Funktionenschutz des Kapitalmarkts. Unter diesen Anlegerschutz fallen bei einem weiten Verständnis alle Regeln, die Rechte von Eigenkapitalgebern (*investor protection* im engeren Sinne) oder von Kreditgebern (*creditor protection*) schützen. Solche Anlegerschutzregeln können in verschiedenen Rechtsquellen verortet sein, etwa im Gesellschafts- oder im Kapitalmarktrecht, im Insolvenz-, Übernahme- oder Wettbewerbsrecht, gegebenenfalls aber auch in Rechnungslegungsstandards und im Bereich der Börsenregulierung.

Traditionell erfolgt die Publizitätsregulierung in Deutschland im Gesellschafts- und Handelsrecht, insbesondere im Aktiengesetz (AktG) und im Handelsgesetzbuch (HGB). Wenn Unternehmen zur Finanzierung auf organisierte Kapitalmärkte zurückgreifen, gewinnt ein weiteres Rechtsgebiet an Bedeutung: das Kapitalmarktrecht. Dieses kann definiert werden als „die Gesamtheit der Gesetzesbestimmungen, Geschäftsbedingungen und anerkannten Standards, die die Organisation eines Kapitalmarkts, die marktbezogenen Dienstleistungen der Banken sowie die marktbezogenen Verhaltenspflichten der Marktteilnehmer oder sonstiger Dritter regeln" (Kümpel, 2004). Das Kapitalmarktrecht, dessen bedeutendste Quelle in Deutschland das Wertpapierhandelsgesetz (WpHG) darstellt, setzt sich sowohl aus privatrechtlichen (zum Beispiel Regelung von Wertpapiergeschäften) als auch öffentlich-rechtlichen Normen (Marktaufsicht, Organisation von Wertpapierbörsen) zusammen. Die wichtigsten Regelungsziele bestehen in der rechtlichen Sicherung der Funktionsfähigkeit des Kapitalmarkts und, damit eng zusammenhängend, der Vorgabe von Regelungen, die dem Anlegerschutz dienen.

Kapitalgeber werden typischerweise durch beide Rechtsgebiete geschützt, also sowohl durch Gesellschafts- als auch durch Kapitalmarktrecht: So kann ein Aktionär qua Mitgliedschaft durch das Gesellschaftsrecht sowie als anonymer Marktteilnehmer auch durch das Kapitalmarktrecht geschützt werden. Tatsächlich können beide Rechtsgebiete als gegenseitige Auffangordnungen verstanden werden. Das bedeutet, dass eine starke gesellschaftsrechtliche Regulierung von Publizität es erlaubt, auf eine umfassende kapitalmarktrechtliche Regulierung zu verzichten und umgekehrt. Allerdings ergeben sich durch die Art der Regulierung auch ökonomische Konsequenzen. Legt ein nationaler Gesetzgeber das Gewicht stärker auf gesellschaftsrechtliche Regulierung und baut den allgemeinen Schutz der Eigenkapitalgeber nur schwach aus, werden Kleinaktionäre in diesem Land möglicherweise nicht bereit sein, sich an den Aktienmärkten zu engagieren. Zumindest in den Mitgliedsstaaten der Europäischen Union (EU) sind dem aber gewisse Grenzen gesetzt, da seit geraumer Zeit die rechtsetzenden Institutionen der EU vor der Zielsetzung des einheitlichen europäischen Kapitalmarkts weitläufig die Unternehmenspublizität regulieren und angleichen (harmonisieren), mit entsprechendem Niederschlag auch im deutschen Gesellschafts- und Kapitalmarktrecht.

EXTRAS ONLINE

Aufgaben

1. In welchem Rechtsgebiet sind in Deutschland typischerweise die Regeln zu Anlegerschutz und Unternehmenspublizität verortet?
2. Wie ist Kapitalmarktrecht definiert?
3. Warum können Gesellschafts- und Kapitalmarktrecht, im Hinblick auf den Anlegerschutz, als „Auffangordnungen" verstanden werden? Nennen Sie Beispiele!

Weiterführende Literatur Einen guten Überblick über das deutsche Gesellschaftsrecht – auch seine Veränderungen und das Verhältnis zum Kapitalmarktrecht – geben Kübler und Assmann, 2006. Für eine knappe Einführung in das Kapitalmarktrecht kann auf Kümpel, 2004, zurückgegriffen werden. Zetzsche, 2006, liefert aus juristischer Sicht eine umfassende Darstellung der Schutzrechte von Aktionären in börsennotierten Aktiengesellschaften.

1.3.2 Periodische Berichterstattung: Rechnungslegung

Lernziele

- Rechnungslegung in Form von Einzel- und Konzernabschlüssen und Zwischenberichten ist das wichtigste gesellschaftsrechtliche Publizitätsinstrument.
- Für kapitalmarktorientierte Unternehmen gelten besonders umfangreiche Aufstellungs- und Veröffentlichungspflichten zur externen Rechnungslegung.
- In Deutschland können für Einzel- und Konzernabschluss unterschiedliche Rechtsvorschriften gelten.
- Kapitalmarktorientierte Unternehmen müssen seit 2005 (mit Ausnahmen seit 2007) ihren Konzernabschluss in Übereinstimmung mit den International Financial Reporting Standards (IFRS), den globalen Standards kapitalmarktorientierter Rechnungslegung, veröffentlichen.
- Die Reformen der deutschen Rechnungslegung werden üblicherweise als Annäherung an das anglo-amerikanische Modell der Rechnungslegung interpretiert.
- Mit der Berichterstattung über die „unternehmerische Verantwortung" („corporate social responsibility") erschließt die Unternehmenspublizität neue Berichtsdimensionen und informiert im zunehmenden Maße über die Wertschaffung für verschiedene am Unternehmen beteiligte Stakeholder.

Das bedeutendste gesellschaftsrechtliche Publizitätsinstrument ist die Rechnungslegung: die periodische, also jährliche bzw. unterjährige Veröffentlichung von Informationen zur Vermögens-, Finanz- und Ertragslage, in Gestalt von Bilanz, Erfolgsrechnung und fallweise weiteren Instrumenten (Eigenkapitalspiegel, Kapitalflussrechnung). Die Rechnungslegung kann als System der Produktion von Informationen mit Hilfe eines Rechnungswesens verstanden werden, durch das interne Informationen Dritten, also in der Regel außerhalb des Unternehmens stehenden Anspruchsgruppen, nach einheitlichen Vorschriften in regelmäßigen Abständen zugänglich gemacht werden. Es wird daher synonym häufig von *externem Rechnungswesen* gesprochen.

Dem *externen* wird oft das *interne Rechnungswesen* gegenübergestellt. Während für Ersteres explizite Vorschriften, beispielsweise gesetzlicher Natur, existieren, kann Letzteres von Unternehmen prinzipiell frei nach Kriterien der Zweckmäßigkeit gestaltet werden. Der Grund für die Regulierung des externen Rechnungswesens liegt im Kern darin, dass Anspruchsgruppen durch Publizität geschützt werden können. Beispiele dafür sind:

- Kreditgeber, die auf Basis verpflichtend bereitgestellter Informationen besser beurteilen können, inwieweit ein Unternehmen kreditwürdig ist beziehungsweise welches Risiko (und damit welcher Zinssatz) mit einer Kreditgewährung verbunden ist.
- Investoren, die ihre Kauf-, Halte- und Verkaufsentscheidungen auf Basis öffentlich verfügbarer Informationen treffen müssen und dies besser können, wenn ihnen qualitativ hochwertige, vergleichbare Informationen zugehen – und sonst gegebenenfalls gar nicht am Aktienmarkt investieren würden.

Handelsrechtlicher Jahresabschluss (Einzelabschluss) Hinsichtlich der zu erstellenden Abschlüsse wird in der Rechnungslegung zwischen dem Einzelabschluss für *juristische* Einheiten und dem Konzernabschluss für *wirtschaftliche* Einheiten unterschieden. Nur an den Einzelabschluss können Rechtsfolgen wie etwa Ansprüche auf die Ausschüttung von Dividenden anknüpfen. Nach § 242 HGB besteht grundsätzlich für jeden Kaufmann die Pflicht zur Erstellung eines solchen (Einzel-)Abschlusses, es sei denn, es handelt sich um einen sogenannten Kleinstkaufmann".[2] Zu den Kaufleuten zählen neben dem Einzelkaufmann die Personenhandelsgesellschaften (OHG, KG) sowie Kapitalgesellschaften (insbesondere GmbH und AG). Der Einzelabschluss dient vor allem den Zwecken der Dokumentation und der Ausschüttungsbemessung; er ist außerdem maßgeblich für die steuerliche Gewinnermittlung.

Bei der Aufstellung und Prüfung des Einzelabschlusses sind rechtsform-, branchen- und größenabhängige Besonderheiten zu beachten (vergleiche zu den Buchführungs- und Offenlegungspflichten auch ▶ Kapitel 2.3). So besteht der Jahresabschluss des Einzelkaufmanns sowie der Personenhandelsgesellschaften lediglich aus Bilanz und Gewinn-und-Verlust-Rechnung (§ 242 HGB). Für Kapitalgesellschaften wird der Jahresabschluss um einen Anhang erweitert; handelt es sich mindestens um eine mittelgroße Kapitalgesellschaft, ist zudem zusätzlich ein Lagebericht aufzustellen (§ 264 HGB). Für mittelgroße und große Kapitalgesellschaften gilt zudem die Pflicht zur Prüfung von Jahresabschluss und Lagebericht durch einen Abschlussprüfer.

Von der Aufstellung zu unterscheiden ist die Veröffentlichung und damit die Publizität des Jahresabschlusses. Diese ist verpflichtend vorzunehmen durch Kapitalgesellschaften, wobei für kleine und mittelgroße Kapitalgesellschaften reduzierte Offenlegungspflichten existieren (§ 327 HGB). Zusätzlich unterliegen auch Personengesellschaften mit erheblichem Umfang der Geschäftstätigkeit der Publizitätspflicht. Ihrer Veröffentlichungspflicht kommen die Unternehmen durch Einreichung der entsprechenden Unterlagen beim Bundesanzeiger nach, der diese wiederum elektronisch der Öffentlichkeit verfügbar macht.

Kapitalmarktorientierte im Sinne von börsennotierten Kapitalgesellschaften gelten stets als große Kapitalgesellschaften und unterliegen somit den umfangreichsten Veröffentlichungspflichten. Darüber hinaus kennt das deutsche Handelsrecht neuerdings ausdrücklich das Konstrukt der „kapitalmarktorientierten Kapitalgesellschaft", die nach § 264d HGB insbesondere dann vorliegt, wenn die Wertpapiere (Aktien, Schuldtitel) eines Unternehmens am regulierten Markt notiert sind, also etwa im Prime Standard oder General Standard an der Frankfurter Wertpapierbörse. Neben den umfangreichen Veröffentlichungspflichten wird für diese kapitalmarktorientierten Kapitalgesellschaften der Jahresabschluss noch erweitert um eine Kapitalflussrechnung sowie einen Eigenkapitalspiegel; außerdem haben die verantwortlichen Unternehmensvertreter schriftlich zu versichern, dass der Abschluss, wie gesetzlich gefordert, das tatsächliche

2 Kleinstkaufleute sind gem. § 241a HGB „Einzelkaufleute, die an den Abschlussstichtagen von zwei aufeinanderfolgenden Geschäftsjahren nicht mehr als € 600 Tsd. Umsatzerlöse und € 60 Tsd. Jahresüberschuss aufweisen."

Bild der Vermögens-, Finanz- und Ertragslage widerspiegelt (sogenannter „Bilanzeid"). Zusammenfassend kann damit festgehalten werden, dass für die Rechnungslegung kapitalmarktorientierter Unternehmen die umfangreichsten bzw. strengsten Aufstellungs- und Veröffentlichungspflichten gelten. Dies ist Ausdruck der besonderen Schutzwürdigkeit der (Klein-)Anleger solcher Gesellschaften, die typischerweise keinen bevorzugten Zugang zu Unternehmensinformationen haben und daher umfangreich informiert werden sollen, um fundierte Anlageentscheidungen treffen zu können.

Konzernabschluss Aktiengesellschaften, Kommanditgesellschaften auf Aktien sowie sonstige große Unternehmen sind unter bestimmten Umständen verpflichtet, zusätzlich zum Einzelabschluss einen Konzernabschluss zu erstellen. Konzerne setzen sich aus mindestens zwei Unternehmen zusammen, die sich auszeichnen durch (a) rechtliche Selbstständigkeit und (b) ein wirtschaftlich relevantes Machtgefälle (Abhängigkeit). Juristisch gesehen handelt es sich bei der Einheit Konzern um eine Fiktion; sie ist nämlich nur unter ökonomischen Gesichtspunkten eine Einheit, die sich wiederum aus mehreren rechtlich unabhängigen Einheiten zusammensetzt. An der Spitze steht dabei das Mutterunternehmen, das die Befugnisse hat, alle anderen (sogenannten Töchter) zu beherrschen. Diese Beherrschung äußert sich insbesondere durch die Bestimmung der wesentlichen unternehmerischen Entscheidungen auf Ebene der Tochterunternehmen (Investitions-, Finanzierungs-, Personalentscheidungen). Insofern setzt das Mutterunternehmen ein einheitliches Konzerninteresse in den Tochterunternehmen durch, der wirtschaftliche Verbund „Konzern" tritt damit am Markt faktisch wie ein geschlossenes, großes Unternehmen auf.

Der Konzernabschluss hat den Zweck, Konzernaußenstehende über dieses faktisch einheitliche Unternehmen zu informieren, durch Einblicke in die Vermögens-, Finanz- und Ertragslage der wirtschaftlichen Einheit „Konzern". Da dennoch juristisch unabhängige Unternehmen betrachtet werden, können an den Konzernabschluss selbst keine Rechtsfolgen anknüpfen, also auch keine Ausschüttungsansprüche. Insofern haben Konzernabschlüsse eine reine Informationsfunktion. Technisch handelt es sich beim Konzernabschluss um die Zusammenfassung („Konsolidierung") des Einzelabschlusses eines Mutterunternehmens mit den Einzelabschlüssen verbundener Unternehmen. Wann genau verbundene Unternehmen in den Konzernabschluss einzubeziehen („konsolidierungspflichtig") sind, hängt von den jeweiligen Rechnungslegungsregeln ab. Nach dem sogenannten „Control-Konzept" (das in der deutschen und internationalen Rechnungslegung zum Tragen kommt) sind all jene Unternehmen in den Konzernabschluss einzubeziehen, auf die das Mutterunternehmen unmittelbar oder mittelbar beherrschenden Einfluss ausüben kann. Daneben gibt es auch das Kriterium der „einheitlichen Leitung" (gültig etwa in Österreich). Die Zusammenfassung der Einzelabschlüsse zum Konzernabschluss folgt der Fiktion der rechtlichen Einheit; der Konzern ist also so darzustellen, „als ob" es sich um ein einziges Unternehmen handelte. Die entsprechenden Konsolidierungsvorschriften befassen sich daher vornehmlich mit der Eliminierung konzerninterner Kapitalverflechtungen und Schuldverhältnisse sowie interner Umsatzgeschäfte. Das vorliegende Buch behandelt diese Techniken nicht weiter.

Regulierung und Internationalisierung des deutschen Bilanzrechts Traditionell richtet sich die Rechnungslegung in Deutschland nach den Regelungen des Handelsgesetzbuchs (HGB) und den darin zum großen Teil enthaltenen Grundsätzen ordnungsgemäßer Buchführung (GoB). Zudem spielen auch steuerliche Regelungen und deren Auslegung durch die Finanzgerichte eine gewisse Rolle, da Handels- und Steuerrecht eng miteinander verknüpft sind. Dies geschieht durch das sogenannte „Maßgeblichkeitsprinzip", wonach die handelsrechtlichen GoB für die steuerliche Gewinnermittlung relevant sind, solange keine steuerlichen Einzelregelungen existieren. Des Weiteren unterliegt vor allem die Rechnungslegung für Kapitalgesellschaften den europäischen Bestrebungen, vergleichbare Rechnungslegungsvorschriften in den Mitgliedstaaten der Europäischen Union zu entwickeln, um damit zum Ziel eines einheitlichen Kapitalmarkts beizutragen. Diese Bestrebungen haben 1985 zunächst zur Harmonisierung der Rechnungslegung über die 4., 7. und 8. Richtlinie des Rates der EG zur Koordinierung des Gesellschaftsrechts geführt, die seitdem mehrfach verändert wurden, und schließlich zur sogenannten „IAS-Verordnung" aus dem Jahre 2002, die – zumindest für die Konzernabschlüsse kapitalmarktorientierter Unternehmen – die Pflicht zur Anwendung der International Financial Reporting Standards (IFRS) vorsieht.

Bei der (traditionellen) deutschen Rechnungslegung handelt es sich um einen Musterfall des kontinental-europäischen Rechnungslegungsmodells: Zwar wird im HGB explizit kein Zweck der Rechnungslegung genannt, sie kann aber allgemein als gläubigerschutzorientiert angesehen werden. Eine solche Rechnungslegung zeichnet sich dadurch aus, dass der Vorsichtsgedanke dominiert: Da an den handelsrechtlichen Gewinn Zahlungen in Form von Ausschüttungen und Steuerzahlungen geknüpft sind (Ausschüttungsbemessungsfunktion), soll auf keinen Fall ein zu hoher Gewinn ermittelt werden. Übermäßige gewinnbasierte Auszahlungen könnten nämlich die Unternehmenssubstanz über Gebühr mindern und somit zu Lasten der Gläubiger das Insolvenzrisiko steigern bzw. die Haftungsmasse im Konkursfall aufzehren. Man kann dieses gläubigerschutzgeprägte Vorsichtsverständnis auch auf die Formel bringen, „der Kaufmann soll sich lieber ein wenig zu arm als zu reich rechnen". Die Information vor allem der Anteilseigner (Kapitalmarktpublizität) spielt in einem solchen Modell eine eher untergeordnete Rolle. Gründe dafür sind darin zu sehen, dass Banken, Staat und Familien als primäre Eigentümer der Unternehmen ihre Rechte auf andere Weise, zum Beispiel durch Kontrolle im Aufsichtsrat, wahren können.

Seit den 1990er-Jahren befindet sich die Rechnungslegung in Deutschland allerdings im Umbruch. Es findet, nach gängiger Auffassung, eine Annäherung an das angloamerikanische Rechnungslegungsmodell statt (siehe dazu ▶ Tabelle 1.1[3]). Gründe dafür werden vor allem in der Globalisierung von Güter-, Finanz- und Kapitalmärkten gesehen. So konkurrieren Unternehmen zunehmend weltweit um die knappe Ressource Kapital, was nicht nur eine entsprechende Versorgung von (potenziellen) Anlegern mit qualitativ hochwertiger Unternehmenspublizität nötig macht, sondern es

3 Inwieweit diese Behauptung zutreffend ist, soll hier nicht diskutiert werden. Tatsächlich haben sich in den vergangenen Jahren beide Rechnungslegungsmodelle aufeinanderzubewegt, wobei wohl das kontinental-europäische stärkere Veränderung erfahren hat.

auch erfordert, dass die Abschlüsse von Unternehmen international vergleichbar sind. Diese zunehmende Globalisierung der Kapitalmärkte schlägt sich nieder in der Etablierung der kapitalmarktorientierten International Financial Reporting Standards (IFRS), die spätestens seit 2005 (mit wenigen Ausnahmen, vor allem den USA) den globalen Standard und somit quasi die „lingua franca“ der Rechnungslegung kapitalmarktorientierter Unternehmen darstellen.[4]

Tabelle 1.1

Vergleich traditioneller Rechnungslegungsmodelle

	Kontinental-europäisches Rechnungslegungsmodell	Anglo-amerikanisches Rechnungslegungsmodell
Rechtssystem	Hohe gesetzliche Regelungsdichte (code law)	Begrenzte Zahl gesetzlicher Regelungen (case law)
Eigentumsstruktur	Banken, Staat, Familien als wichtige Eigentümergruppen, die Zugang zu internen Informationen haben (etwa durch Mitgliedschaft im Aufsichtsrat); nur wenige Kleinaktionäre beziehungsweise Minderheitseigner	Anteilsbesitz weniger stark konzentriert, damit viele Minderheitseigentümer, zudem auch viele institutionelle Investoren (etwa: Pensionsfonds)
Grundprinzipien	Rechnungslegung dient primär der Anspruchsbemessung unter den Nebenbedingungen Gläubigerschutz und Kapitalerhaltung. Damit zusammenhängend weniger informative Rechnungslegung, die der (unbedingten) Vorsicht folgt und in der stille Reserven gebildet werden.	Darstellung der tatsächlichen Vermögens-, Finanz- und Ertragslage (true and fair view); Bereitstellung entscheidungsnützlicher Informationen, deshalb Vermeidung der Bildung stiller Reserven
Maßgeblichkeit	Maßgeblichkeit der Handels- für die Steuerbilanz (zum Teil auch umgekehrte Maßgeblichkeit)	Handels- und Steuerbilanz sind weitgehend unabhängig voneinander.

Darstellung in Anlehnung an Achleitner und Behr, 2003, S. 15

Rechnungslegung deutscher Unternehmen nach IFRS Die weltweite Etablierung der IFRS strahlt auf zweierlei Weise aus auf die Rechnungslegung in Deutschland, mittelbar und unmittelbar. Mittelbar zum einen insofern, als der deutsche Gesetzgeber in der jüngeren Vergangenheit bemüht war, die Vorschriften des HGB informativer auszugestalten, etwa durch die Abschaffung von Bilanzierungs- und Bewertungswahlrechten, aber auch durch die punktuelle Übernahme von IFRS-Vorschriften. Dies führte 2009 zur umfassenden Reform des Handelsbilanzrechts durch das Bilanzrechtsmodernisierungsgesetz (BilMoG), das ausdrücklich auch die Annäherung der Bilanzierungsvorschriften für alle Kaufleute an die IFRS zum Ziel hatte. Zum Zweiten sieht

4 Zur weltweiten Verbreitung der IFRS vergleiche etwa die Übersichten auf der Website der IFRS Foundation auf www.ifrs.org in der Rubrik „IFRS around the world“.

die EU-weite „IAS-Verordnung“ aus dem Jahre 2002 unmittelbar vor, dass seit 2005 (mit einigen Ausnahmen ab 2007) alle an einem regulierten Markt notierten Unternehmen ihre Konzernabschlüsse nach IFRS erstellen müssen. Den Mitgliedsstaaten steht es frei, die Pflicht auf den Einzelabschluss und auf nicht kapitalmarktorientierte Unternehmen auszudehnen.

Die IAS-Verordnung wurde durch das Bilanzrechtsreformgesetz vom Dezember 2004 in deutsches Recht übernommen. Der deutsche Gesetzgeber bestimmt, dass die Erstellung eines Einzelabschlusses nach IFRS nicht von der Pflicht zur Erstellung eines Einzelabschlusses nach HGB befreit, weil ein IFRS-Abschluss für Zwecke der Ausschüttungs- und Steuerbemessung ungeeignet erscheint. Durch die weiterhin bestehende Pflicht zur Erstellung von HGB-Einzelabschlüssen konzentriert sich die Internationalisierung der Rechnungslegung in Deutschland auf den Konzernabschluss. Hier wird auch nicht börsennotierten Mutterunternehmen die Möglichkeit eingeräumt, wahlweise an Stelle eines HGB-Konzernabschlusses einen sogenannten „befreienden“ Konzernabschluss nach IFRS aufzustellen. Einzelabschlüsse nach IFRS können indes von Unternehmen freiwillig erstellt und veröffentlicht werden, dadurch wird ein Unternehmen aber nicht von der Pflicht entbunden, auch einen Einzelabschluss nach HGB vorzuhalten. Wenn auch (noch) nicht in Deutschland, so findet die Anwendung der IFRS auch im Bereich von Einzelabschlüssen in Europa zunehmend Verbreitung. Nach Auskunft der EU-Kommission (Stand: Juli 2014) ist die Anwendung der IFRS

- in Einzelabschlüssen gelisteter Unternehmen bereits in acht Mitgliedsstaaten verpflichtend und in sechs Mitgliedstaaten ist die Anwendung für bestimmte Unternehmen verpflichtend. In acht Ländern ist die befreiende Erstellung von IFRS-Abschlüssen zumindest erlaubt (teils allerdings mit branchen- oder größenabhängigen Sonderregelungen). Lediglich sechs Ländern bürden damit gelisteten Unternehmen die Pflicht auf, ihre Konzern- und Einzelabschlüsse nach unterschiedlichen Regeln zu erstellen;
- in Einzelabschlüssen sonstiger Unternehmen in zwei Ländern verpflichtend, in zehn Ländern für bestimmte Unternehmen verpflichtend, in weiteren zehn Ländern zumindest für bestimmte Unternehmen gestattet und abermals in sechs Ländern verboten.

▸ Beispiel 1.1 fasst die wichtigsten Rechenwerke in Deutschland und ihre jeweiligen primären Zwecksetzungen zusammen.

Beispiel 1.1: Rechenwerke und ihre (primären) Zwecke in Deutschland

Einzelabschluss: Der Einzelabschluss dient zwar auch der Information, primärer Zweck ist aber die Anspruchs- bzw. Zahlungsbemessung. Die Regeln für die Erstellung von Einzelabschlüssen deutscher Unternehmen, insbesondere auch die hierfür bedeutsamen „Grundsätze ordnungsmäßiger Buchführung“, finden sich im Handelsgesetzbuch (HGB). Für Zwecke der Kapitalmarktinformation wurde und wird der Einzelabschluss als eher ungeeignet angesehen. →

→ Fortsetzung

Steuerbilanz: Die Steuerbilanz dient einem Spezialfall der Zahlungsbemessung, indem sie als Bemessungsgrundlage für Zahlungen an den Fiskus verwendet wird. Die Steuerbilanz ist in Deutschland durch das „Maßgeblichkeitsprinzip" eng mit dem Einzelabschluss verknüpft. Sie ist aber kein Bestandteil des Jahresabschlusses.

Konzernabschluss: Der Konzernabschluss hat keine (gesetzlich festgeschriebene) Zahlungsbemessungsfunktion. Er dient damit ausschließlich der Vermittlung von Informationen, etwa an Investoren, Manager, Gläubiger, Arbeitnehmer und Kunden. Bis 2005 konnten bzw. mussten alle Konzernabschlüsse nach den Regeln des HGB erstellt werden. Seit dem Jahr 2005 müssen alle kapitalmarktorientierten Unternehmen in ihren Konzernabschlüssen nach IFRS bilanzieren, weil diese Regeln – für die Kapitalmarktkommunikation – als besser geeignet angesehen werden (für Unternehmen, die vormals nach US GAAP bilanzierten, war eine Übergangsfrist bis 2007 vorgesehen). Nicht kapitalmarktorientierte deutsche Unternehmen dürfen ihre Konzernabschlüsse ebenfalls nach IFRS erstellen; soweit sie davon keinen Gebrauch machen, kommen die deutschen Bilanzierungsvorschriften zur Anwendung, wobei zusätzlich die vom Deutschen Rechnungslegungs Standards Committees (DRSC) entwickelten Deutschen Rechnungslegungsstandards (DRS) zu beachten sind.

Diskussion: Der Einzelabschluss dient der Zahlungsbemessung und die für seine Erstellung anzuwendenden Ansatz- und Bewertungsregeln sind in Deutschland stark durch auszahlungsvermeidende Gewinnermittlungsregeln beeinflusst; der Konzernabschluss dient dagegen primär der Informationsfunktion, weshalb kapitalmarktorientierte Unternehmen bei ihrer Erstellung die für informativer gehaltenen IFRS anwenden müssen. Die Steuerbilanz ist (soweit die Maßgeblichkeit gilt) ein Derivat des Einzelabschlusses. Allerdings sollte die Zuordnung nicht als völlig eindeutig missverstanden werden: Einzelabschlüsse dienen auch der Information, insbesondere im Fall, dass keine Konzernabschlüsse erstellt werden müssen. Doch auch im Falle der Veröffentlichung von Konzernabschlüssen können Einzelabschlüsse *zusätzliche* Informationen enthalten, die für Adressaten relevant sein mögen. Konzernabschlüsse werden zwar nicht direkt zur Bemessung von Steuern und Ausschüttungen verwendet, sie können aber dennoch direkt oder indirekt der Zahlungsbemessung dienen. Ein Beispiel für das Vorliegen einer direkten Zahlungsbemessungsfunktion ist etwa der Fall, dass im Rahmen von Bonusgestaltungen konzerngewinnabhängige Zahlungen an Manager geleistet werden. Der Konzernabschluss kann aber auch einen indirekten Zusammenhang mit der Zahlungsbemessung aufweisen, beispielsweise wenn Gewinnausschüttungen faktisch an den Konzernerfolg geknüpft werden: So deuten einige Untersuchungen darauf hin, dass trotz formaler Verknüpfung der Dividendenzahlung mit dem Einzelabschluss eines Mutterunternehmens die Höhe der Ausschüttung faktisch nach dem Konzernergebnis bemessen wird (Pellens, Gassen und Richard, 2003; Goncharov, Werner und Zimmermann, 2009). →

→ Fortsetzung

Gleichwohl sei angemerkt, dass sich verschiedene Rechnungszwecke nicht problemlos in einem Abschluss miteinander verbinden lassen. Dies wird besonders deutlich, wenn Abschlüsse der Bemessung von Steuerzahlungen dienen. Es ist dann rational, eine Bilanzpolitik zu betreiben, die auf Steuerminimierung entweder durch den Ausweis möglichst niedriger Ergebnisse oder durch Gewinnglättung zielt; in beiden Fällen ergeben sich negative Folgen für die Informationsfunktion, denn eine bewusst zu negative oder eine geglättete Darstellung der Erfolgslage mit dem Ziel der Steuervermeidung kann dem Rechnungszweck der Informationsvermittlung nur eingeschränkt gerecht werden (vergleiche etwa Atwood, Drake und Myers, 2010).

Charakteristisch für die kapitalmarktorientierte Rechnungslegung ist unter anderem der große Informationsumfang, der beispielsweise nach IFRS in ausführlichen Zusatzangaben im Anhang („notes disclosures") resultiert, sich aber nach IFRS wie nach HGB auch in der großen Anzahl der Berichtsinstrumente äußert. So ist in beiden Rechnungslegungsordnungen der Kern des Abschlusses, die bilanzielle Rechnungslegung bestehend aus Bilanz, Erfolgsrechnung und Anhang, zu ergänzen um Instrumente wie die Eigenkapitalveränderungsrechnung, die Kapitalflussrechnung und gegebenenfalls einen Segmentbericht. Des Weiteren ist zusätzlich zum Abschluss ein Lagebericht zu erstellen.

Sämtliche dieser Instrumente zielen darauf ab, spezifische Informationswünsche insbesondere von Anlegern zu befriedigen. So gibt die *Eigenkapitalveränderungsrechnung* nähere Einblicke in die Quellen der Entwicklung des buchmäßigen Eigenkapitals in der abgeschlossenen Berichtsperiode und erlaubt Anlegern insbesondere Einblicke, inwieweit das Eigenkapital aufgrund von unternehmerischer Erfolgserzielung zu- oder abgenommen hat und welcher Anteil der Eigenkapitalveränderung andererseits auf Kapitalmaßnahmen wie die Aufnahme neuen Eigenkapitals oder die Ausschüttung von Dividenden zurückgeht. Nähere Einzelheiten zu diesem Instrument finden sich in ▶ Kapitel 3.4.

Die *Kapitalflussrechnung* wiederum gibt Auskunft über die Veränderung des Zahlungsmittelbestands und somit über die Quellen der Generierung von Zahlungsüberschüssen. Damit erlaubt die Kapitalflussrechnung, anders als die Erfolgsrechnung, die auf periodisierten Zahlungen beruht, unmittelbare Einblicke in die Fähigkeit des Unternehmens, Liquidität zu generieren und damit beispielsweise Verpflichtungen aus einem Bankdarlehen nachzukommen. Die Kapitalflussrechnung ist damit ein Instrument zur Darstellung und Analyse der Finanzlage des Unternehmens; sie wird umfangreich betrachtet in ▶ Kapitel 7.

Segmentberichte Segmentberichte sind üblicherweise Teil des Jahresabschlusses kapitalmarktorientierter Unternehmen. Segmentberichte sind nach den Vorschriften der jeweils anzuwendenden Rechnungslegungsvorschriften (HGB, IFRS) zu erstellen und zeichnen sich durch eine besondere Aufarbeitung und Organisation der Rechnungslegungsdaten aus. Ihr Ziel ist es, über den Erfolg beziehungsweise Leistungsbeitrag einzelner Geschäftsbereiche zu informieren. Solche Informationen können den Adressaten helfen, die Entwicklungspotenziale und Risiken eines Unternehmens in seinen einzelnen Geschäftsbereichen besser abzuschätzen, als dies mit den hoch aggregierten Daten aus Jahresabschlüssen möglich wäre.

Die zentrale Frage bei der Segmentberichterstattung ist die, nach welchen Kriterien einzelne Geschäftsbereiche voneinander abgegrenzt werden können. Häufig finden sich Segmentierungen nach geografischen oder auch leistungsspezifischen Gesichtspunkten. Grundsätzlich lassen sich zwei Herangehensweisen unterscheiden. Beim *risk and reward approach* werden die Segmente hinsichtlich ähnlicher Risiken und Chancen gebildet. Hier wird auf eine angenommene oder vermeintliche Strukturähnlichkeit abgestellt, etwa wenn Geschäftsbereiche jeweils eigenen Konjunkturzyklen unterliegen. Beim *management approach* folgt dagegen die Bildung der Segmente der Organisationsstruktur des Unternehmens: Als Geschäftsbereich wird demnach ausgewiesen, was auch in der internen Steuerung als Geschäftsbereich angesehen wird. Das hat für die externen Adressaten den Vorteil, dass ihnen solche Informationen bereitgestellt werden, die zugleich auch bei der Unternehmenssteuerung eine wichtige Rolle spielen. Für die IFRS-Abschlüsse ist diese Vorgehensweise nach IFRS 8 verbindlich.

Lageberichte Der Jahresabschluss großer und mittelgroßer Kapitalgesellschaften wie auch der Konzernabschluss deutscher Unternehmen ist durch einen (Konzern-) Lagebericht zu ergänzen; dies gilt insbesondere auch für Konzernabschlüsse nach IFRS. Der Gesetzgeber konzipiert den Lagebericht dabei bewusst als zusätzliches Berichtsinstrument und nicht als Bestandteil des Abschlusses, um den Lagebericht nicht den vorsichtsgeprägten Grundsätzen ordnungsmäßiger Buchführung zu unterwerfen. Somit stellt sich der Lagebericht als reines Informationsinstrument dar, das ausgewogen über die wirtschaftliche Lage des Unternehmens sowie seine Zukunftsaussichten berichten soll. Durch vermehrt qualitative Schilderungen ergänzt der Lagebericht insofern den quantitativ geprägten Jahres- bzw. Konzernabschluss.

Zentraler Bestandteil des Lageberichts ist der sogenannte Wirtschaftsbericht, der über die Entwicklung im Geschäftsjahr (Geschäftsverlauf) und die Lage des Unternehmens zum Abschlussstichtag berichtet und diese zudem aus Sicht der Unternehmensführung analysieren soll. In gewisser Weise liefert der Wirtschaftsbericht insofern die „Geschichte hinter den Zahlen" und erläutert beispielsweise durch eine Schilderung bedeutsamer Transaktionen und Ereignisse das Zustandekommen zentraler Erfolgspositionen wie zum Beispiel des Umsatzes. Um die Informationsmenge überschaubar zu halten und den Adressaten relevante, wesentliche Informationen zu übermitteln legt der Wirtschaftsbericht kapitalmarktorientierter Unternehmen ein besonderes Augenmerk auf die Berichterstattung über die zentralen Steuerungsgrößen des Unternehmens, die sogenannten ***KPIs (Key Performance Indicators)***. Hierbei handelt es sich um diejenigen Größen auch des internen Rechnungswesens, nach denen aus Unternehmenssicht die Erfolgserzielung beurteilt und gesteuert wird, und beispielweise auch variable Bonuszahlungen an Manager bemessen werden. KPIs umfassen typischerweise finanzielle Leistungsindikatoren wie beispielsweise Umsatz oder operativon Gewinn, aber auch zunehmend nichtfinanzielle Leistungsindikatoren, die sich beispielsweise auf Größen wie Mitarbeiterzufriedenheit beziehen können, oder auf Umweltindikatoren wie etwa den CO2-Ausstoß.

Neben dem Wirtschaftsbericht enthält der Lagebericht weitere spezielle Berichte wie den Vergütungsbericht zur Organvergütung, den Finanzrisikobericht, den Forschungs- und Entwicklungsbericht sowie den Nachtragsbericht zu Vorgängen von besonderer Bedeutung nach Schluss des Geschäftsjahres. Von besonderer Bedeutung ist zuletzt der Prognosebericht, der, ganz anders als etwa der rückschauorientierte Jahresabschluss, in die Zukunft blickt und insbesondere auch Prognosen zu zentralen Erfolgs- und Steuerungsgrößen beinhaltet. Eingebettet ist der Prognosebericht in die Berichterstattung über die Chancen und Risiken der künftigen Entwicklung. Der Deutsche Rechnungslegungsstandard 20 (DRS 20) legt hierzu fest, dass Prognosen zu den bedeutsamsten finanziellen und nichtfinanziellen Leistungsindikatoren (KPIs) vorzunehmen sind und einen Prognosehorizont von mindestens einem Jahr ab Geschäftsjahresende aufweisen sollen. Zudem legt DRS 20 verbindlich ein Mindestmaß an Präzision dieser Prognosen fest. So sollen Prognosen Aussagen zur erwarteten Veränderung der prognostizierten Leistungsindikatoren gegenüber dem entsprechenden Wert des abgelaufenen Berichtsjahres enthalten und dabei auch die Richtung und Intensität der Veränderung verdeutlichen. Demnach wäre beispielsweise die Aussage „der Gewinn wird voraussichtlich steigen“ nicht ausreichend präzise, sondern müsste zumindest lauten „der Gewinn wird voraussichtlich leicht steigen“. Viele Unternehmen entscheiden sich ohnehin freiwillig für Prognosen von höherer Präzision, in Form von quantitativen Intervallprognosen („Wir erwarten eine Zunahme des Gewinns um 3 bis 5 Prozent“) oder gar Punktprognosen („Prognostiziert wird eine Steigerung des Gewinns auf 520 Mio. Euro“).

Nichtfinanzielle Erklärung (CSR-Bericht) Mit erstmaliger Wirksamkeit für 2017 beginnende Geschäftsjahre schreibt eine jüngere EU-Gesetzgebung, die sogenannte „CSR-Richtlinie“, insbesondere für große kapitalmarktorientierte Unternehmen die Erstellung einer sogenannten nichtfinanziellen Erklärung vor. Börsennotierte Gesellschaften, die unter anderem im Jahresdurchschnitt mehr als 500 Mitarbeiter(innen) beschäftigen, sind demnach neuerdings verpflichtet, die bislang stark finanziell geprägte Rechnungslegung zu ergänzen um eine systematische Berichterstattung insbesondere über die Dimensionen Ökologie und Soziales. Diese Form der Berichterstattung wird mitunter auch als Nachhaltigkeitsbericht oder CSR-Bericht bezeichnet, wobei CSR für „Corporate Social Responsibility“ steht, also für die Verantwortung von Unternehmen gegenüber ihrer Belegschaft, der Umwelt, mithin der gesamten Gesellschaft wie auch künftigen Generationen. CSR-Berichterstattung folgt dem Ansinnen, über die traditionelle Finanzberichterstattung hinaus nicht nur über die Wertschöpfung für Anteilseigner, also die Steigerung des Unternehmenswerts bzw. die Vermögens-, Finanz- und Ertragslage zu informieren, sondern auch zu dokumentieren, inwieweit das Unternehmen nachhaltig verantwortlich auch im Sinne anderer sogenannter „Stakeholder“ handelt und Wert schafft, etwa für Mitarbeiter, Kunden und Lieferanten, vor allem aber auch für die Gesellschaft als Ganzes. Insofern steht hinter der CSR-Richtlinie eine weitreichende

Programmatik: Mit der Verpflichtung großer Unternehmen auf eine CSR-Berichterstattung in Gestalt der nichtfinanziellen Erklärung schafft die europäische Rechtssetzung eine verpflichtende Rechenschaft der Unternehmen gegenüber ihren Stakeholdern und betont insofern die Zielsetzung einer auf gesellschaftliche Verantwortung und Nachhaltigkeit angelegten Unternehmensführung.

Die von der CSR-Richtlinie betroffenen Unternehmen können ihre nichtfinanzielle Erklärung als Teil des Lageberichts verfassen oder als separaten Bericht. Inhaltlich hat die nichtfinanzielle Erklärung einzugehen auf

1. Umweltbelange, beispielsweise in Gestalt der quantitativen Berichterstattung über Treibhausgas-Emissionen,
2. Arbeitnehmerbelange, etwa in Form der Berichterstattung über Krankenstände der Belegschaft oder über Maßnahmen zur Erhöhung der Arbeitssicherheit,
3. Sozialbelange, beispielsweise in Form von gesellschaftlichen Engagements des Unternehmens,
4. die Achtung der Menschenrechte sowie
5. die Bekämpfung von Korruption und Bestechung.

Unternehmen haben dabei nicht nur über Ergebnisse und Maßnahmen in diesen fünf Bereichen zu berichten, sondern auch über ihre entsprechenden Strategien, also beispielsweise im Hinblick auf einen Abbau umweltschädlicher Emissionen. Ein Beispiel für eine CSR-Berichterstattung findet sich in ▶ Beispiel 1.2.

Beispiel 1.2: CSR-Berichterstattung bei Volkswagen

Am 1. März 2018 veröffentlichte die Volkswagen AG ihren Konzern-Nachhaltigkeitsbericht für das Geschäftsjahr 2017. Auf insgesamt 123 Seiten legt die Volkswagen AG ihre Strategien und Maßnahmen im Bereich Corporate Social Responsibility dar. Wie im CSR-Bericht ausgeführt, folgt die CSR-Berichterstattung der Volkswagen AG im vollen Umfang den aktuellen Leitlinien der Global Reporting Initiative (GRI). Der nachfolgende Ausschnitt aus dem CSR-Bericht der Volkswagen AG verdeutlicht beispielsweise, welche Rolle das Thema Ressourceneffizienz beim Automobilhersteller spielt (siehe Seite 52 des VW-Nachhaltigkeitsberichts für das Geschäftsjahr 2017):

„Im Kontext der Ressourceneffizienz bewerten wir Maßnahmen zur Verbesserung über den Lebenszyklus auch ökonomisch. In zwei mehrjährig angelegten Forschungsschwerpunkten beschäftigt sich unsere Konzernforschung mit der Frage, wie die ressourceneffiziente Fabrik und das ressourceneffiziente Fahrzeug der Zukunft aussehen sollen. Eine besondere Rolle spielen dabei neue Technologien wie Elektro- und Brennstoffzellenfahrzeuge – und hier insbesondere deren Ressourcenbedarf sowie neue Konzepte für Closed-Loop-Recycling.“ →

→ Fortsetzung

„Zwei Messgrößen im Umweltprogramm 2025 dokumentieren den Fortschritt in den zwei Zielfeldern:

Mit dem Dekarbonisierungsindex (DKI) definieren wir in diesem Zusammenhang eine strategische Messgröße, mit der wir den Fortschritt dokumentieren. Er misst die CO2-Emissionen der Produkte entlang der gesamten Wertschöpfungskette. Um ihn zu berechnen, wird der CO2-Fußabdruck ins Verhältnis zur Anzahl der produzierten Fahrzeuge gesetzt. Er umfasst damit sowohl die direkten und indirekten CO2-Emissionen an den einzelnen Produktionsstandorten (Scope 1 und 2) als auch alle weiteren CO2-Emissonen im Lebenszyklus der verkauften Fahrzeuge – von der Rohstoffgewinnung über ihre Nutzung bis hin zur Verwertung der Altfahrzeuge (Scope 3). Der DKI erlaubt so eine transparente, ganzheitliche Zielverfolgung auf dem Weg zu einer klimaverträglichen Mobilität. Aktuell definieren wir gemeinsam mit den Marken des Volkswagen Konzerns die DKI-Zielwerte für das Jahr 2025. Hierbei soll der Zielwert zum Zwei-Grad-Ziel des Pariser Abkommens beitragen, das Ende 2015 auf der UN-Klimakonferenz beschlossen wurde.

Die Umweltentlastung Produktion (UEP) wurde im Rahmen der Umweltproduktionsstrategie definiert und es wurden Zielwerte für Konzern und Marken festgelegt: Bis 2025 wollen wir die Umweltbelastung durch die Produktion pro Fahrzeug um 45 % bezogen auf 2010 verringern. In die UEP gehen der Verbrauch von Energie und Wasser, der Ausstoß von CO2 und VOC sowie die Abfallmenge ein. Bis Ende 2017 hatten wir eine Umweltentlastung von 30,8 %. Der Stand 2017 gegenüber 2010 für die einzelnen Ziele (in Klammern der Stand von 2016):

- spezifischer Energiebedarf: –17,9 % (–17,1 %)
- spezifische CO2-Emissionen: –26,1 % (–19,5 %)
- spezifische VOC-Emissionen: –49,4 % (–40,2 %)
- spezifischer Wasserbedarf: –17,1 % (–14,3 %)
- spezifischer Abfall zur Beseitigung: –43,3 % (–34,7 %)"

Freigestellt ist den nach der CSR-Richtlinie berichtenden Unternehmen die nichtfinanzielle Erklärung einer externen Prüfung, beispielsweise durch Wirtschaftsprüfer, zu unterwerfen. Ebenfalls freigestellt wird, nach welchen Regeln bzw. Abbildungsvorschriften die nichtfinanzielle Erklärung erstellt wird. Zahlreiche Unternehmen allerdings entscheiden sich für ein anerkanntes internationales Regelwerk der CSR-Berichterstattung, die Guidelines der sogenannten „Global Reporting Initiative" (GRI). Die grundsätzlich unverbindlichen „Guidelines" der GRI haben sich mittlerweile als „Quasi-Standard" der CSR-Berichterstattung etabliert. Sie bestehen aus insgesamt 79 Indikatoren zur Bestimmung der Nachhaltigkeitsleistung eines Unternehmens, die sich gemäß der sogenannten „Triple Bottom Line" auf die Bereiche „Ökonomie", „Ökologie" sowie „Gesellschaft" beziehen.

Mit der Nachhaltigkeitsberichterstattung betritt die Kapitalmarktpublizität offenbar in vielen Bereichen Neuland. Dies hat seinen Preis, ist doch die Ermittlung und Prüfung der verschiedenen Daten und Kennziffern mit erheblichem Aufwand verbunden. Diesem Aufwand stehen beträchtliche Chancen gegenüber. Zum einen haben auch zunehmend viele Anleger nicht mehr alleine die rein finanzielle Wertschöpfung im Auge, sondern legen ebenso Wert auf verantwortliches Unternehmertum. Dieses veränderte Anlegerverhalten wird auch durch die zunehmende Nachfrage und demnach das wachsende Angebot beispielsweise an „grünen Fonds“ dokumentiert. Zum anderen erscheint die CSR-Berichterstattung ebenfalls geeignet, Investoren nützliche Informationen über die Ertragsaussichten von Unternehmen über die Finanzberichterstattung hinaus zu geben. Dies dokumentieren einige jüngere empirische Studien, die beispielsweise zeigen, dass CSR-Berichte die Präzision der Ergebnisvorhersagen von Finanzanalysten erhöhen können und dass Unternehmen, die erstmalig CRS-Berichte veröffentlichen, hierdurch die Kosten der Eigenkapitalfinanzierung senken können. Es spricht also vieles dafür, dass es sich bei CSR-Berichterstattung nicht um ein kurzweiliges „Zeitgeist-Phänomen“ handelt, sondern um eine nachhaltige Erweiterung des Facettenreichtums der Unternehmenskommunikation.

Zwischenberichte Ein weiteres Charakteristikum der Rechnungslegung kapitalmarktorientierter Gesellschaften ist neben dem geschilderten größeren Umfang der Berichte auch die höhere Berichtsfrequenz: Aus Sicht des Gesetzgebers genügt eine lediglich jährliche Berichterstattung nicht den Informationsbedürfnissen der Kapitalmarktteilnehmer, die möglichst zeitnah über die Vermögens-, Finanz- und Ertragslage der Unternehmen informiert werden wollen. Deswegen werden in Form von Zwischenberichten unterjährige Abschlüsse für Berichtszeiträume von unter einem Jahr vorgeschrieben. Im deutschen bzw. europäischen Kapitalmarktrecht handelt es sich hier insbesondere um die sogenannten Halbjahresfinanzberichte, die über die ersten sechs Monate des Geschäftsjahres berichten. Seit 2016 nicht mehr gesetzlich vorgeschrieben ist die zusätzliche Berichterstattung über Quartale, also Drei-Monats-Zeiträume. Allerdings wird solch eine Quartalsberichterstattung mitunter von Börsenbetreibern verlangt, etwa als Teilnahmebedingung für Unternehmen im Prime Standard der Frankfurter Wertpapierbörse.

Aufgaben

EXTRAS ONLINE

1. Durch welche zentralen Eigenschaften zeichnete sich die kontinental-europäische Rechnungslegung aus?

2. Welche zentrale Regelung im Hinblick auf die Internationalisierung der Rechnungslegung verbinden Sie mit der sogenannten „IAS-Verordnung“?

3. Unter welchen Umständen müssen deutsche Unternehmen einen Abschluss nach HGB aufstellen? Für welche Arten von Abschlüssen beziehungsweise Unternehmen gelten die IFRS? Warum? →

→ Fortsetzung

4. Nennen Sie Beispiele für qualitative Informationen, die Gegenstand der Rechnungslegung sind!

5. Was zeichnet einen Konzern aus? Markieren Sie die richtigen Eigenschaften!

a. Wie Einzelunternehmen verfügt ein Konzern über eine eigene Rechtspersönlichkeit.

b. Konzerne sind wirtschaftliche Einheiten.

c. Ein Konzern kann definiert werden als Verbindung mehrerer rechtlich selbstständiger Unternehmen zu einer wirtschaftlichen Einheit.

d. Eine Definition, was unter einem Konzern zu verstehen ist, findet sich im Handelsgesetzbuch.

6. Welchen der folgenden Aussagen können Sie zustimmen?

a. Ein Unternehmen kann statt eines Einzelabschlusses einen Konzernabschluss aufstellen.

b. Konzernabschlüsse dienen ausschließlich der Information.

c. Verschiedene Adressaten der Rechnungslegung können auch verschiedene Interessen bezüglich der Ausgestaltung der Rechnungslegung haben.

d. Kein Unternehmen ist verpflichtet, externe Rechnungslegung zu betreiben.

7. Was ist der Unterschied zwischen Einzel- und Konzernabschluss? Welchen Zwecken dienen diese Rechenwerke primär?

Weiterführende Literatur Einen umfassenden Überblick über das Themengebiet der Konzernbilanzierung geben Busse von Colbe, Ordelheide, Gebhardt und Pellens, 2009, sowie Baetge, Kirsch und Thiele, 2013b, wobei hier jeweils sowohl die nationalen als auch die internationalen Regeln Berücksichtigung finden. Die Erstellung von Jahresabschlüssen nach HGB wird nach wie vor in der Mehrzahl der einschlägigen deutschen Bücher vorgestellt, sodass für dieses Themengebiet nur beispielhaft auf Baetge, Kirsch und Thiele, 2013a, verwiesen sei. Eine anschauliche Darstellung des Bilanzsteuerrechts, auch mit Hinweisen auf die Steuerrelevanz von IFRS-Abschlüssen, liefern etwa Harms und Marx, 2012. Einen vergleichenden Überblick zur Internationalisierung der Rechnungslegung geben Zimmermann, Werner und Volmer, 2008. Für eine weitergehende Darstellung der Zwischenberichterstattung kann auf Busse von Colbe, Ordelheide, Gebhardt und Pellens, 2010, sowie Gantzhorn, 2016, für die Segmentberichterstattung nach IFRS auf Hinz, Tettenborn und Nell, 2016, verwiesen werden.

1.3.3 Anlassbezogene Berichterstattung

Lernziele

- Anlassbezogene Berichterstattung bezeichnet diejenige Unternehmenspublizität, die verpflichtend vorzunehmen ist, wenn spezifische Tatbestände beim jeweiligen Unternehmen eintreten.
- Bedeutende Auslöser der gesetzlich vorgeschriebenen anlassbezogenen Publizität sind das Vorliegen von kursrelevanten Tatsachen und Informationen sowie eine Fehlerfeststellung durch die Deutsche Prüfstelle für Rechnungslegung (DPR) oder die Bundesanstalt für Finanzdienstleistungsaufsicht (BaFin).

Die anlassbezogene Publizität erfolgt im Gegensatz zur periodischen Rechnungslegung charakteristischerweise nicht regelmäßig bzw. zu festen Zeitpunkten, sondern fallweise, wenn bestimmte Voraussetzungen vorliegen. Hierbei handelt es sich etwa um das Vorliegen kursrelevanter Informationen, welche die Pflicht zur sogenannten Ad-hoc-Berichterstattung auslösen, oder beispielsweise um Feststellungen von Fehlern in der Rechnungslegung durch die Deutsche Prüfstelle für Rechnungslegung (DPR) oder die Bundesanstalt für Finanzdienstleistungsaufsicht (BaFin). Beide Publizitätsanlässe spielen eine bedeutende Rolle für das laufende Kapitalmarktgeschehen in Deutschland und sollen daher näher betrachtet werden.

Ad-hoc-Publizität Unter einer Ad-hoc-Mitteilung wird die unverzügliche Veröffentlichung unternehmensinterner, potenziell kursrelevanter Informationen verstanden, die im Sinne des Art. 17 Abs. 1 MMVO Insiderinformationen darstellen. Bei Insiderwissen handelt es sich um Informationen, die der breiten Öffentlichkeit bislang nicht bekannt waren und die im Zusammenhang mit dem Emittenten eines Wertpapiers oder dem Wertpapier selbst stehen. Es wird vermutet, dass das öffentliche Bekanntwerden dieser Informationen Änderungen des Börsen- oder Marktpreises auslösen kann. Aus diesem Grund besteht nach § 26 WpHG die gesetzliche Verpflichtung, solches Wissen unverzüglich bekannt zu geben. Dies bezieht sich auch auf Sachverhalte, deren Eintreten nur mit hinreichender Wahrscheinlichkeit zu erwarten ist.

Eine Berichtspflicht ist typischerweise etwa mit dem Kauf oder Verkauf von Beteiligungen oder von Unternehmensbereichen oder der Änderung von Dividendenzahlungen verbunden, oft auch mit bedeutenden Vertragsabschlüssen und der Einleitung von Umstrukturierungsmaßnahmen, da hierdurch mitunter große Chancen oder Risiken für die zukünftige Entwicklung eines Unternehmens entstehen. Auch ein wesentliches Über- oder Unterschreiten von Erfolgsprognosen bzw. der Markterwartungen, die sogenannten Gewinnwarnungen, fallen unter die Ad-hoc-Berichterstattung. Die Pflicht zur unmittelbaren Veröffentlichung der genannten Sachverhalte dient dem Ziel, Insiderhandel zu unterbinden. Insiderhandel liegt vor, wenn eine Person nicht öffentlich bekannte Informationen (Insiderinformationen) nutzt, um auf deren Grundlage am Markt mit Gewinnabsicht Wertpapierkäufe oder -verkäufe zu tätigen. Durch die zeitnahe Veröffentlichung soll sichergestellt werden, dass die Informationen allen

Interessierten gleichzeitig zur Verfügung stehen und damit Informationsvorsprünge Einzelner vermieden werden. Die somit erwirkte „Gleichbehandlung" sämtlicher Anleger im Hinblick auf die Versorgung mit relevanten Informationen stärkt das Vertrauen in den Kapitalmarkt und stellt sicher, dass insbesondere auch Kleinanleger dem Marktgeschehen nicht aus der Befürchtung fernbleiben, durch besser informierte professionelle Anleger übervorteilt zu werden. Die Veröffentlichungspflicht bewirkt zudem, dass die Informationszeiträume zwischen den Jahresabschlüssen und zusätzlichen Zwischenberichten verkürzt werden und damit eine kontinuierlichere Veröffentlichung wichtiger Informationen erreicht wird. Beispiele für Ad-hoc-Mitteilungen wurden oben in ▶ Kapitel 1.1 geschildert.

Fehlermitteilungen im Rahmen des Enforcement Im Rahmen des zweistufigen deutschen Mechanismus zur Durchsetzung („Enforcement") der Rechnungslegungsvorschriften, der näher im ▶ Abschnitt 1.5 betrachtet wird, werden fallweise Fehler durch die Deutsche Prüfstelle für Rechnungslegung (DPR) oder die Bundesanstalt für Finanzdienstleistungsaufsicht (BaFin) festgestellt. Kommt es zu solchen Fehlerfeststellungen, so wird die BaFin im Regelfall anordnen, dass Unternehmen die festgestellten Fehlerfeststellungen im Wortlaut veröffentlichen. Diese Bekanntmachung hat unverzüglich zu geschehen und erfolgt – ähnlich wie auch bei der Ad-hoc-Publizität – elektronisch über den Bundesanzeiger sowie entweder in einem überregionalen Börsenpflichtblatt oder über ein elektronisches Informationsverbreitungssystem (§ 109 WpHG).

Name	Bereich	Information	V.-Datum
adidas AG Herzogenaurach	Rechnungslegung/ Finanzberichte	Veröffentlichung nach § 109 Abs. 2 Satz 1 WpHG	09.08.2018

adidas

adidas AG

Herzogenaurach

– ISIN DE000A1EWWW0 –

Veröffentlichung nach § 109 Abs. 2 Satz 1 WpHG

Die Deutsche Prüfstelle für Rechnungslegung (DPR) hat festgestellt, dass der Konzernabschluss der adidas AG, Herzogenaurach, zum Abschlussstichtag 31.12.2016 fehlerhaft ist:

„Die Werthaltigkeit der Marke Reebok mit einem Buchwert von € 1,47 Mrd. konnte anhand der vorgelegten Dokumentation durch das Unternehmen per 31.12.2016 nicht nachgewiesen werden.

Obgleich Verluste von rd. € 150 Mio. und Restrukturierungen Anhaltspunkte für eine Wertminderung der zahlungsmittelgenerierenden Einheiten Reebok mit der Marke Reebok als wesentlichstem Vermögenswert bilden, wurde keine Werthaltigkeitsüberprüfung auf Ebene der relevanten zahlungsmittelgenerierenden Reebok-Geschäftseinheiten durchgeführt. Dies verstößt gegen IAS 36.12 i.V.m. IAS 36.22, IAS 36.66 f. und § 238 HGB.

Die Gesellschaft hat einen Wertminderungstest für den immateriellen Vermögenswert der Marke durchgeführt, indem der beizulegende Zeitwert der Marke Reebok auf der Basis ersparter fiktiver Lizenzentgelte (Methode der Lizenzpreisanalogie) ermittelt wurde. Der Bewertung liegt die Annahme stark steigender Umsätze zu Grunde und es wird eine seit dem Erwerb unveränderte Lizenzrate von 4,5% herangezogen, obwohl seit Erwerb der Marke in 2006 die Umsatzziele nachhaltig verfehlt und die Profitabilitätsziele regelmäßig nicht erreicht wurden. Die Verwendung nicht marktgerechter Inputfaktoren und die angewandte Bewertungstechnik führen daher im vorliegenden Sachverhalt insgesamt nicht zur zuverlässigsten Bestimmung des beizulegenden Zeitwertes der Marke Reebok. Dies verstößt gegen IFRS 13.2, IFRS 13.9, IFRS 13.61ff. und IFRS 13.69 sowie IAS 36.105.".

Abbildung 1.5: Fehlermitteilung der Adidas AG vom 09.08.2018

▶ Abbildung 1.5 zeigt ein Beispiel einer im Bundesanzeiger elektronisch veröffentlichten Fehlermitteilung. Die Deutsche Prüfstelle für Rechnungslegung (DPR) hat demnach einen Fehler in dem nach IFRS aufgestellten Konzernabschluss der Adidas AG zum 31.12.2016 festgestellt. Der Umstand, dass die Fehlerfeststellung durch die DPR erfolgte, zeigt, dass Adidas den Befunden der DPR zustimmte, sodass eine Prüfung durch die BaFin nicht erforderlich war. Mittels der Fehlermitteilung wird der Kapitalmarkt über die Art des Fehlers und die Auswirkung auf die Darstellung der Vermögens-, Finanz- und Ertragslage des Adidas-Konzerns informiert. Konkret erfahren die Anleger, dass Adidas die Werthaltigkeit des ausgewiesenen Buchwerts der Marke „Reebok" in Höhe von € 1,47 Mrd. nicht im Einklang mit den einschlägigen IFRS-Vorschriften belegen konnte und insofern ein Vermögensrisiko in dieser Höhe besteht.

Aufgaben

EXTRAS ONLINE

1. Warum sind kapitalmarktorientierte Unternehmen nicht nur verpflichtet, Jahresabschlüsse zu erstellen, sondern auch, bei Vorliegen von Insiderwissen, Ad-hoc-Mitteilungen zu veröffentlichen?
2. Was spricht für, was gegen ein Insiderhandelsverbot?
3. Warum will der Gesetzgeber, dass der Kapitalmarkt unverzüglich von Fehlerfeststellungen durch die DPR oder BaFin erfährt?

Weiterführende Literatur Eine gute Übersicht über die Ad-hoc-Publizität aus ökonomischer Sicht gibt immer noch Fülbier, 1998, ebenfalls empfehlenswert ist die Kommentierung zu den verschiedenen Paragraphen des Wertpapierhandelsgesetzes in Assmann und Schneider, 2012. Lesenswert sind auch die kritischen Stellungnahmen zum Verbot des Insiderhandels in Manne, 1966, beziehungsweise Manne, 2005.

1.4 Freiwillige Publizität

Lernziele

- Unternehmen veröffentlichen freiwillig Informationen, wenn sie den Nutzen aus dieser Publizität höher einschätzen als die resultierenden Kosten.
- Von Unternehmen freiwillig erstellte Ergebnisziffern, sogenannte Pro-forma-Ergebnisse, werden in zahlreichen Varianten veröffentlicht und können die Erfolgsanalyse und -prognose unterstützen, sollten aber auch mit kritischer Distanz gewürdigt werden.

Freiwillige Publizität bezeichnet die systematische Veröffentlichung von Informationen durch Unternehmen aus freiwilligen Stücken, also ohne gesetzliche oder anderweitige rechtliche Verpflichtung. Jedwede Veröffentlichung führt dabei beim Unternehmen zu Kosten, direkte Kosten etwa für die Beschaffung und Aufbereitung von Informationen, für die Erstellung und Distribution entsprechender Berichte, aber auch indirekte Kosten etwa in Gestalt potenzieller Wettbewerbsnachteile, wenn den Mitwettbewerbern zusätzliche Einblicke in unternehmerische Technologien und Wettbewerbsvorteile gegeben werden. Dem stehen wiederum potenzielle Vorteile gegenüber, beispielsweise in Form einer Steigerung der Unternehmensreputation unter Anlegern und anderen Stakeholdern oder in Gestalt von mehr Transparenz, die bessere Finanzierungskonditionen, etwa bei der Aufnahme neuen Eigenkapitals, ermöglicht. Art und Umfang der Kosten und der Vorteile von freiwilliger Publizität sind damit offenkundig je nach Unternehmen sehr unterschiedlich ausgeprägt, was erklärt, dass Unternehmen in sehr unterschiedlichem Umfang von der Möglichkeit freiwilliger Publizität Gebrauch machen. In jedem Fall aber gilt, dass man für diejenigen Unternehmen, die freiwillig zusätzliche Informationen preisgeben, davon ausgehen kann, dass der Nutzen die Kosten übersteigt. Leser dieser Informationen sollten dies im Hinterkopf behalten und bei der Bewertung freiwilliger Berichte hinterfragen, welche Ziele und potenziellen Vorteile das Unternehmen wohl verfolgt.

Es liegt somit in der Natur der freiwilligen Publizität, dass diese je nach Unternehmen sehr verschieden ausgeprägt ist im Hinblick auf die Medien der Kommunikation, den Umfang und den Inhalt der Veröffentlichungen. Zudem ist der Übergang von der freiwilligen Berichterstattung über unternehmensbezogene Informationen hin zu den Investor-Relations-Aktivitäten, also der „Vermarktung" des Unternehmens gegenüber gegenwärtigen und potenziellen Investoren, fließend. Gleichwohl haben sich bestimmte Spielarten der freiwilligen Unternehmenspublizität sehr breit am Kapitalmarkt etabliert und stellen somit feste Bestandteile der Kommunikation zahlreicher börsennotierter Unternehmen dar. Hierzu zählen beispielsweise freiwillig erstellte Quartalsberichte oder freiwillige CSR-Berichte von Unternehmen, die nicht unter die Pflicht fallen, eine nichtfinanzielle Erklärung zu erstellen. Eine besonders populäre Form aber stellt vor allem die Veröffentlichung sogenannter „Pro-forma-Ergebnisse" dar, die daher im Folgenden näher betrachtet werden soll.

Pro-forma-Berichterstattung Die Berichterstattung über sogenannte Pro-forma-Ergebnisse nimmt in Zwischenberichten, aber auch im jährlichen Reporting eine besondere Rolle ein. Ziel der Pro-forma-Ergebnisermittlung ist es, den Informationsgehalt des Jahresüberschusses oder einer anderen Ergebnisschicht (zum Beispiel des operativen Ergebnisses) der Gewinn-und-Verlust-Rechnung durch Eliminierung bestimmter Positionen zu steigern. Der Jahresüberschuss wird also „pro forma" dargestellt, also *als ob* bestimmte Transaktionen und Ereignisse nicht stattgefunden hätten bzw. nicht in der Erfolgsgröße erfasst worden wären. Da Anleger Jahresüberschussgrößen verwenden, um künftige Erfolge vorherzusagen, werden bei der Ermittlung von Pro-forma-Ergebnissen typischerweise Erfolgskomponenten eliminiert, die der Natur nach einmalig bzw. nicht wiederkehrend sind, also zum Beispiel Aufwendungen aus der Restrukturierung von Geschäftsbereichen oder Erträge aus der Veräußerung von Teilbetrieben, oder Erfolge, die sich außerhalb des Geschäftszwecks der Unternehmung befinden, also etwa wenn ein Industrieunternehmen erfolgreich mit Wertpapieren spekuliert. Strikt zu unterscheiden ist die Berichterstattung von Pro-forma-Ergebnisgrößen von sogenannten Pro-forma-Darstellungen von Jahresabschlussdaten, wie sie etwa in Folge der Korrektur von Buchungsfehlern früherer Perioden auftreten.

Pro-forma-Ergebnisse sind fester Bestandteil der Kapitalmarktkommunikation börsennotierter Unternehmen und sind etwa in den freiwilligen Teilen des Geschäftsberichts zu finden oder in den Pressemitteilungen, die Unternehmen typischerweise anlässlich der Veröffentlichung, etwa des Konzernabschlusses, herausgeben. In ▶ Beispiel 1.3 wird zur Veranschaulichung die Pro-forma-Berichterstattung der Deutschen Telekom AG betrachtet.

Beispiel 1.3: Pro-forma-Berichterstattung

Die folgende Abbildung zeigt Pro-forma-Kennzahlen der Deutschen Telekom AG, die im Bericht zum Geschäftsjahr 2017 veröffentlicht wurden. Dabei sind aus dem Betriebsergebnis (ermittelt gemäß Rechnungslegungsregeln) die Pro-forma-Kennzahlen EBIT (***E**arnings **B**efore **I**nterest and **T**axes*), EBITDA (***E**arnings **B**efore **I**nterest, **T**axes, **D**epreciation und **A**mortization*) sowie modifizierte Gewinngrößen wie Konzernüberschuss um Sondereinflüsse bereinigt hergeleitet worden. Diese Pro-forma-Kennzahlen wurden jeweils um bestimmte Aufwandskomponenten bzw. Sondereinflüsse angepasst. Bei den Sondereinflüssen handelt es sich etwa um Wertaufholungen, Unternehmensverkäufe, höhere Abschreibungen auf immaterielle Vermögenswerte (einschließlich Goodwill) oder Sachanlagen in Folge eines hohen Investitionsvolumens (siehe S. 49 des Geschäftsberichts der Deutschen Telekom AG für das Geschäftsjahr 2017). Diese Bereinigungen führen dazu, dass die geprüften IFRS-Ergebnisse erheblich abweichen von den Pro-forma-Ergebnissen. Beispielsweise steigt durch die Pro-forma-Anpassungen der Konzernüberschuss um mehr als das 1,7-Fache, von € 3,5 Mrd. auf € 6 Mrd.. →

→ Fortsetzung

in Mrd. €		Veränderung zum Vorjahr in %	2017	2016	2015	2014
UMSATZ UND ERGEBNIS						
Umsatzerlöse		2,5	74,9	73,1	69,2	62,7
davon: Inlandsanteil	%	(0,9)	32,8	33,7	36,2	39,9
davon: Auslandsanteil	%	0,9	67,2	66,3	63,8	60,1
Betriebsergebnis (EBIT)		2,4	9,4	9,2	7,0	7,2
Konzernüberschuss/(-fehlbetrag)		29,4	3,5	2,7	3,3	2,9
Konzernüberschuss/(-fehlbetrag) (bereinigt um Sondereinflüsse)		46,8	6,0	4,1	4,1	2,4
EBITDA		6,3	24,0	22,5	18,4	17,8
EBITDA (bereinigt um Sondereinflüsse)		3,8	22,2	21,4	19,9	17,6
EBITDA-Marge (bereinigt um Sondereinflüsse)	%	0,4	29,7	29,3	28,8	28,0

Abbildung 1.6: Pro-forma-Kennzahlen im Geschäftsbericht der Deutschen Telekom AG für das Geschäftsjahr 2017

In der Praxis ist ein hoher Variantenreichtum an Pro-forma-Größen zu beobachten. Unterschieden werden können insbesondere sogenannte „EB-Größen" von „modifizierten Ergebnisgrößen". EB-Größen sind „Earnings Before"-Ergebnisse, für deren Ermittlung ausgehend vom Jahresüberschuss systematisch Ergebniskomponenten wie Steuern (T = Taxes), Zins- bzw. Finanzergebnis (I = Interest), Abschreibungen auf materielle (D = Depreciation) und immaterielle Vermögenswerte (A = Amortisation) abgezogen werden. Die populärsten EB-Größen sind Kennzahlen wie EBITDA oder EBIT, häufig ausgewiesen als Ergebnis je Aktie. EBITDA (*Earnings Before Interest, Taxes, Depreciation and Amortisation*) bezeichnet dabei das Ergebnis eines Unternehmens vor Zinsen, Steuern, Abschreibungen auf Sachanlagen (*Depreciation*) sowie auf immaterielle Vermögenswerte (*Amortisation*), EBIT (*Earnings Before Interest and Taxes*) demnach das Betriebsergebnis vor Zinsen und Steuern. Das Ergebnis je Aktie lässt sich durch Division einer Ergebnisgröße durch die Anzahl der ausgegebenen (Stamm-)Aktien errechnen.

Da die IFRS anders als die HGB-Rechnungslegung keine feste Detailgliederung der Ergebnisrechnung kennen, findet man mitunter EB-Größen auch als Zwischensumme in IFRS-Konzernabschlüssen. EB-Größen sind zudem vergleichsweise präzise definiert und können daher verwendet werden, um die Ertragslage verschiedener Unternehmen zu vergleichen. Diese Vergleichbarkeit ist geringer bei der zweiten Variante der Pro-forma-Ergebnisse, den „modifizierten Ergebnisgrößen". Hierbei handelt es sich nun um Ergebnisgrößen, bei deren Ermittlung Einzelpositionen ausschließlich aufgrund der individuellen Einschätzung des jeweiligen Managements eliminiert werden, beispielsweise Restrukturierungsaufwand, Wertpapiererträge, Rechtskosten etc. Da die Auffassungen, was „nachhaltiger Gewinn" ist, indes von Unternehmen zu Unternehmen unterschiedlich ausgeprägt sind, kann ein so ausgewiesener „Gewinn vor Sondereinflüssen" oder „nachhaltiger EBIT" gerade nicht problemlos zum Vergleich verschiedener Unternehmen herangezogen werden. Auch ist die Ermittlung für Außenstehende häufig schwer nachzuvollziehen oder nachzuprüfen.

Vergleichbarkeit wie auch Nachprüfbarkeit sind insofern bei den EB-Größen größer, während möglicherweise die modifizierten Ergebnisgrößen informativere Einblicke ermöglichen, welche Ergebniskomponenten das Management für nachhaltig hält. Insofern stellt sich die Frage nach dem Nutzen bzw. der Beurteilung der Pro-forma-Berichterstattung aus Sicht der Kapitalmarktinvestoren. In der Tat gibt es durchaus gute Gründe, bei der Bilanzanalyse auf entsprechende Pro-forma-Ergebnisse zu achten: Zum einen könnte der in der Rechnungslegung ausgewiesene Gewinn durchaus erheblich durch Sondereinflüsse „verzerrt" sein. Wird das Ergebnis im Jahresabschluss etwa stark durch Sonder- und Einmaleffekte beeinflusst, ist die Vergleichbarkeit mit Vorperioden erschwert und es wird nicht über die Nachhaltigkeit der ausgewiesenen Ergebnisse informiert. So mag die Kenntlichmachung eines durch hohe Restrukturierungskosten recht niedrigen Jahresergebnisses den Bilanzleser davor bewahren, vorschnell auch für die kommenden Jahre von einer derart niedrigen Profitabilität auszugehen und folglich den Wert der Aktie zu unterschätzen. Zum anderen helfen Kennziffern wie etwa EBIT bei Unternehmensvergleichen, wenn die Unternehmen etwa in unterschiedlichem Umfang Gebrauch von Eigen- und Fremdkapitalfinanzierungen machen. Dies verdeutlicht ein Blick auf die beiden Extremfälle: Ein Unternehmen, das sich zu 100 % durch Eigenkapital finanziert, hat unter sonst gleichen Bedingungen ein höheres Periodenergebnis als ein Unternehmen, das sich zu 100 % über Fremdkapital finanziert, weil in der Rechnungslegung nur die Kosten für Fremdkapital (der Zins) als Aufwand erfasst werden, nicht aber die Kosten für Eigenkapital. Ist ein Analyst nun an der Ertragskraft beider Unternehmen interessiert, sollte er sich diese *vor* Kapitalkosten ansehen, denn EBIT ist, unter sonst gleichen Bedingungen, unabhängig von der Finanzierungsstruktur der Unternehmen. Drittens kann entsprechend – wenn auch weniger überzeugend – argumentiert werden, dass das Periodenergebnis von Unternehmen in unterschiedlichem Maße durch Abschreibungen beeinflusst wird und eine bessere Vergleichbarkeit der Ertragskraft vor Abschreibungen auf materielle (*Depreciation*) und immaterielle (*Amortization*) Vermögenswerte gegeben ist. Dies vor allem auch im Hinblick darauf, dass immaterielles Vermögen häufig nicht planmäßig abgeschrieben werden muss.

Neben ihrem potenziell positiven Beitrag zur Erfolgsanalyse besitzen Pro-forma-Ergebnisse aber auch eine „Schattenseite". Weil es sich um freiwillige und bei den modifizierten Ergebnisgrößen zudem um weitestgehend nicht standardisierte Unternehmenspublizität handelt, mögen Manager diese nutzen, um ihre eigenen Zielsetzungen zu verfolgen. Dies ist insbesondere dann problematisch, wenn Manager Anreize haben, die Ertragslage unangemessen positiv darzustellen. Da etwa regelmäßig vor allem Aufwendungen (insbesondere Zinsen auf Fremdkapital sowie Abschreibungen) bei der Ermittlung von Pro-forma-Ergebnissen herausgerechnet werden, fallen diese typischerweise höher aus als der Jahresüberschuss laut HGB oder IFRS. Es liegt daher nicht fern zu vermuten, dass Unternehmen mitunter gezielt die Aufmerksamkeit auf diese höheren Pro-forma-Ergebnisse lenken. Im Extremfall kann somit im Rahmen der Kapitalmarktkommunikation ein regulärer Verlust mit Hilfe von Pro-forma-Ergebnissen in einen Gewinn „umgedeutet" werden. Anleger sollten daher auf der Hut sein und sich nicht alleine auf die Pro-forma-Ergebnisgrößen verlassen, sondern deren Entwicklung stets auch mit den Ergebnissen der Rechnungslegung vergleichen – und prüfen, ob es sich bei Sondereffekten auch tatsächlich um solche handelt. Zudem sollten sich die Anleger stets die individuellen Berichterstattungsanreize des Unternehmens vergegenwärtigen, um so den Informationsgehalt der Pro-forma-Ergebnisse besser einschätzen zu können.

EXTRAS ONLINE

Aufgaben

1. Wo sehen Sie das Problem, wenn neben dem Periodenergebnis (ermittelt nach feststehenden Rechnungslegungsregeln) auch Pro-Forma-Ergebnisse veröffentlicht werden, für deren Berechnung kein festgelegtes Schema existiert?

2. Inwiefern kann es für Unternehmen rational sein, freiwillig über Maßnahmen zur Wahrung des Umweltschutzes zu berichten?

3. Diskutieren Sie die Argumente, die für und wider eine gesetzlich verpflichtende Berichterstattung über „corporate social responsibility" sprechen!

Weiterführende Literatur Empirische Befunde zur Pro-forma-Publizität in Deutschland liefern Hitz und Jenniges, 2009. Eine aktuelle Quelle zum Stand der GRI-Leitlinien ist Roloff, 2014. Dhaliwal et al., 2011, und Dhaliwal et al., 2012, befassen sich mit den ökonomischen Konsequenzen der freiwilligen CSR-Berichterstattung.

1.5 Durchsetzung von Rechnungslegungsvorschriften

Lernziele

- Rechnungslegungsvorschriften können ihre Zwecksetzung nur erfüllen, wenn geeignete Mechanismen und Institutionen existieren, die die Einhaltung der Vorschriften überprüfen und bei Fehlverhalten sanktionieren.
- Mit der Durchsetzung der Rechnungslegung kapitalmarktorientierter Unternehmen sind unternehmensinterne Organe, Abschlussprüfer und Enforcement-Institutionen betraut.

Regeln und Vorschriften werden nicht von Natur aus eingehalten. Dies gilt etwa für die Vorschriften der Straßenverkehrsordnung, da manche Menschen gerne (zu) schnell fahren oder bei Rot über die Ampel gehen. Um die Einhaltung und damit die Zweckerfüllung von Verkehrsegeln – das sichere Miteinander von Verkehrsmitteln und Fußgängern im Straßenverkehr – zu gewährleisten, werden diese Regeln „durchgesetzt“: indem die Einhaltung etwa durch die Verkehrspolizei überprüft wird und es bei Verstößen zu Sanktionen kommt, etwa Geldbußen oder gar Fahrverboten. Die gleiche Logik gilt auch für Vorschriften zur Rechnungslegung und Unternehmenspublizität. Insbesondere die Manager des Unternehmens, die mit dem Jahres- bzw. Konzernabschluss berichten sollen über die Wertschöpfung des Geschäftsjahres, haben mitunter Anreize, beispielsweise Vorschriften zur Ermittlung von Umsatzerlösen nicht korrekt anzuwenden, um den Gewinn zu steigern und damit etwa ihren Bonus zu mehren. Um das Anlegerschutzziel der Rechnungslegung zu verwirklichen, bedarf es daher nicht nur geeigneter Vorschriften zur Information oder Anspruchsbemessung, sondern auch Institutionen und Verfahren zur *Durchsetzung* der Vorschriften, um eine fehlerhafte Anwendung aufzudecken und zu sanktionieren – damit die Manager im Idealfall von vornherein Sorge für die ordnungsgemäße Bilanzierung tragen.

Das deutsche Gesellschaftsrecht sieht insgesamt drei Institutionen vor, welche die Durchsetzung der Rechnungslegung zur Aufgabe haben. Dies ist zum einen als unternehmensinternes Gremium der Aufsichtsrat der Aktiengesellschaft. Dieser hat nicht nur die grundsätzliche Aufgabe, den Vorstand zu ernennen und zu überwachen, sondern nach § 111 Abs. 2 AktG auch die spezielle Pflicht, die Ordnungsmäßigkeit des Jahres- und Konzernabschlusses, des Lageberichts sowie der nichtfinanziellen Erklärung zu prüfen. Unterstützung erfährt der Aufsichtsrat hierbei mitunter durch die zweite Institution der Durchsetzung, den Abschlussprüfer. Dieser hat den Jahresabschluss mittelgroßer und großer Kapitalgesellschaften sowie den Konzernabschluss als auch den Lagebericht ebenfalls auf Ordnungsmäßigkeit zu prüfen, also insbesondere mithilfe von Stichprobentests sich ein Urteil zu bilden, ob der Abschluss keine wesentlichen Fehler enthält. Seine diesbezügliche Einschätzung teilt der Abschlussprüfer dem Kapitalmarkt in Form des Bestätigungsvermerks („Testat“) mit, der uneingeschränkt oder eingeschränkt erfolgt oder gar versagt werden kann.

Für die kapitalmarktorientierte Rechnungslegung ist zusätzlich die Durchsetzung bzw. das hier sogenannte „Enforcement" durch das Zusammenspiel der Deutschen Prüfstelle für Rechnungslegung (DPR) und der Bundesanstalt für Finanzdienstleistungsaufsicht (BaFin) relevant. Die DPR, eine private Institution, wurde in Folge des Bilanzkontrollgesetzes 2004 eingerichtet, um europarechtlichen Vorgaben zur Schaffung von Enforcement-Institutionen zu folgen. Aufgabe der DPR ist es, stichprobenartig sowie im Fall von konkreten Verdachtsmomenten die Abschlüsse und Lageberichte von Unternehmen zu prüfen, die am regulierten Markt notiert sind. Diese Prüfung geschieht unter Ausschluss der Öffentlichkeit und endet mit einer Feststellung, ob nach Auffassung der DPR wesentliche Fehler in der Rechnungslegung vorliegen. In diesem Fall obliegt es dem betroffenen Unternehmen zu entscheiden, ob es den Fehlerbefund teilt. Für diesen Fall verordnet auf der zweiten Stufe des Enforcement-Prozesses die BaFin als Bundesbehörde dann die Veröffentlichung einer entsprechenden Fehlermitteilung. Stimmt das Unternehmen dem Fehlerbefund der DPR indes nicht zu, wird die BaFin eine eigenständige Untersuchung durchführen, an deren Ende sie selbst Fehler feststellen kann, die dann wiederum zur Veröffentlichung angeordnet werden.

Das zentrale Sanktionsinstrument des deutschen Enforcement-Mechanismus ist die von der BaFin durchgesetzte Veröffentlichung der Fehlerfeststellungen. Nicht nur wird damit bezweckt, wesentliche Fehler in der Rechnungslegung aufzudecken und eine Korrektur anzustoßen. Vor allem soll diese sogenannte „adverse Publizität" Sanktionscharakter haben und somit Anreize für das Management setzen, unabsichtliche Fehler ebenso wie bewusste Falschanwendungen im Vorfeld tunlichst zu vermeiden. Dies ist etwa der Fall, wenn Märkte auf Fehlerfeststellung mit Kursabschlägen reagieren und somit den Wert von Aktien und Aktienoptionen des Managements mindern oder die Wahrscheinlichkeit erhöhen, dass das Management zur Verantwortung gezogen und ausgetauscht wird. Erste Befunde für den deutschen Kapitalmarkt dokumentieren solche negativen Reaktionen auf die Veröffentlichung von DPR/BaFin-Fehlermitteilungen. Großzahlig angelegte empirische Studien für den europäischen Kapitalmarkt legen nahe, dass die Einführung von Enforcement-Institutionen beigetragen hat zur höheren Liquidität der Wertpapiermärkte.

EXTRAS ONLINE

Aufgaben

1. Diskutieren Sie Gründe, warum Banken mitunter von kleinen Kapitalgesellschaften verlangen, deren Jahresabschluss durch einen Abschlussprüfer prüfen zu lassen.

2. Warum hat etwa ein Finanzvorstand ein hohes persönliches Interesse daran, dass die DPR oder BaFin keinen Fehler in der Rechnungslegung feststellen?

Weiterführende Literatur Einen Überblick über die ökonomische Bedeutung der Durchsetzung von Rechnungslegungsvorschriften gibt Hitz, 2014. In dem Beitrag werden außerdem die im deutschen Gesellschaftsrecht verankerten Durchsetzungsinstitutionen näher betrachtet, mit besonderem Augenmerk auf Enforcement-Aktivitäten des zweistufigen DPR/BaFin-Mechanismus. Mit der Identifikation der Markteffekte von Enforcement-Reformen auf Kapitalmärkten, auf denen zu einem ähnlichen Zeitpunkt die IFRS eingeführt wurden, setzen sich Christensen et al., 2013, auseinander. Mit den Kapitalmarktreaktionen auf Fehlerfeststellungen in Deutschland beschäftigen sich Hitz et al., 2012.

1.6 Die Rolle von Anreizen bei der Berichterstattung

Lernziele

- Informationen der Rechnungslegung scheinen nur objektiv – tatsächlich müssen alle Zahlen hinterfragt werden.
- Bei der Erstellung von Bilanzen gibt es bilanzpolitische Motivationen, bestimmte Ergebnisse auszuweisen.
- Insbesondere die kapitalmarktorientierte Rechnungslegung verfolgt den Zweck, dem Kapitalmarkt Informationen bereitzustellen. Der Markt adjustiert aber Informationen – er „glaubt" sie nicht blind.

1.6.1 Anreize zur freiwilligen Publizität und Notwendigkeit der Regulierung

Die in den vorangegangenen Abschnitten beschriebenen Instrumente der vorgeschriebenen und der freiwilligen Publizität nutzen kapitalmarktorientierte Unternehmen im Sinne der Informationsfunktion vor allem, um Informationsasymmetrien abzubauen. Letztere sind wie geschildert problematisch, weil sie eine Ursache für die Fehlleitung von Investitionskapital und im Extremfall Marktversagen sein können. Wenn beispielsweise die Eigentümer eines Unternehmens (hier: die Aktionäre) nicht über das gleiche Wissen verfügen wie diejenigen, die ihr Eigentum verwalten (hier: die Mitglieder der Unternehmensleitung), dann können Letztere auch Maßnahmen ergreifen, die nicht im Interesse der Auftraggeber stehen. Sie könnten, im schlimmsten Fall, die ihnen bereitgestellten Mittel veruntreuen, sie könnten sie aber auch einfach suboptimal im Unternehmen investieren. Ein Beispiel wäre die Durchführung einer Unternehmensübernahme, die keinen Wert etwa in Form von Synergieeffekten schafft, sondern alleine durch das Geltungsbedürfnis der Top-Manager getrieben wird.

Die skizzierten Verhaltensrisiken bei Managern stellen für die Eigentümer, die ihre Mittel in ein Unternehmen investieren, ein Risiko dar. Je höher dieses Risiko ist, desto höher wird auch die Prämie ausfallen, die sie für das Eingehen eines solchen Risikos verlangen (siehe ▶ Beispiel 1.4 für ein Beispiel zur Verdeutlichung). Aus Sicht der Unternehmen, die sich über Eigenkapital finanzieren, handelt es sich dabei um eine Art Entschädigungszahlung an die Eigentümer. Diese steigt mit dem Risiko, das die Anleger mit einer Investition verbinden. Aus Sicht des Unternehmens werden die Zahlungserwartungen der Anleger als (Eigen-)Kapitalkosten zusammengefasst. Wenn die Kapitalkosten nun mit dem Fehlverhaltensrisiko steigen, das Investoren sehen, dann könnten diese irgendwann eine Höhe erreichen, die es aus Sicht des Unternehmens uninteressant werden lässt Kapital aufzunehmen. In diesem extremen Fall ließe sich dann von einem Marktversagen auf dem Kapitalmarkt sprechen. Offenbar gibt es ein Interesse daran, dass es nicht zu einem solchen Versagen kommt: Unternehmen wünschen niedrige Kapitalkosten und sollten deshalb alles daransetzen, diese möglichst gering zu halten. Auch der Staat muss aus allokationspolitischen Gründen ein Interesse an einem funktionierenden Kapitalmarkt haben. Gleiches gilt letztlich auch für die Anleger selbst.

Da nun Publizität der Vermittlung internen Wissens an einen anonymen Adressatenkreis dient, kann sie einen Beitrag zur Verringerung von Informationsasymmetrien leisten. Durch den Beitrag zur Verringerung der Informationsasymmetrien trägt die Publizität mithin auch zur Verringerung der Kapitalkosten bei. Die Anreize, Publizität zu betreiben, werden umso größer sein, je stärker ein Unternehmen von der Finanzierung über anonyme Kapitalmärkte abhängig ist. Deswegen kann Publizität auch als ein „Korrelat der Marktteilnahme" beschrieben werden (vergleiche Merkt, 2001).

Beispiel 1.4: Eigenkapitalkosten und Publizität: ein einfaches Beispiel

Student Siggi R. hat zwar ein gut gefülltes Konto, seit er sich ein schickes Auto gekauft hat, weiß er aber nicht mehr recht, was er mit dem vielen Geld noch anfangen soll. Seine Bank zahlt ihm spärliche 2 Prozent Zinsen im Jahr. Siggis Kommilitonen Edzard B. und Gustav C. haben da – unabhängig voneinander – eine Idee, denn beide sind gerade dabei sich selbstständig zu machen und könnten einen Finanzier gebrauchen. Edzard B. will eine Pizzeria eröffnen, Gustav C., schon immer ein Tüftler, hat ein Patent auf eine Erfindung angemeldet. Siggi R. ist nicht abgeneigt zu investieren, und lässt sich sowohl das Patent als auch den Pizzeria-Plan erläutern. An dem Erfolg des Pizzeria-Plans hat Siggi erhebliche Zweifel, denn in der Straße, in der sich Edzard B. eingemietet hat, gibt es schon drei ähnliche Etablissements. Das Patent des Gustav C. erscheint Siggi dagegen wie eine „Lizenz zum Gelddrucken". Da er es sich nun aber mit keinem der beiden verscherzen möchte, überlässt er beiden jeweils einen Betrag in Höhe von € 10 Tsd.. Er überlegt nun, welche Verzinsung er verlangen sollte. Mindestens möchte er von beiden 2 Prozent – denn die zahlt ihm ja auch seine Bank. Er überlegt aber, dass Edzard B. bald pleite sein könnte, denn die Miete für die Pizzeria ist, wie er weiß, sehr hoch. Siggi zieht deshalb in Betracht, dass er das bei Edzard investierte Geld sehr schnell verlieren könnte. Er verlangt deshalb von Edzard einen Risikoaufschlag von 10 Prozentpunkten, bei Gustav dagegen nur einen von 5. Zudem überlegt sich Siggi, dass er nun auch laufende Informationen benötigt, um beurteilen zu können, wie gut sein Geld angelegt ist. Er verlangt deshalb von beiden, ihm Jahresberichte vorzulegen. Siggi verspricht Edzard, die verlangte Verzinsung des investierten Kapitals zu senken, sollte sich herausstellen, dass seine Pizzeria gut läuft.

Wenn Anreize bestehen, Publizität zu betreiben, stellt sich die Frage, ob sich ein Vorschreiben von Offenlegungspflichten nicht erübrigt. In welchem Ausmaß aber freiwillig Publizität betrieben würde, ist unbekannt, denn in praktisch allen Ländern mit entwickelten Kapitalmärkten gibt es auch ein hohes Maß an Publizitätsregeln, deren Befolgen vorgeschrieben ist. Es kann aber zumindest davon ausgegangen werden, dass es nur zur freiwilligen Offenlegung von Informationen kommen wird, wenn der Nutzen aus einer solchen Veröffentlichung die verbundenen Kosten mindestens kompensiert. ▶ Beispiel 1.5 enthält dazu einige Überlegungen.

Beispiel 1.5: Abwägung von Kosten und Nutzen freiwilliger Publizität

Ganz allgemein wird ein rational handelnder Manager Kosten und Nutzen der freiwilligen Publizität abwägen. Dabei wird er vor allem folgende Vor- und Nachteile in Betracht ziehen:

Vorteile: Es kann angenommen werden, dass die Bereitschaft zur freiwilligen Offenlegung von Informationen steigt, wenn Teile der Vergütung der Manager an die Aktienkurse geknüpft sind. Unabhängig von einer solchen Verknüpfung besteht bei einer negativen Entwicklung der Aktienkurse für das Unternehmen die Gefahr einer Übernahme und speziell für die Manager die einer Ablösung.

Diesen Gefahren kann ebenfalls durch ein hohes Publizitätsniveau entgegengewirkt werden. Soweit ein aktiver Markt für Führungskräfte besteht, existieren für die Manager auch Anreize, Informationen zu veröffentlichen, die Rückschlüsse auf ihren Typ (also „gut“ statt „schlecht“) zulassen. Schließlich bestehen Anreize zu freiwilliger Publizität auch und gerade dann, wenn Kapitalmarkttransaktionen geplant sind, etwa eine Erstemmission (Initial Public Offering, IPO), die Ausgabe von Aktien oder Schuldverschreibungen oder Übernahmen bzw. Fusionen.

Nachteile: Für die Kapitalmarktteilnehmer sind vor allem zukunftsorientierte Informationen von Bedeutung. Diese werden sich aber stets durch einen gewissen Grad an Unsicherheit auszeichnen. Beinhalten die veröffentlichten Informationen Schätzungen, die sich im Zeitablauf als unzutreffend erweisen, kann für den Manager – abhängig von der Gesetzeslage und Rechtsprechung – ein mehr oder minder großes Risiko bestehen, verklagt zu werden und Schadensersatz an diejenigen zu leisten, die im Vertrauen auf diese Schätzung investiert haben. Des Weiteren kann Publizität auch auf Produktmärkten nachteilig sein, weil sie nicht nur den Anlegern, sondern auch den Konkurrenten Informationen verschafft.

Eine verpflichtende Unternehmenspublizität hat vor allem den Vorteil, dass durch ein Erzwingen von Unternehmenspublizität eine Mindestmenge an öffentlich verfügbaren Informationen bereitsteht. Wenn Kapitalmärkte diese Informationen verarbeiten, also „halbstreng“ informationseffizient sind (siehe ▸ Beispiel 1.6), können auch solche Investoren auf die Preise „vertrauen“, die nicht alle öffentlich verfügbaren Informationen kennen, also etwa die Jahresabschlüsse nicht selbst auswerten. Verpflichtende Unternehmenspublizität schützt also auch die Kapitalmarktteilnehmer, die sich ihrer gar nicht direkt bedienen (sogenannte „price protection“). Das Spektrum der verpflichtenden Unternehmenspublizität ist breit. Zu ihr zählen etwa die Register-, Hauptversammlungs- und Insolvenzpublizität, daneben die kapitalmarktrechtlichen Publizitätspflichten, aber auch die Jahresabschlusspublizität.

Beispiel 1.6: Grade der Informationseffizienz

In der Literatur wird üblicherweise zwischen verschiedenen Graden von Informationseffizienz unterschieden, die jeweils einer bestimmten Annahme entsprechen, wie ein Markt Informationen verarbeitet bzw. welche Informationen in den Marktwerten „eingepreist" sind. Demnach gibt es drei Hypothesen über die Markteffizienz:

- *Strenge Informationseffizienz:* Die Marktpreise spiegeln alle Informationen wider, die überhaupt existieren, also etwa auch reines Insiderwissen;
- *Halbstrenge Informationseffizienz:* Die Marktpreise spiegeln alle öffentlich bekannten Informationen wider, also etwa solche, die mit der Rechnungslegung kommuniziert werden, nicht aber beispielsweise Insiderwissen;
- *Schwache Informationseffizienz:* Im aktuellen Marktpreis sind nur die Informationen über vergangene Marktpreise abgebildet, gleichwohl lässt sich aus der Auswertung vergangener Kursverläufe kein Nutzen ziehen, da die Marktpreise einem *random walk* folgen, sich also nicht aus Daten der Vergangenheit extrapolieren lassen.

Der Grad der Informationseffizienz kann sich von Markt zu Markt unterscheiden. Bei entwickelten Kapitalmärkten (etwa in Deutschland) wird üblicherweise von halbstrenger Informationseffizienz ausgegangen.

1.6.2 Bilanzpolitik

Die verschiedenen Publizitätspflichten sorgen für eine Mindestmenge an Informationen über ein Unternehmen. Allerdings kann den Unternehmen nur begrenzt vorgeschrieben werden, *wie* sie interne Informationen bereitstellen, denn praktisch alle Regeln beinhalten Interpretations- und Ermessensspielräume, die es den Unternehmen innerhalb gewisser Grenzen erlauben, ein und denselben ökonomischen Sachverhalt, etwa bestimmtes gewonnenes Wissen oder einen Geschäftsvorfall, auf unterschiedliche Weise über die Publizität abzubilden. Die Feststellung, dass etwa Jahresabschlüsse nach feststehenden, extern vorgegebenen Regeln erstellt werden, sollte deshalb nicht zu der Schlussfolgerung führen, dass diese ein „wahres" oder „objektives" Bild des Unternehmens zeichnen würden. Dies wird unmittelbar deutlich, wenn Wahlrechte bedacht werden, die es den Bilanzierenden überlassen, wie sie bestimmte Sachverhalte darstellen. Die Wahlrechtsausübung erstreckt sich prinzipiell auf alle denkbaren Bilanzierungssachverhalte, bei denen mindestens zwei Möglichkeiten zur Abbildung in der Rechnungslegung bestehen. Zusätzlich zu solchen ausdrücklichen („expliziten") Wahlrechten beinhalten zahlreiche Rechnungslegungsvorschriften implizite Wahlrechte bzw. Möglichkeiten, durch Ausübung von Ermessen etwa die Höhe von Wertansätzen zu beeinflussen. Das ist insbesondere der Fall, wenn die Rechnungslegungsvorschriften Bewertungen erlauben, die auf intersubjektiv kaum nachprüfbaren, internen Schätzungen beruhen. So sehen etwa die IFRS für bestimmte Zeitwerte (*fair value* und Nutzungswert bzw. *value in use*) unter bestimmten Bedingungen eine solche finanzwirtschaftliche Ermittlung vor.

Es kann nun davon ausgegangen werden, dass solche Wahlrechte nicht unabhängig voneinander ausgeübt werden. Vielmehr wird ein Unternehmen generell (und in der Regel wohl auch über Jahre hinweg) einer bestimmten Bilanzpolitik folgen, zu der die jeweiligen Wahlrechtsausübungen „passen". Insofern sind unter Bilanzpolitik zunächst einmal all diejenigen Maßnahmen zu verstehen, die das Management eines Unternehmens ergreift, um innerhalb der gesetzlich erlaubten Spielräume eine erwünschte Darstellung der Vermögens-, Finanz- und Ertragslage zu erreichen. Diese erwünschte Darstellung ist wiederum kein Selbstzweck, sondern kann entsprechend den Rechnungslegungszwecken Informations- und Anspruchsbemessungsziele verfolgen. So kann beispielsweise ein hoher Gewinnausweis angestrebt werden, um den Kapitalmarkt zu einer möglichst hohen Bewertung der Aktie zu bringen (Informationsziel); genauso kann aber ein möglichst niedriger Gewinnausweis angestrebt werden, um etwa den Umfang der Gewinnausschüttungen möglichst gering zu halten, weil liquide Mittel im Unternehmen für neue Investitionen verwendet werden sollen (Anspruchsbemessungsziel).

Nicht nur sind damit die Ziele und Spielarten der Bilanzpolitik vielfältig, sondern auch die dahinterstehenden Motive. So wird womöglich der Begriff der Bilanzpolitik intuitiv mit einem Fehlverhalten des Managements assoziiert und Bilanzpolitik als schädlich für Außenstehende betrachtet. Das kann durchaus der Fall sein, ist aber nicht zwingend. So lässt sich grundsätzlich für eine bestimmte Gruppe an Unternehmens-Outsidern wünschenswerte von schädlicher Bilanzpolitik unterscheiden. Ein Beispiel möge dies verdeutlichen. Man stelle sich ein Unternehmen A vor, welches beabsichtigt, einen Mitbewerber B zu übernehmen. Beide Unternehmen sind an der Börse notiert, so dass sich der Erwerb durch Aktientausch anbietet. Dabei bietet Unternehmen A den Aktionären des Zielunternehmens B für jede Aktie des Unternehmens B eine bestimmte Anzahl eigener Aktien des Unternehmens A an. Das Austauschverhältnis der beiden Aktien richtet sich nach dem Wert des jeweiligen Unternehmens. Will nun das Management des übernehmenden Unternehmens A seine Eigner gut stellen, so mag es im Interesse eben dieser Alt-Eigner sein, wenn im Vorfeld des Übernahmeangebots die Ertragslage des Unternehmens unter Ausschöpfung des bilanzpolitischen Instrumentariums möglichst positiv dargestellt wird, um den Wert des Unternehmens zu steigern und damit ein vorteilhaftes Austauschverhältnis zu erwirken – was effektiv bedeutet, dass die Alt-Eigner des übernehmenden Unternehmens weniger für die Akquisition „zahlen". Vorausgesetzt diese Bilanzpolitik geht auf, wird also vom Kapitalmarkt nicht durchschaut, so hat sie den Wohlstand der Eigner von A gemehrt und war für diese „positiv". Für die Eigner von B hingegen gilt das Gegenteil, sie erfahren finanzielle Nachteile aus dieser Bilanzpolitik, da sie effektiv einen zu niedrigen Preis für ihre Anteile erhalten. Ähnliches gilt etwa, wenn ein Management versucht, das bilanzielle Vermögen möglichst hoch auszuweisen, um zu verhindern, dass die in einem Kreditvertrag festgeschriebene Verschuldungsgrenze überschritten wird. Auch hier stellt das Management die Eigner durch Bilanzpolitik besser, indem es die Rückzahlung oder Neuverhandlung des Darlehens mit der Bank verhindert, was zu Lasten des Kreditgebers geht, der sich einem erhöhten Bonitätsrisiko ausgesetzt sieht. Die Bewertung des Nutzens von Bilanzpolitik ist somit stets kontextabhängig vorzunehmen und aus Sicht der verschiedenen Anspruchsgruppen. Sie hängt zudem stark ab von der Frage, für welche Anspruchsgruppe sich das Management stark macht. Lediglich für den Fall, dass das Management ausschließlich zum eigenen Nutzen Bilanzpolitik betreibt, etwa um erfolgsabhängige Vergütungen zu steigern, lässt sich von vornherein von „schädlicher" oder „opportunistischer" Bilanzpolitik sprechen. Dies aber auch nur, soweit über die Bilanzpolitik keine privaten Informationen über die zukünftigen Aussichten des Unternehmens oder auch Informationen über die Qualität des Managements vermittelt werden.

Das Instrumentarium der Bilanzpolitik ist dabei nicht begrenzt auf das Ausnutzen von Wahlrechten und Ermessensentscheidungen innerhalb des relevanten Regelwerks. Neben dieser buchhalterischen Bilanzpolitik gibt es auch die Möglichkeit der Sachverhaltsgestaltung, also das Ergreifen von unternehmerischen Entscheidungen, die ausschließlich ein bilanzpolitisches Ziel verfolgen. Ein einschlägiges Beispiel hierfür sind etwa Investitionen in Forschung und Entwicklung. Man stelle sich etwa den Vorstand eines Pharmaunternehmens vor, der im Herbst absieht, dass das Gewinnziel zum 31.12. und damit die Analystenprognosen voraussichtlich nicht erfüllt werden, da der Umsatz nicht wie erwartet gesteigert werden konnte. Dieses Management mag nun beschließen, mehrere für den November geplante Testläufe für Medikamente, die sich gegenwärtig im Entwicklungsprozess befinden, auf den Januar zu verschieben, um den damit verbundenen Aufwand für das gegenwärtige Geschäftsjahr „einzusparen" und das Gewinnziel doch noch zu erreichen. Dass eine derart investitionshemmende Bilanzpolitik vermutlich nicht im Interesse sämtlicher Außenstehender ist, dürfte offensichtlich sein.

Die vorstehenden Beispiele haben gezeigt, dass vor allem die Gewinngröße häufig im Mittelpunkt der bilanzpolitischen Anstrengungen steht. Daher sollen hier abschließend die vier verschiedenen Ziele diskutiert werden, die eine gewinnorientierte Bilanzpolitik verfolgen kann:

1. *Maximierung des Gewinns:* Gründe, den Gewinn so hoch wie nach Regelbefolgung gerade noch möglich auszuweisen, können etwa bestehen bei bevorstehenden Unternehmensverkäufen oder -zusammenschlüssen, bei einer bevorstehenden Aufnahme von Eigenkapital über den Kapitalmarkt, bei Verhandlungen über Kreditkonditionen oder auch, wenn Manager am Gewinn beteiligt werden und damit die ihnen zufließenden Zahlungen erhöhen möchten.

2. *Minimierung des Gewinns:* Anreize, den Gewinn so niedrig auszuweisen, wie es die Regeln gerade noch erlauben, können etwa bestehen, wenn an die Gewinngröße Steuerzahlungen geknüpft sind, die auf diese Weise reduziert werden können. Ein weiteres Motiv für Gewinnminimierung wäre die Vermeidung einer „Regulierungsgefahr": So mag etwa im Falle des Bestehens eines natürlichen Monopols (etwa bei Netzbetreibern) ein niedriger Gewinnausweis die aus Unternehmenssicht bestehende Gefahr einer staatlichen Preisregulierung senken. Zuletzt seien Tarifverhandlungen genannt, in deren Vorfeld sich ein Unternehmen möglichst „arm" rechnen will, um einen aus Sicht der Eigner vorteilhaften Abschluss zu erwirken.

3. *Glättung des ausgewiesenen Gewinns:* Wenn etwa Anteilseigner an einem stetigen Dividendenstrom interessiert sind und solche Zahlungen an die Gewinngröße geknüpft sind, kann ein Anreiz darin bestehen, die ausgewiesenen Gewinne im Zeitablauf zu glätten.

4. *Erreichen eines Zielgewinns:* Wenn etwa Analystenschätzungen hinsichtlich des erwarteten Unternehmensgewinns vorliegen, mögen Unternehmen starke Anreize haben diese auch zu erreichen. Solche Zielgrößen können natürlich auch von der Unternehmensleitung selbst gesteckt sein. Im Beispiel der Gewinnwarnung durch die Continental AG (siehe ▶ Abschnitt 1.1) wurde gezeigt, dass mit der Verfehlung von Analystenerwartungen ein starker negativer Kapitalmarkteffekt verbunden war. Dies deutet darauf hin, dass entsprechende (negative) Marktreaktionen auch in dem Fall zu erwarten wären, wenn solche Zielgrößen nicht erreicht würden.

Die Erläuterungen zu den vier grundlegenden bilanzpolitischen Strategien legen nahe, dass für ihre jeweilige Wahl Berichtsanreize entscheidend sind. Dies ist allerdings ein zweiseitiges Phänomen:

1. *Ebene der Unternehmen beziehungsweise ihrer Manager:* Zunächst werden auf dieser Ebene Anreize bestehen, in einer bestimmten Art zu berichten beziehungsweise eine bestimmte Bilanzpolitik zu betreiben. Dabei spielen die Verträge, die mit den Führungskräften geschlossen werden, eine wichtige Rolle. Sehen diese etwa eine gewinnbasierte Erfolgsbeteiligung für die Vorstandsmitglieder vor, mögen diese Anreize haben möglichst hohe Gewinne auszuweisen. Es spielen aber auch Verträge des Unternehmens mit anderen Anspruchsgruppen eine Rolle, etwa mit Kreditgebern, oder (implizite) Verträge mit Eigenkapitalgebern. Für einzelne Unternehmen können sich die Berichtsanreize erheblich unterscheiden. So kann etwa ein Unternehmen, das sich hauptsächlich über Bankkredite finanziert, auf eine qualitativ hochwertige Publizität verzichten, wenn den Kreditgebern Zugang zu internen Informationen gewährt wird. Der Jahresabschluss ist dann für die Information des Kapitalmarkts von untergeordneter Bedeutung und seine maßgebliche Rolle mag die der Steuerbemessung sein. In diesem Fall könnte dann eine Gewinnminimierungsstrategie zur Senkung der Steuerlast verfolgt werden. Andererseits könnte ein Unternehmen bestrebt sein neue Kleinaktionäre zu gewinnen, was einen Anreiz implizieren könnte möglichst hohe Gewinne auszuweisen. Es ist also nicht für jedes Unternehmen per se klar, welche Berichtsanreize dominieren – was für eine genauere Betrachtung des jeweiligen institutionellen Umfelds spricht.

2. *Ebene der Adressaten:* Die Adressaten der Publizität fassen die offengelegten Informationen als Signale auf. Sie werden dabei (a) versuchen, die grundlegende Art der Berichterstattung (also die Bilanzpolitik) zu „durchschauen", und sie werden (b) prüfen, ob zusätzliche Informationen vermittelt werden. Ein Beispiel hierfür wäre, dass die Adressaten nach Auswertung mehrerer aufeinanderfolgen-

der Jahresabschlüsse erkennen, dass ein Unternehmen die ausgewiesenen Gewinne glättet. Diese weisen dann in allen Jahren eine annähernd gleiche Höhe auf oder wachsen mit einer annähernd konstanten Rate. Fällt der ausgewiesene Gewinn im aktuellen Jahr nun deutlich niedriger aus und gibt es dafür keine plausible Erklärung (etwa: entsprechende Verluste in allen Unternehmen der gleichen Branche), werden die Adressaten dies möglicherweise als ein negatives Signal auffassen, denn offenbar ist das Unternehmen nicht mehr in der Lage, auch nicht mit bilanzpolitischen Mitteln, den erwarteten Gewinn auszuweisen.

Wesentlich für das Verständnis der kapitalmarktorientierten Rechnungslegung ist also, dass es Berichtsanreize gibt, die es zu berücksichtigen gilt, und dass alle offengelegten Informationen vom Kapitalmarkt als Signale in Bezug auf die künftige wirtschaftliche Entwicklung eines Unternehmens interpretiert werden. Dies erfordert unternehmensseitig eine Abwägung, welche Anreize besonders wichtig sind. Adressatenseitig erfordert es Kenntnisse, wie die Jahresabschlüsse zu interpretieren sind, insbesondere also eine genaue Kenntnis der bestehenden Wahlrechte und deren jeweilige Auswirkung auf Gewinn- und Vermögensausweis, darüber hinaus aber auch Informationen über die wahrscheinlichen Berichtsanreize, die in einem Unternehmen existieren. Zusammenfassend lässt sich also sagen, dass jeder Leser von Bilanzen kapitalmarktorientierter Unternehmen gut beraten ist, sich stets Gedanken über die Motivationen derjenigen zu machen, die das Rechenwerk erstellen, gleichzeitig aber auch über diejenigen Gruppen, die Publizität hauptsächlich nachfragen, denn das Angebot hinsichtlich der Qualität der Publizität wird sich stets auch nach der Nachfrage richten.

Aufgaben

EXTRAS ONLINE

1. Ordnen Sie folgende Begriffe entweder dem externen oder dem internen Rechnungswesen zu: (a) Betriebsabrechnungsbogen; (b) Kosten; (c) Ertrag; (d) Kapitalflussrechnung; (e) Kalkulation; (f) IFRS.

2. Diskutieren Sie, welche Wissenswünsche verschiedene Anspruchsgruppen an eine Unternehmung haben! Wie unterscheiden sich diese und gibt es dabei Interessenkonflikte; welche Aussagen zu den Anspruchsgruppen trifft das Rahmenkonzept der IFRS?

3. Könnte es aus Sicht des Unternehmens oder der Manager Gründe dafür geben, nicht alle Informationen zur Verfügung zu stellen?

4. Erklären Sie, warum Rechnungslegung reguliert ist!

5. Welchen Zweck verfolgt die externe Rechnungslegung? Wie wird der Zweck der Rechnungslegung in den IFRS präzisiert? →

→ Fortsetzung

6. Grenzen Sie das externe Rechnungswesen vom internen Rechnungswesen ab!

7. Das externe Rechnungswesen zeichnet sich dadurch aus, dass Unternehmen insbesondere durch gesetzliche Regelungen dazu verpflichtet sind, (interne) Informationen an Außenstehende zu liefern. Durch welche Verfahren beziehungsweise Instanzen wird die Glaubwürdigkeit dieser Informationen sichergestellt?

8. Diskutieren Sie folgende Aussage: „VW hatte 2001 ein Rekordergebnis vermeldet. Zu diesem Ergebnis trug u.a. die Erhöhung der Aktivierungsquote von Entwicklungsaufwendungen bei. Der Abschluss 2001 war der letzte, den der seit 1993 amtierende Vorstandsvorsitzende Ferdinand Piëch vor seinem Ausscheiden 2002 präsentierte.“ (Handelsblatt Nr. 77, 2003, S. 14).

9. Welchen Einfluss könnte das sogenannte VW-Gesetz auf die Bewertung des VW-Konzerns am Kapitalmarkt gehabt haben? Diskutieren Sie: Gilt das VW-Gesetz heute noch in unveränderter Form?

Weiterführende Literatur Mit der Regulierung von Rechnungslegung setzen sich im deutschsprachigen Schrifttum etwa Feldhoff, 1992, Watrin, 2001, sowie Werner, 2008, umfassend auseinander. Ball, 2001, weist darauf hin, dass Berichtsanreize im internationalen Vergleich variieren. Zum Zusammenhang von Bilanzpolitik und Berichtsanreizen, auch aus empirischer Sicht, kann auf Goncharov, 2005, verwiesen werden. Healy und Palepu, 2001, geben unter anderem einen Überblick über die Vor- und Nachteile freiwilliger Publizität. Die Hypothesen zum Grad der Informationseffizienz werden etwa in Wagenhofer und Ewert, 2007, diskutiert. Bereits Schmidt, 1982, weist darauf hin, dass Rechnungslegung als Informationsproduktion auf „nahezu“ effizienten Märkten verstanden werden kann. Bei der Diskussion um die Effizienz von Kapitalmärkten hat auch der Aufsatz von Fama, 1970, weite Beachtung gefunden.

Die Technik des Buchens von Geschäftsvorfällen

2

ÜBERBLICK

2.1 Geld-zu-Geld-Zyklus, Bilanzgleichung und Geschäftsvorfälle

2.1.1 Grundmodell des Geld-zu-Geld-Zyklus

Lernziele

- Verständnis des Modells des Geld-zu-Geld-Zyklus
- Kenntnis der Bilanzgleichung
- Kenntnis der grundlegenden Systematik des Jahresabschlusses

Als Instrument der kapitalmarktorientierten Unternehmenspublizität dient Rechnungslegung der Abbildung von Geschäftsvorfällen mit dem Ziel, den Adressaten Signale über die Entwicklung eines Unternehmens zukommen zu lassen. Zur Darstellung der Rechnungslegungstechnik kann ein sehr einfaches Modell für die Tätigkeit eines Unternehmens eingeführt werden: der Geld-zu-Geld-Zyklus. Ziel der Tätigkeit eines jeden Unternehmens ist demnach die Mehrung von Kapital, das zunächst in Form von Geld durch Anteilseigner und/oder Fremdkapitalgeber zur Verfügung gestellt wird. Im Geld-zu-Geld-Zyklus lassen sich grob zwei Arten von Transformationsprozessen unterscheiden: Handel mit Waren und Produktion von Gütern. Im Grundmodell des Geld-zu-Geld-Zyklus wird nur mit Waren und nur mit Bargeld gehandelt. Über einen gewissen Zeitraum (etwa: Beginn und Ende des Geschäftsjahres) werden dann liquide Mittel (Geld) zunächst in Waren und dann, durch den Verkauf der Waren, in „mehr" liquide Mittel (Geld) transformiert (siehe ▶ Abbildung 2.1). Bei diesem sehr einfachen Modell lassen sich vier Schritte unterscheiden:

1. Das Unternehmen startet mit einem gewissen Bestand an Geld („liquide Mittel").
2. Durch den Einkauf von Waren reduziert sich der anfängliche Bestand an liquiden Mitteln, gleichzeitig steigt der Vorratsbestand.
3. Die Vorräte werden mit Gewinnaufschlag verkauft. Damit fließen dem Unternehmen wieder liquide Mittel zu.
4. Mit diesen liquiden Mitteln können dann weitere Waren beschafft werden, der Prozess beginnt von Neuem.

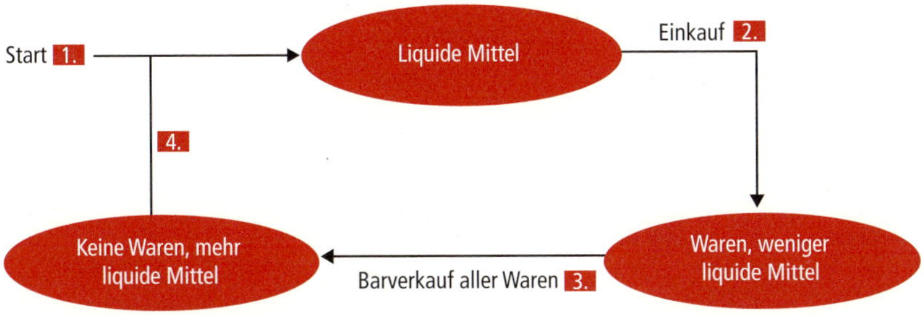

Abbildung 2.1: Grundmodell des Geld-zu-Geld-Zyklus

Dieses Grundmodell gibt den Geschäftsvorfällen eines Handelsunternehmens eine prozessuale Struktur. Um diese in der Buchführung abzubilden, wird auf das Rechenwerk Bilanz, eine Darstellung von Vermögen, Schulden und Eigenkapital des Unternehmens, zurückgegriffen. Dabei sei in diesem einfachen Modell angenommen, dass alle Geschäftsvorfälle innerhalb eines Geschäftsjahres stattfinden.

Bei dem ursprünglich vorhandenen Bestand an liquiden Mitteln handelt es sich um das Vermögen eines Unternehmens. Es ließe sich auch von der Mittelverwendung sprechen, da zur Verfügung gestelltes Geld (Kapital) in dieser Form – eben wieder als Geld – im Unternehmen eingesetzt wird. Diese doppelte Perspektive aus Verwendung und Bereitstellung von Kapital wird mit Hilfe der Bilanzgleichung erfasst. Sie lautet:

Vermögen = Eigenkapital + Fremdkapital oder
Mittelverwendung = Mittelherkunft

Die Bilanz eines Unternehmens (*balance sheet*, neuerdings auch bezeichnet als *statement of financial position*) ist eine Aufstellung der Vermögenswerte (*assets*), der Schulden (*liabilities*) und des Eigenkapitals (*equity*) in Konten- oder Staffelform. Die Aktivseite (bei Kontendarstellung) zeigt, welche Vermögenswerte im Unternehmen vorhanden sind, gibt also Auskunft über die Verwendung der Mittel in Form von Vermögenswerten, wobei vor allem kurzfristig und langfristig verfügbare Vermögenswerte unterschieden werden können. Im Grundmodell des Geld-zu-Geld-Zyklus liegt das Vermögen zu Beginn der Geschäftstätigkeit vollständig in liquiden Mitteln vor – es ist also (noch) nicht in andere Vermögenswerte investiert. Es sei nun angenommen, dass dieses Vermögen zu Beginn des Geld-zu-Geld-Zyklus € 1 Mio. betrage.

Die Passivseite bei der Kontendarstellung gibt Auskunft über die Herkunft beziehungsweise die Quellen der Mittel, mit anderen Worten über die Finanzierung der Vermögenswerte, die auf der Aktivseite ausgewiesen werden. Als Finanzierungsformen werden dabei vor allem kurz- und langfristige Schulden sowie Eigenkapital unterschieden. Schulden sind Mittel, die von Fremdkapitalgebern, wie z.B. Banken, aber auch Kunden oder Lieferanten stammen. Das Eigenkapital wurde von den Eigentümern des Unternehmens bereitgestellt. Hinsichtlich der Quellen des Vermögens sei nun angenommen, dass die Eigentümer € 800 Tsd. aus ihrem privaten Vermögen in das Unternehmen eingebracht haben und des Weiteren Fremdkapital in Höhe von € 200 Tsd. zur Verfügung gestellt wurde. Die Bilanz zu Beginn der Geschäftstätigkeit hat also folgendes Aussehen:

Bilanz			
Aktiva (Mittelverwendung)			**Passiva (Mittelherkunft)**
Zahlungsmittel	1.000.000	Eigenkapital	800.000
		Fremdkapital	200.000
Bilanzsumme	**1.000.000**	**Bilanzsumme**	**1.000.000**

Durch Geschäftsvorfälle, etwa den Kauf von Waren, kommt es nun im Geld-zu-Geld-Zyklus zu Veränderungen in der ursprünglichen Bilanz. Es ist Aufgabe der Bilanz, den wirtschaftlichen Gehalt solcher Transaktionen widerzuspiegeln. Da die Bilanz nur in größeren Zeitabständen erstellt wird (vierteljährlich, halbjährlich, jährlich), die Geschäftsvorfälle aber laufend stattfinden und erfasst werden müssen, werden die Eröffnungsbestände, die den Endbeständen der Ausgangsbilanz entsprechen, in Unterkonten übertragen. Die Veränderungen werden dann in den Unterkonten berücksichtigt und zum nächsten Bilanzstichtag zusammengefügt.

Die Positionen, die auf der Aktivseite der Bilanz stehen (hier: Zahlungsmittel), werden in sogenannte Aktivkonten überführt. Bei einem Aktivkonto handelt es sich um ein Bestandskonto, bei dem Anfangsbestand und Zugänge im Soll und Abgänge im Haben gebucht werden. Der Saldo eines solchen Kontos – hierunter wird die Differenz zwischen allen Soll- und Haben-Einträgen verstanden, die auf der „kleineren" Seite des Kontos eingetragen wird, um beide Seiten in Ausgleich zu bringen – steht daher typischerweise auf der Haben-Seite. Dann nämlich übersteigen Anfangsbestand und Zugänge die Abgänge. Für die Zahlungsmittel im Beispiel ergibt sich folgendes Aktivkonto:

210 Zahlungsmittel (Aktivkonto)			
Soll			**Haben**
Eröffnungsbestand	1.000.000	Abgänge	(...)
Zugänge	(...)	Saldo (= Endbestand)	(...)
Summe		**Summe**	

Das Konto „Zahlungsmittel" hat die Kontonummer 210. Die Kontonummern werden einem unternehmensspezifischen Kontenplan entnommen, einer systematischen Darstellung aller für Buchungen zur Verfügung stehenden Konten.

Exkurs 2.1 Kontenplan

Ein vollständiges Verzeichnis der in einem Unternehmen verwendeten Konten wird als Kontenplan bezeichnet. Ein Unternehmen ist bei der Gestaltung seines Kontenplans grundsätzlich frei, dieser soll aber einen systematischen Aufbau haben und orientiert sich üblicherweise an einem überbetrieblichen – häufig branchenspezifischen – Kontenrahmen. In Deutschland verbreitet ist etwa der Industriekontenrahmen (IKR), aus dem viele Unternehmen durch Anpassung an ihre individuellen Bedürfnisse einen unternehmensspezifischen Kontenplan entwickeln. Jedem Konto ist dabei eine Nummer zugeordnet, die es eindeutig identifiziert. Im Folgenden wird auf einen für die Zwecke dieses Buchs frei definierten Kontenplan zurückgegriffen, der wie folgt aufgebaut ist:

Nummer und Name des Kontos (mit Untergliederungen)	Bestandskonto		Erfolgskonto			
			Erfolg (in Gewinn/Verlust erfasst)		Sonstiger Erfolg	
	Aktiv	Passiv	Ertrag	Aufwand	Ertrag	Aufwand
100 Langfristige Vermögenswerte	x					
110 Immaterielle Vermögenswerte	x					
120 Sachanlagen	x					
121 Grundstücke	x					
122 Gebäude	x					
123 Geschäfts- und Betriebsausstattung	x					
124 Technische Anlagen	x					
125 Maschinen und maschinelle Anlagen	x					
1251 Maschinen	x					
1252 Anlage Nr. 1	x					
1253 Anlage Nr. 2	x					
1254 Anlage Nr. 3	x					
126 Fuhrpark	x					
1261 Fuhrpark allgemein	x					
1262 Zugmaschine	x					
1263 Auflieger	x					
127 Anlagen in Herstellung	x					
130 Finanzanlagen	x					
140 Sonstige langfristige Vermögenswerte	x					
150 Kumulierte Abschreibungen		x				
200 Kurzfristige Vermögenswerte	x					
210 Zahlungsmittel und Zahlungsmitteläquivalente	x					

→ Fortsetzung

Nummer und Name des Kontos (mit Untergliederungen)	Bestandskonto		Erfolgskonto			
			Erfolg (in Gewinn/Verlust erfasst)		Sonstiger Erfolg	
	Aktiv	Passiv	Ertrag	Aufwand	Ertrag	Aufwand
220 Bank	x					
230 Forderungen	x					
231 Forderungen aus Lieferungen und Leistungen	x					
232 Wertberichtigungen (Forderungen)	x					
233 Zinsforderungen	x					
234 Sonstige Forderungen	x					
240 Vorräte	x					
241 Roh-, Hilfs- und Betriebsstoffe	x					
242 Unfertige Erzeugnisse	x					
243 Fertigerzeugnisse	x					
244 Handelswaren	x					
250 Sonstige	x					
251 Geleistete Anzahlungen	x					
252 Versicherungsvorauszahlungen	x					
253 Mietvorauszahlungen	x					
400 Eigenkapital		x				
410 Gezeichnetes Kapital		x				
420 Rücklagen (aus Gewinn/Verlust)		x				
421 Jahresergebnis		x				
422 Einbehaltene frühere Gewinne		x				
423 Sonstige Rücklagen		x				
4231 Satzungsmäßige Rücklagen		x				
4232 Gesetzliche Rücklagen		x				
4233 Andere Rücklagen		x				
430 Rücklagen (aus sonstigem Ergebnis)		x				
431 Neubewertungsrücklage		x				
432 Aus Neubewertungen nach IAS 39		x				
433 Sonstige		x				
440 Kapitalrücklage		x				
500 Langfristige Schulden		x				
510 Rückstellungen		x				
511 Pensionsrückstellungen		x				
512 Sonstige Rückstellungen		x				

→

→ Fortsetzung

Nummer und Name des Kontos (mit Untergliederungen)	Bestandskonto		Erfolgskonto			
			Erfolg (in Gewinn/Verlust erfasst)		Sonstiger Erfolg	
	Aktiv	Passiv	Ertrag	Aufwand	Ertrag	Aufwand
520 Schulden		x				
521 Bankdarlehen		x				
522 Hypotheken		x				
523 Schulden aus Anleihen		x				
524 Lieferantendarlehen		x				
530 Abgrenzungsposten		x				
600 Kurzfristige Schulden		x				
610 Finanzverbindlichkeiten		x				
620 Verbindlichkeiten aus Lieferungen und Leistungen		x				
630 Zinsverbindlichkeiten		x				
640 Lohnverbindlichkeiten		x				
650 Erhaltene Anzahlungen		x				
700 Erträge			x			
710 Umsatzerlöse			x			
720 Sonstige betriebliche Erträge			x			
730 Neubewertungserträge (im Gewinn oder Verlust)			x			
740 Neubewertungserträge im sonstigen Ergebnis					x	
741 Veränderung der Neubewertungsrücklage (nach IAS 16 und IAS 38)					x	
742 Ertrag aus Neubewertung von Available-for-Sale-Finanzinstrumenten					x	
743 Gewinne aus sonstigen erfolgsneutralen Neubewertungen					x	
744 Versicherungsmathematische Gewinne					x	
745 Gewinne aus Währungsumrechnung					x	
750 Bestandserhöhungen			x			
760 Mieterträge			x			
770 Zinserträge			x			
800 Aufwendungen				x		
810 Umsatzkosten				x		
820 Abschreibungen				x		
821 Planmäßige Abschreibungen auf langfristige Vermögenswerte				x		

→

→ Fortsetzung

Nummer und Name des Kontos (mit Untergliederungen)	Bestandskonto		Erfolgskonto			
			Erfolg (in Gewinn/Verlust erfasst)		Sonstiger Erfolg	
	Aktiv	Passiv	Ertrag	Aufwand	Ertrag	Aufwand
822 Abschreibung wegen Wertminderung				x		
823 Abschreibungen auf Forderungen				x		
830 Betriebliche Aufwendungen			x			
831 Personalaufwand			x			
835 Materialaufwand				x		
840 Bestandsminderungen				x		
850 Finanzierungskosten				x		
851 Zinsaufwand				x		
852 Sonstige Finanzierungskosten				x		
860 Sonstige betriebliche Aufwendungen				x		
861 Instandhaltungsaufwand				x		
862 Energieaufwand				x		
863 Versicherungsaufwand				x		
864 Mietaufwand				x		
865 Aufwand für Rückstellungen				x		
870 Aufwendungen im sonstigen Ergebnis						x
871 Veränderung der Neubewertungsrücklage (nach IAS 16 und IAS 38)						x
872 Aufwand aus Neubewertung von Available-for-Sale-Finanzinstrumenten						x
873 Verluste aus anderen Neubewertungen						x
874 Versicherungsmathematische Verluste						x
875 Verluste aus Währungsumrechnung						x
880 Neubewertungsaufwendungen (im Gewinn oder Verlust)					x	(x)
900 Gesamtergebnis			x	(x)		
910 Gewinn oder Verlust			x	(x)		
920 Sonstiger Erfolg (OCI)					x	(x)
921 Sonstiger Erfolg (OCI, keine spätere Umgliederung)					x	(x)
922 Sonstiger Erfolg (OCI, mit späterer Umgliederung)					x	(x)

Hinweise: Bei der Erstellung des Abschlusses nimmt das Konto 920 die Salden der Kontengruppen 740 (741 bis 745) und 870 (871–875) auf. Die Salden der restlichen Erfolgskonten (Kontengruppen 710 bis 730 bzw. 750 bis 760 sowie 810 bis 860 und 880) werden am Geschäftsjahresende im Gewinn oder Verlust (Konto 910) erfasst. Die Salden der Konten 910 und 920 werden dann wiederum im Eigenkapital (Kontogruppe 400) aufgenommen. Dabei wird der Gewinn (Verlust) zunächst im Konto Jahresergebnis (Konto 421) erfasst. Der sonstige Erfolg wird in den einschlägigen Positionen der Kontogruppe 430 aufgenommen.

Entsprechend werden für Eigen- und Fremdkapital Passivkonten gebildet. Auch Passivkonten sind Bestandskonten. Bei ihnen werden spiegelbildlich Anfangsbestand und Zugänge im Haben gebucht, während die Abgänge im Soll erfasst werden. Für das Eigenkapital ergibt sich damit folgendes Passivkonto:

400 Eigenkapital (Passivkonto)			
Soll			**Haben**
Abgänge	(...)	Eröffnungsbestand	800.000
Saldo (= Endbestand)	(...)	Zugänge	(...)
Summe		**Summe**	

Im Modell des einfachen Geld-zu-Geld-Zyklus kommt es zunächst zum Kauf von Handelswaren. Wird dabei angenommen, dass 30.000 Stück Waren zu jeweils € 10 in bar beschafft werden, dann nehmen die Zahlungsmittel um insgesamt € 300.000 ab. Dafür befinden sich nun Handelswaren im Wert von € 300.000 als Vermögenswerte im Bestand. Die Vorräte müssen auf einem neuen Bestandskonto erfasst werden, wobei es sich hier ebenfalls um ein Aktivkonto handelt. Die Konten Zahlungsmittel und Vorräte spiegeln diese Vorgänge wider:

210 Zahlungsmittel (Aktivkonto)			
Soll			**Haben**
Eröffnungsbestand	1.000.000	Abgänge	300.000
Zugänge	0	Saldo (= Endbestand)	(...)
Summe		**Summe**	

244 Handelsware (Aktivkonto)			
Soll			**Haben**
Eröffnungsbestand	0	Abgänge	(...)
Zugänge	300.000	Saldo (= Endbestand)	(...)
Summe		**Summe**	

Im Rechnungswesen werden alle Geschäftsvorfälle – hier der Kauf von Waren – in Form von Buchungssätzen dokumentiert. Bei jedem Geschäftsvorfall sind bei der doppelten Buchführung mindestens zwei Bilanzpositionen betroffen, weshalb im Buchungssatz auch immer mindestens zwei Konten je Buchung aufgerufen werden. Es gilt der Grundsatz, dass keine Buchung ohne Gegenbuchung in gleicher Höhe erfolgen darf. Unter einer Buchung ist eine systemgebundene Kurzanweisung zu verstehen, die unter Nennung der jeweiligen Beträge die grundsätzliche Form „Sollkonto an Habenkonto“ hat. Die dabei verwendeten Konten können dem Kontenplan eines Unternehmens entnommen werden, der sich wiederum häufig an einem branchenspezifischen Kontenrahmen orientiert (vergleiche für den in diesem Buch verwendeten Kontenplan ▶ Exkurs 2.1). Veränderungen auf Konten können nur durch Buchungssätze stattfinden. Dabei gelten für Buchungssätze stets die Anforderungen, dass immer ein oder mehrere Konten auf der Soll- und der Habenseite gebucht werden und dass die Summe der gebuchten Beträge auf der Soll- und der Habenseite übereinstimmen müssen. Damit ist gewährleistet, dass zu jeder Zeit die Bilanzgleichung stimmt und die Buchführung als geschlossenes System besteht.

Beim Kauf von Waren sind die beiden Konten Zahlungsmittel und Vorräte betroffen: Die Zahlungsmittel nehmen ab (Buchung beim Aktivkonto im Haben), die Vorräte nehmen zu (Buchung beim Aktivkonto im Soll). Es ergibt sich damit folgender Buchungssatz:

244 Handelswaren		300.000	
	an 210 Zahlungsmittel		300.000

Wenn nun die Auswirkungen des Kaufs der Vorräte auf die Bilanz betrachtet werden sollen, müssen die Konten geschlossen werden. Dazu sind jeweils die Salden zu ermitteln, die den jeweiligen Endbeständen in der Bilanz entsprechen. Das Schließen eines Kontos sei beispielhaft am Konto Zahlungsmittel demonstriert:

210 Zahlungsmittel (Aktivkonto)			
Soll			**Haben**
Eröffnungsbestand	1.000.000	Abgänge	300.000
Zugänge	0	Saldo (= Endbestand)	700.000
Summe	**1.000.000**	**Summe**	**1.000.000**

Auf der Verwendungsseite (also der Aktivseite) der Bilanz zeigt sich nach dem Schließen der Konten, dass nach wie vor Eigen- und Fremdkapitalmittel in Höhe von € 1.000.000 bereitstehen, von denen € 700.000 in Zahlungsmittel und € 300.000 in Handelswaren investiert sind. Die Bilanz hat dann folgende Gestalt:

Bilanz			
Aktiva			**Passiva**
Zahlungsmittel	700.000	Eigenkapital	800.000
Handelswaren	300.000	Fremdkapital	200.000
Bilanzsumme	**1.000.000**	**Bilanzsumme**	**1.000.000**

Wird nun die Bilanzsumme *vor* und *nach* dem Kauf der Vorräte verglichen, stellt sich heraus, dass sich nichts geändert hat: Sie beträgt nach wie vor € 1.000.000. Offenbar hat lediglich ein Tausch zwischen zwei Positionen auf der Aktivseite stattgefunden. Bei einem solchen Geschäftsvorfall wird deshalb auch von einem *Aktiv-Tausch* gesprochen. Bei einem Aktiv-Tausch nimmt (mindestens) ein Aktivposten zu, während gleichzeitig (mindestens) ein anderer abnimmt. Der Kauf von Vorräten gegen Barzahlung führt zu einer Mehrung der Vorräte (Aktivseite) und gleichzeitig zu einer Minderung der Zahlungsmittel (Aktivseite). An der Bilanzsumme ändert sich insgesamt nichts. Dies lässt sich auch durch eine Analyse der Mittelherkunft erklären: Das Unternehmen hat keine neuen Schulden aufgenommen und auch die Eigentümer haben dem Unternehmen keine weiteren Mittel überlassen. Die Passivseite hat sich nicht verändert und deswegen muss auch die Aktivseite eine identische Höhe aufweisen.

Spiegelbildlich zum Aktiv-Tausch gibt es auch Geschäftsvorfälle, die zu einem *Passiv-Tausch* führen. Bei einem Passiv-Tausch nimmt (mindestens) ein Passivposten zu, während gleichzeitig (mindestens) ein anderer abnimmt. An der Bilanzsumme ändert sich auch bei einem Passiv-Tausch nichts. Ein Beispiel hierzu betrifft die Umwandlung von Fremd- in Eigenkapital, wenn etwa eine kurzfristige Schuld bei einem Lieferanten in Eigenkapital umgewandelt wird, der Lieferant somit beispielsweise Miteigentümer des Unternehmens wird. Die Schulden nehmen dann ab, das Eigenkapital um denselben Betrag zu, die Bilanzsumme wiederum bleibt unverändert. Bei der Umwandlung eines Bankdarlehens in Eigenkapital ergibt sich folgender Buchungssatz:

521 Bankdarlehen		Betrag	
	an 400 Eigenkapital		Betrag

Unter den Geschäftsvorfällen, die sich auf die Höhe der Bilanzsumme auswirken, werden wiederum zwei Typen unterschieden. Bei der *Aktiv-Passiv-Mehrung* nimmt sowohl auf der Aktiv- als auch der Passivseite (mindestens) ein Posten zu. Es kommt dann zur Bilanzverlängerung. Ein Beispiel hierfür ist die Aufnahme eines Bankkredits: Bei Barauszahlung der Kreditsumme kommt es zu einer Zunahme des Zahlungsmittelbestands (Aktivseite) und gleichzeitig zu einer Zunahme der Schulden (Passivseite). Es ergibt sich folgender Buchungssatz für diese Aktiv-Passiv-Mehrung:

210 Zahlungsmittel		Betrag	
	an 521 Bankdarlehen		Betrag

Bei der *Aktiv-Passiv-Minderung* nimmt sowohl auf der Aktiv- als auch der Passivseite jeweils (mindestens) ein Posten ab, es kommt zur Bilanzverkürzung. Ein Beispiel hierfür ist die Begleichung einer Schuld durch Rückzahlung in bar: Die Zahlungsmittel (Aktivseite) nehmen ab, die Schulden (Passivseite) ebenfalls. Der Buchungssatz für dieses Beispiel lautet:

620 Verbindlichkeiten aus Lieferungen und Leistungen		Betrag	
	an 210 Zahlungsmittel		Betrag

Im zweiten Schritt des einfachen Geld-zu-Geld-Zyklus werden nun Vorräte verkauft, wodurch dem Unternehmen wieder Zahlungsmittel zufließen. Diese Vorgänge werden nicht unmittelbar in der Bilanz gebucht, sondern als Erfolgsquellen des Geschäfts erfasst. Der Verkauf von Vorräten ist das Geschäftsmodell des Unternehmens. Das

Unternehmen tritt hier mit unmittelbarer Gewinnerzielungsabsicht in den Markt ein, was im Rechnungswesen durch die Erfassung von Erträgen (hier: Umsatzerlösen) dokumentiert wird. Die gleichzeitige Ausbuchung der Vorräte führt zu korrespondierenden Aufwendungen (hier: Umsatzkosten). Auch dies lässt sich mit dem Geschäftsmodell des Unternehmens erklären. Der Einsatz der Waren ist die notwendige Bedingung, um Erträge zu erzielen. Dem Zufluss an Erträgen muss der entsprechende Aufwand gegenübergestellt werden. Erträge und Aufwendungen entstehen aus Aktivitäten mit unmittelbarer Gewinnerzielungsabsicht. Für sich genommen kann man weder aus dem Einkauf (ohne Verkauf) oder der Kreditaufnahme allein Erfolge schaffen. Daher führen diese Transaktionen zunächst nur zu einer Veränderung der Bilanz. Erfolgswirksame Transaktionen werden in gesonderten Konten gesammelt. Um die Quellen des Erfolgs eines Unternehmens sichtbar zu machen, werden Aufwands- und Ertragsarten in entsprechenden *Erfolgskonten* gesondert ausgewiesen. Dabei werden *Aufwandskonten* und *Ertragskonten* unterschieden. Technisch sind Erfolgskonten Unterkonten des Eigenkapitals, das die Zurverfügungstellung von Mitteln durch die Eigentümer abbildet. Entstehen in einer Periode Erträge, erhöht sich unter sonst gleichen Bedingungen das zur Verfügung gestellte Kapital, entstehen Aufwendungen, vermindert es sich entsprechend. Demnach werden Erträge (Aufwendungen) auf den Erfolgskonten wie Mehrungen (Minderungen) des Eigenkapitals erfasst, sodass die jeweiligen Salden der Fortschreibung des Eigenkapitals dienen.

Es sei nun angenommen, dass die 30.000 Stück Waren im Lager zu einem Preis von jeweils € 12 verkauft werden. Auf dem Ertragskonto „Umsatzerlöse" wird dieser Zufluss nun wie folgt erfasst:

710 Umsatzerlöse (Ertragskonto)			
Soll			**Haben**
Saldo	(...)	Verkauf von Waren	360.000
Summe		**Summe**	

Gleichzeitig führt der Verkauf zu einem Zufluss von Zahlungsmitteln in Höhe von € 360.000. Außerdem gehen Vorräte ab, die einen Einstandspreis von € 10 × 30.000 = € 300.000 hatten, was auf dem Bestandskonto Vorräte zu erfassen ist. Dieser Abgang bei den Vorräten entspricht den Umsatzkosten, also den mit dem Verkauf verbundenen Aufwendungen (die im entsprechenden Konto im Soll zu erfassen sind). Auf dem „Aufwandskonto" Umsatzkosten zeigt sich folgendes Bild:

810 Umsatzkosten (Aufwandskonto)			
Soll			**Haben**
Abgang von Waren	300.000	Saldo	(...)
Summe		**Summe**	

Der Buchungssatz, der die Verkaufstransaktion, die Umsatzerlöse und die Umsatzkosten sowie die entsprechenden Veränderungen der Bestandskonten erfasst, lautet dann wie folgt:

210 Zahlungsmittel		360.000	
810 Umsatzkosten		300.000	
	an 710 Umsatzerlöse		360.000
	244 Handelswaren		300.000

Die Erfolgskonten werden üblicherweise am Geschäftsjahresende über das Gewinn-und-Verlust-Konto abgeschlossen. Für den Fall, dass nach dem Ende dieses einfachen Geld-zu-Geld-Zyklus nun auch die Geschäftsperiode des Unternehmens endet, kann so der Periodengewinn ermittelt werden. Das Gewinn-und-Verlust-Konto nimmt nach dem Verkauf folgende Gestalt an:

900 Gewinn-und-Verlust-Konto			
Soll			**Haben**
Umsatzkosten	300.000	Umsatzerlöse	360.000
Saldo (= Gewinn)	60.000		
Summe	**360.000**	**Summe**	**360.000**

Der Saldo des Gewinn-und-Verlust-Kontos wird nun durch folgenden Buchungssatz auf das Eigenkapitalkonto gebucht:

910 Gewinn oder Verlust		60.000	
	an 421 Jahresergebnis		60.000

Im Beispiel wurde nun der Zahlungsmittelbestand in Höhe von € 1.000.000 zu Beginn des Geld-zu-Geld-Zyklus in einen höheren Zahlungsmittelbestand (€ 1.060.000) am Ende des Geld-zu-Geld-Zyklus verwandelt. Im einfachen Modell entspricht der Gewinn der Differenz der Zahlungsmittel am Anfang und Ende des Geld-zu-Geld-Zyklus (hier: € 60.000). Dies ist der Erfolg aus dem Durchlaufen des Zyklus, der sich auch im Gewinn-und-Verlust-Konto ablesen lässt. Er zeigt sich ebenso im Anstieg des Eigenkapitals um € 60.000. Es ergibt sich dadurch folgende Bilanz:

Bilanz			
Aktiva			**Passiva**
Zahlungsmittel	1.060.000	Eigenkapital	860.000
Vorräte (Waren)	0	Fremdkapital	200.000
Bilanzsumme	**1.060.000**	**Bilanzsumme**	**1.060.000**

Diese Überlegungen können nun dadurch erweitert werden, dass das verkaufende Unternehmen statt der bisher bekannten sofortigen Barzahlung seinen Abnehmern eine Zahlungsfrist zur Begleichung der Forderung (Verkauf auf Ziel) einräumt. Ebenso ist denkbar, dass anstelle des einfachen Kaufens und Verkaufens ein Produktionsprozess mit Rohstoffen, unfertigen und fertigen Erzeugnissen eingeführt wird. Diese beiden Sachverhalte werden im Folgenden näher beleuchtet.

2.1.2 Erweiterung um Forderungen und Verbindlichkeiten

Lernziele

- Erfassung von Käufen und Verkäufen auf Ziel
- Kenntnis der Konten Forderungen und Verbindlichkeiten

Der zuvor dargestellte einfache Geld-zu-Geld-Zyklus hat für die erbrachte Leistung des Unternehmens (die Lieferung von Handelswaren) eine sofortige Barzahlung als Gegenleistung angenommen. In der Regel werden gelieferte Leistungen und Waren allerdings nicht sofort bei Leistungserbringung oder Lieferung bezahlt. So räumen sich Unternehmen gegenseitig Zahlungsfristen ein, die sich in den meisten Fällen auf wenige Wochen beschränken. Dies führt dazu, dass Unternehmen Leistungen am Markt erbringen und zunächst noch keinen Zahlungseingang verbuchen können. In so einem Fall gestatten es die Bilanzierungskonventionen trotzdem, einen Umsatzerlös zu erfassen. Neben den Umsatzerlösen und den Umsatzkosten wird dann eine Forderung aus Lieferung und Leistung erfasst. Bereits im Vorabschnitt war in der Aktiv-Passiv-Mehrung der Fall eingeführt worden, dass Verbindlichkeiten (aus Lieferungen und Leistung) entstehen, wenn das Unternehmen Waren bezieht, die nicht sofort bezahlt werden. Hierbei handelt es sich um den spiegelbildlichen Vorgang. Der Geld-zu-Geld-Zyklus hat unter Berücksichtigung von Forderungen und Verbindlichkeiten folgende Gestalt.

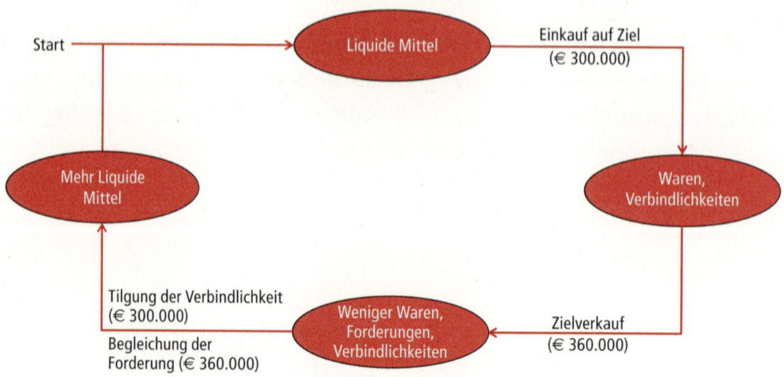

Abbildung 2.2: Geld-zu-Geld-Zyklus mit Forderungen und Verbindlichkeiten

Wenn das Unternehmen seinen Warenkauf durch Vereinbarung eines Zahlungsziels gestaltet, bleibt der Bestand an Zahlungsmitteln (€ 1.000.000) zunächst konstant. Zudem wird eine Verbindlichkeit aus Lieferung und Leistung erfasst. Wie im Grundmodell des Geld-zu-Geld-Zyklus steigt gleichzeitig der Bestand auf dem Konto Handelswaren um € 300.000. Es ergibt sich folgender Buchungssatz für den Wareneinkauf:

244 Handelswaren		300.000	
	an 620 Verbindlichkeiten aus Lieferungen und Leistungen		300.000

Für den Warenverkauf sei angenommen, dass das Unternehmen 30.000 Stück der Handelswaren auf Ziel zu einem Verkaufspreis von € 12/Stück verkauft. In diesem Fall wird neben der Erfassung von Umsatzerlösen und Umsatzkosten sowie dem Warenabgang eine Forderung aus Lieferung und Leistung gebucht. Zahlungsmittel fließen in diesem Fall zunächst nicht. Der Buchungssatz zu diesem Geschäftsvorfall hat folgende Form:

231 Forderungen aus Lieferungen und Leistungen		360.000	
810 Umsatzkosten		300.000	
	an 710 Umsatzerlöse		360.000
	244 Handelswaren		300.000

Wichtig ist hier, dass Einkäufe und Verkäufe von Waren nicht symmetrisch erfasst werden. Einkäufe bereiten die Absatztätigkeit vor, erhöhen die Erfolgspotenziale, führen aber noch nicht zu Erfolgen. Daher werden sie nur in der Bilanz erfasst, entweder als ein Aktiv-Passiv-Tausch oder eine Aktiv-Passiv-Mehrung. Verkäufe hingegen sind mit Erfolgen aus der eigentlichen Unternehmenstätigkeit verbunden. Sie führen zu Umsatzerlösen (als positive Erfolgsbeiträge) und Umsatzkosten (als negative Erfolgsbeiträge). Zusätzlich wird die Veränderung der Bestände in der Bilanz erfasst, in diesem Fall die Erhöhung der Forderungen und die Verminderung des Bestands an Handelswaren. Die Erfassung der Umsatzerlöse und Umsatzkosten ist also unabhängig davon, ob der Verkauf gegen Barzahlung oder auf Ziel erfolgt. In der „neuen" Bilanz würde sich in diesem Fall folgendes Bild zeigen:

Bilanz

Aktiva			**Passiva**
Zahlungsmittel	1.000.000	Eigenkapital	860.000
Forderungen aus Lieferungen und Leistungen	360.000	Fremdkapital	200.000
		Verbindlichkeiten aus Lieferungen und Leistungen	300.000
Bilanzsumme	**1.360.000**	**Bilanzsumme**	**1.360.000**

In der Buchführung wird für jeden Schuldner ein individuelles Konto eingerichtet, das alle Forderungen aus den Geschäftsbeziehungen mit diesem erfasst. Zur Erstellung von Jahresabschlüssen werden dann die Konten aller Schuldner zu dem Konto „Verbindlichkeiten aus Lieferungen und Leistungen“ zusammengefasst. Bei Zahlung werden die gesamten Verbindlichkeiten entsprechend vermindert. Eine solche Tilgungszahlung, z.B. durch Banküberweisung, stellt eine Aktiv-Passiv-Minderung dar und wird folgendermaßen gebucht:

620 Verbindlichkeiten aus Lieferung und Leistungen		300.000	
	an 220 Bank		300.000

Das Konto Bank wird durch die Überweisung des Kaufbetrags um € 300.000 gemindert, die zunächst erfasste Verbindlichkeit wird nun ausgebucht, da mit der Zahlung die Schuld beglichen wird. Folglich sinkt der Zahlungsmittelbestand auf dem Bankkonto. Die Zahlung der gekauften Handelswaren kann dabei auch auf ein Datum fallen, das nach dem Weiterverkauf der Waren liegt. In diesem Fall hätte das Unternehmen die Waren bereits weiterverkauft, bevor sie bezahlt sind. Für dieses erweiterte Modell des Geld-zu-Geld-Zyklus sei weiterhin angenommen, dass sich alle Geschäftsvorfälle innerhalb eines Jahres ereignen. Erfolgt also auch der Zahlungseingang für den Warenverkauf auf Ziel in der aktuellen Periode, so ist dieser auf dem Bankkonto zu erfassen und gleichzeitig die Forderung aus Lieferungen und Leistungen auszubuchen. Der um Forderungen und Verbindlichkeiten erweiterte Geld-zu-Geld-Zyklus ist damit abgeschlossen. Der Buchungssatz lautet folgendermaßen:

220 Bank		360.000	
	an 231 Forderungen aus Lieferungen und Leistungen		360.000

Neben der Einräumung von Fristen zur Zahlung von Warenlieferungen, die sowohl für Einkauf als auch Verkauf gelten können, kann auch eine Kombination zwischen Barzahlung und Zahlungsziel vereinbart werden. Verkauft ein Unternehmen zum Beispiel Handelswaren im Wert von € 5.000 zum Verkaufspreis von € 8.000 an einen Kunden und räumt diesem für die Hälfte des vereinbarten Preises bei gleichzeitiger Barzahlung der Differenz ein Zahlungsziel ein, so ergibt sich folgender Buchungssatz:

231 Forderungen aus Lieferungen und Leistungen		4.000	
210 Zahlungsmittel		4.000	
810 Umsatzkosten		5.000	
	an 710 Umsatzerlöse		8.000
	244 Handelswaren		5.000

Das erweiterte Modell des Geld-zu-Geld-Zyklus hat sich wie das Grundmodell auf den Handel von Waren beschränkt und dieses um Forderungen und Verbindlichkeiten ergänzt. Die meisten Unternehmen stellen jedoch auch eigene Produkte her, die sie später am Markt absetzen. Im folgenden Abschnitt soll nun der Geld-zu-Geld-Zyklus um die Produktion erweitert werden.

Aufgaben

EXTRAS ONLINE

1. Nehmen Sie an, ein Unternehmen kauft in einer Periode 10.000 Stück Handelswaren für je € 21. In der Periode werden 6.000 Stück bar verkauft zu je € 36 und außerdem 4.000 Stück auf Ziel, ebenfalls zu € 36. Berechnen Sie für die Periode (1) Auszahlungen, (2) Einzahlungen, (3) die Veränderung der Zahlungsmittel, (4) die ausgewiesenen Forderungen und (5) den Gewinn.

2. Bitte kreuzen Sie die richtigen Antworten an! Nach dem Geld-zu-Geld-Zyklus beginnt ein Geschäftsvorfall, wenn

( ) Geld in das Unternehmen zurückfließt.

( ) Geld das Unternehmen verlassen soll.

( ) Zahlungsmitteläquivalente eintreffen.

( ) Zahlungsmittel bereitgestellt werden.

3. Bitte kreuzen Sie die richtigen Antworten an! Der Geld-zu-Geld-Zyklus ist durch folgenden Ablauf charakterisiert:

( ) Geld – Rohstoffe – Neubewertung – Verkauf – mehr Geld

( ) Geld – Handelsware – Präsentation – Verkauf – mehr Geld

( ) Geld – Ware – Lagerung – Verkauf – mehr Geld

4. Was ist der Unterschied zwischen Zahlungen (Cashflows) und Erträgen beziehungsweise Aufwendungen einer Periode?

Weiterführende Literatur Eine Vielzahl von Werken widmet sich den technischen Aspekten der Buchführung beziehungsweise der Bilanzierung. Beispielhaft kann hier auf Eisele und Knobloch, 2011, oder auf Möller und Hüfner, 2012, verwiesen werden, daneben auch auf Buchner, 2005, der die Darstellung eng mit der handelsrechtlichen Rechnungslegung, also der nach HGB beziehungsweise GoB, verknüpft.

2.1.3 Erweiterung des Geld-zu-Geld-Zyklus um Produktion

Lernziele

- Buchhalterische Erfassung des Produktionsprozesses
- Kenntnis von fertigen und unfertigen Erzeugnissen

Analog zu den Unternehmen, die nur Handel mit Waren betreiben, kaufen auch Produktionsunternehmen verschiedene Güter ein und verkaufen anschließend Produkte über den Markt an ihre Kunden. Der Unterschied zwischen Produktions- und Handelsunternehmen liegt darin, dass Produktionsunternehmen die eingekauften Waren ganz oder teilweise in andere Produkte verwandeln. Der Einkauf von Waren unterscheidet sich bei beiden Arten von Unternehmen nicht, sowohl in der Art der Transaktion als auch bei der grundsätzlichen buchhalterischen Erfassung. Ebenso wird der Verkauf in beiden Unternehmen in sehr ähnlicher Weise verbucht. Der wesentliche Unterschied zeigt sich daher im Produktionsprozess, in dem die für den Markt bestimmten Waren hergestellt werden. Während im Handelsunternehmen die eingekauften Güter als Waren bis zum Verkauf ruhen, gehen beim Produktionsunternehmen die eingekauften Leistungen zumindest teilweise in den Herstellungsprozess ein. Der Herstellungsvorgang ist erfolgsneutral; denn Erfolge entstehen, wie auch im Handelsunternehmen, erst bei der Marktabgabe der Leistungen.

Zu den eingekauften Leistungen zählen zunächst die Rohstoffe. Ihr Zustand ist bei Beschaffung „roh", da sie in der Produktion noch weiterverarbeitet werden. Sie sind in der Regel wesentlicher physischer Bestandteil des Endprodukts. Weiterhin werden für die Produktion Hilfsstoffe benötigt, die zwar in das Endprodukt eingehen, daran aber physisch nur einen kleinen Anteil ausmachen. Zudem benötigt eine Produktion häufig auch Betriebsstoffe. Dieses sind Stoffe, die nicht in das Endprodukt eingehen, aber für die Produktion notwendig sind. Zusammenfassend werden diese Stoffe als „Roh-, Hilfs- und Betriebsstoffe" unter den Vorräten in der Bilanz gezeigt. Wenn beispielsweise Tische hergestellt werden, ist der benötigte Rohstoff für die Produktion Holz. Für die Herstellung werden ebenso noch Leim, Nägel oder Schrauben benötigt, die in diesem Fall Hilfsstoffe sind. Als Betriebsstoffe dienen Reinigungsmittel oder Öl als Schmiermittel für die eingesetzten Werkzeuge und Maschinen. Neben den Roh-, Hilfs- und Betriebsstoffen gehen auch weitere Leistungen in die Produktion ein, etwa die erforderliche Arbeitskraft, Kosten für Mieten von Produktionsanlagen oder ggf. für die Bereitstellung von Fremdkapital. Hierbei handelt es sich typischerweise um (zunächst) periodenbezogene Aufwendungen, die allerdings den bilanziellen Wert der produzierten Erzeugnisse genauso erhöhen können wie etwa durch die Einbeziehung von Rohstoffen.

Weitere Unterschiede zwischen Handels- und Produktionsunternehmen ergeben sich bei der bilanziellen Abbildung der Produkte. So gibt es in Handelsunternehmen als Vorräte im Wesentlichen nur die zum Absatz bestimmten Handelswaren. In produzierenden Unternehmen muss bedacht werden, dass es neben Fertigerzeugnissen (die den Produktionsprozess bereits vollständig durchlaufen haben und verkaufsbereit sind) und den Roh-, Hilfs- und Betriebsstoffen auch „unfertige Erzeugnisse" geben kann, die noch nicht alle Produktionsschritte durchlaufen haben.

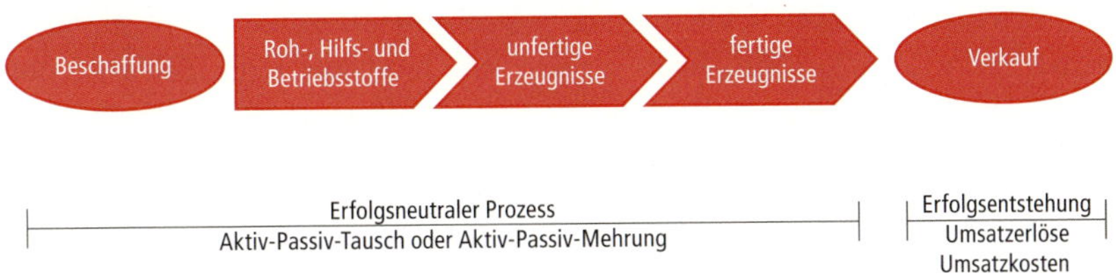

Abbildung 2.3: Buchhalterische Erfassung von Beschaffung, Produktion und Verkauf

Für Handelswaren liegt in der Regel ein Einkaufspreis vor, der als natürlicher Wertansatz in der Bilanz gewählt werden kann. Im Produktionsunternehmen ist dies komplexer. So müssen bei fertigen und unfertigen Erzeugnissen die anteiligen Anschaffungskosten aller für die Produktion benötigten Güter sowie angefallene Arbeitsleistungen einbezogen werden. Die Summe dieser Bestandteile wird als Herstellungskosten bezeichnet. Herstellungskosten werden benötigt, um den bilanzierten Wert der Erzeugnisse zu bestimmen und um bei Verkauf die entsprechenden Aufwendungen (als Umsatzkosten bzw. Bestandsminderungen) zu buchen. Welche Bestandteile des Produktionsprozesses in die Herstellungskosten einzubeziehen sind, kann je nach angewendeten Bilanzierungsregeln unterschiedlich sein.[1] Grundsätzlich ist jedoch eine Orientierung an der Leitfrage sachgerecht, ob die Güter und Leistungen unmittelbar der Herstellung des Produkts gedient haben. Als Beispiel seien hier Mieten für Verwaltungsgebäude genannt, die der Produktion nur indirekt dienen und daher in der Regel keine Herstellungskosten sein können. Materialkosten, also die Anschaffungskosten für in der Produktion verwendete Roh-, Hilfs- und Betriebsstoffe, sind hingegen immer in die Herstellungskosten einzubeziehen. Im Folgenden soll aber zunächst von dieser Frage abstrahiert werden und auf die buchhalterische Erfassung der Produktion eingegangen werden.

Es sei angenommen, ein Unternehmen kaufe als Rohstoff Holz sowie alle weiteren zur Produktion erforderlichen Hilfs- und Betriebsstoffe zum Preis von € 60.000 gegen Barzahlung. Dieser Einkauf wird wie folgt gebucht:

241 Roh-, Hilfs- und Betriebsstoffe		60.000	
	an 210 Zahlungsmittel		60.000

Zur Erinnerung: Wie Kauf und Lagerung von Handelswaren ist auch die Produktion von Erzeugnissen erfolgsneutral, das heißt ohne Auswirkung auf die Gewinn-und-Verlust-Rechnung. Der Erfolg darf in beiden Fällen erst bei einer Markttransaktion, also z.B. dem Verkauf der Vorräte erfasst werden. Damit einhergehend darf der korrespon-

1 Die Bestandteile der Herstellungskosten von Vorräten werden in ▶ Kapitel 4.3 näher betrachtet.

dierende Aufwand erst zu diesem Zeitpunkt gebucht werden. Der Produktionsprozess ist also ohne Erfolgswirkung und die eingesetzten Waren und Ausgaben werden den hergestellten Erzeugnissen zugerechnet.

Für die Produktion der Tische benötigt das Unternehmen Personal. Daher hat das Unternehmen zwei Tischler beschäftigt, die aus dem Holz zunächst Tischplatten und Tischbeine herstellen. Anschließend werden die Teile mit Hilfe der Hilfsstoffe zu Tischen zusammengesetzt. Die beiden Tischler erhalten für ihre Arbeit insgesamt € 6.000. Zur Veranschaulichung der Produktion sei nun angenommen, dass die Hälfte aller zu erstellenden Tische fertig ist und die andere Hälfte noch zusammengesetzt werden muss, vereinfachungshalber sei zudem angenommen, dass wertmäßig 80 % aller Roh-, Hilfs- und Betriebsstoffe aufgebraucht sind. Zudem ist ein Viertel der geplanten Arbeitszeit noch für die Zusammensetzung der Möbelstücke erforderlich. Zunächst werden alle in der Produktion anfallenden Kosten wie Materialverbrauch und Personalkosten als Aufwand erfasst (in Form des Abgangs von Geld in Form von Lohnzahlungen). Gleichzeitig mit dem Abgang von Material- und Geldbeständen entstehen Bestände an fertigen und unfertigen Erzeugnissen. Damit der Prozess erfolgsneutral bleibt und in Form eines Aktivtauschs abgebildet werden kann, entsprechen sich definitorisch die Abgänge und Zugänge. Der Wert der fertigen und unfertigen Erzeugnisse wird also durch die Abgänge der anderen Bestände bestimmt. Im vorliegenden Beispiel sind bei Verwendung des Gesamtkostenverfahrens 80 % der Anschaffungskosten von € 60.000 als Materialaufwand zu erfassen, also € 48.000. Ebenso werden die Lohnkosten der Tischler als Aufwand erfasst. Sie haben bislang 75 % ihrer Tätigkeit geleistet, dies entspricht einem Betrag von € 4.500. Wie sich die erfassten Aufwendungen auf die fertigen und unfertigen Erzeugnisse aufteilen, ist erst im zweiten Schritt von Bedeutung. Gebucht wird dann zunächst wie folgt:

835 Materialaufwand		48.000	
831 Personalaufwand		4.500	
	an 241 Roh-, Hilfs- und Betriebsstoffe		48.000
	210 Zahlungsmittel		4.500

Anschließend sind die Veränderungen der Bestände an fertigen und unfertigen Erzeugnissen zu erfassen. Dabei werden die zunächst für die Produktion erfassten Aufwendungen durch das Ertragskonto „Bestandserhöhungen" neutralisiert. Das Prinzip der erfolgsneutralen Produktion wird damit gewahrt. Für die Buchung ist nun entscheidend, wie sich die einzelnen Aufwendungen auf die fertigen und unfertigen Erzeugnisse aufteilen. Im Beispiel sind die Hälfte der Tische bereits fertiggestellt, folglich entfällt die Hälfte der gesamten einzusetzenden Roh-, Hilfs- und Betriebsstoffe (€ 30.000) sowie die Hälfte der gesamten einzusetzenden Personalaufwendungen (€ 3.000) auf die fertigen Tische bzw. fertigen Erzeugnisse. Die fertigen Erzeugnisse sind daher mit einem Wert von € 33.000 zu bilanzieren, in gleicher Höhe werden Bestandserhöhungen erfasst. Diese Bestandserhöhungen stellen ein Ertragskonto dar, das die zuvor in der Produktion gebuchten Aufwendungen neutralisiert. Auf die unfertigen Erzeugnisse entfallen die restlichen bisher eingesetzten Roh-, Hilfs- und Betriebsstoffe (€ 48.000 – € 30.000 = € 18.000) sowie die restlichen bisher eingesetzten Personalaufwendungen (€ 4.500 – € 3.000 = € 1.500) in Höhe von insgesamt € 19.500. Als Gegenbuchung dient hier summarisch das Konto „Bestandserhöhungen", das ebenso ein Erfolgskonto darstellt. Folgende Buchungen werden vorgenommen:

243 Fertigerzeugnisse		33.000	
242 Unfertige Erzeugnisse		19.500	
	an 750 Bestandserhöhungen		52.500

Es sei angenommen, das Produktionsunternehmen habe dieselben Ausgangsbedingungen wie das Handelsunternehmen aus dem Beispiel in ▶ Kapitel 2.1.2 und verfüge über die gleiche Anfangsbilanz. Eine nun aufgestellte Bilanz würde folgendes Bild aufzeigen:

Bilanz			
Aktiva			**Passiva**
Zahlungsmittel	935.500	Eigenkapital	800.000
Roh-, Hilfs- und Betriebsstoffe	12.000	Bankdarlehen	200.000
Unfertige Erzeugnisse	19.500		
Fertigerzeugnisse	33.000		
Bilanzsumme	**1.000.000**	**Bilanzsumme**	**1.000.000**

Man erkennt im Vergleich zum Handelsunternehmen die Gemeinsamkeit, dass Einkaufs- und Produktionsprozesse zur Umschichtung der Aktivseite geführt haben. Ohne den Absatz der eingekauften oder produzierten Güter entsteht kein Gewinn.

Anschließend werden die restlichen, bisher nur teilweise fertiggestellten Tische hergestellt. Hierfür werden zusätzlich die verbleibenden Roh-, Hilfs- und Betriebsstoffe (€ 12.000) sowie die nicht verwendete Arbeitszeit (€ 1.500) eingesetzt. Hier sei angenommen, dass die Löhne nicht sofort ausgezahlt werden. So entsteht eine Lohnverbindlichkeit anstelle des Abgangs von Beständen. Hier führt die Produktion nicht zu einem Aktivtausch, sondern teilweise zu einer Aktiv-Passiv-Mehrung. Es ergibt sich folgende Buchung für die restliche Produktion:

835 Materialaufwand		12.000	
831 Personalaufwand		1.500	
	an 241 Roh-, Hilfs- und Betriebsstoffe		12.000
	640 Lohnverbindlichkeiten		1.500

Der Produktionsprozess ist somit vollständig abgeschlossen und es liegen keine Roh-, Hilfs- und Betriebsstoffe mehr im Lager. Allerdings erfordert das hier angewendete Gesamtkostenverfahren abermals eine Korrektur des Aufwands für Bestandsmehrungen und -minderungen. Die Bewegungen bei den fertigen und unfertigen Erzeugnissen werden wie folgt erfasst. Die Erfassung der fertigen Produkte erfolgt durch den folgenden Buchungssatz:

243 Fertigerzeugnisse		33.000	
840 Bestandsminderungen			19.500
	an 750 Bestandserhöhungen		33.000
	242 Unfertige Erzeugnisse		19.500

Die Verkaufstransaktion der hergestellten Erzeugnisse ist nun mit dem Verkauf von Handelswaren in einem Handelsunternehmen vergleichbar. Es ergibt sich hier folgender Buchungssatz, wenn alle Waren zu einem Verkaufspreis von € 80.000 auf Ziel verkauft werden. Der Wert des Bestands an fertigen Erzeugnissen ergibt sich aus den bisherigen Buchungen.

231 Forderungen aus Lieferungen und Leistungen		80.000	
840 Bestandsminderungen		66.000	
	an 710 Umsatzerlöse		80.000
	243 Fertigerzeugnisse		66.000

Ändern sich während oder nach der Produktion die Absatzpreise von Roh-, Hilfs- und Betriebsstoffen oder von fertigen bzw. unfertigen Erzeugnissen, so sind diese Informationen zu Geschäftsjahresende möglicherweise ebenfalls zu berücksichtigen, sofern sich jedenfalls solche Posten im Lager befinden. Gegebenenfalls ist bei gesunkenen Preisen eine Abwertung des Bilanzansatzes vorzunehmen. Diese Fragestellung wird ausführlich in ▶ Kapitel 4.3 behandelt.

2.2 Aufzeichnung von Geschäftsvorfällen in der Buchführung

2.2.1 Kontierung und chronologische Erfassung im Grundbuch

Lernziele

- Kenntnis des Buchführungsprozesses
- Aufbau und Struktur von Grundbucheinträgen

Wie bereits bekannt besteht jeder Buchungssatz aus mindestens einer Sollbuchung und mindestens einer Habenbuchung unter Nennung der jeweiligen Konten und Beträge. Das Erkennen buchungspflichtiger Vorgänge ist nicht trivial: Beispielsweise muss auch eine Bestandsverminderung durch Diebstähle erfasst werden, allerdings mag ein solcher Diebstahl zunächst unentdeckt bleiben. Weiterhin ist zu beurteilen, ob ein entdeckter bzw. eingetretener Geschäftsvorfall buchungspflichtig ist. Eine Unterschrift im Kaufvertrag für eine Maschine stellt beispielsweise keinen buchungspflichtigen Geschäftsvorfall dar, wohingegen die Lieferung und die Zahlung, sofern sie nicht zusammenfallen, jeweils einzelne buchungspflichtige Geschäftsvorfälle sind. Wann im Einzelnen ein bestimmter Sachverhalt buchungspflichtig ist, wird im Detail durch die anzuwendenden Rechnungslegungsregeln vorgegeben, deren konkrete Ausgestaltung in dieser Hinsicht hier noch ausgeblendet bleiben soll (vergleiche hierzu ▶ Kapitel 3). Liegt ein buchungspflichtiger Geschäftsvorfall vor, so ist ein Eintrag im Grundbuch (*Journal*, *General Ledger*) unter Nennung der betroffenen Konten sowie der Buchungsbeträge vorzunehmen. Um bereits bei der Eintragung Fehler zu vermeiden und diese im Nachhinein schnell identifizierbar zu machen, muss die Aufzeichnung gewissen Anforderungen genügen. So werden zunächst alle Geschäftsvorfälle dokumentiert und die betroffenen Konten benannt, erst anschließend folgt die Eintragung (Buchung) in diese Konten. Daher müssen bereits bei Erfassung im Grundbuch alle Informationen vorhanden sein, die für die spätere Buchung benötigt werden. Zur Identifizierbarkeit der einzelnen Geschäftsvorfälle tragen diese zudem eine Buchungsnummer. Besonders wichtig für eine Eintragung im Grundbuch ist, dass zu jeder Buchung ein Beleg vorliegt. Ansonsten kann eine ordnungsmäßige Buchung nicht stattfinden. Man spricht in diesem Fall auch vom Belegprinzip: Keine Buchung erfolgt ohne Beleg. In der Regel besteht ein Grundbucheintrag aus folgenden Informationen:

- Fortlaufende Buchungsnummer
- Datum
- Belegnummer
- Buchungstext als Kurzbeschreibung des Geschäftsvorfalls
- Betroffene Konten (Sollseite)
- Betroffene Konten (Habenseite)

- Buchungsbeträge (Sollseite)
- Buchungsbeträge (Habenseite)

Im Grundbuch werden alle buchungspflichtigen Geschäftsvorfälle in chronologischer Reihenfolge aufgeführt, eine sachliche Ordnung erfolgt zunächst nicht. Der Buchführungsprozess gliedert sich dabei in die folgenden Schritte:

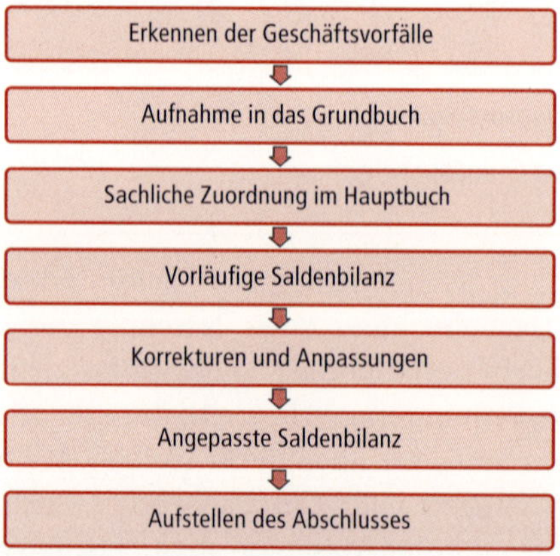

Abbildung 2.4: Abbildung 1.4: Phasen des Buchführungsprozesses

Die Aufnahme von Geschäftsvorfällen in das Grundbuch stellt damit den ersten Schritt der buchhalterischen Erfassung der Unternehmenstätigkeit dar. In einem Beispiel hat ein Unternehmen drei Geschäftsvorfälle vollzogen, die nun gebucht werden sollen. Erstens hat ein Kunde die offene Forderung für zuvor gelieferte Waren zum Preis von € 5.000 durch Überweisung beglichen. Zweitens zahlt das Unternehmen zuvor erhaltene Waren (der Wareneingang wurde bereits gebucht) im Wert von € 8.000 per Banküberweisung. Drittens wird das bei der Hausbank bestehende langfristige Darlehen um einen Betrag von € 9.500 getilgt. Die folgende Abbildung zeigt, wie die Aufzeichnung im Grundbuch aufgebaut ist.

Grundbuch							
Journal			Monat	Blatt			
				Buchungssatz		Betrag	
Nr.	Datum	Beleg-Nr.	Buchungstext	Soll	Haben	Soll	Haben
1	01.01.	BA 144	Forderungseingang Kunde	Bank	Forderung	5.000	5.000
2	02.01.	BA 145	Bezahlung von Waren	Verbindlichkeiten	Bank	8.000	8.000
3	04.01.	BA 146	Tilgung eines Kredits	Bankdarlehen	Bank	9.500	9.500
BA=Bankauszug (Kontoauszug)							

2.2.2 Sachliche Zuordnung im Hauptbuch

Die im Grundbuch erfassten Geschäftsvorfälle werden anschließend unter sachlichen Aspekten geordnet und ins Hauptbuch überführt. Hierfür bestehen zwei Möglichkeiten: die Aufzeichnung in Spaltenform oder die direkte Buchung auf T-Konten. Die Spaltenform ähnelt dem Aufbau des Grundbuchs, allerdings wird für jedes Konto eine eigene Spaltentabelle eröffnet. In der Regel muss ein Hauptbucheintrag folgende Informationen beinhalten:

- Datum
- Belegnummer
- Buchungstext
- Gegenkonto
- Buchungsbetrag (Eintrag auf Soll- oder Habenseite)

Das folgende Bild zeigt einen Hauptbucheintrag in Staffelform für das Konto Bank.

Hauptbuch

Konto: 220 Bank

Datum	Beleg-Nr.	Buchungstext	Gegenkonto	Betrag Soll	Betrag Haben
01.01	BA 144	Forderungseingang Kunde	Forderungen	5.000	–
02.01	BA 145	Bezahlung von Waren	Verbindlichkeiten	–	8.000
04.01	BA 146	Tilgung eines Kredits	Bankdarlehen		9.500

BA=Bankauszug (Kontoauszug)

Die bereits in Grund- und Hauptbuch erfassten Veränderungen des Kontos Bank können zur besseren Übersicht auch in der sogenannten T-Kontenform dargestellt werden. Dabei zeigt die gefettete Linie, warum der Begriff des T-Kontos verwendet wird.

Hauptbuch

220 Bank

Soll		Haben	
Eröffnungsbestand	1.000.000		
		Abgänge	
		(2)	8.000
		(3)	9.500
Zugänge			
(1)	5.000	Saldo (= Endbestand)	987.500
Summe		**Summe**	

Der Darstellung des Kontos Bank ist zu entnehmen, dass von einem Eröffnungsbestand von € 1.000.000 ausgegangen wird. Bei aktiven Bestandskonten wie dem hier betrachteten muss der Eröffnungsbestand immer auf der Soll-Seite des Kontos stehen. Minderungen bzw. Abgänge werden auf der Habenseite gebucht, Mehrungen bzw. Zugänge auf der Sollseite. Für die oben beschriebenen buchungspflichtigen Geschäftsvorfälle bedeutet dies, dass der Zahlungsmittelbestand des Bankkontos durch Zugänge in Höhe von € 5.000 und Abgänge im Umfang von € 17.500 um insgesamt € 12.500 auf € 987.500 sinkt. Der neue Endbestand wird bei aktiven

Bestandskonten als Saldo auf die Haben-Seite unter die Abgänge des jeweiligen Kontos geschrieben.

Exkurs 2.2 Zusammenhang zwischen Belegen, Grund- und Hauptbuch

Belege (Belegarten)

Eingangs-rechnungen	Ausgangs-rechnungen	Bankauszüge	Kassenbelege	Sonstige Belege

Vorkontierung der Belege

↓

Grundbuch

Journal **Monat** **Blatt**

Nr.	Datum	Beleg-Nr.	Buchungstext	Buchungssatz		Betrag	
				Soll	Haben	Soll	Haben
			Eröffnungsbuchungen Laufende Buchungen Vorbereitende Abschlussbuchungen Abschlussbuchungen				

Zeitliche Ordnung der Buchungen

↓

Hauptbuch (Sachkonten)

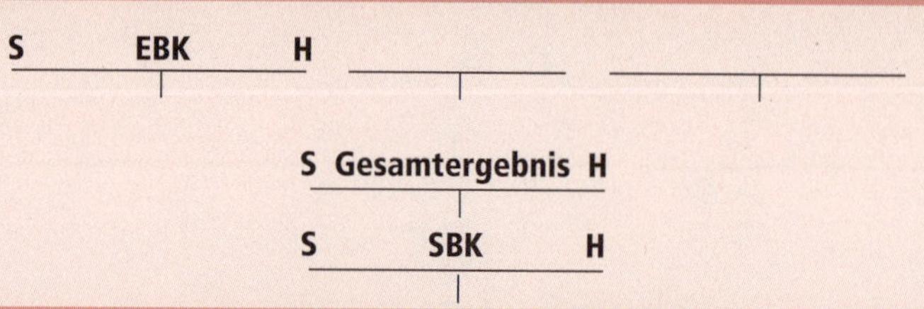

Sachliche Ordnung der Buchführung

Aufgaben

EXTRAS ONLINE

1. Nehmen Sie an, ein Unternehmen kauft am 29.01.2014 einen neuen Firmenwagen für den Geschäftsführer. Die Anschaffungskosten des Autos belaufen sich auf € 75.000, € 25.000 werden sofort überwiesen. Über den Rest wird ein Zahlungsziel von 90 Tagen vereinbart. Am gleichen Tag werden außerdem Büromaterialien im Wert von € 10.000 geliefert, € 6.000 werden sofort bar bezahlt. Auch hier wird ein Zahlungsziel von 30 Tagen vereinbart. Am 30.01.2014 kauft das Unternehmen noch eine Produktionsmaschine im Wert von € 95.000, € 65.000 werden sofort überwiesen, über den Rest wird ein Zahlungsziel von 30 Tagen vereinbart.

Nehmen Sie die Eintragungen in das Grundbuch vor!

Grundbuch							
Journal			Monat	Blatt			
				Buchungssatz		Betrag	
Nr.	Datum	Beleg-Nr.	Buchungstext	Soll	Haben	Soll	Haben
15	29.01.	BA 89	Anzahlung Firmenwagen	Fuhrpark	Bank Verbindl. LuL	75.000	25.000 50.000
16	29.01.	BA 90	Anzahlung Büromaterialien	BGA	Bank Verbindl. LuL	10.000	6.000 4.000
17 18	30.01.	BA 91	Anzahlung Maschine	Maschine	Bank Verbindl. LuL	95.000	65.000 30.000

2. In das Hauptbuch sollen folgende Geschäftsvorfälle vom 03.02.2014 erfasst werden. Ein Unternehmen kauft Handelswaren im Wert von € 17.500 ein. Dabei wird der gesamte Betrag überwiesen. Am gleichen Tag begleicht das Unternehmen eine Rechnung in Höhe von € 1.000 in bar. Zusätzlich begleicht ein Kunde eine Rechnung in Höhe von € 500 per Überweisung.

→

→ Fortsetzung

Hauptbuch					
Konto: Zahlungsmittel					
Datum	Beleg-Nr.	Buchungstext	Gegenkonto	Betrag	
				Soll	Haben
03.02.	BA 95	244 Handelswaren	220 Bank	17.500	17.500
03.02	BA 96	220 Bank	231 Forderungen	500	500
03.02.	BA 97	620 Verbindl. LuL	210 Zahlungsmittel	1.000	1.000
BA=Bankauszug (Kontoauszug)					

2.2.3 Unangepasste Saldenbilanz

Zum Ende eines Geschäftsjahrs werden zur Erstellung des Rechnungsabschlusses alle Konten abgeschlossen. Dafür muss zunächst der Endbestand (Saldo) eines Kontos ermittelt werden. Die Systematik des Schließens von Konten wurde bereits eingeführt, allerdings empfiehlt sich zum Schließen einer Vielzahl von Konten die sogenannte Arbeitsblattmethode, die den folgenden Arbeitsschritten folgt:

- Erstellung der unangepassten Saldenbilanz
- Vornahme von Anpassungen
- Erstellung der angepassten Saldenbilanz
- Übertragung der Ergebnisse in die Gesamtergebnis- und Bilanz-Spalten des Arbeitsblatts
- Ermittlung des Periodenerfolgs
- Aufstellung des Rechnungsabschlusses

Durch dieses strukturierte Vorgehen sind alle Anpassungen einfach nachvollziehbar und können auf ihre Richtigkeit geprüft werden. Nach jedem Schritt werden die Summen der Spalten gebildet, um die Einhaltung der Bilanzgleichung zu gewährleisten. Es gilt immer folgende Gleichung:

Summe Endbestände Sollseite = Summe Endbestände Habenseite

Daher muss die Summe der Kontostände der (rechten) Habenspalte der Saldenbilanz der Summe der Kontostände der (linken) Sollspalte entsprechen. Bereits hier zeigt sich das erste Bild der Bilanz aus Aktiv- und Passivseite. In der Regel wird die Saldenbilanz am Geschäftsjahresende zur Aufstellung des Jahresabschlusses erstellt, zur Überprüfung der Richtigkeit der Kontostände kann sie aber zu jedem Zeitpunkt des Geschäftsjahrs erstellt werden.

Es sei angenommen, ein Unternehmen weist zum 31.12. folgende Salden (Endbestände) seiner Bestandskonten auf: Bank € 1.500, Mietvorauszahlungen € 500,

Maschinen € 4.000, Erhaltene Anzahlungen € 400, Eigenkapital € 2.500, Bankdarlehen € 1.000. Des Weiteren weisen die Erfolgskonten Versicherungsaufwand und Umsatzerlöse einen Saldo von € 900 und € 3.000 auf. Die unangepasste Saldenbilanz hat folgendes Aussehen, wenn hier vereinfachend unterstellt wird, dass nicht zwischen Gewinn oder Verlust und sonstigem Ergebnis unterschieden werden muss:

Konten	Unang. SB		Anpassung		Ang. SB		Gesamtergebnis		Bilanz	
	S	H	S	H	S	H	S	H	A	P
220 Bank	1.500									
253 Mietvorauszahlungen	500									
125 Maschinen	4.000									
400 Eigenkapital		2.500								
650 Erhaltene Anzahlungen		400								
521 Bankdarlehen		1.000								
863 Versicherungsaufwand	900									
710 Umsatzerlöse		3.000								
Summe	**6.900**	**6.900**								

2.2.4 Korrekturen der unangepassten Saldenbilanz

Die vorläufige Saldenbilanz enthält die Salden aller Geschäftsvorfälle, die im laufenden Geschäftsjahr über Haupt- und Grundbuch erfasst worden sind. Allerdings können zum Geschäftsjahresende weitere Sachverhalte vorliegen, denen keine direkte Transaktion zuzuordnen ist. Beispielsweise muss für eine Reihe von Vermögenswerten und Schulden geprüft werden, ob der aktuell in der Saldenbilanz erfasste Wert dem zu bilanzierenden Wert entspricht. Welcher Wertansatz zu wählen ist und ob bei einer Abweichung beider Werte eine Korrektur vorzunehmen ist, richtet sich nach den anzuwendenden Bilanzierungsvorschriften.[2] Dabei sind in der Regel weitere Informationen über diese Bilanzposten einzuholen, um eine Aussage über die Höhe des Bilanzansatzes zu treffen. An dieser Stelle soll zunächst nur betrachtet werden, wie im Falle einer Anpassung zu verfahren wäre. Weitere Anpassungen ergeben sich aus der Anpassung der Aufwendungen und Erträge, die nach zeitlichen Gesichtspunkten abzugrenzen sind. So werden typischerweise Zinsen, Mieten oder vertragliche Dauerleistungen für die Periode gebucht, die sich aus den unterliegenden Verträgen ergibt. Wird etwa ein Versicherungsvertrag am 1.10. für ein Jahr abgeschlossen und wird die vorfällig zu zahlende Prämie zunächst vollständig gebucht, obwohl 75 % der Prämie erst das Folgejahr betreffen (bei Geschäftsjahresende zum 31.12), dann ist am Bilanz-

2 Die Bestandteile der Herstellungskosten von Vorräten werden in ▶ Kapitel 4.3 näher betrachtet.

stichtag zur periodengerechten Erfolgsermittlung eine Korrekturbuchung erforderlich, mittels derer der Aufwand vermindert und der Forderungscharakter der Vorauszahlung deutlich gemacht wird. Ebenso können Einnahmen, deren zeitliche Zuordnung unklar ist, zunächst erfolgsneutral als Aktiv-Passiv-Mehrung gebucht worden sein.

Die obige unangepasste Saldenbilanz wird nun durch die Erfassung dieser Abgrenzungen und Bewertungsänderungen angepasst. Es sei angenommen, dass Mieterträge aus der Vermietung von Immobilien und Abschreibungen auf die Maschinen, beide im Wert von € 250, noch nicht erfasst wurden. Im Fall der Miete hat das Unternehmen die Zahlung annahmegemäß im Voraus zum 1. Januar erhalten, diese aber noch nicht als Ertrag, sondern erfolgsneutral verbucht. Weiterhin wurden die noch zu zahlenden Zinsen für das Bankdarlehen in Höhe von € 100 bisher nicht berücksichtigt. Diese Sachverhalte sind nun in der angepassten Saldenbilanz zu erfassen.

Um am Geschäftsjahresende von der unangepassten Saldenbilanz zur angepassten Saldenbilanz zu gelangen, sind zuerst die Buchungssätze für die Anpassungsbuchungen aufzustellen. Für die Erfassung der Mieterträge in Höhe von € 250 ist es sinnvoll, zunächst zu betrachten, wie der Zahlungseingang zu Vertragsbeginn gebucht worden ist. Durch den Zahlungseingang stieg das Konto Bank um € 250. Gleichzeitig nahmen damit jedoch auch die Verbindlichkeiten des Unternehmens zu, da die Leistung – in diesem Fall die Überlassung von Immobilien für den vertraglich festgelegten Zeitraum – noch nicht erbracht wurde. Die per Banküberweisung im Voraus gezahlte Miete wird auf das Konto Erhaltene Anzahlungen gebucht. Diese Buchung ist bereits in der unangepassten Saldenbilanz enthalten.

220 Bank		250	
	an 650 Erhaltene Anzahlungen		250

Im Zuge der periodengerechten Erfolgsermittlung ist bei der Aufstellung des Jahresabschlusses nun die notwendige Anpassungsbuchung vorzunehmen. Zum Ende der Periode kann die versprochene Leistung – die Überlassung von Immobilien für einen bestimmten Zeitraum – als erbracht angesehen werden. Die Mieterträge können realisiert werden. Dadurch können die erhaltenen Anzahlungen ausgebucht und in Erträge verwandelt (realisiert) werden, was zu folgendem Buchungssatz führt.

650 Erhaltene Anzahlungen		250	
	an 760 Mieterträge		250

Für den Fall, dass die Vorauszahlung für einen Mietzeitraum von zwei Jahren geleistet wurde, ist entsprechend nur der Anteil zu realisieren, der auf die abgelaufene Periode entfällt. Im Beispiel wäre das mit € 125 die Hälfte. Um diesen Betrag würden Mieterträge analog zum obigen Buchungssatz erfasst und erhaltene Anzahlungen gemindert. Der Restbetrag der erhaltenen Anzahlungen verbleibt bis zum Ende des Mietzeitraums, in diesem Fall bis zum Ende der Folgeperiode, in der Bilanz und wird anschließend periodengerecht realisiert.

Im zweiten Schritt werden nun die Abschreibungen für die Maschinen erfasst. Der buchhalterische Wert der Maschinen sinkt durch die Abschreibung um € 250. Folglich werden durch Abschreibungen gesunkene Werte von Vermögenswerten erfasst. Abschreibungen können dabei entweder durch technischen Verschleiß bzw. Alterung oder aufgrund von Schäden oder Preisverfällen (wirtschaftlicher Verschleiß) veranlasst sein. Abschreibungen stellen Aufwendungen dar und wirken daher in vollem Umfang gewinnmindernd.

821 Abschreibungen auf langfristige Vermögenswerte		250	
	an 125 Maschinen		250

Im vorliegenden Fall sind die Zinsen für die abgelaufene Periode noch zu zahlen. Geht man davon aus, dass die Zinsaufwendungen per Überweisung bezahlt werden, muss der Buchungssatz für die Anpassung der Saldenbilanz daher wie folgt aussehen:

851 Zinsaufwand		100	
	an 220 Bank		100

Sofern alle Korrekturen an der vorläufigen Saldenbilanz vorgenommen wurden, kann mit der Ermittlung des Ergebnisses und der Aufstellung der Bilanz fortgefahren werden.

Konten	**Unang. SB**		**Anpassung**		**Ang. SB**		**Gesamt-ergebnis**		**Bilanz**	
	S	**H**	**S**	**H**	**S**	**H**	**S**	**H**	**A**	**P**
220 Bank	1.500			100	1.400					
253 Mietvorauszahlungen	500				500					
125 Maschinen	4.000			250	3.750					
400 Eigenkapital		2.500				2.500				
650 Erhaltene Anzahlungen		400	250			150				
521 Bankdarlehen		1.000				1.000				
863 Versicherungsaufwand	900				900					
710 Umsatzerlöse		3.000				3.000				
Summe	**6.900**	**6.900**								
760 Mieterträge				250		250				
820 Abschreibungen			250		250					
851 Zinsaufwand			100		100					
Summe			**600**	**600**	**6.900**	**6.900**				

2.2.5 Aufstellung Rechnungsabschluss und Ermittlung Periodenerfolg

Im vorangegangenen Abschnitt wurden alle Anpassungsbuchungen vorgenommen und die angepasste Saldenbilanz aufgestellt. Im nächsten Schritt können das Gesamtergebnis ermittelt und die Konten der Endbilanz aufgestellt werden. Dazu werden die in der untenstehenden Saldenbilanz aufgeführten Erfolgskonten und die Bestandskonten der Bilanz zugeordnet. Dabei helfen auch die jeweiligen Nummern des Kontenplans, der nach aktiven und passiven Bestands- wie auch Aufwands- und Ertragskonten geordnet ist.

Konten	Unang. SB		Anpassung		Ang. SB		Gesamtergebnis		Bilanz	
	S	H	S	H	S	H	S	H	A	P
220 Bank	1.500			100	1.400				1.400	
253 Mietvorauszahlungen	500				500				500	
125 Maschinen	4.000			250	3.750				3.750	
400 Eigenkapital		2.500				2.500				2.500
650 Erhaltene Anzahlungen		400	250			150				150
521 Bankdarlehen		1.000				1.000				1.000
863 Versicherungsaufwand	900				900		900			
710 Umsatzerlöse		3.000				3.000		3.000		
Summe	**6.900**	**6.900**								
760 Mieterträge				250		250		250		
820 Abschreibungen			250		250		250			
851 Zinsaufwand			100		100		100			
Summe							**1.250**	**3.250**	**5.650**	**3.650**
Saldo							**2.000**			**2.000**

Wenn die Saldenbilanz korrekt aufgestellt wurde, entspricht der Saldo der Gesamtergebnisrechnung exakt dem Saldo der Bilanz. In dem vorliegenden Fall beträgt der Gewinn € 2.000 und kann direkt aus der Saldenbilanz abgelesen werden.

Aus der angepassten Saldenbilanz lassen sich nun Bilanz und Gewinn-und-Verlust-Rechnung in T-Kontenform erstellen. Dabei werden die Aufwendungen (Soll) den Erträgen (Haben) der vergangenen Periode gegenübergestellt. Der Saldo von € 2.000 ergibt sich dabei aus der Differenz von Erträgen und Aufwendungen. Sofern die Summe auf der Haben-Seite der Gesamtergebnisrechnung exakt der Summe der Soll-Seite entspricht, wurde der Gesamterfolg des Unternehmens ohne Buchungsfehler ermittelt.

Gesamtergebnis			
Soll			**Haben**
863 Versicherungsaufwand	900	710 Umsatzerlöse	3.000
820 Abschreibung	250	760 Mieterträge	250
851 Zinsaufwand	100		
Saldo (= Periodengewinn)	2.000		
Summe	**3.250**	**Summe**	**3.250**

Der Gewinn von € 2.000 stellt damit die Reinvermögensmehrung des Unternehmens dar: Sofern keine weiteren buchungspflichtigen Ereignisse und Transaktionen vorliegen, steigt das Eigenkapital um € 2.000 und kann entsprechend in der Bilanz erfasst werden:

Bilanz			
Aktiva			**Passiva**
220 Bank	1.400	400 Eigenkapital	4.500
253 Mietvorauszahlungen	500	Davon 421 Jahresergebnis 521 Bankdarlehen	 2.000 1.000
125 Maschinen	3.750	650 Erhaltene Anzahlung	150
Bilanzsumme	**5.650**	**Bilanzsumme**	**5.650**

2.3 Buchführungs- und Offenlegungspflichten

Die Veröffentlichung von Unternehmensinformationen ist in Deutschland durch gesetzliche Vorschriften festgelegt, die im Wesentlichen im Handels- bzw. Gesellschaftsrecht verortet sind. Gemäß § 238 Abs. 1 S. 1 HGB ist „[j]eder Kaufmann (…) verpflichtet, Bücher zu führen und in diesen seine Handelsgeschäfte und die Lage seines Vermögens nach den Grundsätzen ordnungsmäßiger Buchführung ersichtlich zu machen". Bei den Grundsätzen ordnungsmäßiger Buchführung (GoB) handelt es sich um einen unbestimmten Rechtsbegriff. Gewinnung und Inhalt der GoB werden in ▶ Kapitel 3 weiter erläutert.

Kaufmann ist, wessen Gewerbebetrieb nach Art und Umfang einen in kaufmännischer Weise eingerichteten Geschäftsbetrieb erfordert (§ 1 Abs.1 HGB). Solche Handelsgewerbe sind in das elektronische Handelsregister einzutragen. Als Kaufleute zählen auch alle Handelsgesellschaften, die zwingend einen Handelsregistereintrag herbeizuführen haben; dies sind als sogenannte „Formkaufleute" Handelsgesellschaften in den Rechtsformen OHG, KG, GmbH, AG und KGaA. Weiterhin haben auch sog. „Kannkaufleute" die Kaufmannseigenschaft. Dazu zählen Kleingewerbetreibende, deren Gewerbe zwar einen in kaufmännischer Weise eingerichteten Geschäftsbetrieb nicht erfordert, die aber freiwillig einen Handelsregistereintrag herbeigeführt haben, ferner auch land- und forstwirtschaftliche Betriebe, die vom Wahlrecht Gebrauch gemacht haben, einen Handelsregistereintrag herbeizuführen.

Unternehmen können sich in Deutschland zunächst hinsichtlich ihrer Rechtsform unterscheiden. Dies hat zum einen Auswirkungen auf die Beziehungen innerhalb des Unternehmens und zwischen den Gesellschaftern und zum anderen auf die rechtlichen Beziehungen zur Unternehmensumwelt. Im deutschen bzw. europäischen Recht sind eine Vielzahl unterschiedlicher Rechtsformen erlaubt, von denen die wichtigsten im Folgenden kurz vorgestellt werden sollen. Grundsätzlich kann dabei zwischen Einzelunternehmen, Personengesellschaften und Kapitalgesellschaften unterschieden werden.

Einzelunternehmen lassen sich formlos gründen, allerdings trägt bei ihnen der Gründer als natürliche Person das alleinige Geschäftsrisiko und haftet auch mit seinem Privatvermögen unbeschränkt für die Tätigkeit des Unternehmens. Dafür wird das Einzelunternehmen nur vom Gründer geführt, der dadurch weitreichende Entscheidungskompetenzen in allen Bereichen des Unternehmens besitzt. Problematisch ist für Einzelunternehmen die Aufnahme von zusätzlichem Kapital. So ist es nur begrenzt möglich, Eigenkapital zu beschaffen, und das Unternehmen muss sich durch Bankdarlehen oder weitere Eigenmittel des Unternehmers finanzieren. Einzig die Aufnahme eines stillen Gesellschafters, der zwar beteiligt, aber im Außenverhältnis nicht erkennbar ist, stellt eine Möglichkeit der Eigenkapitalbeschaffung dar. Dieses Instrument steht jedoch auch allen anderen Rechtsformen zu.

Personengesellschaften erweitern die Idee des Einzelunternehmens um weitere Eigentümer. Als bedeutendste Personengesellschaften gelten die offene Handelsgesellschaft (OHG) und die Kommanditgesellschaft (KG), die im Folgenden kurz dargestellt werden. Weiterhin bestehen die Rechtsformen Gesellschaft bürgerlichen Rechts (GbR) und Partnerschaftsgesellschaften. Die Gründung der OHG geschieht durch einen Gesellschaftervertrag, der alle Rechte und Pflichten der Gesellschafter festlegt. In diesem sind auch die Höhe der Beteiligung sowie die Mitbestimmungsrechte und die Höhe des Anteils am Unternehmenserfolg definiert. In der Regel werden die Gesellschafter mit abgegrenzten Entscheidungskompetenzen in einzelnen Unternehmensbereichen ausgestattet, für Grundsatzentscheidungen ist die Mehrheit aller Gesellschafter erforderlich. Dadurch sind Wechsel der Gesellschafter relativ selten und die Führungsstrukturen in diesen Unternehmen recht konstant. Ähnlich wie bei Einzelunternehmen haften auch bei der OHG alle Gesellschafter unbeschränkt mit ihrem Privatvermögen.

Die KG wird, ebenso wie die OHG, durch einen Gesellschaftervertrag gegründet. Hinsichtlich der Struktur der Gesellschafter gibt es jedoch einen entscheidenden Unterschied. So bestehen mit den Komplementären und den Kommanditisten zwei Gruppen von Gesellschaftern, die sich insbesondere hinsichtlich Entscheidungskompetenz und Haftungsumfang unterscheiden. Die Komplementäre haben das Recht zur Führung des Unternehmens, sind aber im Gegenzug für ihr Unternehmen mit ihrem Privatvermögen in unbeschränkter Höhe haftbar. Kommanditisten können nur maximal bis zur Höhe ihres eingelegten Kapitals haftbar gemacht werden, dafür haben sie jedoch nur Mitspracherechte bei Grundsatzentscheidungen des Unternehmens. Über die Geschäfte haben die Komplementäre den Kommanditisten in regelmäßigen Abständen zu berichten, diese können ebenso Einsicht in die Bücher des Unternehmens nehmen. Der wesentliche Unterschied der KG im Vergleich zur OHG liegt also darin, dass die Haftung einzelner Gesellschafter beschränkt ist. Dies führt auch dazu, dass durch die Aufnahme weiterer Gesellschafter leichter Eigenkapital akquiriert werden kann. Bei der KG zeigt sich bereits, dass aufgrund von gewählten Gesellschafterstrukturen eine Berichterstattung über die Geschäftsentwicklung sowohl innerhalb als auch außerhalb der Gesellschaft erforderlich wird. Die Dokumentation der Geschäftsvorfälle wird also mit zunehmend komplexer Rechtsform wichtiger.

Kapitalgesellschaften unterscheiden sich im Wesentlichen von Personengesellschaften durch die eigenständige, von den Personen der Unternehmer abgelöste Existenz und eine Begrenzung der Haftung. So bilden Kapitalgesellschaften nach Gründung durch Gesellschaftervertrag eine eigenständige juristische Person, die Gesellschaftsvermögen besitzt. Dieses dient als Haftungsmasse; das Privatvermögen der Gesellschafter bleibt im Haftungsfall unberührt. Die wichtigsten Kapitalgesellschaften sind die Gesellschaft mit beschränkter Haftung (GmbH) und die Aktiengesellschaft (AG). Daneben bestehen die Rechtsformen der Genossenschaften, Kommanditgesellschaften auf Aktien (KGaA), GmbH & Co. KG und AG & Co. KG sowie europäische Gesellschaften. Die GmbH & Co. KG und AG & Co. KG sind Konstrukte einer Kommanditgesellschaft, in denen der Komplementär eine Kapitalgesellschaft darstellt. Dadurch beschränkt sich die Haftung ebenso auf das eingebrachte Vermögen und die Gesellschaften werden als Kapitalgesellschaften deklariert.

Die Gründung einer GmbH erfolgt durch Gesellschaftervertrag bei einer Mindestausstattung mit Stammkapital von € 25.000. Wie der Name bereits sagt, ist die Haftung auf das Vermögen der Gesellschaft beschränkt und betrifft nicht das Vermögen der Gesellschafter. Sie besitzt eine eigene Rechtspersönlichkeit und findet ihre eigenen rechtlichen Grundlagen im GmbH-Gesetz. Das GmbH-Gesetz schreibt unter anderem verschiedene Organe zur Unternehmensführung vor, die erforderlich sind, weil eine GmbH eine Vielzahl von Gesellschaftern aufnehmen kann. Organe sind die Geschäftsführung, die durch eine oder mehrere Personen gestellt werden kann und die Unternehmenstätigkeit der GmbH leitet. Gesellschafter können, müssen aber nicht Teil der Geschäftsführung sein. Zudem muss jede GmbH eine Gesellschafterversammlung berufen, in der alle Gesellschafter vertreten sind. Diese trifft die Grundsatzentscheidungen über die Geschicke des Unternehmens und bestellt die Geschäftsführung. Eine GmbH kann zudem einen Aufsichtsrat bestimmen, der eine Kontrollfunktion über die Geschäftsführer übernimmt. Insgesamt hat die GmbH bessere Möglichkeiten zur Akquirierung von Kapital, da sich ihre Anteile einfacher veräußern lassen als bei Personengesellschaften. Insbesondere wenn die Geschäftsführung nicht durch Gesellschafter gestellt wird, ergeben sich jedoch Abstimmungs- und Koordinationsfragen zwischen beiden Parteien. Je größer die Anzahl der Gesellschafter, desto wichtiger sind in der Regel die Bedeutung der Buchführung und die Bereitstellung von Informationen über die Geschäfte der Gesellschaft. Die Geschäftsführung hat daher gegenüber Gesellschaftern und Gesellschafterversammlung sowie weiteren externen Adressaten Rechenschaft über ihre Tätigkeit abzulegen.

In der Regel sind Großunternehmen Aktiengesellschaften, die auch über eine eigene Rechtspersönlichkeit verfügen. Die Anteilseigner heißen Aktionäre und sind über das Grundkapital an der Gesellschaft beteiligt. Bei Gründung einer AG ist ein Grundkapital in Höhe von € 50.000 durch die Gesellschafter bereitzustellen. Die Haftung beschränkt sich hier ebenfalls auf die Höhe der geleisteten Einlage und berührt nicht das Privatvermögen der Gesellschafter. In Aktiengesellschaften bestehen immer die drei Organe Vorstand, Hauptversammlung und Aufsichtsrat. Der Vorstand führt die Geschäfte des Unternehmens und wird in den meisten Fällen nicht durch einen Gesellschafter gestellt. Die Hauptversammlung dient als Gremium, das Grundsatzentscheidungen über die AG trifft und durch die Aktionäre gebildet wird. Als Kontrollgremium fungiert in einer AG der Aufsichtsrat, der den Vorstand benennt und überwacht. Er setzt sich zusammen aus Vertretern der Aktionäre und im Mitbestimmungsfall Vertretern der Arbeitnehmer, wobei die Aktionärsvertreter faktisch die Stimmrechtsmehrheit besitzen. Oftmals zeigt sich in der Aktionärsstruktur von Aktiengesellschaften ein Nebeneinander von wenigen Großaktionären und einer Vielzahl von Kleinaktionären mit geringer Beteiligungshöhe. Die Aktiengesellschaften haben die besten Möglichkeiten zur Akquirierung von Kapital und können an geordneten Kapitalmärkten teilnehmen. Dafür ergibt sich ein hoher Aufwand zur Überwachung und Beurteilung der Vorstände durch die Gesellschafter. Diese sind zum großen Teil auf veröffentlichte Informationen der Unternehmen angewiesen, um eine Entscheidung über Halten, Kaufen oder Verkaufen der Anteile zu treffen.

Die Pflicht zur Veröffentlichung von Unternehmensinformationen hängt also hauptsächlich von der Rechtsform ab, vor allem da sie sich im Hinblick auf Haftung und auftretende Koordinationsprobleme deutlich unterscheiden. So sind nach § 241a HGB Einzelkaufleute, die bestimmte Schwellenwerte für Umsatzerlöse und Jahresüberschuss nicht überschreiten, von der Buchführungspflicht und der Aufstellung eines Inventars befreit. Dieses sind Umsatzerlöse von € 500.000 und ein Periodengewinn in Höhe von € 50.000. Für Personengesellschaften gelten keine weiteren Unterscheidungen nach Größenkriterien, es sei denn, ihre Geschäftstätigkeit weist einen erheblichen Umfang auf. Dieser wird nach Kriterien des Publizitätsgesetzes bemessen. Ein erheblicher Umfang der Geschäftstätigkeit liegt vor bei einer Bilanzsumme von mehr als € 65 Mio., Umsatzerlösen von mehr als € 130 Mio. und einer Mitarbeiterzahl von mehr als 5.000. Von diesen Kriterien müssen mindestens zwei in drei aufeinanderfolgenden Geschäftsjahren überschritten werden. In diesem Fall werden Personengesellschaften wie große Kapitalgesellschaften behandelt.

Für Kapitalgesellschaften existieren Größenklassen, die den Umfang der Berichtspflichten bestimmen. Nach diesen bestehen größenabhängige Erleichterungen für Kapitalgesellschaften und Personengesellschaften ohne natürliche Person als persönlich haftenden Gesellschafter (etwa die GmbH & Co. KG), die es kleineren Unternehmen erlauben, nur Teile des Jahresabschlusses (z.B. keine Gewinn-und-Verlust-Rechnung oder eine verkürzte Bilanz) zu veröffentlichen. Sie betreffen ebenso die Pflicht der Prüfung des Jahresabschlusses durch einen Wirtschaftsprüfer. Grundsätzlich lassen sich die Kapitalgesellschaften in vier Größenklassen unterscheiden. Dies sind in aufsteigender Größe: Kleinstkapitalgesellschaften, kleine Kapitalgesellschaften, mittlere Kapitalgesellschaften und große Kapitalgesellschaften. Als Größenmerkmale gelten dabei nach § 267 HGB die Bilanzsumme, die Höhe der Umsatzerlöse sowie die Anzahl der durchschnittlich im Geschäftsjahr beschäftigten Mitarbeiter. Um die Stetigkeit der Zuordnung zu einer Größenklasse zu gewährleisten, muss ein Wechsel erst bei zweimaligem Unter- bzw. Überschreiten von zwei der drei Größenkriterien stattfinden. Nimmt eine Kapitalgesellschaft am Kapitalmarkt teil, d.h., werden von ihr ausgegebene Wertpapiere an einem geregelten Markt gehandelt oder wird ihr Handel beabsichtigt, so ist sie in jedem Fall als große Kapitalgesellschaft einzuordnen. Die Einteilung der Unternehmen in eine der Größenklassen zieht Konsequenzen in den folgenden Bereichen nach sich:

- Aufstellungspflichten
- Offenlegungspflichten
  - Umfang der Pflichtangaben in Anhang und Lagebericht
  - Gliederung des Jahresabschlusses
- Prüfung des Jahresabschlusses durch einen Wirtschaftsprüfer
- Frist zur Aufstellung des Jahresabschlusses

Die folgende Tabelle zeigt die Einteilungskriterien und Pflichten der einzelnen Größenklassen.

Tabelle 2.1

Größenklassen von Unternehmen

	Kleinst-kapitalgesell-schaft	**Kleine Kapitalgesell-schaft**	**Mittelgroße Kapitalgesell-schaft**	**Große Kapitalgesell-schaft**
Mindestens zwei der folgenden drei Größenmerkmale müssen an zwei aufeinanderfolgenden Geschäftsjahren über- oder unterschritten werden.				
Bilanzsumme in €	< 350.000	< 4.840.000	< 19.250.000	> 19.250.000
Umsatz in €	< 700.000	< 9.680.000	< 38.500.000	> 38.500.000
Arbeitnehmer im Jahresdurchschnitt	< 10	< 50	< 250	> 250
Auswirkungen für Publizität und Prüfung des Jahresabschlusses				
Prüfungspflicht	Keine	Keine	x	x
Offenlegungspflicht:				
Bilanz			x	x
GuV	Keine Pflicht	Keine Pflicht	x	x
Anhang	Keine Pflicht	Pflicht § 326 HGB	Pflicht § 327HGB	x

Aufgaben

EXTRAS ONLINE

1. Ordnen Sie folgende Unternehmen einer Größenklasse zu. Gehen Sie, sofern nicht anders angegeben, davon aus, dass die Werte in den vorherigen Jahren ähnlich hoch waren.

a. Die Meyer AG hat im Geschäftsjahr 201X einen Umsatz von € 32.000.000 erwirtschaftet und weist eine Bilanzsumme von € 14.500.000 auf.

b. Würstchenlieferant Schwarz hat im letzten Jahr in seiner GmbH im Durchschnitt 400 Arbeitnehmer beschäftigt und einen Umsatz von € 11.350.000 erzielt. Die Bilanz weist eine Summe von € 18.000.000 auf.

c. Die Bilanzsumme des börsennotierten Sportartikelherstellers Zeus entspricht einem Wert i. H. v. € 16.250.000. Der Umsatz beträgt aufgrund eines Einbruchs der Nachfrage lediglich € 7.500.000. Im Schnitt waren 780 Angestellte beschäftigt.

d. Steffens GmbH & Co. KG produziert computergesteuerte Rasenmäher. Die Geschäfte laufen gut und so machte das Unternehmen einen Rekordumsatz von € 45.000.000 im letzten Jahr. Das liegt rund € 30.000.000 über den bisher üblichen Umsätzen. Auch die Mitarbeiterzahl stieg rasant an um knapp 900 im Durchschnitt auf 1.100.

e. Die Beck OHG ist seit Jahren Marktführer in der Produktion von Fahrrädern. Dieses Jahr schaffte das Unternehmen erneut einen Umsatz von € 176.000.000 und wies eine Bilanzsumme von knapp € 80.000.000 aus.

f. Die Brandt GmbH hat sich auf die Produktion von Rauchmeldern spezialisiert. Die Bilanzsumme im Jahr 2011 entsprach € 12.000.000, der Umsatz betrug € 17.000.000. Das Geschäftsjahr 2012 verlief ähnlich gut. Die Bilanz wies einen Wert von knapp € 10.500.000 auf und das Unternehmen machte einen Umsatz von € 18.500.000. Im Jahre 2013 liefen die Geschäfte schlecht und der Umsatz fiel auf die Hälfte. Aufgrund des Nachfrageeinbruchs musste die Brandt GmbH viele Mitarbeiter entlassen. So fiel auch diese Anzahl von 320 auf 240.

2. Welche Gründe sprechen dafür, größenabhängige Erleichterungen im Hinblick auf die Offenlegungsvorschriften vorzusehen. Welche Probleme könnten damit verbunden sein?

Grundlagen der Abschlusserstellung

3

ÜBERBLICK

3.1 Rechnungslegungsregeln in Deutschland

3.1.1 International Financial Reporting Standards (IFRS)

Lernziele

- Die IFRS werden von einem internationalen Standardsetter, dem International Accounting Standards Board (IASB), entwickelt und haben das Ziel, vor allem Kapitalmarktteilnehmern entscheidungsnützliche Informationen zur Verfügung zu stellen.
- Die Ziele, konzeptionelle Grundlagen und Prinzipien der IFRS sind in einem Rahmenkonzept niedergelegt, das aber keinen verpflichtenden Standard darstellt. Die Regeln selbst sind in Form von einzelnen Standrds und Interpretationen gefasst.
- In Europa werden die jeweiligen Standards durch den sogenannten Endorsement-Prozess auf Ebene der EU in geltendes Recht überführt und sind dann in Deutschland anzuwenden.

Entstehung und Bedeutung internationaler Rechnungslegungsregeln

Kapitalmarktorientierte deutsche Unternehmen müssen ihre konsolidierten Abschlüsse nach IFRS und ihre Einzelabschlüsse nach HGB erstellen. Das Buch folgt der Idee, dass die Bilanzierungslogik kapitalmarktorientierter Unternehmen primär durch Aspekte der Kapitalmarktkommunikation getrieben ist, die Rechnungslegung nach IFRS damit im Vordergrund steht. Daher wird auf die Schilderung der Grundlagen und Vorschriften der IFRS fokussiert. Allerdings werden im Buch auch die maßgeblichen Abweichungen nach HGB beschrieben, sodass ein vollständiger Überblick über die Rechnungslegung kapitalmarktorientierter Unternehmen in Deutschland vermittelt wird.

Das International Accounting Standards Board (IASB) ist der für die Ausgestaltung der IFRS-Rechnungslegung zuständige Standardsetter. Das IASB verfolgt das Ziel, im öffentlichen Interesse einheitliche und verständliche Standards hoher Qualität zu entwickeln, die weltweite Verbreitung und Durchsetzbarkeit erlangen. Die Rechnungslegung auf Basis der IFRS soll vornehmlich den Teilnehmern auf Kapitalmärkten, also insbesondere Eigen-, aber auch Fremdkapitalgebern helfen, wirtschaftliche Entscheidungen bezüglich der bilanzierenden Unternehmen zu treffen. Dabei arbeitet das IASB mit nationalen Standardsettern zusammen und wirkt darauf hin, eine weitgehende Übereinstimmung zwischen nationalen und internationalen Standards herzustellen.

Exkurs 3.1 Zielsetzung des IASB

Angaben zur Zielsetzung des IASB finden sich im Vorwort zu den IFRS. Dort heißt es: „Die Zielsetzung des IASB ist, (a) im öffentlichen Interesse einen einzigen Satz an hochwertigen, verständlichen und durchsetzbaren globalen Rechnungslegungsstandards zu entwickeln, die hochwertige, transparente und vergleichbare Informationen in Abschlüssen und sonstigen Rechnungslegungsinstrumenten erfordern, um die Teilnehmer der verschiedenen weltweiten Kapitalmärkte und andere Informationsadressaten beim Treffen wirtschaftlicher Entscheidungen zu unterstützen; (b) die Nutzung und strenge Anwendung dieser Standards zu fördern und (c) aktiv mit nationalen Rechnungslegungsgremien zusammenzuarbeiten, um eine Konvergenz der nationalen Rechnungslegungsstandards und der IFRS zu hochwertigen Lösungen zu erreichen.“ *(Quelle: Vorwort zu den IFRS)*

Gegründet wurde das IASB im Jahr 2001 von der IASC Foundation (IASCF), einer Stiftung privaten Rechts mit Sitz in Delaware, USA. Die Foundation überwacht die Arbeit des IASB und ist zudem für dessen Finanzierung zuständig; das IASB entwickelt die Rechnungslegungsstandards. Seine Vorgängerinstitution war das International Accounting Standards Committee (IASC), das im Jahr 1973 in London von den Berufsverbänden der Wirtschaftsprüfer aus zehn Ländern (Australien, Deutschland, Frankreich, Großbritannien, Irland, Japan, Kanada, Mexiko, Niederlande, USA) gegründet worden war. Die zum Teil noch gültigen Standards des IASC tragen die Bezeichnung International Accounting Standard (IAS); die vom IASB neu erstellten Standards werden als IFRS bezeichnet. Wichtige noch gültige IAS sind etwa IAS 2 zum Vorratsvermögen oder IAS 16 zum Anlagevermögen. Zusammen mit den vom International Financial Reporting Interpretations Committee (IFRIC) herausgegebenen Interpretationen bilden sie die „Rechnungslegung nach IFRS“.

Auf europäischer Ebene gewinnen die IFRS durch den sogenannten Endorsement-Prozess Rechtsverbindlichkeit. In diesem Verfahren wird von der Europäischen Kommission geprüft, ob ein Standard des IASB (a) gegen den „true and fair view“ und die Regulierungen der EU-Rechnungslegung aus der 4. und 7. Richtlinie verstößt, (b) im gemeinsamen europäischen öffentlichen Interesse steht und (c) den Kriterien der Verständlichkeit, Relevanz, Verlässlichkeit sowie Vergleichbarkeit genügt. Zur Erfüllung dieser Aufgabe bedient sich die Europäische Kommission weiterer Gremien. Durch das Endorsement-Verfahren sichern sich Nationalstaaten und damit die politisch Verantwortlichen – mittelbar über die Institutionen der EU – Einfluss auf die inhaltliche Ausgestaltung der Rechnungslegungsregeln. Praktisch besteht ein Veto-Recht gegen unerwünschte Standards, die nicht im öffentlichen Interesse stehen. Der Endorsement-Prozess versetzt somit die Politik erst in die Lage, ihrer Verantwortung gerecht werden zu können; zudem trägt er auch zur Erhöhung der Legitimität und Verbindlichkeit der privat gesetzten Regeln bei. Problematisch kann diese politische Einflussnahme freilich dann werden, wenn das öffentliche Interesse eher Partikularinteressen reflektiert oder wenn europäische Nationalstaaten unterschiedliche Zielsetzungen verfolgen.

Zielsetzung internationaler Abschlüsse und zentrale Prinzipien

Die Zielsetzung eines Abschlusses nach IFRS besteht darin, einem breiten Kreis von Adressaten, vornehmlich aber den derzeitigen und potenziellen Investoren (Kapitalgebern), entscheidungsrelevante Informationen bereitzustellen (*decision usefulness*). Entscheidungsrelevante Informationen sollen durch die Vermittlung eines den tatsächlichen Verhältnissen entsprechenden Bilds der Vermögens-, Finanz- und Ertragslage des Unternehmens bereitgestellt werden. Ein Abschluss nach IFRS besteht dabei mindestens aus einer Bilanz, einer Gesamtergebnisrechnung, einer Übersicht über die Veränderungen des Eigenkapitals in der Berichtsperiode, einer Kapitalflussrechnung sowie einem Anhang, der über die Bilanzierungs- und Bewertungsmethoden informiert und einzelne Positionen erläutert.

Exkurs 3.2 Zielsetzung eines Jahresabschlusses nach IFRS

Angaben zur Zielsetzung eines Jahresabschlusses nach IFRS finden sich in IAS 1. Dort heißt es: „Die Zielsetzung eines Abschlusses für allgemeine Zwecke ist es, Informationen über die Vermögens-, Finanz- und Ertragslage und die Cashflows eines Unternehmens bereitzustellen, die für eine breite Palette von Adressaten nützlich sind, um wirtschaftliche Entscheidungen zu treffen. Ein Abschluss zeigt ebenfalls die Ergebnisse der Verwaltung des dem Management anvertrauten Vermögens. Um diese Zielsetzung zu erfüllen, stellt ein Abschluss Informationen über: (a) Vermögenswerte; (b) Schulden; (c) Eigenkapital; (d) Erträge und Aufwendungen, einschließlich Gewinne und Verluste; (e) sonstige Änderungen des Eigenkapitals und (f) Cashflows eines Unternehmens zur Verfügung. Diese Informationen helfen den Adressaten zusammen mit den anderen Informationen im Anhang, die künftigen Cashflows des Unternehmens sowie insbesondere deren Zeitpunkt und Sicherheit des Entstehens vorauszusagen.“ (IAS 1.7, zitiert im Wortlaut der Veröffentlichung durch die EU-Kommission)

Die allgemeinen Ziele, Annahmen und Grundprinzipien der Rechnungslegung nach IFRS sind vor allem im **Rahmenkonzept** (RK) und in IAS 1 festgeschrieben. Beim Rahmenkonzept handelt es sich jedoch nicht um einen Standard, denn es will keine Antworten auf konkrete Bilanzierungs- oder Offenlegungsfragen liefern.[1] Vielmehr stellt das Rahmenkonzept den gedanklichen Überbau bzw. konzeptionellen Rahmen der IFRS-Rechnungslegung dar, mithin eine Art „Rechnungslegungsverfassung“. Es soll insbesondere

1 Damit haben die allgemeinen Aussagen in IAS 1 („Darstellung des Abschlusses“) größere Bedeutung, die – zumindest teilweise – die Ausführungen des Rahmenkonzepts wiederholen.

- der konsistenten Entwicklung neuer Standards sowie der Überarbeitung existierender Standards dienen;
- das IASB bei den Bemühungen um eine Harmonisierung der Rechnungslegung unterstützen, insbesondere, um im Hinblick auf bestimmte Ziele der Rechnungslegung Wahlrechte einzuschränken;
- nationalen Standardsettern bei der (Fort-)Entwicklung nationaler Standards helfen;
- den Bilanzierenden eine Hilfestellung bei der Anwendung der IFRS sein, insbesondere was die Behandlung von Sachverhalten betrifft, die nicht oder nicht eindeutig in bestehenden Standards geregelt sind;
- Wirtschaftsprüfern bei der Meinungsbildung helfen, wenn unklar ist, ob bestimmte Bilanzierungsgepflogenheiten ihrer Klienten mit den IFRS in Einklang stehen;
- die Bilanzadressaten bei der Interpretation von Abschlüssen nach IFRS unterstützen;
- all diejenigen mit Informationen versorgen, die sich einen Eindruck über die Arbeit des IASB verschaffen wollen.

Das Rahmenkonzept wurde in den vergangenen Jahren umfassend überarbeitet, die jüngste Version wurde im März 2018 veröffentlicht. Im neuen Rahmenkonzept finden sich insbesondere überarbeitete Definitionen von Vermögenswerten und Schulden. Anders als ursprünglich beabsichtigt, stellt das neue Rahmenkonzept keine grundlegende Überarbeitung dar, sondern fokussiert maßgeblich auf Aspekte, die bislang ungeregelt waren. Das überarbeitete Rahmenkonzept ist nicht Gegenstand des europäischen Endorsement-Prozesses.

Das erste Kapitel des Rahmenkonzepts verdeutlicht zunächst noch einmal die **Zielsetzung der Rechnungslegung nach IFRS**, Informationen über das berichtende Unternehmen zur Verfügung zu stellen, die für bestehende und potenzielle Investoren, Kreditgeber und andere Gläubiger nützlich sind, um Entscheidungen für die Bereitstellung von Ressourcen an das Unternehmen zu treffen. Es wird außerdem auf die zentrale Rolle des Prinzips der Periodenabgrenzung hingewiesen, nach dem Geschäftsvorfälle und andere Ereignisse einer Periode nach ihrer wirtschaftlichen Zugehörigkeit zugeordnet werden, auch wenn die verbundenen Zahlungsflüsse in andere Perioden fallen.

Das zweite Kapitel des Rahmenkonzepts fokussiert auf **qualitative Anforderungen an nützliche Abschlussinformationen**. Es werden dabei zwei Arten qualitativer Anforderungen unterschieden und zwar grundlegende und weiterführende. Die fundamentalen qualitativen Anforderungen sind die Relevanz (*relevance*) und die Glaubwürdigkeit der Darstellung (*faithful representation*).

- Informationen gelten dann als relevant, wenn sie geeignet sind, die wirtschaftlichen Entscheidungen der Adressaten zu beeinflussen. Es handelt sich hierbei um eine wichtige Anforderung an Informationen im Abschluss. Allerdings ist nur schwer zu entscheiden, ob bestimmte Sachverhalte für die Adressaten relevant sind oder nicht. Zu prüfen ist deshalb zunächst, ob ein Sachverhalt wesentlich (*material*) ist. Als wesentlich sind Sachverhalte einzuschätzen, deren Weglassen oder fehlerhafte Darstellung geeignet wäre, die Adressaten der Rechnungslegung zu anderen wirtschaftlichen Entscheidungen zu verleiten. Unbedeutende Sachverhalte können nach diesem Grundsatz vernachlässigt werden, soweit dadurch die Aussagekraft des Abschlusses nicht beeinträchtigt wird.

- Die Relevanz der Rechnungslegung wird auch durch das Ausmaß der Glaubwürdigkeit der vermittelten Informationen beeinflusst. Glaubwürdigkeit wird durch Vollständigkeit, Neutralität und Fehlerfreiheit erreicht. Vollständigkeit besagt dabei, dass ein Abschluss alle erforderlichen Informationen enthält, um Adressaten die Beurteilung der wirtschaftlichen Lage zu erlauben. Die Forderung nach Neutralität bedeutet, dass ein Abschluss frei von verzerrenden Einflüssen sein soll. So soll etwa eine zu positive (oder auch zu pessimistische) Darstellung der wirtschaftlichen Lage vermieden werden. Fehlerfreiheit ist nicht mit Genauigkeit zu verwechseln. Ausdrücklich erlaubt das Rahmenkonzept auch Schätzungen (die sich zu einem späteren Zeitpunkt ggf. als falsch erweisen können), allerdings muss bei der Ermittlung ein ausreichendes Maß an Sorgfalt an den Tag gelegt werden. Fehlerfreiheit lässt sich damit implizit als Sorgfaltspflicht bei der Erstellung eines Abschlusses auffassen.

Zu beachten ist, dass die glaubwürdige Darstellung kein Selbstzweck ist, weil sie nicht allein sichert, dass auch relevante Informationen vermittelt werden. Informationen in einem Abschluss müssen nach dem Rahmenkonzept demnach relevant *und* verlässlich sein. Die Nützlichkeit von relevanten und glaubwürdigen Informationen kann dann durch die Beachtung der „weiterführenden" qualitativen Anforderungen noch erhöht werden. Bei diesen weiterführenden Anforderungen handelt es sich um Vergleichbarkeit, Nachprüfbarkeit sowie die Zeitnähe und Verständlichkeit von Informationen. Die weiterführenden qualitativen Eigenschaften der Rechnungslegung sollen möglichst maximal erreicht werden. Zu beachten ist allerdings, dass ein Abschluss, der die vier weiterführenden qualitativen Anforderungen erfüllt, nicht notwendigerweise relevant und glaubwürdig ist. Damit wird der unterstützende Charakter der weiterführenden Annahmen deutlich: Ihre Beachtung erhöht die Nützlichkeit von relevanten und glaubwürdigen Abschlüssen, kann sie aber allein nicht erreichen. Werden die qualitativen Anforderungen des Rahmenkonzepts und die Standards mit den zugehörigen Interpretationen eingehalten, führt das im Regelfall zu einem Abschluss, der das widerspiegelt, was im Allgemeinen als Vermittlung eines den tatsächlichen Verhältnissen entsprechenden Bilds der Vermögens-, Finanz- und Ertragslage verstanden wird. Dies wird auch als *fair presentation* beziehungsweise als Befolgung eines *true and fair view* bezeichnet.

Exkurs 3.3 Overriding Principle

Im Einzelfall mag der Bilanzersteller zu der Auffassung gelangen, das Befolgen eines Standards oder einer Interpretation führe nicht zu einer zutreffenden Darstellung der Vermögens-, Finanz- und Ertragslage im Abschluss. Das Befolgen der Regeln wäre dann nicht im Interesse der Adressaten. In solchen Fällen gestattet IAS 1, von den jeweiligen Regeln abzuweichen, die dazu führen würden, dass die Vermögens-, Finanz- und Ertragslage des Unternehmens unzutreffend dargestellt würde. Eine Rechnungslegungsregel, die es gestattet, andere Regeln zu brechen, wird in der Literatur als *overriding principle* bezeichnet. Eine solche Regel birgt eine gewisse Missbrauchsgefahr; denn für die Adressaten ist schwer nachprüfbar, ob die Anwendung der Regeln tatsächlich zu einer verzerrten Darstellung der Vermögens-, Finanz- und Ertragslage geführt hätte oder ob die Bilanzersteller von den betreffenden Regeln abweichen, weil sie zu einer unvorteilhaften Darstellung geführt hätten. Das beschriebene *overriding principle* erhöht damit das Risiko opportunistischen Verhaltens durch die Manager und stellt ein Einfallstor der Gestaltung von Rechnungslegung nach Wünschen der Bilanzierenden dar. Die Anwendung des Prinzips soll deshalb nicht zum Regelfall werden. Darauf weist auch IAS 1 hin, wenn von „äußerst seltenen Fällen" gesprochen wird, in denen ein Abweichen von den Regeln erforderlich sein könnte.

Die Herausforderungen bei der Anwendung können anhand eines Beispiels nachvollzogen werden: Am 22. Februar 2017 meldete die MBB SE, eine börsennotierte, mittelständische, familiengeführte Beteiligungsgesellschaft, vorläufige Zahlen: Demnach betrug das Ergebnis je Aktie für das Geschäftsjahr 2017 € 2,06 und das Konzernergebnis insgesamt rund € 13,6 Mio. Am 29. März 2017 korrigierte die MBB diese Zahlen und schätzte nunmehr das Ergebnis je Aktie auf nur noch € 0,71, dies „aufgrund einer nach IFRS notwendigen Änderung der Bilanzierung von Effekten aus dem Aumann IPO." Unter einem IPO (Initial Public Offering) versteht man einen Börsengang, hier einer Beteiligungsgesellschaft. Das Konzernergebnis der MBB lag ausweislich des im April veröffentlichten Geschäftsberichts tatsächlich nur bei € 0,71 je Aktie bzw. € 4,656 Mio. insgesamt. Was war passiert?

MBB hatte im Dezember 2013 ein aktienkursbasiertes, langfristiges Bonusprogramm eingeführt. Einschlägig hierfür sind die Regelungen in IFRS 2. Demnach wird für ein aktienbasiertes Bonusprogramm, bei dem sich eine spätere Bonuszahlung am Anstieg des Aktienkurses über die Laufzeit bemisst, für den erwarteten späteren Barausgleich eine Schuld zum beizulegenden Zeitwert am jeweiligen Geschäftsjahresende ausgewiesen. Änderungen des beizulegenden Zeitwerts werden im Gewinn oder Verlust erfasst. Durch den Börsengang der Aumann AG war der Aktienkurs der MBB stark gestiegen.

→

→ Fortsetzung

Vor der Ankündigung des Börsengangs im November 2016 hatte der Aktienkurs der MBB noch bei rund € 40 gelegen. Bis zum Jahresende stieg dieser auf knapp € 70 und erhöhte sich bis zum Vollzug des Börsengangs am 24. März 2017 auf knapp € 90. Hieraus erhöhte sich die Verpflichtung aus dem Aktienoptionsprogramm, ein entsprechender Aufwand wäre zu erfassen gewesen.

In der Ad-hoc-Mitteilung vom 29. März 2017 erklärte die MBB: „In den vorläufigen Zahlen ist die Gesellschaft auf Basis einer gutachterlichen Stellungnahme davon ausgegangen, dass dieser im unmittelbaren Zusammenhang mit dem Börsengang stehende Aufwand wie andere Transaktionskosten zu klassifizieren und wie auch der Eigenkapitalzuwachs erfolgsneutral abzubilden sei.“ Dies hätte indes explizit nicht im Einklang mit IFRS 2 gestanden. Im Geschäftsbericht 2017 erklärt die MBB dazu: „Für eine entsprechende Behandlung des Aufwands aus dem langfristigen Bonusprogramm spräche überdies auch das „overriding principle“ des IAS 1.19. Durch eine erfolgswirksame Erfassung des Aufwands aus dem Bonusprogramm wird nach Sicht der Gesellschaft die Ertragslage der MBB beeinträchtigt, da Gleiches ungleich behandelt wird.“ Offenbar kam es jedoch zwischen der Veröffentlichung der vorläufigen Zahlen und dem Geschäftsbericht zu einem Umdenken in diesem Punkt. Im Geschäftsbericht 2017 heißt es entsprechend: „MBB hat sich dennoch entschieden, dieser engen Auslegung des IFRS zu folgen und den Aufwand aus dem langfristigen Bonusprogramm … erfolgswirksam zu erfassen.“

(Quelle: Konzernabschluss 2017 der MBB SE 2017)

Die weiteren Kapitel des Rahmenkonzepts behandeln folgende Themen und werden an späterer Stelle in diesem Buch ausführlicher behandelt:

- Kapitel 4: Die Elemente eines Abschlusses
- Kapitel 5: Ansatz und Ausbuchung von Abschlussposten
- Kapitel 6: Bewertung
- Kapitel 7: Ausweis und Angaben
- Kapitel 8: Kapital- und Kapitalerhaltungskonzeptionen

Wichtige Standards

Auch wenn das Rahmenkonzept bestimmte Prinzipien erkennen lässt, sind die IFRS im Kern fallbasiert (kasuistisch) aufgebaut. Jeweils ein konkreter Standard regelt, wie ein bestimmter Sachverhalt bilanziert wird. Die Bilanzierung einer Immobilie, in der sich das Verwaltungsgebäude eines Unternehmens befindet, ergibt sich etwa aus IAS 16. Erhält das Unternehmen zur Beschaffung eine Subvention, greift IAS 22. Wird es irgendwann nicht mehr benötigt und soll verkauft werden, greift IFRS 5. Ist das Gebäude allerdings im Rahmen eines Finanzierungsleasing-Verhältnisses zugegangen, ist IFRS 16 zu beachten. Soweit das Gebäude nicht Verwaltungszwecken, sondern der Erzielung von Mieteinnahmen dient, handelt es sich um eine Finanzinvestition, die nach IAS 40 zu bilanzieren ist. Handelt das Unternehmen mit einer Vielzahl von Immobilien und hat diese daher nur kurzfristig im eigenen Bestand, mag sie gar ein Vorratsgegenstand nach IAS 2 sein. Für viele Sachverhalte ist es damit keineswegs trivial, zu entscheiden, welcher Standard greift.

Die nachfolgende Abbildung gibt einen Überblick über die Standards, die für bestimmte Bilanzpositionen einschlägig sind:

Wichtige Standards zur Aktiva		Wichtige Standards zur Passiva	
Sachanlagen	IAS 16	Eigenkapital	IAS 1 IAS 32
Finanzinvestitionen	IAS 40	Minderheitenanteile	IFRS 10
Immaterielle Vermögenswerte	IAS 38	Rückstellungen (allgemein)	IAS 37
Finanzielle Vermögenswerte	IAS 32 IAS 9	Pensionsrückstellungen	IAS 19
Finanzanlagen	IAS 28	Steuerschulden und passive latente Steuern	IAS 12
Vorräte	IAS 2		
Steuerforderungen und aktive latente Steuern	IAS 12		
Zur Veräußerung gehaltene Vermögenswerte	IFRS 5		

Abbildung 3.1: Zuordnung von einschlägigen IFRS zu wichtigen Bilanzpositionen

Neben dem Rahmenkonzept gibt es nur eine begrenzte Anzahl von Standards, die sich mit übergeordneten Themen beschäftigen. Hierzu zählt IFRS 13, der generelle Leitlinien zur Ermittlung von beizulegenden Zeitwerten (*fair values*) enthält, einem Bewertungsmaßstab, der sich in vielen Standards wiederfindet. ▶ Abbildung 3.2 gibt einen Überblick über Standards, die allgemeine Bilanzierungsthemen ansprechen. Dabei werden Standards unterschieden, die sich primär mit Ausweisfragen beschäftigen, solche, die sich der periodengerechten Erfassung von Aufwendungen und Erträgen widmen, Standards für Sondersachverhalte (etwa Leasing- oder Versicherungsverträge) und Standards, die im Zusammenhang mit Konzernabschlüssen eine Rolle spielen.

Übergeordnete Themen					
Ausweis und Präsentation	Allgemein	IAS 1	**Sondersachverhalte**	Leasing	IAS 16
	Kapitalflussrechnung	IAS 7		Versicherungsverträgen	IFRS 4
	Ergebnis je Aktie	IAS 33		Ereignisse nach dem Bilanzstichtag	IAS 10
	Angaben zu Finanzinstrumenten	IFRS 7		Stetigkeit, Anpassungen durch Fehler und Schätzungen	IAS 8
	Zwischenberichte	IAS 34			
	Segmentberichterstattung	IFRS 8	**Bewertungsthemen**	fair value	
	Erstmalige Anwendung der IFRS	IFRS 1			
Erfassung von Aufwand und Ertrag	Erlöse	IFRS 15	**Konzernthemen**	Unternehmenszusammenschlüsse	IFRS 3
	Zuwendungen	IAS 20		Konsolidierte Abschlüsse	IFRS 10
	Erfassung von Wertminderungen	IAS 36		Gemeinsame Aktivitäten	IFRS 11
	Fremdkapitalkosten	IAS 23			
	Aufwand aus aktienbasierter Vergütung	IFRS 2			

Abbildung 3.2: IFRS zu übergeordneten Themen

Umgang mit Regelungslücken

Mit der schrittweisen Entwicklung von Standards können die IFRS für ein bestimmtes Bilanzierungsproblem möglicherweise keine explizite Lösung vorgeben. Die wirtschaftliche Entwicklung kann schneller verlaufen als der Standardsetzungsprozess. In einem solchen Fall muss zunächst geprüft werden, ob es in den bestehenden Standards und Interpretationen Lösungsvorschläge für ähnlich gelagerte Fälle gibt. Ist dies nicht der Fall, muss geprüft werden, ob sich aus den Darstellungen im Rahmenkonzept eine Lösung ableiten lässt. Ferner ist es möglich, auf Verlautbarungen anderer Standardsetter zurückzugreifen, zumindest dann, wenn die korrespondierenden Standards ein ähnliches Rahmenkonzept wie die IFRS aufweisen. Mit dieser Regelung in IAS 8 (siehe ▶ Exkurs 3.4: „Verweis auf Normen anderer Standardsetter") öffnen sich die IFRS einer weiteren Harmonisierung der Rechnungslegung, insbesondere mit den amerikanischen US GAAP, in denen die Anzahl detaillierter Lösungen für Bilanzierungsprobleme nach wie vor weitaus größer ist als in den IFRS.

Exkurs 3.4 **Verweis auf Normen anderer Standardsetter**

Wenn die IFRS keine Regelungen für bestimmte Geschäftsvorfälle oder sonstige Ereignisse vorhalten, muss das Management entscheiden, welche Bilanzierungs- und Bewertungsmethoden in solchen Fällen anzuwenden sind. IAS 8 enthält dazu einige Leitlinien. Dort heißt es: „Bei seiner Entscheidungsfindung (...) hat das Management (...) zu berücksichtigen: (a) die Anforderungen und Anwendungsleitlinien in Standards und Interpretationen, die ähnliche und verwandte Fragen behandeln; (b) die im Rahmenkonzept enthaltenen Definitionen, Erfassungskriterien und Bewertungskonzepte für Vermögenswerte, Schulden, Erträge und Aufwendungen. Bei seiner Entscheidungsfindung (...) kann das Management außerdem die jüngsten Verlautbarungen anderer Standardsetter, die ein ähnliches konzeptionelles Rahmenkonzept zur Entwicklung von Bilanzierungs- und Bewertungsmethoden einsetzen, sowie sonstige Rechnungslegungs-Verlautbarungen und anerkannte Branchenpraktiken berücksichtigen (...)." *(IAS 8.10-12, zitiert im Wortlaut der Veröffentlichung durch die EU-Kommission)*

EXTRAS ONLINE

Aufgaben

1. Nennen Sie die Hauptaufgaben des IASB-Rahmenkonzepts!
2. Recherchieren Sie, welche Grundlagen der IFRS-Rechnungslegung in IAS 1 beschrieben werden? Wie verhalten sie sich zu den Angaben im Rahmenkonzept?

→

→ Fortsetzung

3. Erlaubt der Hinweis auf bestimmte Anforderungen im Rahmenkonzept, von Bestimmungen in einem bestimmten IAS oder IFRS abzuweichen?

4. Warum könnten bestimmte Standards des IASB nicht im europäischen „öffentlichen Interesse" liegen? Diskutieren Sie!

5. Warum soll eine Ausgewogenheit zwischen den qualitativen Anforderungen herrschen?

6. Bei welchen Informationen könnte die Erstellung „kostspieliger" sein als der Nutzen, den die Adressaten aus ihnen ziehen? Nennen Sie Beispiele!

7. Versuchen Sie ein Beispiel zu finden, in dem es einen Unterschied zwischen einer wirtschaftlichen und einer rein rechtlichen Betrachtungsweise geben könnte.

8. Wie würden Sie als Abschlussprüfer darauf reagieren, wenn Ihnen ein Klient erklären würde, er weiche aufgrund des *overriding principle* von einem bestimmten Standard ab und bilanziere nach Maßgabe des Rahmenkonzepts?

9. Welche Bedingungen werden für Normen genannt, auf die nach IAS 8.10 zurückgegriffen werden kann?

3.1.2 Handelsgesetzbuch und Grundsätze ordnungsmäßiger Buchführung

Lernziele

- Die deutsche Rechnungslegung basiert auf Regelungen im Handelsgesetzbuch (HGB), die auch auf die Grundsätze ordnungsmäßiger Buchführung (GoB) verweisen.
- Die deutsche Rechnungslegung zeichnet sich durch eine vorsichtige Gewinnermittlung aus, sie ist zudem stärker prinzipienorientiert.

Grundsätze ordnungsmäßiger Buchführung

Die Rechnungslegung auf Grundlage des Handelsgesetzbuchs (HGB) und unter Beachtung der Grundsätze ordnungsmäßiger Buchführung ist geprägt durch die Leitidee des Gläubigerschutzes. Dieser wird durch eine vorsichtige, ausschüttungsbegrenzende Gewinnermittlung verwirklicht. Das HGB verpflichtet – mit einigen Ausnahmen – jeden Kaufmann, Bücher zu führen, in denen die Handelsgeschäfte und die Lage des

Vermögens ersichtlich zu machen sind. Dabei gilt die sogenannte Generalnorm des § 243 Abs. 1: „Der Jahresabschluss ist nach den Grundsätzen ordnungsmäßiger Buchführung aufzustellen."

Die Grundsätze ordnungsmäßiger Buchführung (GoB) besagen, wie Buchhaltung, Inventar und Jahresabschluss zweckmäßig zu gestalten sind. Die GoB haben drei wichtige Aufgaben: Erstens soll ihre Anwendung zu einer gläubiger- und anteilseignerschützenden Gewinnermittlung bzw. Bilanzierung führen. Zweitens verknüpfen sie über das Maßgeblichkeitsprinzip das Handels- und Steuerrecht. Drittens dienen sie dazu, alle vom Gesetzgeber nicht ausdrücklich geregelten Sachverhalte aufzufangen. Die GoB sind nur teilweise im Gesetz niedergelegt („kodifiziert") und dort mitunter nur vage gefasst. So verlangt § 252 Abs. 1 Nr. 4 etwa, dass Gewinne nur zu berücksichtigen sind, „wenn sie am Abschlussstichtag realisiert sind" – ohne indes zu konkretisieren, wann dieses „Realisationsprinzip" erfüllt ist. Insofern bedürfen die GoB der Auslegung und Konkretisierung. Prinzipiell können GoB entweder aus allgemeinen Prinzipien (deduktiv) entwickelt werden oder (induktiv) durch Beobachtung der Praxis entstehen.

Induktive Entstehung: Vorschläge für GoB können (theoretisch) durch die Orientierung an guter Praxis entstehen. In der Tat haben viele Rechnungslegungsregeln ihren Ursprung in der guten kaufmännischen Praxis. Das gilt etwa für das Entstehen der Konzernrechnungslegung. Dies setzt aber voraus, dass sich im Zeitablauf überhaupt eine Praxis herausbildet – und bis dahin eine Vielzahl unterschiedlicher Praktiken zumindest nicht unzulässig ist. Die Vielfalt solcher Praktiken würde indes die Vergleichbarkeit von Jahresabschlüssen erheblich einschränken, was gegen diesen Ansatz spricht. Allerdings kann auch dann von einer induktiven Ermittlung gesprochen werden, wenn Verlautbarungen berufsständischer Vereinigungen oder professioneller Standardsetter Eingang in Recht und Gesetz finden. Für die deutschen GoB wird allerdings die Idee der induktiven Ermittlung bereits seit den 1960er-Jahren abgelehnt.

Deduktive Ableitung: Nach dieser – in Deutschland insbesondere durch die Arbeiten von *Adolf Moxter* etablierten und durch die Rechtsprechung des Bundesfinanzhofs (BFH) geübten – Methode werden GoB aus den Aufgaben und Zwecken der Rechnungslegung entwickelt. Wenn der Zweck eines Abschlusses etwa den Gläubigerschutz umfasst, so kann daraus die Notwendigkeit einer vorsichtigen Bilanzierung abgeleitet werden. Mit Verweis auf Vorsicht wird dann wiederum, beispielsweise, eine ratierliche Gewinnrealisierung bei langlaufenden Projekten (Fertigungsaufträgen) ausgeschlossen. Problematisch bei einer deduktiven Ableitung ist indes, dass die obersten Aufgaben und Zwecke der Rechnungslegung in Konflikt stehen können und dass es auch unterschiedliche Auffassungen etwa dahingehend geben kann, was genau eine Gewinnermittlung ausmacht, die einerseits Gläubiger vor übermäßigen Ausschüttungen von Mitteln aus dem Unternehmen schützt und andererseits Eignern eine Mindestausschüttung sichern soll. Eine vermittelnde Perspektive nimmt die *teleologische Entstehung* der GoB ein. Demnach sollen GoB so entwickelt werden, dass eine Praxis entsteht, die im Einklang mit den entsprechenden gesetzlichen Zwecken steht. Diese Perspektive betont den Normcharakter der GoB in besonderer Form und bringt damit die politische Rolle der Regelungen zur Geltung. Für die Rechnungslegungsregeln bedeutet dies eine Orientierung der Anbieter von Lösungsideen an den Vorgaben der Politik, die gesetzlich niedergelegt sind.

Die maßgeblichen gesetzlichen Bilanzierungsvorschriften enthält das dritte Buch des HGB („Handelsbücher"), das wiederum aus sechs Abschnitten besteht. Der erste enthält die Vorschriften für alle Kaufleute, der zweite ergänzende Vorschriften für Kapitalgesellschaften sowie die Vorschriften für Konzerne. Hier sind ferner Prüfungs- und Publizitätspflichten für Kapitalgesellschaften und Konzerne geregelt. Der dritte Abschnitt enthält ergänzende Vorschriften für eingetragene Genossenschaften, der vierte solche für Unternehmen bestimmter Geschäftszweige (etwa Kreditinstitute und Versicherungen). Der fünfte Abschnitt enthält die Vorschriften für ein privates Rechnungslegungsgremium, der sechste solche für die Prüfstelle für Rechnungslegung.

Die Grundsätze ordnungsmäßiger Buchführung finden sich nicht abschließend in Gesetzen, sondern sind über verschiedene Quellen verstreut. Sie sind damit einerseits unübersichtlicher als etwa die internationalen Standards, bei denen Regelungen thematisch zusammengefasst sind. Andererseits sind sie offener für die Beteiligung von Betroffenen, die außerhalb des Gesetzgebungs- oder Standardsetzungsverfahrens stehen. Üblicherweise werden die GoB in Rahmengrundsätze, Abgrenzungsgrundsätze und sonstige Grundsätze unterteilt. Abgrenzungsgrundsätze legen fest, ob ein bestimmter Sachverhalt in einer bestimmten Abrechnungsperiode erfasst werden soll. Folgende Kriterien haben dabei besondere Bedeutung:

Grundsatz der Periodisierung: Aufwendungen und Erträge sind unabhängig von den Zeitpunkten der zu ihnen gehörenden Zahlungen zu berücksichtigen, also zu periodisieren. Das Realisationsprinzip, die Abgrenzung nach der Sache und nach der Zeit sowie das Imparitätsprinzip konkretisieren die nach GoB akzeptierte periodengerechte Erfolgsermittlung.

Realisationsprinzip: Gewinn entsteht, wenn er realisiert ist. Zur Konkretisierung dieser zunächst zirkulären Definition orientieren sich die GoB an den Regelungen im Privatrecht. Verlangt wird für die Realisation der Übergang von Chancen und Risiken auf einen Käufer. Erst dann etwa darf ein Umsatz gebucht werden. Nach HGB ist damit weitgehend ausgeschlossen, bloß „realisierbare" Erfolge als Ertrag zu erfassen. Chancen nur zu haben, reicht also nicht aus; man muss sie in „reale" Tatsachen umsetzen („realisieren"). Der Zahlungseingang spielt dabei keine Rolle. Ein Umsatzerlös wird etwa auch erfolgswirksam erfasst, wenn Waren auf Ziel verkauft werden, der Zahlungseingang also erst zu einem späteren Zeitpunkt – eventuell gar in einer späteren Abrechnungsperiode – erfolgt. Erfolgt der Zahlungseingang vor dem Übergang der Chancen und Risiken werden erfolgsneutral Verbindlichkeiten in Form von Vorauszahlungen eingebucht.

Abgrenzung nach der Sache und nach der Zeit: Unabhängig vom Zeitpunkt von Zahlungen sind einer Periode alle Vorgänge als Aufwand oder Ertrag zuzurechnen, die nach sachlichen oder zeitlichen Kriterien zu dieser Periode gehören. Dies bezieht sich insbesondere auf die Erfassung von Aufwendungen. Der Verkauf von fertigen Erzeugnissen aus dem Vorratsbestand löst nach dem Gesichtspunkt der sachlichen Zugehörigkeit die

Erfassung eines Aufwands aus, nämlich der Erfassung der entsprechenden Umsatzkosten. Die Zuordnung von Aufwand zu Perioden kann auch unter zeitlichen Aspekten vorgenommen werden. So ist etwa der Preis für die Aufnahme von Fremdkapital, der Zins, in aller Regel ein Aufwand, der durch Verstreichen von Zeit entsteht und damit der oder den Perioden zuzurechnen ist, in denen eine entsprechende Verbindlichkeit besteht. Dies gilt auch für den Fall, in dem die Zahlung erst für den Zeitpunkt der Endfälligkeit vorgesehen ist. Ähnliches gilt für Mieten oder Versicherungsprämien.

Imparitätsprinzip: Positive und negative Entwicklung sind ungleich, eben imparitätisch zu behandeln. Negative Entwicklungen erfasst man bei Bekanntwerden, positive zum Zeitpunkt des Übergangs von Chancen und Risiken. Das Imparitätsprinzip steht damit in unmittelbarem Zusammenhang mit dem Vorsichtsprinzip.

Ergänzend dazu sind folgende Grundsätze zu beachten:

Kontinuität: Der Grundsatz sichert materiell die Vergleichbarkeit von Abschlüssen über die Zeit, insbesondere durch Stetigkeit im Hinblick auf Ausübung von Bewertungs- und Bilanzierungswahlrechten sowie die Gliederung von Bilanz, GuV und Anhang; eine formelle Kontinuität besteht in der Identität zwischen den Bilanzen am Ende des einen und Beginn des nächsten Geschäftsjahres.

Vorsicht: Nach § 252 Abs. 1 Nr. 4 HGB ist „vorsichtig zu bewerten, namentlich sind alle vorhersehbaren Risiken und Verluste, die bis zum Abschlussstichtag entstanden sind, zu berücksichtigen (...); Gewinne sind nur zu berücksichtigen, wenn sie am Abschlussstichtag realisiert sind." Das Vorsichtsprinzip darf aber nicht dazu führen, systematisch und ohne Abwägung von Chancen und Risiken Vermögenswerte unterzubewerten. Ein Grundsatz „der Kaufmann rechnet sich eher arm als reich" gilt nur in engen Grenzen, etwa wenn bei Unsicherheit nicht der wahrscheinliche Wert, sondern ein pessimistischerer gewählt wird.

Annahme der Unternehmensfortführung: Bei der Bewertung ist von der Fortführung der Unternehmenstätigkeit auszugehen, sofern dem nicht tatsächliche oder rechtliche Gründe entgegenstehen (§ 252 Abs. 1 Nr. 2 HGB).

Grundsatz der Wesentlichkeit: Unwesentliche Informationen dürfen vernachlässigt, verkürzt oder verdichtet werden.

Zusätzlich verlangen die Rahmengrundsätze, einen Abschluss nach bestem Wissen und Gewissen und ohne Irreführungen zu erstellen. Der Abschluss muss im Hinblick auf die Vornahme von Schätzungen und Ausübung subjektiven Ermessens ferner frei von Willkür sein. Im Hinblick auf den Ausweis muss der Abschluss die Sachverhalte klar in angemessener und ausreichender Tiefe darstellen und dazu einer sinnvollen und leicht erfassbaren Ordnung folgen. Der Abschluss muss vollständig in dem Sinne sein, dass er alle bis zum Bilanzstichtag angefallenen Geschäftsvorfälle enthält, inklusive solcher, die nicht direkt als Geschäftsvorfall erkennbar waren, etwa den Schwund von Vorratsgegenständen, ein Fallen von Marktwerten unter Einstandspreise oder das Entstehen neuer Risiken. Nach dem Grundsatz der Einzelbewertung sind alle Vermögenswerte und Schulden einzeln und unabhängig voneinander zu erfassen und zu bewerten. Saldierungen sind grundsätzlich unzulässig.

Zudem gibt es einige Dokumentationsgrundsätze. Nach dem Belegprinzip darf es keine Buchungen ohne Beleg geben, das Rechnungswesen ist systematisch aufzubauen, es muss ein internes Kontrollsystem vorliegen und alle Aufzeichnungen müssen verständlich sein.

Die Grundsätze stellen Prinzipien dar, die an der einen oder anderen Stelle durchaus in der Bilanzierungspraxis durchbrochen sein können. Die Durchbrechung – etwa die Saldierung gleichartiger Vermögensgegenstände des Vorratsvermögens aus Vereinfachungsgründen – muss aber wieder allgemein akzeptiert sein und ist zu begründen. Einzelne Unternehmen können also nicht beliebig von den GoB abweichen.

Einblicksnorm für Kapitalgesellschaften: *true and fair view*

Neben der prägenden Geltung der GoB für den Jahresabschluss sämtlicher Einzelkaufleute, Personenhandels- und Kapitalgesellschaften kennt das Handelsrecht noch eine zweite Generalnorm. Während die GoB mit der gläubigerschützenden Gewinnermittlung auf die Ausschüttungsbemessungsfunktion des Jahresabschlusses fokussieren, schafft der § 264 Abs. 2 S. 1 HGB speziell für Kapitalgesellschaften zusätzlich eine Einblicksnorm, die wiederum die Informationsfunktion betont: „Der Jahresabschluss der Kapitalgesellschaft hat unter Beachtung der Grundsätze ordnungsmäßiger Buchführung *ein den tatsächlichen Verhältnissen entsprechendes Bild der Vermögens-, Finanz- und Ertragslage der Kapitalgesellschaft zu vermitteln.*“ Das zu vermittelnde Bild wird auch in Anlehnung an die angloamerikanische Bilanzierung, der diese Einblicksnorm entspringt, als *true and fair view* bezeichnet. Dahinter steht die Zielsetzung, den Jahresabschluss auch informativ auszugestalten und etwa Anteilseigner zweckmäßig zu informieren. Indes ist dem Gesetzeswortlaut zu entnehmen, dass das Bild des Unternehmens „unter Beachtung der GoB“ zu vermitteln sei. Nach herrschender Auffassung wird der *true and fair view* daher nach der sogenannten „Abkopplungsthese“ verstanden. Demnach sind Gewinnermittlung und Informationsfunktion voneinander abgekoppelt: Während Bilanz sowie Gewinn-und-Verlust-Rechnung durch die GoB und das Ziel der gläubigerschützenden Gewinnermittlung geprägt sind, hat der Anhang die Aufgabe, über die Vermögens-, Finanz- und Ertragslage zu informieren. Dies geschieht, indem der Anhang etwa detailliert über die Zusammensetzung des Vermögens, über die Fristigkeit von Verbindlichkeiten oder über die Natur des außerordentlichen Ergebnisses informiert. Zudem soll der Anhang ausdrücklich Korrekturen bzw. zusätzliche Angaben vornehmen, wenn Bilanz und Gewinn-und-Verlust-Rechnung kein zutreffendes Bild der Lage zeichnen (§ 264 Abs. 2 S. 2). Hier wäre etwa an das Beispiel der Langfristfertigung zu denken. Zwar verbietet es das Realisationsprinzip grundsätzlich, bei mehrjährigen Fertigungsprozessen (etwa von Kraftwerken, Flugzeugen, Kreuzfahrtschiffen) vor Fertigstellung und Abnahme Umsätze zu erfassen; die Aufgabe des Anhangs ist dann, über die entsprechend verzerrte Ertragslage zu informieren und die Adressaten der Rechnungslegung beispielsweise über den Auftragsbestand, den Fertigungsfortschritt und die voraussichtliche Fertigstellung der Produkte zu unterrichten.

EXTRAS ONLINE

Aufgaben

1. Diskutieren Sie, wie Grundsätze ordnungsmäßiger Buchführung entstehen!

2. Welche Prinzipien leiten die Rechnungslegung nach HGB?

3. Vergleichen Sie die leitenden Prinzipien von HGB und IFRS. Wo finden Sie Unterschiede, wo Gemeinsamkeiten?

4. Vergleichen Sie den Entstehungsprozess von GoB und IFRS. Welche Variante erscheint Ihnen vorzugswürdig?

5. Warum hat der deutsche Gesetzgeber die handelsrechtliche Rechnungslegung 2009 modernisiert? Wie beurteilen Sie die Modernisierung?

6. Welche Bedeutung hat das Vorsichtsprinzip in der Rechnungslegung nach HGB? Wie ist es ausgestaltet?

3.2 Grundlagen zu Ansatz und Bewertung

3.2.1 Ansatz

Lernziele

- In der Bilanzierung stellt sich zunächst die Frage des Ansatzes. Hier ist zu klären, ob und an welcher Stelle ein Sachverhalt in der Bilanz zu erfassen ist.
- Für eine Abbildung in der Bilanz müssen sowohl die Definitions- als auch die Ansatzkriterien von Abschlussposten erfüllt sein.

In der Rechnungslegung stellen sich drei Grundprobleme. Erstens ist die Frage zu beantworten, welche Sachverhalte in einem Abschluss einer bestimmten Periode zu erfassen sind (*Ansatz*) bzw. wie die Existenz des Sachverhalts nachgewiesen werden kann. Zweitens stellt sich im Falle eines erstmaligen Ansatzes die Frage, wie der Sachverhalt zu bewerten ist (*Erstbewertung*). Drittens stellt sich in allen Fällen, in denen sich der Sachverhalt auf mehr als eine Periode auswirkt, die Frage der Bewertung in den folgenden Perioden (*Folgebewertung*). ▶ Abbildung 3.3 gibt einen Überblick über Ansatz, Erst- und Folgebewertungsmöglichkeiten von Sachverhalten, die in der Bilanz erfasst werden.

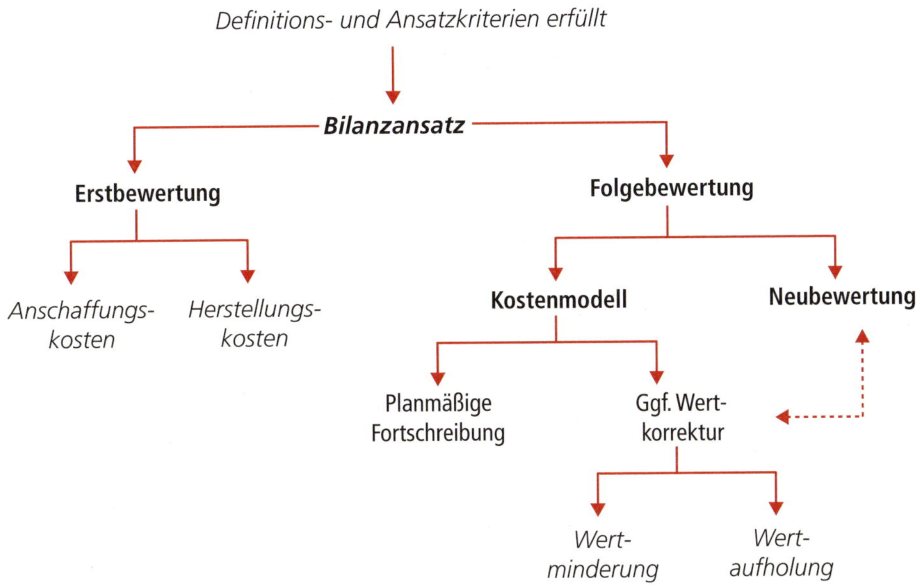

Abbildung 3.3: Übersicht über die Erst- und Folgebewertung

Die Voraussetzung für einen Ansatz von Vermögenswerten und Schulden in der Bilanz ist, dass die einschlägigen Definitions- und Ansatzkriterien erfüllt sind. Ein *Vermögens-*

wert ist im IFRS-Rahmenkonzept definiert als eine gegenwärtige wirtschaftliche Ressource, die aufgrund von Ereignissen der Vergangenheit in der Verfügungsmacht des Unternehmens steht und die das Potenzial hat, wirtschaftlichen Nutzen zu generieren. Analog zu den Vermögenswerten sind *Schulden* im Rahmenkonzept definiert als gegenwärtige Verpflichtung des Unternehmens zur Übertragung einer wirtschaftlichen Ressource aufgrund von Ereignissen der Vergangenheit. Unter einer Verpflichtung wird in diesem Zusammenhang eine Handlungspflicht verstanden, die das Unternehmen praktisch nicht umgehen kann. Das *Eigenkapital* ergibt sich rechnerisch als Differenz zwischen den gesamten Vermögenswerten und Schulden eines Unternehmens. Es ist damit eine Restgröße und wird nicht gesondert bewertet. Dies muss auch so sein: Da sich die Aktiv- und Passivseite der Bilanz stets entsprechen, können bei drei Bestandteilen, Vermögenswerte, Schulden und Eigenkapital, nur für zwei Bestandteile genaue Regeln angegeben werden. Der dritte Bestandteil errechnet sich aus der Bilanzgleichung. Das Eigenkapital ist also als Residualgröße definiert, wobei sich eigenständige Definitions- und Ansatzkriterien für das Eigenkapital nicht nur erübrigen, sondern aus rechnerischer Sicht auch verbieten.

Das Zutreffen der entsprechenden Definitionskriterien ist aber nur die notwendige und noch keine hinreichende Bedingung für eine bilanzielle Erfassung. Vermögenswerte und Schulden sind nach Rahmenkonzept in der Bilanz dann und nur dann anzusetzen, wenn auch die Ansatzkriterien erfüllt sind. Demnach kommt ein Ansatz von Abschlussposten nur infrage, soweit

- dem Nutzer von Abschlüssen dadurch relevante Informationen über den jeweiligen Abschlussposten und aus diesem resultierende Erträge, Aufwendungen und Eigenkapitalveränderungen zugehen und
- dadurch eine glaubwürdige Darstellung erreicht wird.

Die allgemeinen Definitions- und Ansatzkriterien werden in den einzelnen Standards näher konkretisiert. In der Rechnungslegung nach HGB/GoB gibt es keine derart präzise niedergelegten Definitionen, auch wenn die Tatbestände denen der IFRS im Wesentlichen entsprechen.

Exkurs 3.5 Bilanzansatz nach HGB

Nach HGB zählen die als Anlage- oder Umlaufvermögen klassifizierten Vermögensgegenstände, das Eigenkapital, die Schulden sowie die Rechnungsabgrenzungsposten zu den gesondert auszuweisenden Inhalten der Bilanz (§ 247 Abs. 1 HGB). Anders als die IFRS beinhaltet das Gesetz selbst keine Definitionen dieser Begriffe. Aus den GoB lassen sich aber die Kriterien für diese Positionen ableiten. Nach dem Vollständigkeitsgebot sind alle Vermögensgegenstände und Schulden zu erfassen, wobei die Vermögensgegenstände, die dauerhaft dem Geschäftsbetrieb dienen sollen, als Anlagevermögen ausgewiesen werden (§ 247 Abs. 2 HGB).

→

→ Fortsetzung

Eingeschränkt wird der vollständige Ausweis von *Vermögensgegenständen* durch konkrete Bilanzierungsverbote (etwa nach § 248 Abs. 2 HGB für Kundenlisten oder Marken). Auch wird – durchaus plausibel im Hinblick auf den Gläubigerschutz – die Frage nach der möglichen Verwertbarkeit der Vermögensgegenstände aufgeworfen, typischerweise konkretisiert als Forderung nach mindestens abstrakt bestehender Einzelveräußerbarkeit. Diese Einzelveräußerbarkeit stellt in der Regel strengere Anforderungen an das Vorliegen eines Vermögensgegenstands als der Nutzenzufluss aus den IFRS. Ein Sonderfall sind die auf der Aktivseite zu erfassenden Abgrenzungsposten, die Hilfsmittel darstellen, um eine periodengerechte Bilanzierung zu erreichen. Auszahlungen für selbst geschaffene immaterielle Vermögensgegenstände des Anlagevermögens können aktiviert werden; andernfalls sind sie in der Periode ihres Anfallens als Aufwand zu erfassen (§ 248 Abs. 2 S. 1 HGB). Auszahlungen für Forschungstätigkeiten, selbst geschaffene Marken, Drucktitel, Verlagsrechte, Kundenlisten oder vergleichbare immaterielle Vermögensgegenstände des Anlagevermögens sind dagegen stets Aufwand der Periode, in der sie anfallen (§ 248 Abs. 2 S. 2 HGB).

Die Erfassung von *Schulden* setzt eine Leistungsverpflichtung gegenüber Dritten voraus, aus der sich das Unternehmen nicht entziehen kann. Eine Schuld kann wirtschaftlich oder rechtlich verursacht sein. Wird beispielsweise im üblichen Geschäftsverkehr die Erfüllung einer Leistungsverpflichtung erwartet, ohne dass darauf ein rechtlicher Anspruch bestünde, so wird dennoch eine Schuld erfasst. Soweit bei einer Schuld dem Grunde oder der Höhe nach Unsicherheiten bestehen, wird von einer Rückstellung gesprochen. Rückstellungen werden in der Regel abermals nur für (mögliche) Verpflichtungen gegenüber Dritten gebildet. Auch hier ist die Übereinstimmung zu den IFRS groß. Für im Geschäftsjahr unterlassene Aufwendungen für Instandhaltungen, die im folgenden Geschäftsjahr innerhalb von drei Monaten nachgeholt werden, sind sogenannte Aufwandsrückstellungen zu bilden. Auch auf der Passivseite sind nach § 250 Abs. 2 HGB Abgrenzungsposten als eigenständige Bilanzposition zu erfassen.

EXTRAS ONLINE

Aufgaben

1. Definieren Sie Vermögenswerte und Schulden nach IFRS und nennen Sie Beispiele!
2. Warum müssen sowohl Ansatz- als auch Definitionskriterien für einen Bilanzansatz erfüllt sein?
3. Benennen Sie Bilanzierungsverbote! Warum werden Bilanzierungsverbote ausgesprochen?
4. Vergleichen Sie die Aktivierungs- und Passivierungsregeln von HGB und IFRS!
5. Rechnungsabgrenzungsposten sind keine Kategorie der IFRS. Wie werden diese Sachverhalte nach IFRS bilanziert?
6. Nennen Sie Beispiele für rechtliche und wirtschaftliche Verpflichtungen, die zu Verbindlichkeiten oder Rückstellungen führen!

3.2.2 Erstbewertung

Lernziele

- Die Erstbewertung folgt typischerweise einem pagatorischen Wertverständnis.
- Auf der Aktivseite entsprechen die Wertansätze typischerweise dem Wert der Zahlungsmittel oder Zahlungsmitteläquivalente, die im Austausch für die Anschaffung oder Herstellung eines Vermögenswerts gegeben wurden.
- Auf der Passivseite entsprechen die Wertansätze dem Betrag, den man erhalten hat oder den man zur Ablösung der Schuld aufzubringen hätte.

Wenn die Definitions- und Ansatzkriterien erstmalig erfüllt sind, muss ein Vermögenswert beziehungsweise eine Schuld (neu) in der Bilanz erfasst werden. Dabei stellt sich die Frage, mit welchem Wert die entsprechende Position erstmalig anzusetzen ist. Dieser Vorgang wird als Erstbewertung bezeichnet.

Das Rahmenkonzept gibt eine Übersicht über die nach IFRS zur Anwendung kommenden Bewertungskonzeptionen. Zentraler Wertmaßstab in den IFRS sind, wie auch in der Rechnungslegung nach HGB/GoB, die historischen Kosten. Dies gilt insbesondere für die Erstbewertung von Vermögenswerten und Schulden, die, von Sonderfällen abgesehen, praktisch immer zu historischen Kosten erfolgt. Zum Zeitpunkt der

Anschaffung entsprechen die „historischen" Kosten freilich einem Gegenwartswert, der typischerweise beschaffungsmarktorientiert ermittelt wird. Gegenwartswerte können nach Rahmenkonzept auf verschiedene Arten ermittelt werden:

- *Beizulegender Zeitwert*: Es handelt sich um den Preis, der in einem geordneten Geschäftsvorfall zwischen Marktteilnehmern am Bemessungsstichtag für den Verkauf eines Vermögenswertes eingenommen bzw. für die Übertragung einer Schuld gezahlt werden müsste.
- *Nutzungswert eines Vermögenswerts oder Erfüllungsbetrag einer Schuld*: Es handelt sich jeweils um den Barwert der Zahlungsströme, die aus der Nutzung eines Vermögenswerts bzw. einer Schuld resultieren.
- *Gegenwärtige Kosten*: Es handelt sich um die Kosten, die am Bemessungsstichtag anfallen würden, um einen äquivalenten Vermögenswert beschaffen zu können bzw. um den Betrag, der als Gegenleistung für die Aufnahme einer äquivalenten Schuld ausgezahlt würde.

In den IFRS finden sich keine allgemeinen Leitlinien zur konkreten Ermittlung der historischen Kosten. Die Vorschriften, die sich in den einzelnen Standards finden, sind aber weitgehend konsistent. Dies erlaubt an dieser Stelle die Darstellung einiger Grundsätze bei ihrer Ermittlung. Voraussetzung für eine Erstbewertung ist stets, dass die einschlägigen Definitions- und Ansatzkriterien für einen Vermögenswert beziehungsweise eine Schuld erfüllt sind. Soweit es sich um einen Vermögenswert handelt, ist zu prüfen, ob dieser von Dritten erworben oder selbst erstellt wurde.

Bei einem Erwerb setzen sich die **Anschaffungskosten** vor allem aus dem Kaufpreis und eventuellen Anschaffungsnebenkosten zusammen, von deren Summe die Anschaffungskostenminderungen abzuziehen sind. Unter die Anschaffungsnebenkosten fallen etwa Einfuhrzölle und nicht erstattungsfähige Steuerzahlungen, außerdem Transport- und Verbringungskosten. Auch sonstige Kosten, die dem Vermögenswert insofern direkt zurechenbar sind, als dass sie ihn für die bestimmungsgemäße Verwendung vorbereiten, gehören hierzu. Darüber hinaus sind den Anschaffungskosten in einigen Fällen auch die erstmalig geschätzten Abbruchs- und Wiederherstellungskosten des Standorts sowie Finanzierungskosten zuzurechnen. Bei den *Anschaffungskostenminderungen*, die vom Kaufpreis abzuziehen sind, wird es sich in aller Regel um Rabatte, Boni oder Skonti handeln.

Wird ein Vermögenswert selbst erstellt und erfüllt er die Definitions- und Ansatzkriterien eines Vermögenswerts, so gestaltet sich die Ermittlung eines Wertansatzes schwieriger als im Fall des Kaufs von Dritten. Die historischen Kosten sind dann die **Herstellungskosten**. Diese beinhalten grundsätzlich alle Kosten, die den produzierten Einheiten zuzurechnen sind. Dazu zählen neben den direkt zurechenbaren Einzelkosten auch die variablen und fixen Gemeinkosten, auch wenn Gemeinkosten den Produktionseinheiten nur durch die Anwendung einer Rechenvorschrift zugeordnet werden können. (zu diesen und weiteren der im Folgenden verwendeten Begriffe siehe ▶ Tabelle 3.1). Die einzubeziehenden Kosten betreffen auch den produktionsbezogenen Verwaltungsbereich. Vertriebskosten dürfen nicht einbezogen werden. Während die Einbeziehungsverbote in der Rechnungslegung nach IFRS und HGB/GoB sehr ähnlich sind, werden die Gebote in den IFRS strikter formuliert (siehe auch ▶ Exkurs 3.6: „Erstbewertungsgrundsätze nach HGB").

Die Rechenvorschriften zur Zuordnung von Gemeinkosten müssen bestimmten Anforderungen genügen. Die Zurechnung von Gemeinkosten ist dabei im Vollkostenprinzip begründet. Fixe Kosten werden nur im Umfang eines normalen Beschäftigungsgrads zugerechnet. Dies soll vermeiden, dass den erzeugten Vermögenswerten bei einer schwachen Auslastung der Produktion höhere Gemeinkosten zugerechnet werden als es bei einer normalen Auslastung der Fall wäre. In Perioden mit besonders hohen Produktionsvolumina mindert sich allerdings der Fixkosten-Anteil der einzelnen Produktionseinheit. Vertriebskosten und allgemeine Verwaltungskosten, die zu den (fixen) Gemeinkosten zählen, dürfen nicht den Herstellungskosten zugerechnet werden.

Tabelle 3.1

Definition von Begriffen im Zusammenhang mit Herstellungskosten

Begriff	**Definition**
I Grundlagen	
Kosten	Bewerteter sachzielbezogener Leistungsverzehr einer Periode. Unterschieden werden Einzel- und Gemein- sowie fixe und variable Kosten. Fixe Kosten fallen unabhängig vom Beschäftigungsgrad (zeitraumbezogen) an, variable schwanken mit der Beschäftigung.
Vollkostenrechnung	Kostenrechnungssystem, bei dem die gesamten fixen und variablen Kosten auf Kostenträgereinheiten (hier: selbst erstellte Vermögenswerte) verteilt werden.
Teilkostenrechnung	Kostenrechnungssystem, bei dem nur ein Teil der gesamten Kosten (nämlich in der Regel nur die variablen) den Kostenträgereinheiten (hier: den selbst erstellten Vermögenswerten) zugerechnet wird. Teilkostenrechnungssysteme sind auch auf Basis von Einzelkosten möglich.
II Bestandteile der Herstellungskosten	
Einzelkosten	Kosten, die den selbst erstellten Vermögenswerten direkt zugerechnet werden können, zum Beispiel Material(einzel)kosten.
Gemeinkosten	Kosten, die den selbst erstellten Vermögenswerten nicht direkt zugerechnet werden können, die aber mit deren Erstellung in Verbindung stehen und ihnen deshalb nach dem Verursachungsprinzip zugerechnet werden sollten. Es kann sich dabei um fixe und variable Gemeinkosten handeln.

Auch Fremdkapitalkosten können Teil der Anschaffungs- oder Herstellungskosten werden. Fremdkapitalkosten sind aber nur unter bestimmten Bedingungen zu aktivieren, und zwar dann, wenn es sich um einen (dafür) qualifizierten Vermögenswert handelt. Qualifizierte Vermögenswerte zeichnen sich dadurch aus, dass ein „beträchtlicher Zeitraum“ erforderlich ist, um sie in den beabsichtigten gebrauchs- oder verkaufsfähigen Zustand zu versetzen. Zu denken ist hier etwa an Anlagen oder Gebäude in Herstellung. Im Einzelfall kann es sich aber auch bei bestimmten Erzeugnissen der Produktion um qualifizierte Vermögenswerte handeln, etwa hochwertige Weine, die vor dem Verkauf einen mehrjährigen Reifungsprozess durchlaufen. Bei Vermögenswerten aus Serien- oder Massenfertigung wird es sich dagegen nicht um qualifizierte Vermögenswerte handeln.

Zu den aktivierungsfähigen Fremdkapitalkosten zählen Zinszahlungen sowie sonstige Kosten, die im Zusammenhang mit der Aufnahme von Fremdkapital anfallen. Zu berücksichtigen sind auch sonstige Nebenkosten, die mit der Kreditaufnahme in Verbindung stehen, beispielsweise Vermittlungsgebühren oder Provisionen. Soweit Fremdkapitalkosten aktiviert werden, steigen die Anschaffungs- oder Herstellungskosten der qualifizierten Vermögenswerte um genau diesen Betrag. Die Idee dabei ist, dass es sich bei Fremdkapitalkosten um Kosten handelt, die mit der Beschaffung bestimmter Vermögenswerte in unmittelbarer Verbindung stehen und diesen daher direkt zugerechnet werden können. Wichtig ist aber, dass es sich dabei nur um diejenigen Fremdkapitalkosten handelt, die mit Beschaffung oder Herstellung in unmittelbarer Verbindung stehen. Soweit ein Unternehmen für die Beschaffung oder Herstellung qualifizierter Vermögenswerte kein Fremdkapital aufnimmt, dürfen Kapitalkosten nicht aktiviert werden. Die Bereitstellung von Eigenkapital verursacht keine zahlungswirksamen Kosten, sondern nur Gewinnerwartungen (Opportunitätskosten). Dass eine Aktivierung von Fremdkapitalkosten gefordert, dagegen eine Aktivierung von Eigenkapitalkosten verboten ist, kann durch das pagatorische Wertverständnis erklärt werden, das im externen Rechnungswesen vorherrscht.

Exkurs 3.6 Erstbewertungsgrundsätze nach HGB

Werden *Vermögensgegenstände* des Anlage- und Umlaufvermögens von Dritten beschafft und erstmals erfasst, sind sie mit Anschaffungskosten zu bewerten. Wesentliche Komponenten der Anschaffungskosten sind der Anschaffungspreis, die Anschaffungsnebenkosten, Anschaffungskostenminderungen und ggf. nachträgliche Anschaffungskosten (§ 255 Abs. 1 HGB). Selbst erstellte Vermögensgegenstände des Anlage- und Umlaufvermögens werden mit Herstellungskosten erfasst. Dazu gehören die Einzelkosten der Herstellung, variable Gemeinkosten und – hier besteht ein Wahlrecht – ggf. Teile der fixen Gemeinkosten, soweit sie auf den Zeitraum der Herstellung entfallen, etwa anteilige Kosten der allgemeinen Verwaltung. Einbeziehungsverbote bestehen für Forschungs- und Vertriebskosten. Fremdkapitalkosten sind allgemein nicht in die Herstellungskosten einzubeziehen.

→

→ Fortsetzung

Es besteht allerdings ein Wahlrecht für den Fall, dass sich die Fremdkapitalkosten der Herstellung eines Vermögensgegenstands eindeutig zuordnen lassen (§ 255 Abs. 2 HGB). *Verbindlichkeiten* werden zum Erfüllungsbetrag (= Rückzahlungsbetrag) angesetzt. *Rückstellungen* sind in Höhe des nach vernünftiger kaufmännischer Beurteilung notwendigen Erfüllungsbetrags anzusetzen. Liegt die Erfüllung einer per Rückstellung erfassten Verbindlichkeit mehr als ein Jahr in der Zukunft, ist der Erfüllungsbarwert anzusetzen, wozu nach § 253 Abs. 2 HGB der durchschnittliche Marktzinssatz der vergangenen sieben Geschäftsjahre zu nutzen ist. Dieser Zinssatz wird von der Deutschen Bundesbank ermittelt und monatlich bekanntgegeben.

EXTRAS ONLINE

Aufgaben

1. Was versteht man unter fixen beziehungsweise variablen Produktionsgemeinkosten? Nennen Sie Beispiele.

2. Was versteht man unter Einzelkosten, Materialeinzelkosten, Fertigungseinzelkosten, Sondereinzelkosten der Fertigung und Sondereinzelkosten des Vertriebs? Nennen Sie Beispiele.

3. Welche Gründe sprechen dafür, Produktionsgemeinkosten in die Herstellungskosten einzubeziehen?

4. Nennen Sie Gründe, die für oder gegen die Aktivierung von Fremdkapitalkosten sprechen.

5. Was sind Eigenkapitalkosten – und warum dürfen sie, anders als Fremdkapitalkosten, nicht in die historischen Kosten qualifizierter Vermögenswerte eingehen?

6. Welche Kostenkategorien werden in IAS 16 für den Wertmaßstab historische Kosten für Vermögenswerte unterschieden? Wie werden die historischen Kosten bei den unterschiedlichen Kostenkategorien ermittelt?

3.2.3 Folgebewertung

Lernziele

- Die Folgebewertung knüpft entweder an die ursprünglichen Wertansätze an oder man bewertet bei der Erstellung des Abschlusses die Bilanzpositionen neu.
- Werden Wertansätze auf Basis einer bestimmten Methode fortgeführt, muss regelmäßig überprüft werden, ob die Methode sachgerechte Ergebnisse liefert (Werthaltigkeitstest).
- Die Neubewertungsmethode ist nur für eine begrenzte Anzahl von Bilanzpositionen zulässig.

Bewertungskonzeptionen Das Rahmenkonzept unterscheidet zwei grundsätzliche Bewertungsmaßstäbe, die auch für die Folgebewertung von zentraler Bedeutung sind: Einerseits das Modell der historischen Kosten (*historical cost*), andererseits das Modell der Gegenwartswerte.

Historische Kosten vermitteln Informationen über den monetären Wert von Vermögenswerten, Schulden sowie zugehörigen Aufwendungen und Erträgen, wobei der Ankerpunkt der Bewertung stets der ursprüngliche Transaktionspreis ist. Da sich relativ einfach Nachweise über den ursprünglichen Transaktionspreis führen lassen, ist das Konzept der Bewertung zu historischen Kosten durch ein hohes Maß an Verlässlichkeit geprägt. Während der ursprüngliche Transaktionspreis im Grundsatz zum Zeitpunkt der Transaktion auch ein Gegenwartswert war, ist das im Rahmen der Folgebewertung nicht mehr der Fall. Die Anpassung der Buchwerte geschieht hier, falls überhaupt, modellbasiert. Die Anpassung von Vermögenswerten kann dabei auf folgende Ursachen zurückgeführt werden:

- den Verzehr wirtschaftlichen Nutzens in Form von Abschreibungen;
- den Erhalt von Zahlungen, die zur Reduktion des Vermögenswerts führen;
- den Eintritt von Ereignissen, die zu Wertminderungen des Vermögenswerts führen;
- die Erfassung von Zinseffekten.

Analog können auch Anpassungen von Schulden erforderlich sein, die nach dem Kostenmodell erfasst werden, nämlich durch:

- die Erfüllung von Verbindlichkeiten, insbesondere durch Tilgungszahlungen oder sonstige Erfüllung von Pflichten, etwa durch die Lieferung von Gütern oder Dienstleistungen;
- den Eintritt von Ereignissen, die dazu führen, dass ein höherer Wert als der ursprünglich erfasste geschuldet wird;
- die Erfassung von Zinseffekten.

Die Anwendung des Kostenmodells für finanzielle Vermögenswerte und Schulden erfolgt häufig nach der sogenannten Effektivzinsmethode. Demnach entsprechen die jeweiligen Buchwerte am Bilanzstichtag den aus dem Instrument künftig erwarteten

Zahlungsströmen, die mit dem Effektivzinssatz diskontiert werden, welcher bei der erstmaligen Erfassung als interner Zinsfuß ermittelt wurde.

Wird hingegen bei der Folgebewertung auf **Gegenwartswerte** (*current value*) zurückgegriffen, müssen im Idealfall die Wertansätze nicht modelliert, sondern können direkt beobachtet werden. Diese Wertansätze sind auch unabhängig von der historischen Transaktion, sie können im Zeitablauf, je nach Entwicklung der Gegenwartswerte, darüber oder darunter liegen. Das Rahmenkonzept nennt mehrere Varianten, wie Gegenwartswerte gemessen werden können. Wie bereits ausgeführt, handelt es sich dabei um den beizulegenden Zeitwert (*fair value*), den Nutzungswert (*value in use*) bzw. Erfüllungsbetrag (*fulfillment value*) oder gegenwärtige Kosten (*current cost*). Die genaue Art der Folgebewertung ist in den einzelnen Standards vorgegeben. Die Standards machen in unterschiedlicher Form von den genannten Wertkonzeptionen Gebrauch. Insbesondere spielen Gegenwartswerte in den Standards eine Rolle, in denen das Neubewertungsmodell zur Anwendung kommt. Typischerweise wird beim Neubewertungsmodell auf den beizulegenden Zeitwert zurückgegriffen, dessen Ermittlung mit IFRS 13 ein ganzer Standard gewidmet ist.

Bewertung zu historischen Kosten: Planmäßige Abschreibung Beim Kostenmodell bleiben die historischen (Anschaffungs- oder Herstellungs-) Kosten der Ankerpunkt für die Folgebewertung. Die historischen Kosten werden beim Kostenmodell fortgeschrieben, wobei der Buchwert der Vorperiode zum Bilanzstichtag jeweils um einen bereits beim Zugang des Vermögenswerts festgelegten Betrag gemindert wird. Dieser Vorgang wird als planmäßige Abschreibung bezeichnet. Die lineare Abschreibung ist das einfachste Verfahren der planmäßigen Abschreibung. So könnte beim Kauf einer Maschine für € 22.000 am Ende der Periode 1 festgelegt werden, dass diese für insgesamt vier Jahre genutzt werden soll. Wird nun geschätzt, dass die Maschine am Ende von Periode 5 für € 12.000 verkauft werden kann, wird der Buchwert durch Abschreibung in jeder Periode um € 2.500 (€ 10.000 ÷ 4 Jahre) vermindert. Der Buchwert am Ende der Periode 2 würde folglich nicht mehr € 22.000 (historische Kosten), sondern € 19.500 (€ 22.000 – € 2.500) betragen. Die Abschreibungen werden in der Regel erfolgswirksam erfasst, da sie einen wirtschaftlichen Nutzenverzehr abbilden:

821 Abschreibungen		2.500	
	an 243 Fertigerzeugnisse		2.500

Allerdings müssen Abschreibungen nicht immer zu einer unmittelbaren Schmälerung des Gewinns führen. Dies ist beim Beispiel der Maschine evident, denn diese dient der Herstellung von fertigen Erzeugnissen (also Vorräten). In diesem Fall erfassen die Abschreibungen die Wertabgabe im Nutzungsprozess und mögen den Wert der unfertigen oder fertigen Erzeugnisse um den planmäßigen Abschreibungsbetrag erhöhen. Wie beim Kauf von Waren, bei dem Zahlungsmittel in Güter umgeschichtet wurden, werden dann durch die planmäßigen Abschreibungen Vermögenswerte des Anlagevermögens in Vermögenswerte des Umlaufvermögens umgeschichtet. Wie im ersten Fall erfolgt dies auch hier letztlich erfolgsneutral, denn es handelt sich in der Summe um einen Aktivtausch. Die Gewinnschmälerung tritt dann ein, wenn die fertigen Erzeugnisse verkauft werden und den Umsatzerlösen dann die Umsatzkosten, welche die planmäßigen Abschreibungen enthalten, zugeordnet werden. Deswegen muss im Beispiel der obige Buchungsansatz um den folgenden korrigiert werden, soweit eine Einbeziehung in die Herstellungskosten eines Fertigerzeugnisses erfolgen soll:

243 Fertigerzeugnisse		2.500	
	an 821 Abschreibungen		2.500

Bewertung zu historischen Kosten: Werthaltigkeitstests (*impairment*) Der Wert nichtfinanzieller Vermögenswerte, die zu fortgeführten Anschaffungskosten folgebewertet werden, kann durch interne oder externe Einflüsse so stark sinken, dass eine Bilanzierung zu planmäßig fortgeführten Anschaffungs- oder Herstellungskosten nicht mehr angemessen ist. Wird in Weiterführung des Beispiels oben angenommen, dass der Gegenwartswert der Maschine am Ende des Jahres 2 auf € 18.000 fällt, wäre der methodenbasierte Bilanzansatz von € 19.500 nicht voll werthaltig. Neben der planmäßigen Abschreibung wäre demnach auch eine Wertminderung (nach deutscher Terminologie: außerplanmäßige Abschreibung) in Höhe von € 1.500 zu erfassen.

Nach IAS 36 hat ein Unternehmen an jedem Bilanzstichtag zu prüfen, ob Anhaltspunkte für eine Wertminderung von Vermögenswerten vorliegen. Bei der Prüfung, ob eine Wertminderung vorliegt, sind externe und interne Informationsquellen zu berücksichtigen. Externe Hinweise können etwa Veränderungen im technischen, marktbezogenen, ökonomischen oder gesetzlichen Umfeld sein, durch die sich das ursprünglich erwartete Potenzial eines Vermögenswerts, Zahlungsmittelüberschüsse zu generieren, signifikant verändert. Zu den internen Hinweisen gehört etwa die Kenntnis, dass der Vermögenswert überaltert ist oder physische Schäden aufweist. Liegen entsprechende Indikatoren vor, muss der erzielbare Betrag des (oder der) entsprechenden Vermögenswerte(s) ermittelt und mit dem Restbuchwert verglichen werden. Strenger sind die Regeln bei bestimmten Vermögenswerten, bei denen eine größere Unsicherheit der Wertansätze vermutet wird: Bei noch nicht betriebsbereiten immateriellen Vermögenswerten, solchen mit unbegrenzter Nutzungsdauer und einem eventuell vorhandenen Goodwill ist die Werthaltigkeit stets, ebenfalls durch Ermittlung des erzielbaren Betrags, zu prüfen.

Der *erzielbare Betrag* entspricht dem höheren Betrag aus *beizulegendem Zeitwert nach Verkaufskosten* und *Nutzungswert*. Der *beizulegende Zeitwert nach Verkaufskosten* ist der Betrag, der durch den Verkauf eines Vermögenswerts in einer Transaktion zu Marktbedingungen zwischen sachverständigen, vertragswilligen Parteien nach Abzug der Veräußerungskosten erzielt werden könnte. Grundlagen für die Ermittlung des beizulegenden Zeitwerts sind beispielsweise abgeschlossene Kaufverträge, Marktpreise oder die bestmögliche Schätzung. Der *Nutzungswert* entspricht dem Barwert der geschätzten künftigen Netto-Cashflows, die aus der fortgesetzten Nutzung eines Vermögenswerts und seinem Abgang am Ende seiner Nutzungsdauer erwartet werden. Der Zahlungsstrom muss auf Basis vernünftiger Annahmen geschätzt werden. Der zugrunde gelegte Zinssatz für die Diskontierung muss die gegenwärtigen Marktbewertungen über den Zinseffekt und die spezifischen Risiken des Vermögenswerts widerspiegeln. Risiken werden dabei nur einmal, entweder in den Cashflows oder im Diskontierungssatz, erfasst. Sollte es nicht möglich sein, den erzielbaren Betrag für einen einzelnen Vermögenswert zu ermitteln, ist vom Unternehmen der erzielbare Betrag der dem Vermögenswert übergeordneten zahlungsmittelgenerierenden Einheit zu bestimmen.

Liegt nun der erzielbare Betrag unter dem Buchwert, so ist eine außerplanmäßige Abschreibung auf den erzielbaren Betrag vorzunehmen. Der Buchwert wird also vermindert und in Höhe der Differenz zum planmäßigen Buchwert erfolgt die Buchung eines Aufwands in der Gewinn-und-Verlust-Rechnung. Dieser wird bisweilen als außerordentlicher Aufwand bezeichnet, ist jedoch dem operativen Ergebnis zuzurechnen. Nach Erfassung des Wertminderungsaufwands ist der Abschreibungs- beziehungsweise Amortisationsaufwand[2] eines Vermögenswerts in künftigen Perioden anzupassen.

Abbildung 3.4: Schematische Darstellung eines Wertminderungstests

In späteren Perioden kann der Grund für eine erfasste Wertminderung bei einem Vermögenswert entfallen. Daher hat das Unternehmen – ebenfalls nach IAS 36 – an jedem Bilanzstichtag Anhaltspunkte zu prüfen, ob der Wertminderungsaufwand, der für einen Vermögenswert in früheren Jahren erfasst wurde, nicht länger fortbesteht oder sich vermindert hat. In diesem Fall ist auf den erzielbaren Betrag zuzuschreiben (siehe ebenfalls ▶ Abbildung 3.4). Eine Wertaufholung führt zum einen zur Erfassung eines Ertrags in der Gewinn-und-Verlust-Rechnung, zum anderen zur Erhöhung des entsprechenden Buchwerts. Die fortgeführten historischen Kosten, die sich ohne Wertminderung ergeben hätten, dürfen dabei niemals überschritten werden. Hierin liegt ein wesentlicher Unterschied zur Neubewertungsmethode.

▶ Abbildung 3.5 verdeutlicht diesen Sachverhalt. Angenommen sei, dass in t_0 ein Vermögenswert beschafft und zu Anschaffungskosten ($AK_{t=0}$) aktiviert wird. Der Vermögenswert soll über seine Nutzungsdauer (also bis t_N) linear auf seinen Restwert ($RW_{t=N}$) abgeschrieben werden. Der ursprünglich geplante Verlauf der Buchwerte ist in der Abbildung durch die gefettete rote Linie dargestellt. In Periode t_2 stellt sich nun

2 Bei immateriellen Vermögenswerten wird anstelle von Abschreibungen häufig von Amortisation gesprochen.

heraus, dass eine Wertminderung eingetreten ist. Der Buchwert muss also durch Erfassung eines Wertminderungsaufwands auf den erzielbaren Betrag ($EB_{t=2}$) vermindert werden. Die Abschreibungen der künftigen Perioden sind dann anzupassen. Wenn der Restwert (vereinfachungsgemäß) gleich bleibt – was zum Beispiel sein kann, wenn zu seiner Schätzung der Schrottwert angesetzt wird –, ergibt sich der neue Verlauf der Buchwerte durch die gestrichelte rote Linie.

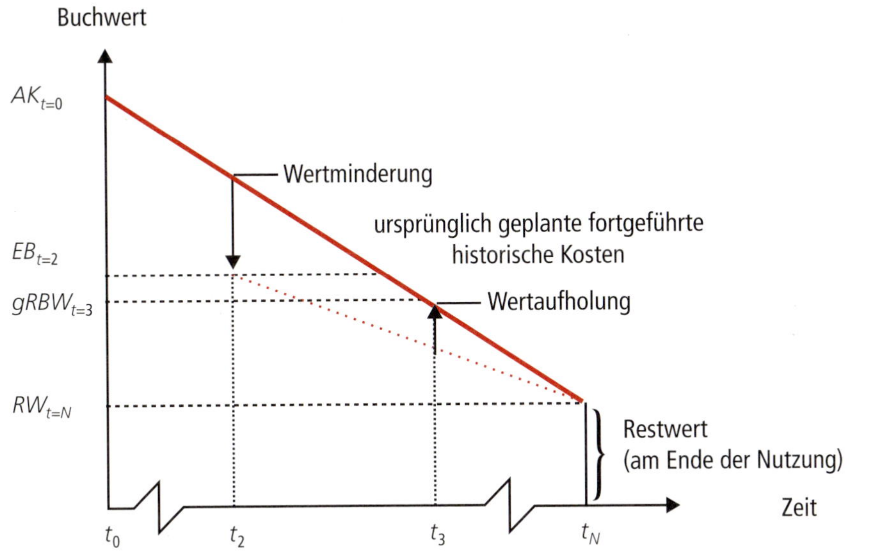

Abbildung 3.5: Wertminderung und Wertaufholung beim Kostenmodell

In Periode t_3 entfallen die Gründe, die zu der Erfassung der Wertminderung in t_2 geführt haben. Es muss nun eine Wertaufholung vorgenommen werden, wobei grundsätzlich auf den erzielbaren Betrag in t_3 zuzuschreiben ist. Dabei kann jedoch nicht der ursprünglich geplante Restbuchwert ($gRBW_{t=3}$) überschritten werden, der auf der gefetteten roten Linie liegt – selbst, wenn der erzielbare Betrag darüber liegt. Wird etwa angenommen, dass $EB_{t=3} = EB_{t=2}$, dann darf nicht auf $EB_{t=2}$ zugeschrieben werden, weil $EB_{t=2} > gRBW_{t=3}$. Die Anschaffungskostenobergrenze gilt im Kostenmodell unbedingt.

Bewertung zu beizulegenden Zeitwerten (*fair values*) Beim Neubewertungsmodell handelt es sich um ein alternatives Folgebewertungsverfahren, das für bestimmte Vermögenswerte und Schulden zulässig ist. Nach dem Neubewertungsmodell entspricht der Bilanzansatz im Zeitpunkt der Neubewertung dem beizulegenden Zeitwert eines Vermögenswerts oder einer Schuld. Der beizulegende Zeitwert stellt als Terminus des Rechnungswesens einen spezifischen Bewertungsmaßstab dar, der insbesondere in der kapitalmarktorientierten Rechnungslegung nach IFRS seit den 1990er-Jahren bei der Folgebewertung zunehmende Verbreitung findet. Zunächst im Anwendungsbereich auf die Bewertung ausgewählter Finanzinstrumente sowie die bilanzielle Abbildung von Sicherungsgeschäften beschränkt, wurde das „fair value accounting" innerhalb der IFRS auch auf weitere, nicht-finanzielle Positionen ausgeweitet und es wird bisweilen auch als identitätsprägendes Charakteristikum der IFRS aufgefasst. Konzeptionell betrachtet handelt es sich beim beizulegenden Zeitwert um einen Marktwert, der die Wertvorstellungen einer Vielzahl von Marktteilnehmern im hypothetischen Zustand des Marktgleichgewichts widerspiegelt. Idealerweise können solche Marktwerte beobachtet werden. Denkbar ist auch die Ausfüllung des Wertkonzepts durch einen *potenziellen* Marktpreis, wie er sich in einer hypothetischen Transaktion zwischen Marktteilnehmern unter idealisierten Bedingungen am Bewertungsstichtag ergäbe. IFRS 13 definiert den beizulegenden Zeitwert entsprechend einheitlich als den „Preis, der im Zuge eines geordneten Geschäftsvorfalls unter Marktteilnehmern am Bemessungsstichtag beim Verkauf eines Vermögenswerts erhalten würde oder bei Übertragung einer Schuld zu zahlen wäre". Fingiert wird also eine Transaktion auf dem Hauptmarkt bzw. dem vorteilhaftesten Markt für das Bewertungsobjekt zwischen sachverständigen, voneinander unabhängigen Marktteilnehmern, die zu ihrer Preisfindung nur auf öffentlich zugängliche Daten zurückgreifen können. Der beizulegende Zeitwert kann jedoch auch vom Transaktionspreis abweichen und muss dann anderweitig ermittelt werden.

Aus der Konzeption des *fair value* heraus ergibt sich eine Ermittlungsmethodik, die beobachtbaren, qualitativ hochwertigen Marktpreisen den Vorrang vor subjektiven Schätzwerten einräumt. Die *fair-value*-Hierarchie, die in drei Stufen eingeteilt wird, reflektiert diese im Vorrang marktpreisbasierter Ermittlung, des sogenannten „marking-to-market" (vergleiche ▶ Tabelle 3.2). In welcher Hierarchie bspw. ein Finanzinstrument einzuordnen ist, hängt dabei nicht vom Finanzinstrument selbst, sondern von den in die Ermittlung des beizulegenden Zeitwerts eingehenden Inputfaktoren ab. Demnach ist auf der ersten Stufe zunächst zu prüfen, ob zum Bewertungsstichtag eine Preisnotierung auf einem aktiven Markt für einen identischen Vermögenswert oder eine Schuld vorliegt. Das Vorliegen eines aktiven Markts ist hierbei durch das Auftreten von Transaktionen mit einer Häufigkeit und einem Volumen gekennzeichnet, die zur Bereitstellung fortlaufender Preisinformationen führen. Sind für die zu bewertende Position keine Marktpreise verfügbar oder werden diese nicht an einem aktiven Markt festgestellt, so ist auf der zweiten Stufe zu prüfen, ob Preisinformationen in der erforderlichen Qualität für Märkte vorliegen, auf denen ähnliche Güter gehandelt werden, die dann als beste Indikation des *fair value* dienen. So lässt sich zum Beispiel durch einen variabel verzinslichen Kredit und einen Zinsswap der Preis für einen festverzinslichen Kredit approximativ abbilden. Erst wenn auch die Suche nach geeigneten Marktpreissubstituten scheitert, ist in letzter Instanz die marktpreisbasierte Ermittlung aufzugeben und stattdessen der beizulegende Zeitwert anhand von finanzmathematischen Bewertungskalkülen zu bestimmen. Ziel dieses sogenannten „marking-to-model" ist es, auf Grundlage ökonomischer Bewertungsmodelle einen potenziellen Preis zu bestimmen, wie er sich auf einem aktiven Markt eingestellt hätte – der *fair value* wird gewissermaßen simuliert. Ausgefüllt wird diese modellbasierte Bestimmung im Regelfall durch Barwertkalküle, welche die der Position zurechenbaren, prognostizierten zukünftigen Zahlungsüberschüsse zur Alternativrendite einer risikoäquivalenten Investition abzinsen. Sowohl bei der Bestimmung der Zähler- als auch der Nennergröße des Barwertkalküls ist dabei stets von einer Marktperspektive auszugehen.

Tabelle 3.2

Ermittlung von Fair Values

Ermittlung nach …	Erläuterung
Level 1	Preisnotierung auf einem aktiven Markt für *identische* Vermögenswerte bzw. Schulden (etwa: Aktienkurs am Bewertungsstichtag).
Level 2	Andere direkt oder indirekt beobachtbare Preise als nach Level 1 (z.B. Preisnotierung auf einem aktiven Markt für *ähnliche* Vermögenswerte/Schulden oder Preisnotierung auf einem *nicht-aktiven* Markt für identische Vermögenswerte bzw. Schulden).
Level 3	Bewertung auf Basis nichtbeobachtbarer Input-Variablen (z.B. Bestimmung des *fair value* einer zahlungsmittelgenerierenden Einheit durch Prognose der zugehörigen Zahlungsströme durch das Unternehmen selbst).

Die Methodik der Neubewertung soll anhand eines Beispiels durch Gegenüberstellung mit dem Kostenmodell verdeutlicht werden. So wird am Ende der Periode 1 ein Vermögenswert für € 120 angeschafft, der über fünf weitere Perioden im Unternehmen verbleiben soll und am Ende der Periode 6 einen erwarteten Restwert von € 20 hat. ▶ Tabelle 3.3 zeigt zunächst die Folgebewertung zu planmäßig fortgeführten Anschaffungskosten, wobei eine lineare Abschreibung unterstellt wird. In jeder Periode der Nutzung wird erfolgswirksam eine Abschreibung von € 20 vorgenommen; der Restbuchwert reduziert sich ebenfalls um diesen Betrag, sodass am Ende der Nutzung ein Restwert von € 20 erreicht wird.

Tabelle 3.3

Beispiel zur Neubewertungsmethode (Teil 1)

Periode	1	2	3	4	5	6
Kostenmodell						
Historische Kosten	120	–	–	–	–	–
Abschreibung (Aufwand)		20	20	20	20	20
Fortgeführte historische Kosten		100	80	60	40	20

Soll nun alternativ das Neubewertungsmodell zur Folgebewertung herangezogen werden, müssen insbesondere folgende Kriterien geprüft werden:

- *Zulässigkeit:* Die Anwendung des Neubewertungsmodells ist nicht für alle Bilanzpositionen zulässig. Die Anwendungsbereiche sind allerdings nach IFRS im Vergleich zu anderen Rechnungslegungssystemen relativ breit, wobei zum Teil eine Wahlmöglichkeit zwischen dem Kosten- und dem Neubewertungsmodell existiert.
- *Intervall der Neubewertung:* Neubewertungen müssen nicht notwendigerweise zu jedem Bilanzstichtag vorgenommen werden. Für bestimmte Vermögenswerte und Schulden mag es ausreichend sein, Neubewertungen in größeren Zeitintervallen vorzunehmen, beispielsweise alle drei bis vier Jahre.
- *Erfolgswirksamkeit der Neubewertung:* Der beizulegende Zeitwert kann im Zeitablauf steigen oder fallen, insbesondere auch über oder unter die historischen Kosten. Durch die Neubewertung wird der Bilanzansatz angepasst und die Differenz zum vorherigen Wert als Aufwand oder Ertrag erfasst. Die Frage ist, ob der Aufwand oder Ertrag im Gewinn oder Verlust oder im sonstigen Ergebnis ausgewiesen wird. Auch dies regeln die Standards sachverhaltsspezifisch.

Es sei nun angenommen, dass der Vermögenswert aus dem Eingangsbeispiel nicht nach dem Kosten-, sondern nach dem Neubewertungsmodell folgebewertet werden soll. Wird ferner angenommen, dass die Anwendung des Neubewertungsmodells in diesem Fall zulässig ist und die Neubewertung zu jedem Bilanzstichtag erfolgt, dann wird am Ende jeder Periode in der Bilanz der beizulegende Zeitwert des Vermögenswerts erfasst (siehe ▶ Tabelle 3.4). Eine planmäßige Fortschreibung über ein Abschreibungsverfahren und die Prüfung auf eventuelle Wertminderungen kann entsprechend entfallen.

Tabelle 3.4

Beispiel zur Neubewertungsmethode (Teil 2)

Periode	**1**	**2**	**3**	**4**	**5**	**6**
Kostenmodell						
Historische Kosten	120	–	–	–	–	–
Abschreibung (Aufwand)		20	20	20	20	20
Fortgeführte historische Kosten		100	80	60	40	20
Neubewertungsmodell						
Beizulegender Zeitwert (in €)	120	140	80	90	50	20
Differenz zur Vorperiode		+ 20	– 60	+ 10	– 40	– 30

Im Beispiel steigt der beizulegende Zeitwert von € 120 am Ende der Periode 1 auf € 140 am Ende der Periode 2. Die Frage ist nun, wie diese Differenz zu behandeln ist. Spiegelbildlich zur Abschreibung im Kostenmodell könnten die € 20 nun erfolgswirksam in der Gewinn-und-Verlust-Rechnung erfasst werden. Es wäre dann wie folgt zu buchen:

100 Langfristiger Vermögenswert		20	
	an 730 Neubewertungsertrag (im Gewinn oder Verlust)		20

Eine erfolgswirksame Erfassung erweckt den Eindruck, dass positive Wertänderungen am ruhenden Vermögen genauso eine Quelle des Erfolgs sein können wie beispielsweise die Umsätze eines Unternehmens. Dies wird in der Literatur bisweilen kritisch gesehen: Wenn nämlich die Bilanzadressaten etwa die Leistungen des Managements daran beurteilen möchten, ob der Gewinn gesteigert wurde, stellt sich im vorliegenden Fall die Frage, ob eine solche Wertsteigerung tatsächlich auf die Leistungen des Managements zurückzuführen ist oder ob es sich eher um eine zufällige Schwankung handelt. Letzteres könnte zu dem Schluss führen, dass positive Wertänderungen nicht im Gewinn oder Verlust erfasst werden sollten. Zur erfolgswirksamen Behandlung gibt es daher die Alternative der erfolgsneutralen Erfassung. In diesem Fall nimmt ein Unterkonto des Eigenkapitalkontos, die Neubewertungsrücklage, die im sonstigen Ergebnis erfassten Neubewertungserträge auf. Dies erlaubt eine buchmäßige Erfassung des gestiegenen beizulegenden Zeitwerts des Vermögenswerts. Der Buchungssatz könnte dann etwa wie folgt lauten:

100 Langfristiger Vermögenswert		20	
	an 741 Neubewertungsertrag (im sonstigen Ergebnis)		20

Am Geschäftsjahresende werden die kumulierten Neubewertungserträge in die Neubewertungsrücklage überführt. Die einzelnen IFRS, die eine Anwendung des Neubewertungsmodells vorschreiben oder gestatten, unterscheiden sich insbesondere im Hinblick auf die erfolgswirksame oder erfolgsneutrale Behandlung der Differenzen, die sich bei einer Neubewertung zum vorherigen Bilanzansatz ergeben. Auf Details zur Neubewertungsmethode wird daher im Zusammenhang mit ausgewählten Bilanzierungsproblemen näher einzugehen sein.

Abschließend bleibt zu klären, warum die Anwendung der Neubewertungsmethode in einzelnen Standards überhaupt geboten oder als Alternative zum Kostenmodell zulässig ist. Grundsätzlich ist die Antwort in der Zielsetzung der IFRS zu sehen. Oberstes Ziel ist die Bereitstellung entscheidungsrelevanter Daten. Das IASB geht offenbar davon aus, dass ein Ansatz von Vermögenswerten und Schulden zum beizulegenden Zeitwert in vielen Fällen für die externen Adressaten informativer (beziehungsweise entscheidungsnützlicher) ist als der Ausweis zu fortgeführten historischen Kosten. Dies wird immer dann der Fall sein, wenn die historischen Kosten den ökonomischen Wert eines Sachverhalts nur unzutreffend abbilden. Steigt etwa der Wert eines Aktienpakets über die Anschaffungskosten, dürfte diese Wertsteigerung nach dem Kostenmodell nicht bilanziell erfasst werden. Wird hingegen der beizulegende Zeitwert angesetzt, der auf dem Marktwert des Aktienpakets basiert, so dürfte relativ offensichtlich sein, dass der Vermögensausweis im Hinblick auf die Marktwerte zutreffender wird. Gleichzeitig schränkt die regelmäßige Neubewertung auch die Möglichkeiten einer opportunistischen Bildung und Auflösung stiller Reserven erheblich ein. Die Bildung stiller Reserven ist eng mit der Bewertung zu (fortgeführten) historischen Kosten verbunden und für (externe) Adressaten der Rechnungslegung nur schwer zu erkennen. Intuitiv entspricht das durchaus einer Verbesserung der Informationslage. Mit der Offenlegung stiller Reserven könnte auch eine bessere Beurteilung der Leistungen des Managements erfolgen. Insgesamt könnte sich dann die Vergleichbarkeit von Ergebnissen inner- wie zwischenbetrieblich verbessern. Fraglich ist jedoch, inwieweit qualitative Anforderungen an den Abschluss, insbesondere die Forderung nach Zuverlässigkeit, verletzt werden und ob Ergebnisgrößen möglicherweise durch eher zufällige Schwankungen von Marktpreisen verzerrt werden könnten. Letztere Punkte haben eine kontroverse Debatte um die Anwendung des Neubewertungsmodells ausgelöst, die durch die globale Finanzkrise ab dem Jahr 2007 weiter angeheizt wurde. Darin geht es vor allem um die Folgen, die ein *fair value accounting* für die Ermittlung der Periodengewinne hat.

Exkurs 3.7 Folgebewertung nach HGB

Die Folgebewertung ist in § 253 HGB geregelt. Demnach sind die Anschaffungs- und Herstellungskosten auch in der Folgebewertung die Höchstgrenze für den Bilanzansatz. Im *Anlagevermögen* sind die Anschaffungs- oder Herstellungskosten durch planmäßige Abschreibung auf die Perioden ihrer Nutzung zu verteilen (§ 253 Abs. 3 S. 1 f. HGB). Die angewandte Abschreibungsmethode liegt im Ermessen des Unternehmens, ist aber stetig beizubehalten, wenn dem nicht besondere Gründe entgegenstehen (§ 252 Abs. 1 Nr. 6 HGB). Bei voraussichtlich dauerhafter Wertminderung sind nach § 253 Abs. 3 S. 3 HGB außerplanmäßige Abschreibungen auf Gegenstände des Anlagevermögens vorzunehmen; bei Finanzanlagen können außerplanmäßige Abschreibungen auch bei voraussichtlich nicht dauerhaften Wertminderungen erfolgen. Abzuschreiben ist auf den beizulegenden Zeitwert, der unter den planmäßig fortgeschriebenen Anschaffungs- oder Herstellungskosten liegt. Entfällt der Grund der Wertminderung, besteht grundsätzlich eine Zuschreibungspflicht (§ 253 Abs. 5 S. 1 HGB). Die einzige Ausnahme besteht für einen entgeltlich erworbenen Geschäfts- oder Firmenwert. Hier ist ein niedrigerer Wertansatz beizubehalten. Gegenstände des *Umlaufvermögens* sind auf den niedrigeren Wert abzuschreiben, der sich aus einem Börsen- oder Marktpreis am Abschlussstichtag ergibt, soweit dieser unter den Anschaffungs- oder Herstellungskosten liegt (§ 253 Abs. 4 HGB). Nach dem strengen Niederstwertprinzip ist im Umlaufvermögen auch dann außerplanmäßig abzuschreiben, wenn die Wertminderung nicht dauerhafter Natur ist.

→

→ Fortsetzung

Auch beim Umlaufvermögen besteht nach einer erfassten Wertminderung Zuschreibungspflicht auf die fortgeführten Anschaffungs- oder Herstellungskosten, wenn der Grund für die Wertminderung entfällt. *Verbindlichkeiten* bleiben auch in der Folgebewertung zum Erfüllungsbetrag (= Rückzahlungsbetrag) angesetzt (§ 253 Abs. 1 HGB). Der Erfüllungsbetrag, gegebenenfalls abgezinst, ist ebenso der Wertansatz für *Rückstellungen*. Dabei sind diese jedes Jahr neu zu bewerten.

Aufgaben

EXTRAS ONLINE

1. Was ist der zentrale Unterschied zwischen der Folgebewertung nach dem Kosten- und dem Neubewertungsmodell?

2. Was geschieht in einer Periode, in der ein Vermögenswert folgebewertet werden soll, seine Definitions- und/oder Ansatzkriterien aber nicht mehr erfüllt sind?

Weiterführende Literatur Zu Wertmaßstäben, die in der Folgebewertung eine Rolle spielen, vergleiche Hitz, 2005.

3.3 Grundlagen zur Erfolgsmessung

Lernziele

- Das Gesamtergebnis ergibt sich aus den Aufwendungen und Erträgen einer Periode.
- Aufwendungen und Erträge sind in der Periode zu erfassen, in der es zu einer Abnahme oder Zunahme wirtschaftlichen Nutzens kommt. Aufwendungen werden typischerweise den Erträgen sachlich zugeordnet. Bei bestimmten Aufwendungen kommt eine zeitliche Zuordnung in Frage.
- Bisweilen werden „erfolgswirksame" von „erfolgsneutralen" Aufwendungen und Erträge unterschieden. Dabei handelt es sich bei den „erfolgswirksamen" Aufwendungen und Erträge um diejenigen, die in der klassischen Gewinn-und-Verlust-Rechnung erfasst werden, während die „erfolgsneutralen" im sonstigen Ergebnis berücksichtigt werden. Das IASB selbst verwendet diese Begrifflichkeit nicht, sondern spricht nur von Aufwendungen und Erträgen, die im Gewinn oder Verlust bzw. im sonstigen Ergebnis erfasst werden.

Der Erfolg einer Abrechnungsperiode ergibt sich aus den verrechneten Erträgen und Aufwendungen, die periodengerecht zu ermitteln sind. Erträge sind im Rahmenkonzept allgemein definiert als Zunahmen von Vermögenswerten oder Abnahmen von Schulden, die zur Erhöhung des Eigenkapitals führen – mit Ausnahme jener Zunahmen, die sich auf Beiträge von Eigentümern beziehen. Erträge sind in der Periode zu erfassen, in der es zu einer Zunahme des künftigen wirtschaftlichen Nutzens in Verbindung mit einer Zunahme bei einem Vermögenswert oder einer Abnahme bei einer Schuld gekommen ist.

Das Rahmenkonzept definiert Aufwendungen allgemein als Abnahmen von Vermögenswerten oder Zunahmen von Schulden, die zur Verringerung des Eigenkapitals führen – mit Ausnahme jener Verringerungen, die sich auf Ausschüttungen an Eigentümer von Eigenkapitalansprüchen beziehen. Aufwendungen werden in der Periode erfasst, in der es zu einer Abnahme des künftigen wirtschaftlichen Nutzens in Verbindung mit einer Abnahme bei einem Vermögenswert oder einer Zunahme bei einer Schuld gekommen ist, die verlässlich ermittelt werden kann. Typischerweise werden Aufwendungen gleichzeitig mit den zugehörigen Erträgen erfasst (sachliches Matching). Die Erfassung von Aufwand kann auch aus zeitlichen Gesichtspunkten in einer bestimmten Abrechnungsperiode vorgenommen werden (zeitliches Matching).

Alle Erträge und Aufwendungen werden in der Gesamterfolgsrechnung erfasst. Diese besteht aus zwei Teilen, da das IASB zwei Schichten des Erfolgs unterscheidet: In einem ersten Teil, der auch ein separater Abschlussbestandteil sein kann, wird der Gewinn oder Verlust einer Periode bestimmt. Die bei der Berechnung des Gewinns oder Verlusts berücksichtigten Aufwendungen und Erträge werden bisweilen auch als „erfolgswirksam" erfasste Aufwendungen und Erträge bezeichnet (*through profit and loss*). In einem zweiten Teil wird zum Gewinn oder Verlust (*net income*) das sonstige Ergebnis (*other comprehensive income (OCI)*) hinzugerechnet. Beide Erfolgsschichten,

Gewinn oder Verlust (*net income*) und sonstiges Ergebnis (*other comprehensive income*), ergeben gemeinsam das Gesamtergebnis (*comprehensive income*). Die Aufwendungen und Erträge, die in das sonstige Ergebnis eingehen, werden daher auch vor allem in der Praxis als „erfolgsneutral" erfasste Aufwendungen und Erträge bezeichnet. Dies bedeutet konkret „erfolgsneutral in Bezug auf das *net income*", denn in Bezug auf das Gesamtergebnis sind Buchungen in das OCI durchaus erfolgswirksam. Die IFRS unterscheiden daher terminologisch nicht zwischen Aufwendungen und Erträgen, die im Gewinn oder Verlust (*net income*) oder im sonstigen Ergebnis (*other comprehensive income*) erfasst werden.

Exkurs 3.8 Aufwands- und Ertragserfassung nach HGB

Aufwendungen und Erträge sind nach HGB unabhängig vom Anfall der entsprechenden Zahlungen zu erfassen, es ist also ein periodengerechter Erfolg zu ermitteln (§ 252 Abs. 1 S. 5 HGB). Aufwendungen sind allgemein in der Periode zu erfassen, zu der sie der Sache oder der Zeit nach gehören. Erträge sind zu erfassen, wenn sie als realisiert gelten. Ein Ertrag aus einem Umsatz gilt als realisiert, wenn die wesentlichen Chancen und Risiken übergegangen sind; das ist typischerweise zum Zeitpunkt von Lieferung und Leistung der geschuldeten Güter oder Dienstleistungen der Fall. Auch die vorsichtige Bewertung nach § 252 Abs. 1 S. 4 HGB wirkt sich auf die Erfolgsmessung nach HGB aus.

3.4 Inhalt und Zusammenhang von Abschlussbestandteilen am Beispiel eines IFRS-Abschlusses

Lernziele

- Ein vollständiger Jahresabschluss nach IFRS besteht aus fünf Bestandteilen: einer Bilanz, einer Gesamtergebnisrechnung, einer Eigenkapitalveränderungsrechnung, einer Kapitalflussrechnung und einem Anhang.
- Zwischen den zahlenmäßigen Rechenwerken eines Abschlusses bestehen rechentechnische Beziehungen.

Ein vollständiger Jahresabschluss nach IFRS besteht aus einer Bilanz, einer Gesamtergebnisrechnung, einer Eigenkapitalveränderungsrechnung, einer Kapitalflussrechnung und einem Anhang. Spezifische Gliederungsschemata für die Abschlusselemente sehen die IFRS nicht vor, allerdings gewisse Mindestbestandteile. Auch hat die Unterteilung von operativen Tätigkeiten, Investitions- sowie Finanzierungsaktivitäten eine gewisse Geläufigkeit in den verschiedenen Abschlussbestandteilen. Die qualitativen Anforderungen sind grundsätzlich bei der Erstellung aller Abschlussbestandteile zu berücksichtigen. Die Rechenwerke eines Abschlusses sind technisch miteinander verbunden. Werden die Bilanzen aufeinanderfolgender Berichtsperioden verglichen, so erklärt die Gewinn-und-Verlust-Rechnung (als Teil der Gesamtergebnisrechnung) den erfolgswirksamen Teil der Eigenkapitaländerung. Die Kapitalflussrechnung gibt dagegen Auskunft über die Veränderung des bilanziellen Zahlungsmittelbestands in zwei aufeinanderfolgenden Perioden und damit einen Überblick über die Finanzlage bzw. Liquidität eines Unternehmens. Die folgenden Ausführungen verdeutlichen, wie die einzelnen Abschlussbestandteile miteinander verbunden sind.

In der Bilanz gleicht das Vermögen (V) der Summe von Schulden (S) und Eigenkapital (EK) im Zeitpunkt t, dem Abschlussstichtag:

(1) $V_t = EK_t + S_t$

Für die Bilanzen zweier aufeinanderfolgender Abrechnungsperioden gilt, dass sich das Eigenkapital im Zeitpunkt t ergibt als das Eigenkapital zum Ende der Vorperiode (t–1), abzüglich der Nettoausschüttungen an die Eigner und zuzüglich des erwirtschafteten Gewinns. Die Nettoausschüttungen an die Eigner setzen sich zusammen aus etwaigen Dividendenausschüttungen (DIV) und Kapitalerhöhungen (KE); der erwirtschaftete Gewinn, das Gesamtergebnis nach IFRS, setzt sich zusammen aus dem Gewinn oder Verlust (*net income*, PE) und dem sonstigen Ergebnis (*other comprehensive income*, SE):

(2) $EK_t = EK_{t-1} + KE_t - DIV_t + PE_t + SE_t$

Wird Gleichung (1) umgestellt und das Eigenkapital in Gleichung (2) jeweils durch die Differenz aus Vermögen (V) und Schulden (S) ersetzt, ergibt sich:

(3) $PE_t + SE_t + KE_t - DIV_t = (V_t - S_t) - (V_{t-1} - S_{t-1})$

In den Vermögenswerten (V) sind auch Zahlungsmittel (C) enthalten, die vom sonstigen Vermögen (SV) getrennt werden können. Gleichung (3) lässt sich demnach schreiben als:

(4) $PE_t + SE_t + KE_t - DIV_t = (C_t + SV_t - S_t) - (C_{t-1} + SV_{t-1} - S_{t-1})$

beziehungsweise allgemein als:

(5) $PE_t + SE_t + KE_t - DIV_t = \Delta C \pm \Delta SV \pm \Delta S.$

Da es sich in Gleichung (5) sowohl beim sonstigen Vermögen als auch bei den Schulden jeweils um die Veränderung schwebender Posten (SP) handelt und bei der Veränderung der Position Zahlungsmittel um den Netto-Cashflow (CF) einer Periode, lässt sich auch kurz schreiben:

(6) $PE_t + SE_t + KE_t - DIV_t = CF_t \pm \Delta SP_{t,t-1}$

Die Gleichung ist für das Verständnis des Inhalts und des Zusammenhangs zwischen Abschlussbestandteilen von großer Bedeutung, wie die folgende Diskussion zeigen wird. In der Gleichung spiegeln sich nämlich alle Rechenwerke wider: Die Gewinn-und-Verlust-Rechnung berichtet über den Gewinn oder Verlust, also *PE*. Die Gesamterfolgsrechnung berichtet über *PE* und *SE*. Die Eigenkapitalveränderungsrechnung berichtet über die gesamte linke Seite der Gleichung, insbesondere aber auch über *KE* und *DIV*. Die Kapitalflussrechnung berichtet über *CF* und die Bilanz insbesondere über die schwebenden Posten (*SP*).

Bilanz Die Bilanz stellt Vermögenswerte und Schulden zu einem bestimmten Zeitpunkt gegenüber. Die Bilanz informiert damit über die in einem Unternehmen vorhandenen Vermögenswerte, die Verschuldung, die Finanzierungsstruktur und die Schuldendeckungsfähigkeit durch die vorhandenen Vermögenswerte. Das Eigenkapital ergibt sich laut Gleichung (1) als Differenz von Vermögenswerten und Schulden.

In der Bilanz werden typischerweise viele Arten von Vermögenswerten und Schulden unterschieden. Die IFRS schreiben keine bestimmte Gliederung vor. Die in einer Bilanz mindestens auszuweisenden Posten können IAS 1.54 entnommen werden. Weitere Posten sind auszuweisen, wenn dies für die Darstellung der Vermögens- und Finanzlage relevant ist. Die in der Bilanz darzustellenden Vermögenswerte und Schulden werden in kurz- oder langfristige unterteilt. Ein Vermögenswert wird als langfristig klassifiziert, wenn es sich nicht um Zahlungsmittel beziehungsweise Zahlungsmitteläquivalente handelt und wenn er nicht zu Handelszwecken gehalten wird beziehungsweise seine Realisation oder sein Abgang nicht innerhalb des normalen Verlaufs des Geschäftszyklus (beziehungsweise innerhalb von zwölf Monaten nach dem Bilanzstichtag) erwartet wird. Schulden werden entsprechend als kurzfristig klassifiziert, wenn ihre Tilgung innerhalb des gewöhnlichen Verlaufs des Geschäftszyklus des Unternehmens (beziehungsweise innerhalb von zwölf Monaten nach dem Bilanzstichtag) erwartet wird beziehungsweise sie primär für Handelszwecke gehalten werden, und als langfristig, wenn sie länger gehalten werden. ▶ Kapitel 4 und ▶ Kapitel 5 beschäftigen sich mit der Vermögensmessung in der Bilanz.

Im Folgenden ist zur Veranschaulichung die Bilanz der Mologen AG aus dem Geschäftsbericht 2018 wiedergegeben. Die Mologen AG ist ein Biotechnologie-Unternehmen, das neue Medikamente erforscht und klinisch entwickelt. Das Unternehmen ist in Deutschland beheimatet und an der Frankfurter Wertpapierbörse notiert.

Die Bilanzsumme der Mologen AG hatte in 2018 insgesamt € 9.357 Tsd. betragen. Nur ein sehr kleiner Teil der *Vermögenswerte* (€ 18 Tsd.) ist langfristiger Natur. Mehr als 85 Prozent der kurzfristigen Vermögenswerte zählen zum Zahlungsmittelbestand. Die langfristigen *Schulden* (€ 5.553 Tsd.) sind ausweislich des Anhangs durch Begebung von Wandelschuldverschreibungen entstanden. Die kurzfristigen Schulden setzen sich zusammen aus nicht-verzinslichen Schulden aus Lieferungen und Leistungen mit einer Fälligkeit von 30 Tagen sowie einem Abgrenzungsposten, letzterer resultiert aus einer erhaltenen Zuwendung aus einem Förderprojekt, das über mehrere Jahre gelaufen ist. Die Gesellschaft weist ein negatives *Eigenkapital* aus: Zu beachten ist in diesem Zusammenhang, dass das Unternehmen in der Berichtsperiode einen Verlust von € 11.883 Tsd. erwirtschaftet hat, der zusammen mit dem vorgetragenen Verlustvortrag (der bereits zu Geschäftsjahresbeginn negativ im Eigenkapital erfasst ist) im Eigenkapital als Bilanzverlust ausgewiesen wird. Dieser Verlust überkompensiert die sonstigen Bestandteile des Eigenkapitals, die sich aus der Kapitalrücklage (€ 6.477 Tsd.) sowie dem gezeichneten Kapital (€ 9.272 Tsd.) zusammensetzen.

Bilanz nach IFRS zum 31. Dezember 2018

In T€

	Anhang	31.12.2018	31.12.2017
AKTIVA			
Langfristige Vermögenswerte		**18**	**44**
Sachanlagen	11	16	27
Immaterielle Vermögenswerte	12	2	17
Kurzfristige Vermögenswerte		**9.339**	**8.061**
Zahlungsmittel und Zahlungsmitteläquivalente	13	8.021	6.523
Forderungen aus Lieferungen und Leistungen	14	0	13
Vorräte	15	701	16
Sonstige kurzfristige Vermögenswerte	16	616	1.508
Ertragsteuerforderungen		1	1
Summe		**9.357**	**8.105**
PASSIVA			
Langfristige Schulden	17	**5.553**	**5.474**
Abgrenzungsposten		0	55
Sonstige langfristige Schulden		5.553	5.419
Kurzfristige Schulden	18	**4.749**	**7.502**
Schulden aus Lieferungen und Leistungen		2.640	4.400
Sonstige kurzfristige Schulden und Abgrenzungsposten		2.098	3.093
Verbindlichkeiten gegenüber Kreditinstituten		11	9
Eigenkapital		**–945**	**–4.871**
Gezeichnetes Kapital	19	9.272	34.295
Zur Durchführung einer beschlossenen Kapitalerhöhung geleistete Einlagen		0	275
Kapitalrücklage	20	6.477	105.614
Bilanzverlust	21	–16.694	–145.055
Summe		**9.357**	**8.105**

Quelle: Geschäftsbericht der Mologen AG (veränderte Darstellung)

Abbildung 3.6: Bilanz nach IFRS

Weiterhin lässt sich aus der Bilanz auch die Veränderung des *Zahlungsmittelbestands* ermitteln. Hierfür ist ausschließlich die Position „Zahlungsmittel und Zahlungsmitteläquivalente“ relevant. Die Veränderung von € 6.523 Tsd. auf € 8.021 Tsd. entspricht einem Netto-Cashflow der Periode von € 1.498 Tsd. Diese Zahl entspricht der in der Kapitalflussrechnung ausgewiesenen gesamten Liquiditätsänderung.

Eigenkapitalveränderungsrechnung Die Eigenkapitalveränderungsrechnung erklärt, wie und warum sich das Eigenkapital im abgelaufenen Geschäftsjahr verändert hat. Sie enthält also die Aggregate PE_t und SE_t sowie Informationen über etwaige Transaktionen mit den Eigentümern, also auch über KE_t und DIV_t in Gleichung (6). Die gesamte Eigenkapitalveränderung entspricht deshalb der Summe aus Netto-Cashflows und der gesamten Veränderung der sonstigen Vermögenswerte. Buchhalterisch ergeben sich Änderungen des Eigenkapitals in diesem Zeitraum ausschließlich durch die in der folgenden Tabelle genannten Gründe:

Tabelle 3.5

Gründe für Eigenkapitalveränderungen im Geschäftsjahr

Eigenkapital am Ende der Vorperiode				
±	Gesamtergebnis	Gewinn oder Verlust (Periodenergebnis)	+	Im Gewinn erfasster Ertrag
			–	Im Gewinn erfasster Aufwand
		Sonstiges Ergebnis	+	Im sonstigen Ergebnis erfasster Ertrag
			–	Im sonstigen Ergebnis erfasster Aufwand
±	Effekt aus Transaktionen mit den Eigentümern		+	Einlagen (z.B. aus Kapitalerhöhung)
			–	Ausschüttungen (z.B. durch Dividende)
=	**Eigenkapital am Ende der Periode**			

Die *Transaktionen mit den Eigentümern* betreffen im Wesentlichen Ausschüttungen, insbesondere in Form von Dividenden, aber auch Einzahlungen der Eigentümer, etwa im Rahmen einer Kapitalerhöhung. Die konkrete Form der Eigenkapitalveränderungsrechnung ist nicht standardisiert. IAS 1 enthält aber einige Hinweise und Mindestgliederungsvorschriften. Zu berücksichtigen sind dabei insbesondere folgende Punkte:

- Die Eigenkapitalveränderungsrechnung muss das Gesamtergebnis der Periode ausweisen. Hiermit wird deutlich, dass die Eigenkapitalveränderungsrechnung die Gesamterfolgsrechnung ergänzt und erweitert. Die auf Minderheiten entfallenden Erfolgsanteile sind hierbei getrennt auszuweisen.[3]

3 Solche Anteile beziehen sich auf konsolidierte Tochtergesellschaften, an denen, neben dem Mutterunternehmen, weitere Anteilseigner beteiligt sind. Letztere haben auch Ansprüche auf einen Teil des Nettovermögens beziehungsweise auf einen Teil des Gewinns. Auf Minderheitenanteile soll hier nicht näher eingegangen werden, da es sich im Wesentlichen um ein Konsolidierungsphänomen handelt.

- Für jeden Bestandteil des Eigenkapitals – darunter fallen unter anderem Positionen wie gezeichnetes Kapital, Kapital-, Gewinn-, Währungsumrechnungs- oder Neubewertungsrücklage – muss eine Überleitung vom Buchwert der Vorperiode auf den aktuellen Buchwert erfolgen. Gesondert anzugeben ist dabei, ob (a) die Veränderung einer Position in der Berichtsperiode oder (b) eines Bestandteils des sonstigen Ergebnisses zur Erfassung eines Gewinns/Verlusts geführt hat oder ob (c) die Veränderung auf Transaktionen mit den Eigentümern zurückzuführen ist.
- Eine Änderung von Rechnungslegungsmethoden oder eine Berichtigung von Fehlern kann, soweit durchführbar, auch eine rückwirkende Anpassung des ausgewiesenen Eigenkapitals erfordern. Üblicherweise werden solche Vorgänge durch Anpassung des Anfangsbestands der Gewinnrücklagen erfasst, es können aber auch Anpassungen anderer Positionen im Eigenkapital erforderlich werden. Soweit das der Fall ist, muss für jeden Posten des Eigenkapitals der Anpassungsbetrag (getrennt) angegeben werden, der durch Anpassung von Rechnungslegungsmethoden oder Fehlerkorrekturen zu erfassen war.
- Die Eigenkapitalveränderungsrechnung kann zudem Auskunft über die in der Berichtsperiode insgesamt und je Anteil gezahlten Dividenden geben. Alternativ kann diese Information, die ein Abschluss zwingend enthalten muss, auch im Anhang ausgewiesen werden.

Die Eigenkapitalveränderungsrechnung schließt damit die Lücke im Hinblick auf die Nettovermögensänderung, die nach der Gesamterfolgsrechnung verbleibt. Sie bezieht sich im Wesentlichen auf eine Berichterstattung über Transaktionen mit den Eigentümern, die weder im Perioden- noch im Gesamterfolg berücksichtigt werden. Sie informiert darüber hinaus aber auch und gerade über den Einfluss, den die Veränderung von Rechnungslegungsmethoden sowie die Berichtigung von Fehlern auf den Eigenkapitalausweis haben. Im Folgenden ist zur Veranschaulichung die Eigenkapitalveränderungsrechnung der Mologen AG aus dem Geschäftsbericht 2018 wiedergegeben (siehe ▶ Abbildung 3.7).

Die Eigenkapitalveränderungsrechnung der Mologen gibt in den Zeilen die Veränderung der in den Spalten angegebenen Eigenkapitalpositionen im Zeitverlauf wieder. Im Geschäftsjahr hat sich das *gezeichnete Kapital* im Wesentlichen durch drei Maßnahmen verändert: der Durchführung einer Kapitalherabsetzung (€ –30.149 Tsd.), einer Kapitalerhöhung (€ 4.567 Tsd.) sowie der Wandlung von Schuldverschreibungen in Eigenkapitalinstrumente. Auch die *Kapitalrücklage* hat sich maßgeblich durch diese Transaktionen verändert: Mit der Durchführung der Kapitalerhöhung erhöhte sich die Kapitalrücklage um € 9.302 Tsd., die Ausübung der Wandlungsrechte führte zu einer Zunahme in Höhe von € 444 Tsd. Auch die Begebung einer Wandelschuldverschreibung hatte einen positiven Effekt auf die Kapitalrücklage (€ 2.000 Tsd.). Dieser auf den ersten Blick verblüffende Effekt resultiert daraus, dass die Wandlungsrechte in einer Wandelschuldverschreibung (die vornehmlich ein Fremdkapitalinstrument ist) als Eigenkapitalbestandteile, also in der Kapitalrücklage, bilanziert werden. Diesen positiven Effekten auf die Kapitalrücklage stand indes entgegen, dass im Geschäftsjahr auch ein großer Teil der Kapitalrücklage gegen den Bilanzverlust ausgebucht wurde (€ –110.095 Tsd.).

Eigenkapitalveränderungsrechnung nach IFRS für den Zeitraum vom 1. Januar bis 31. Dezember 2018

In T€, außer Aktienangaben

	Gezeichnetes Kapital		Zur Durchführung der beschlossenen Kapitalerhöhung geleistete Einlagen*	Kapitalrücklage	Bilanzverlust	Eigenkapital
	Anzahl Stammaktien	Grundkapital				
Stand zum 31.12.2016	**33.947.251**	**33.947**	**0**	**103.664**	**–125.774**	**11.837**
Zur Durchführung der beschlossenen Kapitalerhöhung geleistete Einlagen*			275	201		476
Eigenkapitalkomponenten von Wandelschuldverschreibungen				1.428		1.428
Wandlung von Wandelschuldverschreibungen	348.092	348		46		394
Ausübung von Aktienoptionen						0
Werte der von den Mitarbeitern geleisteten Dienste (laut IFRS 2)				**275**		**275**
Jahresfehlbetrag					–19.281	–19.281
Stand zum 31.12.2017	**34.295.343**	**34.295**	**275**	**105.614**	**–145.055**	**–4.871**
Zur Durchführung einer beschlossenen Kapitalerhöhung geleistete Einlagen			–275			–275
Kosten der Eigenkapitalbeschaffung				–954		–954
Eigenkapitalkomponenten von Wandelschuldverschreibungen				2.000		2.000
Wandlung von Wandelschuldverschreibungen	558.728	559		444		1.003
Einziehung Aktien	–4	0		0		0
Auflösung Kapitalrücklage				–110.095	110.095	0
Kapitalherabsetzung	–30.149.148	–30.149			30.149	0
Kapitalerhöhung	4.566.713	4.567		9.302		13.869
Werte der von den Mitarbeitern geleisteten Dienste (laut IFRS 2)				166		166
Jahresfehlbetrag					–11.883	–11.883
Stand zum 31.12.2018	**9.271.632**	**9.272**	**0**	**6.477**	**–16.694**	**–945**

* Eintragung in das Handelsregister am 11. Januar 2018.

Quelle: Geschäftsbericht der Mologen AG (veränderte Darstellung)

Abbildung 3.7: Eigenkapitalveränderungsrechnung nach IFRS

Gesamterfolgsrechnung Die Gesamterfolgsrechnung beinhaltet die im Geschäftsjahr erfassten Erträge und Aufwendungen und erklärt damit die Veränderung des bilanziellen Eigenkapitals durch alle Geschäftsvorfälle des Geschäftsjahres, die sich auf die Höhe des Eigenkapitals auswirken, aber keine Transaktionen mit den Eigentümern darstellen.

Wie auch aus Gleichung (6) ersichtlich, setzt sich das Gesamtergebnis aus zwei Komponenten zusammen:

$$\text{Gesamtergebnis} = \text{Periodenergebnis (Gewinn oder Verlust)} + \text{sonstiges Ergebnis}$$

Welche Sachverhalte innerhalb des *Gesamtergebnisses* im Periodenergebnis (der klassischen Gewinn-und-Verlust-Rechnung) und welche im sonstigen Ergebnis (*other comprehensive income, OCI*) erfasst werden, regeln im Detail die verschiedenen Rechnungslegungsstandards, über deren Konsistenz sich in dieser Frage streiten lässt. Demnach geht die Mehrzahl der Sachverhalte, die im *OCI* und nicht im *net income* erfasst werden, auf Neubewertungen zurück. Hierzu zählen beispielsweise die Schwankungen des beizulegenden Zeitwerts (*fair value*) von bestimmten Finanzinstrumenten nach IFRS 9, Neubewertungserfolge bei optionaler Anwendung der Bewertung zum *fair value* für Sachanlagevermögen nach IAS 16 oder auch gemäß IAS 19 derjenige Anteil an der Veränderung der Höhe der Pensionsrückstellungen, der auf eine Modifikation der zugrundeliegenden versicherungsmathematischen Annahmen (Lebenserwartung der Arbeitnehmer, erwartete Gehaltsanstiege, langfristige Zinssätze etc.) zurückgeht. Da all diesen Anwendungsfällen gemein ist, dass die im *OCI* erfassten Erträge und Aufwendungen im Zeitverlauf stark schwanken und schwer vorhersehbar sind, kann die Klassifizierung im *OCI* als Versuch des IASB gewertet werden, die Prognoseeignung des Periodenergebnisses zu stärken.

Bisweilen werden die vormals im sonstigen Ergebnis erfassten Beträge umgegliedert, sie werden dann im Periodenergebnis erfasst. Umgliederungsbeträge entstehen etwa nach IAS 21 beim Verkauf eines ausländischen Geschäftsbetriebs. Dieser Vorgang wird auch als *recycling* bezeichnet. Bisweilen ist ein *recycling* auch ausgeschlossen. Dies betrifft etwa die Neubewertung von Sachanlagen nach IAS 16. Die Summe aller nichteigentümerbezogenen Ein- und Auszahlungen der Totalperiode[4] entspricht dann nicht mehr der Summe aller Periodenergebnisse, was auch als *dirty surplus accounting* oder Durchbrechung des Kongruenzprinzips bezeichnet wird.

Für die Aufstellung der Gesamtergebnisrechnung besteht ein Wahlrecht. Sie kann in einer einzigen Gesamtergebnisrechnung (*single statement approach*) oder in zwei direkt aufeinanderfolgenden Rechnungen (*two statement approach*), der Gewinn-und-Verlust-Rechnung und der Überleitungsrechnung zum Gesamtergebnis mit dem Ausweis des sonstigen Ergebnisses (OCI), dargestellt werden.

Gesamtergebnisrechnung nach IFRS für den Zeitraum vom 1. Januar bis zum 31. Dezember 2018

In T€

	Anhang	**01.01.2018–31.12.2018**	01.01.2017–31.12.2017
Umsatzerlöse	1	3.047	47
Sonstige betriebliche Erträge	2	1.081	73
Materialaufwand	3	–6.529	–9.752
Personalaufwand	4	–5.053	–5.093
Abschreibungen	5	–38	–49
Sonstige betriebliche Aufwendungen	6	–3.808	–3.933
Betriebsergebnis		**–11.300**	**–18.707**
Finanzierungsaufwendungen	7	–584	–578
Finanzierungserträge	7	1	4
Jahresergebnis vor Steuern		**–11.883**	**–19.281**
Steuerergebnis	8	0	0
Jahresfehlbetrag/Gesamtergebnis		**–11.883**	**–19.281**
Verlustvortrag aus dem Vorjahr		–4.811	–125.774
Bilanzverlust		**–16.694**	**–145.055**
Unverwässertes Ergebnis je Aktie (in €)	9	–1,52	–0,56
Verwässertes Ergebnis je Aktie (in €)	9	–1,20	–0,49

Quelle: Geschäftsbericht der Mologen AG (veränderte Darstellung)

Abbildung 3.8: Gesamtergebnisrechnung nach IFRS

4 Hierunter wird typischerweise die „Lebensdauer" des Unternehmens verstanden.

Im Folgenden ist zur Veranschaulichung die Erfolgsrechnung der Mologen AG aus dem Geschäftsbericht 2018 wiedergegeben. Diese entspricht einer klassischen Gewinn-und-Verlust-Rechnung, da die Mologen AG kein sonstiges Ergebnis ausweist (siehe ▶ Abbildung 3.8).

Die Erfolgsrechnung der Mologen AG folgt dem Gesamtkostenverfahren, bei dem nach der Angabe der Umsatzerlöse kostenartenorientiert vorgegangen wird. Die Alternative wäre das Umsatzkostenverfahren, das von den Umsatzerlösen die Umsatzkosten in Abzug bringt, um die Bruttomarge zu berechnen. Im vorliegenden Fall ist es nicht möglich, einen Rückschluss auf die Marge bei den abgesetzten Produkten zu ziehen. Die *Umsatzerlöse* sind im Vergleich zum Vorjahr deutlich gestiegen. Im Anhang wird erläutert, dass dies auf einen neu geschlossenen Lizenz- und Entwicklungskooperationsvertrag zurückzuführen ist, wohingegen die Umsatzerlöse aus Waren und Dienstleistungen auf Vorjahresniveau verblieben sind. Unter den *sonstigen betrieblichen Erträgen* werden insbesondere eingeworbene Fördermittel verbucht, für die laut Anhang keine Rückzahlungsrisiken ersichtlich sind. Der *Materialaufwand* besteht schwerpunktmäßig aus von Dritten bezogenen Leistungen (€ 6.361 Tsd.), der Rest entfällt auf Roh-, Hilfs- und Betriebsstoffe. Der *Personalaufwand* resultiert aus Löhnen und Gehältern (€ 4.321 Tsd.), sozialen Abgaben (€ 566 Tsd.) sowie Aufwand für gewährte Aktienoptionen (€ 166 Tsd.). Die Mologen AG beschäftigt exklusive der Vorstände und Mitarbeiter in Elternzeit im Jahresdurchschnitt 48 Mitarbeiter. Die meisten davon werden im Bereich Forschung und Entwicklung eingesetzt. Bei den *Abschreibungen* handelt es sich um solche planmäßiger Natur, Wertminderungen sind nicht eingetreten. Die Abschreibungen erfolgen linear über die Zeit. Sie beginnen im Monat des Zugangs bzw. im Monat des Nutzungsbeginns. Die für die Abschreibungen unterstellte gewöhnliche Nutzungsdauer beträgt zwischen drei und zehn Jahre für Software, Technologien, Patente, Lizenzen, sonstige Rechte und technische Anlagen und zwischen drei und 14 Jahre für Betriebs- und Geschäftsausstattung. Die planmäßigen Abschreibungen hatten im Geschäftsjahr € 38 Tsd. betragen. Zu den *sonstigen betrieblichen Aufwendungen* in Höhe von € 3.808 Tsd. haben laut Anhang Rechts- und Beratungskosten, Patentkosten, Reisekosten, Verwaltungskosten, Raumkosten, Kosten für Marketing und Investor Relations, Personalnebenkosten, Instandhaltung und übrige Kosten beigetragen. Das *Betriebsergebnis* fasst die vorgenannten Positionen zusammen. Das Betriebsergebnis wird durch das *Finanzergebnis* adjustiert, das dem Saldo aus Zinserträgen (für Finanzguthaben) sowie Zinsaufwendungen entspricht. Es ergibt sich insgesamt ein Jahresfehlbetrag von € 11.883 Tsd., der das Eigenkapital schmälert.

Kapitalflussrechnung Typischerweise interessieren sich die Abschlussadressaten nicht nur für das Ergebnis, sondern auch für die Liquiditätslage eines Unternehmens. Über diese informiert die Kapitalflussrechnung. Unternehmen benötigen Zahlungsmittel unter anderem zur Durchführung ihrer operativen Tätigkeiten, zur Erfüllung ihrer finanziellen Verpflichtungen, zur Tätigung zukünftiger Investitionen ohne Rückgriff auf externe Finanzierungsquellen sowie zur Zahlung von Dividenden an Eigentümer. Mangelnde Liquidität ist ein Grund für eine Unternehmensinsolvenz. Die absolute Höhe der Liquidität (am Geschäftsjahresende) kann der Bilanz entnommen werden. Der Zahlungsmittelbestand entspricht den verfügbaren Zahlungsmitteln und Zahlungsmitteläquivalenten (den kurzfristig kündbaren Einlagen). Damit lässt sich auch der gesamte Netto-Cashflow einer Periode – also die Veränderung des Zahlungsmittelbestands – durch Vergleich der Bilanzen zweier aufeinanderfolgender Jahre bestimmen. Es gilt:

Netto-Cashflow (Periode) = Zahlungsmittelbestand (Periodenende)
– Zahlungsmittelbestand (Periodenbeginn)

Die Kapitalflussrechnung ist also nicht erforderlich, um den Netto-Cashflow zu bestimmen. Ihr Zweck liegt vielmehr darin, zu erklären, warum sich der Zahlungsmittelbestand verändert hat. Dabei wird die Veränderung des Zahlungsmittelbestands durch drei unterschiedliche Aktivitäten bewirkt:

- *betriebliche Tätigkeiten*, die etwa zu Einzahlungen aus dem Verkauf von Produkten und Dienstleistungen oder zu Auszahlungen an das eigene Personal führen;
- *Investitionstätigkeiten*, die etwa zu Auszahlungen durch den Kauf von materiellen und immateriellen Vermögenswerten oder zu Einzahlungen aus dem Verkauf ausgedienter Maschinen führen;
- *Finanzierungstätigkeiten*, die etwa zu Einzahlungen aus Kapitalerhöhungen oder zu Auszahlungen im Zusammenhang mit der Tilgung von Schulden führen.

Hinsichtlich der Ermittlung der Zahlungsüberschüsse gilt, dass diese für Investitions- und Finanzierungstätigkeiten immer direkt auszuweisen sind. Für den Cashflow aus betrieblicher Tätigkeit gilt hingegen ein Wahlrecht, diesen direkt durch Aufzeichnung der entsprechenden Zahlungen zu ermitteln. Aus wirtschaftlichen Gründen entscheidet sich indes in der Praxis der große Teil der Unternehmen für die zweite Variante, den Cashflow indirekt zu ermitteln, indem ausgehend vom Periodenergebnis zahlungsunwirksame Bestandteile (zum Beispiel Abschreibungen oder Änderungen der Rückstellungen) herausgerechnet werden.

▶ Kapitel 7 beschäftigt sich ausführlicher mit der Kapitalflussrechnung. Für die Mologen AG hatte die Kapitalflussrechnung im Jahr 2018 die folgende Gestalt:

Kapitalflussrechnung nach IFRS für den Zeitraum vom 1. Januar bis zum 31. Dezember 2018

In T€

	Anhang 10	**01.01.2018–31.12.2018**	01.01.2017–31.12.2017
Cashflow aus betrieblicher Tätigkeit			
Jahresfehlbetrag vor Steuern		–11.883	–19.281
Abschreibungen auf das Anlagevermögen		38	49
Gewinn aus Abgang von Gegenständen des Anlagevermögens		0	–34
Sonstige zahlungsunwirksame Aufwendungen und Erträge		173	275
Veränderung der Forderungen aus Lieferungen und Leistungen, der Vorräte sowie anderer Aktiva		236	–758
Veränderung der Schulden sowie anderer Passiva		–2.833	53
Zinsaufwendungen / Zinserträge		583	574
Ertragsteueraufwand/-ertrag		0	0
Ertragsteuerzahlungen		0	0
Für betriebliche Tätigkeit eingesetzte Zahlungsmittel		**–13.686**	**–19.122**
Cashflow aus Investitionstätigkeit			
Einzahlungen aus Abgängen von Gegenständen des Sachanlagevermögens		0	35
Auszahlungen für Investitionen in das Sachanlagevermögen		–9	–30
Auszahlungen für Investitionen in das immaterielle Anlagevermögen		–1	–3
Erhaltene Zinsen		1	4
Für Investitionstätigkeit eingesetzte Nettozahlungsmittel		**–9**	**6**
Cashflow aus Finanzierungstätigkeit			
Einzahlungssaldo aus Eigenkapitalzuführung (genehmigtes Kapital)		12.787	477
Einzahlungssaldo (nach Abzug Aufwendungen Eigenkapitalkomponente) aus der Begebung einer Wandelschuldverschreibungen		2.854	4.976
Gezahlte Zinsen		–448	–326
Für Finanzierungstätigkeit eingesetzte Nettozahlungsmittel		**15.193**	**5.127**
Fremdwährungseffekt auf den Zahlungsmittelbestand		0	–8
Liquiditätsveränderung gesamt		**1.498**	**–13.997**
Zahlungsmittel und Zahlungsmitteläquivalente zum Beginn der Periode		6.523	20.520
Geldanlagen mit einer Laufzeit über drei Monate zum Beginn der Periode		0	0
Zahlungsmittel und Zahlungsmitteläquivalente zum Ende der Periode		**8.021**	**6.523**
Geldanlagen mit einer Laufzeit über drei Monate		0	0
Liquide Mittel zum Ende der Periode		**8.021**	**6.523**

Quelle: Geschäftsbericht der Mologen AG (veränderte Darstellung)

Abbildung 3.9: Kapitalflussrechnung nach IFRS

Die aus der Bilanz bekannte Veränderung der Zahlungsmittel und Zahlungsmitteläquivalente entspricht dem in der Kapitalflussrechnung angegebenen *Netto-Cashflow* von € 1.498 Tsd. Die Zahlungsmittelzuflüsse *aus betrieblicher Tätigkeit* der Mologen AG liegen im deutlich negativen Bereich. Das Unternehmen hat dadurch (noch) nicht die für reife Unternehmen typische Situation erreicht, dass mit den betrieblichen Tätigkeiten ein Zahlungsmittelüberschuss erwirtschaftet wird, der für Investitionen, Tilgung von Schulden bzw. Ausschüttungen an die Anteilseigner genutzt werden kann. Der Cashflow aus betrieblicher Tätigkeit wird nach der indirekten Methode ermittelt. Ausgangspunkt ist der Jahresfehlbetrag (€ –11.883 Tsd.), dem beispielsweise die Abschreibungen wieder hinzugerechnet werden, weil diese als Aufwand das betriebliche Ergebnis geschmälert haben, ohne mit dem Abgang von Zahlungsmitteln verbunden gewesen zu sein. Der negative Cashflow aus *Investitionstätigkeit* deutet darauf hin, dass das Unternehmen weiterhin investiert, obwohl es keine positiven Zahlungsmittelüberschüsse mit operativen Tätigkeiten erzielt. Durch *Finanzierungstätigkeit* wird ein positiver Zahlungsmittelzufluss von € 15.193 Tsd. erwirtschaftet. Hierbei handelt es sich um den Einzahlungssaldo aus Eigenkapitalzuführungen.

Anhang Der Anhang ist kein Rechenwerk im eigentlichen Sinne, vielmehr ist seine Hauptaufgabe die Rechenwerke Bilanz, Gesamterfolgsrechnung, Eigenkapitalveränderungsrechnung und Kapitalflussrechnung zu erläutern, zu entlasten und zu ergänzen. Damit trägt der Anhang zur Erhöhung der Entscheidungsnützlichkeit und zur Vermittlung eines *true and fair view* bei:

- Die *Erläuterungsfunktion* erfüllt der Anhang durch die Beschreibung maßgeblicher Bilanzierungs- und Bewertungsmethoden, die bei der Erstellung des Abschlusses Anwendung gefunden haben. Hierunter fällt beispielsweise die Darstellung, welche Wahlrechte wie ausgeübt worden sind, aber auch Schilderungen zur Vorgehensweise bei der Ermittlung von Wertansätzen und Abschreibungen.
- Die *Entlastungsfunktion* nimmt der Anhang wahr, indem er die Rechenwerke von Detailinformationen entlastet und somit deren komprimierte Darstellung erlaubt. So gestattet es IAS 1 etwa, Aufgliederungen einzelner bilanzieller Positionen (zum Beispiel Sachanlagevermögen, immaterielles Vermögen), aber auch von Komponenten der Gewinn-und-Verlust-Rechnung (etwa ein „sonstiges betriebliches Ergebnis") in den Anhang zu verschieben.
- Schließlich erfüllt der Anhang eine *Ergänzungsfunktion*, weil er die zahlenmäßigen Rechenwerke durch Zusatzinformationen, beispielsweise zu Marktwerten von gehaltenen Finanzinstrumenten oder zu Ausgaben für Leistungen von Wirtschaftsprüfungsgesellschaften, ergänzt.

Exkurs 3.9 Besonderheiten nach HGB

Welche Bestandteile zwingend zu einem vollständigen Abschluss gehören, ist abhängig von der Unternehmensgröße und der Frage, ob ein Unternehmen für Finanzierungszwecke den organisierten Kapitalmarkt in Anspruch nimmt. Insbesondere kann die Offenlegung einer Bilanz, einer Gewinn-und-Verlust-Rechnung, eines Anhangs, eines Lageberichts, einer Kapitalflussrechnung, einer Eigenkapitalveränderungsrechnung und eines Gewinnverwendungsvorschlags gefordert sein. Das HGB gibt in § 247 HGB vor, dass eine Bilanz Anlagevermögen, Umlaufvermögen, Eigenkapital und Schulden sowie Abgrenzungsposten gesondert und hinreichend aufgegliedert darstellen soll. Ferner gibt § 266 HGB ein volles Schema der Gliederung einer Bilanz vor und definiert auch ein verkürztes Schema, das gemäß Offenlegungspflichten für kleinere Unternehmen in Betracht kommen kann.

→

→ Fortsetzung

Tiefere Untergliederungen sind stets möglich. Für den Anhang schließlich wird im Handelsrecht als zusätzliche vierte Funktion eine „Korrekturfunktion" diskutiert. Diese besagt, dass der Anhang Verzerrungen des Informationsgehalts der Rechenwerke, etwa aufgrund des Vorsichtsprinzips, korrigiert bzw. „heilt", indem geeignete Zusatzinformationen gegeben werden, damit der Jahresabschluss insgesamt das geforderte zutreffende Bild der Vermögens-, Finanz- und Ertragslage vermittelt.

AKTIVSEITE	PASSIVSEITE
A. Anlagevermögen	**A. Eigenkapital**
I. Immaterielle Vermögensgegenstände	I. Gezeichnetes Kapital
1. Selbst geschaffene gewerbliche Schutzrechte etc.	II. Kapitalrücklage
2. Entgeltlich erworbene Konzessionen etc.	III. Gewinnrücklagen
3. Geschäfts- oder Firmenwert	1. Gesetzliche Rücklage
4. Geleistete Anzahlungen	
II. Sachanlagen	2. Rücklage für Anteile an einem herrschenden Unternehmen
1. Grundstücke etc.	3. Satzungsmäßige Rücklagen
2. Technische Anlagen und Maschinen	4. Andere Gewinnrücklagen
3. Andere Anlagen, Betriebs- und Geschäftsausstattung	IV. Gewinn-/ Verlustvortrag oder Bilanzgewinn/ -verlust
4. Geleistete Anzahlungen und Anlagen in Bau	V. Jahresüberschuss / -fehlbetrag
III. Finanzanlagen	**B. Rückstellungen**
1. Anteile an verbundenen Unternehmen	1. Pensionsrückstellungen
2. Ausleihungen an verbundene Unternehmen	2. Steuerrückstellungen
3. Beteiligungen	3. Sonstige Rückstellungen
4. Ausleihungen an Unt. an denen Beteiligungen bestehen	**C. Verbindlichkeiten**
5. Wertpapiere des Anlagevermögens	1. Anleihen
6. Sonstige Ausleihungen	2. Verbindlichkeiten gegenüber Kreditinstituten
B. Umlaufvermögen	3. Erhaltene Anzahlungen auf Bestellungen
I. Vorräte	4. Verbindlichkeiten aus Lieferungen und Leistungen
1. Roh-, Hilfs- und Betriebsstoffe	5. Verbindlichkeiten aus Annahme gezogener / eigener Wechsel
2. Unfertige Erzeugnisse und Leistungen	6. Verbindlichkeiten ggü. verbundenen Unternehmen
3. Fertige Erzeugnisse und Leistungen	7. Verb. ggü. Unt., mit denen Beteiligungsverhältnis besteht
4. Geleistete Anzahlungen	8. Sonstige Verbindlichkeiten
II. Forderungen und sonstige Vermögensgegenstände	**D. Rechnungsabgrenzungsposten**
1. Forderungen aus Lieferungen und Leistungen	**E. Passive latente Steuern**
2. Forderungen gegen verbundene Unternehmen	
3. Forderungen gegen Unt., mit denen Beteiligungsverhältnis besteht	
III. Wertpapiere	
1. Anteile an verbundenen Unternehmen	
2. Sonstige	
IV. Kassenbestand, Bundesbankguthaben	
C. Rechnungsabgrenzungsposten	
D. Aktive latente Steuern	
E. Aktiver Unterschiedsbetrag aus der Vermögensverrechnung	

Anmerkung: Das verkürzte Schema ergibt sich aus den nur mit Buchstaben und römischen Ziffern bezeichneten Posten

Abbildung 3.10: Bilanzgliederung nach HGB

→

→ Fortsetzung

§ 275 HGB definiert entsprechend die Gestalt einer Gewinn-und-Verlust-Rechnung.

Gliederung nach dem Gesamtkostenverfahren		
1		Umsatzerlöse
2	+/-	Bestandsveränderung (fertige/unfertige Erzeugnisse)
3	+	Andere aktivierte Eigenleistungen
4	+	Sonstige betriebliche Erträge
5	-	Materialaufwand
6	=	Rohertrag
7	-	Personalaufwand
8	-	Abschreibungen
9	-	Sonstige betriebliche Aufwendungen
10	+	Erträge aus Beteiligungen
11	+	Erträge aus anderen Wertpapieren und Ausleihungen
12	+	Sonstige Zinsen und ähnliche Erträge
13	-	Abschreibungen auf Finanzanlagen
14	-	Zinsen und ähnliche Aufwendungen
15	=	Ergebnis der gewöhnlichen Geschäftstätigkeit
16	+	Außerordentliche Erträge
17	-	Außerordentliche Aufwendungen
18	=	Außerordentliches Ergebnis
19	-	Steuern vom Einkommen und Ertrag
20	-	Sonstige Steuern
21	=	Jahresüberschuss / -fehlbetrag

Gliederung nach dem Umsatzkostenverfahren		
1		Umsatzerlöse
2	-	Herstellungskosten zur Erzielung der U.-erlöse
3	=	Bruttoergebnis vom Umsatz
4	-	Vertriebskosten
5	-	Allgemeine Verwaltungskosten
6	+	Sonstige betriebliche Erträge
7	=	Rohertrag
8	-	Sonstige betriebliche Aufwendungen
9	+	Erträge aus Beteiligungen
10	+	Erträge aus and. Wertpapieren und Ausleihungen
11	+	Sonstige Zinsen und ähnliche Erträge
12	-	Abschreibungen auf Finanzanlagen
13	-	Zinsen und ähnliche Aufwendungen
14	=	Ergebnis der gewöhnlichen Geschäftstätigkeit
15	+	Außerordentliche Erträge
16	-	Außerordentliche Aufwendungen
17	=	Außerordentliches Ergebnis
18	-	Steuern vom Einkommen und Ertrag
19	-	Sonstige Steuern
20	=	Jahresüberschuss / -fehlbetrag

§ 276 erlaubt bestimmten Unternehmen, die Posten 1 bis 5 (nach Gesamtkostenverfahren) bzw. die Posten 1 bis 3 und 6 (nach Umsatzkostenverfahren) unter der Bezeichnung "Rohergebnis" zusammenzufassen. Kleinstkapitalgesellschaften brauchen nur die folgenden Positionen zu zeigen: Umsatzerlöse, sonstige Erträge, Materialaufwand, Personalaufwand, Abschreibungen, sonstige Aufwendungen, Steuern, Jahresüberschuss bzw. -fehlbetrag.

Abbildung 3.11: Gliederung einer Gewinn-und-Verlust-Rechnung nach HGB nach Umsatzkosten- oder Gesamtkostenverfahren

EXTRAS ONLINE

Aufgaben

1. Recherchieren Sie: Unter welchen Umständen führt nach IAS 8 die Änderung einer Rechnungslegungsmethode zur Pflicht einer rückwirkenden Anwendung? Warum hat eine solche rückwirkende Anwendung Einfluss auf das Eigenkapital und wie ist die daraus resultierende Eigenkapitaländerung zu erfassen?

2. Ist die Eigenkapitalveränderungsrechnung aus Ihrer Sicht ein wichtiger Bestandteil eines Jahresabschlusses? Warum könnte die Eigenkapitalveränderungsrechnung aus Sicht der Investoren entscheidungsnützliche Informationen enthalten?

Ansatz und Bewertung von Aktiva

4

ÜBERBLICK

4.1 Sachanlagevermögen

4.1.1 Definition, Ansatz und Erstbewertung

Lernziele

- Sachanlagen dienen langfristig der Herstellung oder der Lieferung von Gütern und Dienstleistungen an Dritte oder für eigene Verwaltungszwecke und verbleiben regelmäßig länger als eine Rechnungsperiode im Unternehmen.
- Eine Sachanlage ist nach IAS 16 als Vermögenswert anzusetzen (zu aktivieren), wenn es wahrscheinlich ist, dass dem Unternehmen ein mit ihr verbundener künftiger wirtschaftlicher Nutzen zufließen wird und ihre Anschaffungs- oder Herstellungskosten verlässlich ermittelt werden können.
- Die Erstbewertung erfolgt zu historischen Kosten, wobei auch nachträgliche Anschaffungs- beziehungsweise Herstellungskosten aktivierungsfähig sind.

Sachanlagen sind definiert als materielle Vermögenswerte, die für Zwecke der Herstellung oder der Lieferung von Gütern und Dienstleistungen, zur Vermietung an Dritte oder für Verwaltungszwecke gehalten werden. Zum Sachanlagevermögen gehören etwa Grund und Boden, Gebäude, maschinelle Anlagen, der Fuhrpark sowie die Betriebs- und Geschäftsausstattung. Als langfristige Vermögenswerte verbleiben Sachanlagen regelmäßig länger als eine Periode im Unternehmen. Eine Sachanlage ist nach IAS 16 als Vermögenswert anzusetzen, wenn es wahrscheinlich ist, dass dem Unternehmen ein mit ihr verbundener künftiger wirtschaftlicher Nutzen zufließen wird und ihre Anschaffungs- oder Herstellungskosten verlässlich ermittelt werden können. Die genannten Kriterien entsprechen den allgemeinen Ansatzregeln im Rahmenkonzept.

Die Erstbewertung von Sachanlagen erfolgt zu Anschaffungs- oder Herstellungskosten. Die Anschaffungskosten umfassen den Anschaffungspreis zuzüglich aller direkt zurechenbaren Kosten, die anfallen, um den Vermögenswert in betriebsbereiten Zustand zu versetzen und abzüglich von Anschaffungspreisminderungen wie Rabatten, Boni oder Skonti. Direkt zurechenbare Kosten sind zum Beispiel Kosten der Standortvorbereitung, Kosten der Lieferung und Verbringung, Montagekosten, Honorare (bspw. für Architekten oder Ingenieure), geschätzte Kosten für den Abbruch und das Abräumen des Vermögenswerts sowie die Wiederherstellung des Standorts (letzteres unter Beachtung von IAS 37).

Beispiel 4.1: Ermittlung von Anschaffungskosten

Sachverhalt: Die Brauerei AG erwirbt am 1. Juni 2020 eine Abfüllmaschine zum Preis von € 70.000. Für den Transport wendet die Brauerei AG € 6.000 auf, für die Inbetriebnahme der Maschine € 500. Bei Zahlung innerhalb von sieben Tagen ist ein Skontoabzug von 2,5 Prozent (auf den Anschaffungspreis) gestattet.

Fragen: Wie hoch sind die Anschaffungskosten bei Zahlung innerhalb von sieben Tagen? Wie hoch sind die Anschaffungskosten dagegen, wenn erst nach elf Tagen bezahlt wird?

Lösung:

Position	Zahlung (7 Tage)	Zahlung (> 7 Tage)
Kaufpreis	70.000	70.000
+ Anschaffungsnebenkosten	6.500	6.500
– Anschaffungskostenminderungen	– (0,025 × 70.000)	0
= **Anschaffungskosten**	**74.750**	**76.500**

Besonderes Augenmerk legt der Standard IAS 16 auf die Behandlung sogenannter nachträglich anfallender Kosten einer Sachanlage. Solche nachträglichen Kosten werden den ursprünglichen Anschaffungs- oder Herstellungskosten hinzugerechnet, sofern die Sachanlage durch diese zusätzliche Ausgaben verbessert wird, also wenn sich dadurch etwa ihre Kapazität erhöht oder die Lebensdauer verlängert. Reguläre Wartungskosten gehören dagegen nicht hierzu; sie sind sofort erfolgswirksam in der Periode zu erfassen, in der sie anfallen. In Frage kommt auch der nachträgliche Ersatz von Komponenten einer Sachanlage. In diesem Fall werden die nachträglich anfallenden Kosten einer Sachanlage zwar hinzugerechnet, sie ersetzen aber den Abgang einer Komponente der Sachanlage. Dieser Abgang ist dann ebenfalls zu erfassen. Ein Beispiel hierfür ist der Ersatz der Kabinenausstattung (= Komponente) eines Flugzeugs (= Sachanlage), das sich im Besitz einer Fluggesellschaft befindet.

IAS 16 nennt einige explizite Einbeziehungsverbote in die Anschaffungs- beziehungsweise Herstellungskosten von Sachanlagen. Demnach dürfen beispielsweise Kosten für die Eröffnung neuer Betriebsstätten, für die Einführung neuer Produkte (einschließlich Kosten für Werbung und Verkaufsförderung) sowie Verwaltungs- und andere Gemeinkosten nicht einbezogen werden. Bei qualifizierten Vermögenswerten kommt nach IAS 23 auch die Einbeziehung von Fremdkapitalkosten in Betracht. Qualifizierte Vermögenswerte sind definiert als Vermögenswerte, bei denen ein „beträchtlicher Zeitraum" erforderlich ist, um sie in den beabsichtigten Zustand zu versetzen, sie also in einen gebrauchs- oder verkaufsfähigen Zustand zu versetzen. Zu den aktivierungsfähigen Ausgaben zählen Zinszahlungen und sonstige Kosten, die im Zusammenhang mit der Aufnahme von Fremdkapital anfallen bzw. mit dieser in Verbindung stehen, beispielsweise Disagios, Vermittlungsgebühren oder Provisionen. Soweit Fremdkapitalkosten aktiviert werden, steigen die Anschaffungs- oder Herstellungskosten der qualifizierten Vermögenswerte um genau diesen Betrag.

Sachanlagen sind aus der Bilanz auszubuchen, wenn sie das Unternehmen verlassen. Gleiches gilt für den Fall, in dem von einer Sachanlage kein künftiger wirtschaftlicher Nutzen mehr erwartet wird. Soweit aus dem Abgang einer Sachanlage Gewinne oder Verluste entstehen, sind diese erfolgswirksam zu erfassen. Der Gewinn oder Verlust aus dem Abgang einer Sachanlage entspricht der Differenz aus dem Verkaufspreis und dem entsprechenden Restbuchwert der Sachanlage. Etwaige Gewinne aus dem Verkauf einer Sachanlage dürfen nicht als Teil der Umsatzerlöse ausgewiesen werden, weil es sich bei dem Abgang von Sachanlagen nicht um eine gewöhnliche Tätigkeit eines Unternehmens handelt.

Exkurs 4.1 Aktivierung von Fremdkapitalkosten

Sachverhalt: Es sei angenommen, dass die Samsson AG eine neue Produktionshalle baut. Die Erstellung erstreckt sich über drei Jahre, also einen relativ langen Zeitraum. Zu Beginn des aktuellen Jahres beliefen sich die aktivierten Herstellungskosten auf € 40 Mio. Am Jahresende weist das entsprechende Konto aktivierte Herstellungskosten einen Saldo in Höhe von € 60 Mio. aus. Die Samsson AG nutzt ein Darlehen in Höhe von € 30 Mio., das eigens zur Finanzierung des Bauvorhabens aufgenommen wurde. Die Zinsen für dieses Darlehen liegen bei 10 Prozent. Des Weiteren finanziert sich die Samsson AG über Anleihen, die im Durchschnitt mit 8 Prozent verzinst werden. Die gesamten Zinszahlungen des aktuellen Jahres belaufen sich auf € 8,6 Mio.

Fragen: Wie hoch sind die Zinsen des aktuellen Jahres, die am Jahresende zu kapitalisieren sind. Wie lautet der zugehörige Buchungssatz?

Lösung: Für die Berechnung der aktivierungsfähigen Fremdkapitalkosten ist zunächst das im Bauprojekt gebundene Kapital zu bestimmen. In Frage kommt hier die Betrachtung eines zeitkontinuierlichen Aufbaus des Investitionsvolumens mit entsprechend genauer Zurechnung des Finanzierungsvolumens. Hier wird ein vereinfachendes Vorgehen gewählt und das durchschnittlich gebundene Kapital berechnet: Am Anfang des Jahres waren € 40 Mio. aktiviert, am Ende € 60 Mio. Der im Jahr durchschnittlich aktivierte Betrag beläuft sich also auf:

$$(€\ 40\ \text{Mio.} + €\ 60\ \text{Mio.}) \times 0{,}5 = €\ 50\ \text{Mio.}$$

Auf diesen Betrag bezieht sich nun die Berechnung der aktivierungsfähigen Zinsen. Zunächst sind alle Fremdkapitalmittel zu berücksichtigen, die *eigens* für das entsprechende Projekt aufgenommen wurden, hier also das Darlehen in Höhe von € 30 Mio., das sich zu 10 Prozent verzinst. Die Differenz zum durchschnittlich aktivierten Betrag beträgt dann noch € 20 Mio. Für diese € 20 Mio. können Zinsaufwendungen aus der allgemeinen Fremdfinanzierung aktiviert werden, die sich im Beispiel durchschnittlich mit 8 Prozent verzinsen. Die aktivierungsfähigen Fremdkapitalkosten belaufen sich also insgesamt auf: →

→ Fortsetzung

Finanzierungsquelle	Anteil	Zinsaufwand
Darlehen	30 Mio. zu 10 %	3,0 Mio.
Anleihen	+ 20 Mio. zu 8 %	1,6 Mio.
Gesamt	= **50 Mio.**	**4,6 Mio.**

Die gesamten Zinszahlungen der Periode betragen laut Sachverhalt € 8,6 Mio. Davon sind gemäß der Berechnung € 4,6 Mio. zu aktivieren. Diese € 4,6 Mio. werden damit nicht in der Gewinn-und-Verlust-Rechnung erfasst, sondern in der Bilanz aktiviert. Wird nun angenommen, dass die gesamten Zinsforderungen am Jahresende per Banküberweisung bezahlt werden, ergibt sich folgender Buchungssatz:

127 Anlagen in Herstellung		4.600.000	
851 Zinsaufwand		4.000.000	
	an 220 Bank		8.600.000

Aufgaben

EXTRAS ONLINE

1. Die Köhler AG kauft eine neue Fertigungsanlage für die Produktion von CD-Hüllen. Der Kaufpreis der Fertigungsanlage beträgt € 35.000. Bei Zahlung des Kaufpreises innerhalb von zehn Tagen wird ein Skonto von 3 Prozent gewährt. Für die Installation der Anlage werden vom Hersteller zwei Mitarbeiter gestellt, die von der Köhler AG noch zusätzlich zu bezahlen sind. Für die Installation benötigen die Mitarbeiter drei Tage. Der Tagessatz pro Mitarbeiter beträgt € 400.

a. Wie hoch sind die Anschaffungskosten, wenn die Köhler AG innerhalb von zehn Tagen den Kaufpreis zahlt?

b. Wie hoch sind die Anschaffungskosten, wenn die Köhler AG den Kaufpreis erst nach Ablauf von zehn Tagen zahlt?

→

→ Fortsetzung

2. Die Köhler AG benötigt des Weiteren eine Maschine zum Einschweißen der CDs. Hierbei ist der Vorstand zu dem Schluss gekommen, dass die eigene Herstellung der Maschine für das Unternehmen günstiger ist als der Kauf der Maschine. Bei der Herstellung werden insgesamt Materialien im Wert von € 24.000 verbraucht. Für die Herstellung werden zwei Facharbeiter (€ 120/Tag) und ein Ingenieur (€ 210/Tag) benötigt. Aufgrund eines anfänglich nicht bemerkten Konstruktionsfehlers wurden Materialien im Wert von € 4.000 zunächst verbaut, mussten jedoch wieder entfernt werden und wurden danach unbrauchbar. Nach einer Bauzeit von 30 Tagen ist die Maschine fertiggestellt. Vor Inbetriebnahme ist noch die Abnahme der Maschine vom TÜV notwendig. Der Rechnungsbetrag hierfür beläuft sich auf € 1.800. In welcher Höhe sind die Herstellungskosten dieser Maschine in der Bilanz auszuweisen?

4.1.2 Folgebewertung

Kostenmodell

Lernziele

- Die Folgebewertung von Sachanlagevermögen kann zu fortgeführten historischen Kosten (Kostenmodell) oder zum beizulegenden Zeitwert (Neubewertungsmodell) erfolgen.
- Das Kostenmodell verwendet als Ankerpunkt die historischen Kosten, die planmäßig fortgeschrieben werden.
- Die planmäßig fortgeführten historischen Kosten werden über ein Abschreibungsverfahren ermittelt. Die zeitlich-lineare, nutzungsabhängige, geometrisch-degressive und digitale Abschreibung (oder auch Mischungen) sind gängige Beispiele für solche Verfahren. Die Verfahren führen in den Perioden der Nutzung zu unterschiedlichen Restbuchwerten und Abschreibungsbeträgen und haben unterschiedliche Erfolgswirkungen.

Die Folgebewertung kann gemäß IAS 16 entweder nach dem Kosten- oder dem Neubewertungsmodell vorgenommen werden. Bei Anwendung des Kostenmodells wird bei den Wertansätzen in den Perioden nach dem Zugang eines Vermögenswerts von fortgeführten Anschaffungs- oder Herstellungskosten gesprochen. Diese entsprechen in jeder Periode der Differenz aus den historischen Kosten und den im Zeitablauf verrechneten planmäßigen und außerplanmäßigen Abschreibungen. Unter der planmäßigen Abschreibung eines Vermögenswerts versteht man die Verteilung des Abschreibungsvolumens entweder über die geplante Nutzungsdauer oder über ein geplantes Nutzungspotenzial auf einer systematischen Grundlage. Das Abschreibungsvolumen entspricht der Differenz aus Anschaffungs- oder Herstellungskosten und dem erwarteten Restwert eines Vermögenswerts. Die Nutzungsdauer beziehungsweise das Nutzungspotenzial gibt an, wie lange bzw. in welcher Höhe in einem Unternehmen Nutzen aus einem Vermögenswert gezogen werden kann oder soll. Dabei spielt die Lebensdauer eines Vermögenswerts eine wichtige Rolle, die beispielsweise durch physischen Verschleiß, technische Überholung sowie rechtliche oder ähnliche Nutzungsbeschränkungen beeinflusst wird.

Die systematische Grundlage für die Verteilung des Abschreibungsvolumens liefert das Abschreibungsverfahren. Bei Abschreibungsverfahren handelt es sich um mathematische Vorschriften, die angeben, wie das Abschreibungsvolumen über die Nutzungsdauer beziehungsweise das Nutzungspotenzial zu verteilen ist. Die Abschreibungsmethode soll so gewählt werden, dass sich der Nutzenverlauf des Vermögenswerts in der Bilanz möglichst gut widerspiegelt. In IAS 16 wird darauf verwiesen, dass damit grundsätzlich eine Vielzahl von Abschreibungsverfahren in Betracht kommt. Beispielhaft werden hier die drei häufigsten Abschreibungsverfahren benannt, nämlich erstens die (zeitlich) lineare Abschreibung, zweitens die degressive und drittens die leistungsabhängige Abschreibung. Bei der degressiven Abschreibung kann zudem zwischen geometrisch-degressiven und arithmetisch-degressiven Verfahren unterschieden werden. In der Praxis finden auch Mischungen einzelner Abschreibungsverfahren Anwendung.

Die zeitlich-lineare und die leistungsabhängige Abschreibung sind sich strukturell sehr ähnlich. Bei der zeitlich-linearen Abschreibung wird das Abschreibungsvolumen (die Zählergröße) auf die Zeiteinheiten (Nennergröße) der geplanten Nutzung verteilt, die üblicherweise in Jahren gemessen wird. Bei der leistungsabhängigen Abschreibung enthält die Nennergröße nicht die Jahre, sondern das in Leistungseinheiten gemessene geplante Nutzungspotenzial, das mit dem Vermögenswert verbunden ist. Die Zählergröße setzt sich zusammen aus dem Abschreibungsvolumen, das mit den „verbrauchten" Leistungsmengen der jeweiligen Periode zu multiplizieren ist.

Exkurs 4.2 Zeitlich-lineare und leistungsabhängige Abschreibung

Zeitlich-lineare Abschreibung:

$$\text{Formel: } a_t = \frac{(K - RW_N)}{N} \quad mit \quad t = 1, \ldots, N \,,$$

wobei:

a_t	Abschreibungsbetrag in Periode t
K	Anschaffungs- oder Herstellungskosten
RW_N	Restwert nach Ende der Nutzungsdauer N
N	Nutzungsdauer
t	Periode

→

→ Fortsetzung

Leistungsabhängige Abschreibung:

$$\text{Formel: } a_t = \frac{(K - RW_N) \times l_t}{L} \quad \text{mit} \quad t = 1, \ldots, N,$$

wobei:

a_t	Abschreibungsbetrag in Periode t
l_t	Leistungsmenge in Periode t
L	Gesamtleistungsmenge über gesamte Nutzungsdauer

Während die zeitlich-lineare Abschreibung den großen Vorteil der Einfachheit hat, liegt ihr Nachteil darin, den Wertverschleiß eines Vermögenswerts unter Umständen den einzelnen Perioden nicht adäquat zuzurechnen. Die leistungsabhängige Abschreibung hat hier Vorteile, da die in den einzelnen Perioden erfassten Abschreibungsbeträge abhängig von den tatsächlich „verbrauchten" Leistungseinheiten sind. Gleichwohl könnte der Marktwert eines Vermögenswerts in den ersten Jahren seiner Nutzung sehr viel stärker im Wert sinken als dies selbst durch die leistungsabhängige Abschreibung abgebildet wird. Zu denken ist hier etwa an die Wertentwicklung von Kraftfahrzeugen, deren Verkaufswert in den ersten Jahren der Nutzung sehr viel stärker fällt als in den Folgejahren. Ähnliche Wertverläufe lassen sich bei zahlreichen weiteren nichtfinanziellen Vermögenswerten beobachten und können am besten durch degressive Abschreibungsverfahren erfasst werden.

Bei degressiven Abschreibungsverfahren werden die Anschaffungs- oder Herstellungskosten mittels im Zeitablauf sinkender Abschreibungsbeträge auf die Perioden der Nutzung verteilt. Dabei sinkt der Buchwert in den ersten Nutzungsperioden stärker und demgemäß ist auch der Periodenaufwand in den ersten Perioden unter sonst gleichen Bedingungen höher. Unter den degressiven Abschreibungsverfahren können vor allem geometrisch-degressive und arithmetisch-degressive unterschieden werden. Erstere zeichnen sich dadurch aus, dass mittels eines festgelegten (konstanten) Abschreibungsprozentsatzes s vom (Rest-)Buchwert abgeschrieben wird.

Exkurs 4.3 Geometrisch-degressive Abschreibung

$$\text{Formel: } a_t = s \times RBW_{t-1} \quad mit \quad s = const.; \; t = 1, \ldots, N; \quad RBW_0 = K,$$

wobei:

s	konstanter Abschreibungssatz (zum Beispiel 10 Prozent bzw. s = 0.10)
RBW_{t-1}	Restbuchwert der Vorperiode
K	Historische Kosten

→

→ Fortsetzung

Wenn auf einen bestimmten Restwert am Ende der Nutzungsdauer RW_N (≠0) abgeschrieben werden soll, so kann s gemäß folgender Formel bestimmt werden:

$$s = 1 - \sqrt[n]{\frac{RW_N}{K}},$$

wobei:

RW_N	Restwert (≠0), gegebenenfalls „Erinnerungsposten" (= € 1)
n	Perioden der Restnutzung
K	Anschaffungs- oder Herstellungskosten

Bei der arithmetisch-degressiven Abschreibung fallen die jährlichen Abschreibungsbeträge jeweils um denselben Degressionsbetrag. Ein Beispiel für ein arithmetisch-degressives Abschreibungsverfahren ist die digitale Abschreibung. Hierbei wird das gesamte Abschreibungsvolumen mit einem Faktor multipliziert, der in jeder Periode um den gleichen Betrag sinkt.

Exkurs 4.4 Arithmetisch-degressive Abschreibung

Formel: $a_t = d_t \times AV$, wobei $d_t = \frac{N+1-t}{0{,}5N(N+1)}$,

mit:

a_t	Abschreibungsbetrag in Periode t
t	Periode, für die der Abschreibungsbetrag ermittelt werden soll
AV	Abschreibungsvolumen (historische Kosten – Restwert)
N	Nutzungsdauer
d_t	Degressionsfaktor in Periode t

Unabhängig davon welches Abschreibungsverfahren gewählt wird, gelten einige allgemeine Leitlinien, die zu beachten sind. So beginnt die Abschreibung grundsätzlich in dem Monat, in dem ein Vermögenswert zugeht. Zwar ist die Erfassung von Abschreibungen bei einem Erwerb oder einer Veräußerung eines Vermögenswerts zwischen zwei Bilanzstichtagen nicht eindeutig in den IFRS geregelt, allerdings lassen sich hier zwei Verfahrensweisen rechtfertigen. Zum einen kann in einem solchen Fall eine pauschalierte Ganzjahresabschreibung im Jahr des Zugangs des Vermögenswerts erfolgen, wobei dann im Jahr seines Abgangs keine Abschreibung mehr vorzunehmen ist. Zum anderen kann auch eine Halbjahresabschreibung sowohl im Jahr des Zu- als auch des Abgangs des Vermögenswerts erfolgen. Beide Varianten setzen allerdings voraus, dass der betreffende Vermögenswert zu einer relativ homogenen Gruppe von Vermögenswerten gehört, bei der regelmäßige Zu- und Abgänge zu verzeichnen sind.

Zudem ist generell die Stetigkeit der gewählten Abschreibungsmethode zu beachten. Eine gewählte Abschreibungsmethode ist demnach grundsätzlich beizubehalten. Es kann jedoch Gründe geben, die einen Wechsel rechtfertigen. So ist ein Wechsel der Abschreibungsmethode zulässig, wenn sich der erwartete Abschreibungsverlauf wesentlich ändert. Wird ein Wechsel der Abschreibungsmethode vorgenommen, so ist dies als eine Änderung von Schätzungen im Sinne von IAS 8 anzusehen und durch Korrektur des Abschreibungsaufwands für die laufende und für die kommenden Perioden zu berücksichtigen. Alle Prämissen, die im Zusammenhang mit der Abschreibung stehen, sind periodisch auf ihre Gültigkeit zu prüfen. Der ermittelte Abschreibungsbetrag in einer Periode ist in dem Umfang als Aufwand zu erfassen, in dem er nicht Bestandteil der Herstellungskosten eines anderen Vermögenswerts wird. Abschreibungen dienen damit der periodengerechten Gewinnermittlung.

Exkurs 4.5 **IAS 16 im Geschäftsbericht 2018 der Deutschen Telekom**

Die Deutsche Telekom schreibt Sachanlagen mit bestimmbarer Nutzungsdauer planmäßig und linear ab. Besteht ein Vermögenswert aus mehreren Bestandteilen mit unterschiedlicher Nutzungsdauer, werden die einzelnen wesentlichen Bestandteile über ihre individuellen Nutzungsdauern abgeschrieben. Mindestens an jedem Jahresabschlussstichtag wird geprüft, ob die ursprünglich geplanten Nutzungsdauern beibehalten werden können und ob die Abschreibungsmethoden weiterhin angemessen sind. Ähnliche Prüfungen nimmt die Deutsche Telekom auch in Bezug auf die Restbuchwerte, Nutzungsdauern und Abschreibungsmethoden der Sachanlagen vor. Im Jahresabschluss heißt es dazu: „Die Restbuchwerte, die Nutzungsdauern und die Abschreibungsmethoden der Vermögenswerte werden mindestens an jedem Abschluss-Stichtag überprüft; wenn die Erwartungen von den bisherigen Schätzungen abweichen, werden die entsprechenden Änderungen gemäß IAS 8 als Änderungen von Schätzungen bilanziert."

(Quelle: Konzernabschluss der Deutschen Telekom 2018, S. 206)

Für die buchungstechnische Behandlung von Abschreibungen gibt es zwei verschiedene Möglichkeiten. Nach der direkten Methode reduzieren Abschreibungen den Buchwert eines Vermögenswerts (hier: von Sachanlagen) direkt; in der Bilanz wird also stets der Restbuchwert angesetzt. Hierbei wird nach folgendem Muster gebucht:

821 Planmäßige Abschreibungen auf langfristige Vermögenswerte		Betrag	
	an 120 Sachanlagen		Betrag

Bei der indirekten Methode reduziert der Abschreibungsaufwand den Buchwert des entsprechenden Vermögenswerts nur indirekt, da ein Korrekturkonto (Kumulierte Abschreibungen) angesprochen wird. In der Bilanz bleibt also der Vermögenswert mit seinen historischen Kosten ausgewiesen, zusätzlich werden die kumulierten

Abschreibungen angesetzt. Der Restbuchwert ergibt sich durch Saldierung beider Positionen. Bei dem Konto „Kumulierte Abschreibungen“ handelt es sich um ein Passivkonto, es wird aber stets mit umgekehrtem Vorzeichen als ein Konto auf der Aktivseite geführt, das die brutto (also zu ihren ursprünglichen Anschaffungs- oder Herstellungskosten) ausgewiesenen Vermögenswerte korrigiert. Gebucht wird wie folgt:

821 Planmäßige Abschreibungen auf langfristige Vermögenswerte	Betrag	
an 150 Kumulierte Abschreibungen		Betrag

Die in diesem Kapitel beschriebenen Abschreibungsverfahren sollen nun anhand eines einfachen Beispiels dargestellt werden. Dazu sei angenommen, dass am 1. Januar 20X1 für € 200.000 ein Lkw gekauft wurde. Der Lkw soll über fünf Jahre genutzt werden, seine gesamte Laufleistung beträgt laut Hersteller 600.000 km. Es sollen nun die Abschreibungsbeträge und Restbuchwerte in den einzelnen Perioden nach unterschiedlichen Abschreibungsverfahren ermittelt werden.

Lineare Abschreibung Zunächst ist das Abschreibungsvolumen zu ermitteln, das sich als Differenz aus Anschaffungskosten und Restwert ergibt. Wird hier von einem Restwert von 0 am Ende der Nutzungsdauer ausgegangen, entspricht das Abschreibungsvolumen den Anschaffungskosten. Das Abschreibungsvolumen ist nun linear auf die fünf Perioden der Nutzung zu verteilen. Gemäß der Formel ergibt sich für alle Perioden:

$$a_t = \frac{(K - RW_N)}{N} = \frac{(€\ 200.000 - 0)}{5} = €\ 40.000$$

Die Buchungssätze in jeder Periode lauten nach (1) direkter und (2) indirekter Methode:

(1)	821 Planmäßige Abschreibungen auf langfristige Vermögenswerte	40.000	
	an 1261 Fuhrpark (allgemein)		40.000

(2)	821 Planmäßige Abschreibungen auf langfristige Vermögenswerte	40.000	
	an 150 Kumulierte Abschreibungen		40.000

Leistungsabhängige Abschreibung Bei der leistungsabhängigen Abschreibung variieren nun, im Gegensatz zur zeitlich-linearen Abschreibung, die Abschreibungsbeträge in den einzelnen Perioden mit den anteilig verzehrten Leistungsmengen, die im vorliegenden Fall den jeweiligen Kilometerleistungen der einzelnen Perioden bezogen auf die gesamte Laufleistung von 600.000 Kilometern entsprechen. Es sei hier unterstellt, dass die Laufleistungen 45.000 km in 20X1, 160.000 km in 20X2, 200.000 km in 20X3, 75.000 km in 20X4 und 120.000 km in 20X5 betragen. Gemäß der Formel betragen die Abschreibungen für das Jahr 20X1 (beziehungsweise Periode 1):

$$a_1 = \frac{(K - RW_N) \times l_1}{L} = \frac{(200.000 - 0) \times 45.000}{600.000} = 15.000$$

▶ Tabelle 4.1 gibt die Ergebnisse für die einzelnen Perioden der Nutzung wieder:

Tabelle 4.1

Leistungsabhängige Abschreibung

Jahr	20X1	20X2	20X3	20X4	20X5	Summe
Periode	1	2	3	4	5	–
Laufleistung in km	45.000	160.000	200.000	75.000	120.000	600.000
l_t/L	0,0750	0,2667	0,3333	0,1250	0,2000	1,0000
Abschreibung in €	15.000	53.333	66.667	25.000	40.000	200.000

Geometrisch-degressive Abschreibung Bei der geometrisch-degressiven Abschreibung wird der Abschreibungsbetrag der Periode t berechnet, indem der Restbuchwert der Periode $t-1$ mit einem konstanten Abschreibungssatz s multipliziert wird. Der Abschreibungssatz ist dabei entweder auf Basis einer plausiblen Annahme vorgegeben oder er wird in Abhängigkeit des Restwerts des Vermögenswerts am Ende der gesamten Nutzungsdauer berechnet. Im vorliegenden Fall sei davon ausgegangen, dass der Abschreibungssatz $s = 0{,}25$ beträgt. Dieser konstante Faktor ist nun in der ersten Periode der Nutzung mit den Anschaffungskosten und in den folgenden Perioden mit den jeweiligen Restbuchwerten zu multiplizieren, um auf den Abschreibungsbetrag der jeweiligen Periode zu kommen. Dazu sind jeweils auch immer die Restbuchwerte zu ermitteln. ▶ Tabelle 4.2 zeigt die Entwicklung der Restbuchwerte und Abschreibungsbeträge in den einzelnen Perioden. Bei Betrachtung der Abschreibungsbeträge für die einzelnen Perioden wird deutlich, dass die Abschreibungsbeträge von Periode zu Periode fallen, wobei dieser Effekt zu Beginn der Abschreibung besonders deutlich ist. Die Verwendung eines gegebenen s führt in der Regel – und so auch im Beispiel – nicht dazu, dass der Vermögenswert über die Nutzungsdauer vollständig abgeschrieben wird. In der Praxis sind deshalb häufig Abschreibungspläne zu finden, in denen zunächst geometrisch-degressiv und in späteren Perioden zeitlich-linear (gegebenenfalls auf einen Restwert) abgeschrieben wird.

Tabelle 4.2

Geometrisch-degressive Abschreibung

Jahr	20X1	20X2	20X3	20X4	20X5
Periode	1	2	3	4	5
Restbuchwert vor Abschreibung (in €)	200.000	150.000	112.500	84.375	63.281
Abschreibungsbetrag der Periode (in €)	50.000	37.500	28.125	21.094	15.820

Kombination aus zeitlich-linearer und geometrisch-degressiver Abschreibung Der Lkw soll nun in den ersten beiden Perioden geometrisch-degressiv auf € 128.000 abgeschrieben werden, danach über die restliche Nutzungsdauer zeitlich-linear auf einen Restwert von € 0. Im Gegensatz zum vorigen Beispiel muss nun zunächst der konstante Abschreibungssatz s für die ersten beiden Perioden ermittelt werden. Dazu ist die folgende Formel zu verwenden:

$$s = 1 - \sqrt[n]{\frac{RW_N}{K}} = 1 - \sqrt[2]{\frac{128.000}{200.000}} = 1 - \sqrt[2]{0,64} = 0,2$$

Für die ersten beiden Jahre (20X1 und 20X2) wird also mit einem s = 0,2 abgeschrieben, sodass der Restwert zu Beginn des dritten Jahres (20X3) € 128.000 beträgt. Der Lkw wird dann noch drei Jahre genutzt und vollständig abgeschrieben, sodass sich folgende Abschreibungsbeträge für die Jahre 20X3 bis 20X5 ergeben:

$$a_{t=3,\ldots,5} = \frac{(128.000 - 0)}{3} \approx 42.667$$

Der gesamte Abschreibungsverlauf ist in ▶ Tabelle 4.3 wiedergegeben.

Tabelle 4.3

Kombinierte Abschreibung (gerundet)

Jahr	**20X1**	**20X2**	**20X3**	**20X4**	**20X5**
Periode	1	2	3	4	5
Abschreibungsverfahren	degressiv	degressiv	linear	linear	linear
Restbuchwert vor Abschreibung (in €)	200.000	160.000	128.000	85.333	42.666
Abschreibung (gerundet in €)	40.000	32.000	42.667	42.667	42.666
Restbuchwert nach Abschreibung (in €)	160.000	128.000	85.333	42.666	0

Digitale Abschreibung Der Lkw soll nun nach dem Verfahren der digitalen Abschreibung arithmetisch-degressiv über die Nutzungsdauer abgeschrieben werden. Anders als bei der geometrisch-degressiven Abschreibung, bei der s ein konstanter Faktor ist, variiert bei der arithmetisch-degressiven Abschreibung der Degressionsfaktor d_t. Er sinkt in jeder Periode um den jeweils gleichen Betrag – und mit ihm auch die Abschreibungsbeträge. Für jede Periode ist also zunächst d_t zu bestimmen. Die Ermittlung sei beispielhaft für Periode 1 gemäß der oben eingeführten Formel gezeigt. Die gesamte Nutzungsdauer N beträgt 5 Perioden, die aktuelle Periode t ist 1. d_1 ergibt sich dann zu:

$$d_1 = \frac{N+1-t}{0{,}5N(N+1)} = \frac{5+1-1}{0{,}5 \times 5 \times (5+1)} = \frac{5}{15} = \frac{1}{3}$$

und der Abschreibungsbetrag der ersten Periode zu:

$$a_1 = d_1 \times AV = \frac{1}{3} \times 200.000 \approx 66.667$$

Anzumerken ist, dass der Degressionsfaktor d_t in jeder Periode mit dem ursprünglichen Abschreibungsvolumen – hier: den Anschaffungskosten – multipliziert wird, um den jeweiligen Abschreibungsbetrag zu erhalten. Dadurch ergibt sich eine arithmetische Reihe. Das Verfahren wird durch tabellarische Schreibweise und hier insbesondere durch Einfügen einer „Hilfsspalte“ übersichtlicher und erlaubt eine Berechnung auch ohne Formelkenntnis (siehe ▸ Tabelle 4.4). In der Hilfsspalte werden zunächst einfach die Perioden in umgekehrter Reihenfolge notiert (beziehungsweise die jeweilige Restnutzungsdauer zu Beginn der Periode). Dann ist die Summe dieser Spalte zu berechnen, die im Beispiel 15 beträgt. Der Degressionsfaktor d_t ergibt sich nun jeweils durch Division des Hilfsspaltenwerts mit der Gesamtsumme der Hilfsspalte, also für die erste Periode als 5/15 = 1/3. Bei genauer Betrachtung zeigt sich, dass d_t in jeder Periode um 1/15 sinkt, die Abschreibungsbeträge damit um jeweils 1/15 × € 200.000 = € 13.333 (gerundet).

Tabelle 4.4

Arithmetisch-degressive Abschreibung

Periode	Hilfsspalte	d_t	Abschreibungsvolumen (in €)	Abschreibungsbetrag (in €)	Restbuchwert nach Abschreibung (in €)
1	5	0.33	200.000	66.667	133.333
2	4	0.27	200.000	53.333	80.000
3	3	0.20	200.000	40.000	40.000
4	2	0.13	200.000	26.667	13.333
5	1	0.07	200.000	13.333	0
Summe	**15**	**1.00**	–	**200.000**	–

▸ Tabelle 4.5 vergleicht die Abschreibungsbeträge und Restbuchwerte in jeder Periode bei Anwendung der verschiedenen Verfahren. Es wird deutlich, dass sich die Wahl des Abschreibungsverfahrens deutlich auf die in der Bilanz ausgewiesenen Restbuchwerte sowie über die unterschiedlichen Abschreibungsbeträge auch auf den Periodenerfolg auswirkt.

Tabelle 4.5

Vergleich der Abschreibungsverfahren (alle Angaben in €, teils gerundet)

Jahr (Periode)	20X1 (1)	20X2 (2)	20X3 (3)	20X4 (4)	20X5 (5)	Summe
Zeitlich-lineare Abschreibung						
Abschreibungsbetrag	40.000	40.000	40.000	40.000	40.000	200.000
Restbuchwert (nach Abschreibung)	160.000	120.000	80.000	40.000	0	
Leistungsabhängige Abschreibung						
Abschreibungsbetrag	15.000	53.333	66.667	25.000	40.000	200.000
Restbuchwert (nach Abschreibung)	185.000	131.667	65.000	40.000	0	
Geometrisch-degressive Abschreibung ($s = 0{,}25$)						
Abschreibungsbetrag	50.000	37.500	28.125	21.094	15.820	152.539
Restbuchwert (nach Abschreibung)	150.000	112.500	84.375	63.281	47.461	
Erst geometrisch-degressive, dann lineare Abschreibung						
Abschreibungsbetrag	40.000	32.000	42.667	42.667	42.666	200.000
Restbuchwert (nach Abschreibung)	160.000	128.000	85.333	42.666	0	
Digitale Abschreibung						
Abschreibungsbetrag	66.667	53.333	40.000	26.667	13.333	200.000
Restbuchwert (nach Abschreibung)	133.333	80.000	40.000	13.333	0	

Da die Anwendung des Kostenmodells mit der Verpflichtung verbunden ist Wertminderungstests durchzuführen, bedeutet dies, dass die Anwendung eines Abschreibungsverfahrens, das Buchwerte generiert, die wesentlich über Marktpreis oder Nutzungswert des entsprechenden Vermögenswerts liegen, die Pflicht zur Vornahme außerplanmäßiger Wertberichtigungen auslösen kann. Von daher ist es nicht nur geboten, sondern auch einfacher, gleich ein Abschreibungsverfahren zu wählen, das den Wertverlauf zutreffend abbildet.

In Deutschland dominierten lange Zeit degressive Abschreibungsverfahren, deren Anwendung hauptsächlich steuerlich motiviert war, denn eine zeitliche Vorverlagerung von Aufwand führt zu einer Steuerbarwertminimierung, also zu einer Verschiebung von Steuerzahlungen in zukünftige Perioden. In Konzernabschlüssen spielen solche Erwägungen heute keine Rolle mehr, denn weder sind Konzernabschlüsse steuerlich relevant noch ist die Übertragung steuerlich motivierter Wahlrechtsausübungen im Einzelabschluss auf den Konzernabschluss erlaubt. Die lineare Abschreibung, wie international üblich, findet daher auch in Deutschland zunehmende Verbreitung.

Bei der Folgebewertung nach dem Kostenmodell muss grundsätzlich jeder Teil einer Sachanlage, der im Verhältnis zum Gesamtwert einen erheblichen Teil ausmacht, gesondert ausgewiesen und abgeschrieben werden (*component approach*). Ein solches Vorgehen ist immer dann erforderlich, wenn sich Nutzungsdauern und Wertentwicklungen der einzelnen Komponenten deutlich unterscheiden. Als Beispiel hierfür sind die Triebwerke eines Flugzeugs zu nennen, die einem anderen Abschreibungsverlauf folgen als der Rest des Flugzeugs. Bestandteile gleicher Abschreibungsart und Nutzungsdauer dürfen zusammengefasst werden.

Exkurs 4.6 Abschreibung von Sachanlagen gemäß Komponentenansatz

Sachverhalt: Die Alpen-Trans AG bietet u.a. Zugfahrten durch die Alpen mit sog. AlpTrans-Loks an (fiktives Beispiel). Bei den AlpTrans-Loks handelt es sich um acht elektrische Lokomotiven (E-Loks) der Baureihe 126. Die Alpen-Trans AG ist aufgrund der Eisenbahn-Bau- und Betriebsordnung verpflichtet, spätestens nach sechs Jahren eine große Revision der E-Loks durchführen zu lassen. Die Revision umfasst die Inspektion, Wartung und – je nach Befund – Instandhaltung und Aufarbeitung der Komponenten entsprechend den Herstellervorgaben. Die Revisionsausgaben betragen für die E-Loks erfahrungsgemäß durchschnittlich € 0,6 Mio. je Lok. Zusätzlich zu den großen Revisionen werden unterjährig verschiedene Reparatur- und Instandhaltungsmaßnahmen an den Loks durchgeführt. Die E-Loks wurden am 1.1.20X0 erworben. Die geschätzte Nutzungsdauer einer E-Lok beträgt 24 Jahre. Eine E-Lok kann gemäß der Auskunft der Alpen-Trans AG in die in der nachfolgenden Tabelle wiedergegebenen Komponenten zerlegt werden.

Komponente	Geschätzte Anschaffungskosten (in Mio. €)
Drehgestell mit Radsätzen	0,5
Lokkasten	0,7
Transformator	0,9
Stromrichter	0,4
Steuergeräte	0,6
Hilfsbetriebsumrichter	0,5
Summe Anschaffungskosten	**3,6**

→

→ **Fortsetzung**

Die Komponenten werden grundsätzlich alle sechs Jahre während der Revision vollständig ausgebaut, gewartet und wieder eingebaut. Es erfolgt kein Ersatz. Ihre Nutzungsdauer ist also mit der der E-Loks als Ganzes identisch. Hiervon ausgenommen sind die Transformatoren. Diese werden erwartungsgemäß nach zwölf Jahren durch neue ersetzt. Sie werden während der Revision nicht gewartet. Für den Ansatz und die Bewertung der Loks ist unzweifelhaft auf IAS 16 (Sachanlagevermögen) zurückzugreifen. Gesucht ist nach dem Ansatz des Sachverhalts zum Bilanzstichtag am 31.12.20X1, wobei von einem vernachlässigbaren Restwert und einer gleichmäßigen Nutzung der Loks auszugehen sei.

Lösung: Die Transformatoren sind aufgrund ihres bedeutsamen Werts (25 % = 0,9/3,6) sowie der von den übrigen Komponenten unterschiedlichen Nutzungsdauer (zwölf Jahre) getrennt abzuschreiben. Die Revision ist als sechsjähriges Nutzungsrecht zu interpretieren und ebenfalls aufgrund ihres Werts (ca. 17 % = 0,6/3,6) sowie der abweichenden Nutzungsdauer von sechs Jahren gesondert abzuschreiben. Die übrigen Komponenten werden gemeinsam über 24 Jahre (Nutzungsdauer einer Lok) abgeschrieben.

	AK	**ND**	**AfA p.a.**	**RBW (in Mio. €)**
Transformatoren	0,9	12	0,075	0,9 – 2 × 0,075 = 0,75
Übrige Komponenten	2,7	24	0,0875	2,7 – 2 × 0,1125 = 2,745
Revisionskosten	0,6	6	0,1	0,6 – 2 × 0,1 = 0,4
Summe	**4,2**		**0,2875**	**3,625**

AK – Anschaffungskosten, **ND** – Nutzungsdauer, **AfA p.a.** – jährliche Abschreibung, **RBW** – Restbuchwert

Hinweis: Gemäß des Sachverhalts sind die Revisionskosten der E-Loks im Sinne von IAS 16.14 aus den Anschaffungskosten der Loks herauszurechnen und gesondert über eine Nutzungsdauer von sechs Jahren abzuschreiben. Sinn und Zweck der Revision ist es gerade, die Komponenten der Loks derart zu überarbeiten, um den weiteren Betrieb der Lok zu gewährleisten. Die durch die Revision entstandenen Kosten sind dann erneut gesondert zu aktivieren und abzuschreiben.

EXTRAS ONLINE

Aufgaben

1. Warum werden Abschreibungen erfolgswirksam erfasst? Ist dies immer der Fall?

2. Was passiert, wenn ein Vermögenswert planmäßig linear über fünf Jahre abgeschrieben werden soll, dieser aber am Ende des zweiten Jahres der Nutzung wegen eines Totalschadens außer Dienst gestellt wird?

3. Erklären Sie die Formel für die lineare Abschreibung! Warum ist der Restwert im Zähler abzuziehen?

4. Welcher Grund könnte dafür sprechen, die Anschaffungs- beziehungsweise Herstellungskosten eines Vermögenswerts nicht direkt um die (kumulierten) Abschreibungen zu reduzieren, sondern ein Konto „kumulierte Abschreibungen" als „Speicher" für die Abschreibungen zu nutzen?

5. Die GS AG erwirbt zum 01. Januar 20X1 ein Lagerhaus, zu dem auch ein Grundstück und Garagen gehören, für insgesamt € 10 Mio. Hiervon entfallen € 5 Mio. auf das Grundstück, das keiner planmäßigen Wertminderung unterliegt, und € 4,5 Mio. auf das Lagerhaus, das aufgrund seiner soliden Bauweise eine voraussichtliche Nutzungsdauer von 50 Jahren aufweist. € 0,5 Mio. entfallen ferner auf die Garagen, die voraussichtlich 25 Jahre genutzt werden können. Es werden Folgebewertungen nach dem Kostenmodell vorgenommen und es wird linear abgeschrieben. Buchen Sie:

a. Die Beschaffung beziehungsweise Aktivierung des Vermögenswerts (es wird per Banküberweisung gezahlt);

b. Die Abschreibung am Jahresende (linear, direkt).

6. Welche Abschreibungsmethoden kennen Sie? Was kennzeichnet die jeweiligen Abschreibungsmethoden?

7. Die Schröder AG kauft einen neuen Firmenwagen für den Geschäftsführer zu einem Preis von € 50.000. Es ist geplant, den Wagen nach sechs Jahren zu einem Preis von € 14.000 wieder zu verkaufen. Der Wagen wird in diesen sechs Jahren voraussichtlich 150.000 km zurücklegen.

a. Geben Sie die Abschreibungsbeträge für die ersten drei Jahre nach der linearen Abschreibungsmethode an!

b. Geben Sie die Abschreibungsbeträge für die ersten drei Jahre nach der geometrisch-degressiven Abschreibungsmethode an!

c. Geben Sie die Abschreibungsbeträge für die ersten drei Jahre nach der leistungsabhängigen Abschreibungsmethode an. Gehen Sie hierbei davon aus, dass der Wagen folgende Entfernungen zurücklegt: Jahr 1: 15.000 km; Jahr 2: 32.000 km; Jahr 3: 23.000 km!

d. Ermitteln Sie die Abschreibungsbeträge nach der digitalen Methode! →

→ Fortsetzung

8. Die Welse AG stellt hochwertige Holzzäune her. Für die Bearbeitung des Holzes wurde am 01.01.20X1 eine Spezialmaschine zu einem Kaufpreis von € 45.000 angeschafft. Um die Maschine installieren zu können, fielen Kosten in Höhe von € 3.500 an. Bei dem Kauf wurde ein Skonto von 2 Prozent bei Zahlung innerhalb von zwei Wochen vereinbart, den die Welse AG auch in Anspruch nimmt. Die Welse AG beabsichtigt, die Maschine für acht Jahre zu nutzen. Danach soll die Maschine vollständig abgeschrieben sein, der Restwert beträgt € 0.

a. Berechnen Sie die Buchwerte und die Abschreibungsbeträge für die einzelnen Jahre, die sich bei Anwendung der digitalen Abschreibungsmethode ergeben!

b. Wie hoch wäre der jährliche lineare Abschreibungsbetrag?

9. Die Meier-Tanzreisen AG hat Anfang 20X1 einen neuen Reisebus für Fernreisen angeschafft. Der Kaufpreis hierfür belief sich auf € 160.000. Um die gesetzlichen Auflagen erfüllen zu können, wurden Anfang 20X6 bei allen Sitzen Sicherheitsgurte eingebaut. Die Kosten hierfür beliefen sich auf € 11.500. Das Unternehmen hat beim Kauf des Busses geplant, diesen insgesamt zehn Jahre zu nutzen und ihn dann für € 35.000 zu verkaufen. Am Ende des achten Jahres sah sich das Unternehmen aufgrund sinkender Reisebuchungen jedoch gezwungen, den Bus zu verkaufen. Da dieser noch in gutem Zustand war, konnte die Meier-Tanzreisen AG einen Verkaufserlös von € 68.000 erzielen. Der Bus wird über die gesamte Nutzungsdauer linear abgeschrieben. Geben Sie den Buchungssatz an für:

a. Den Einbau der Sicherheitsgurte.

b. Die Abschreibung zum 31.12.20X6.

c. Den Verkauf am Ende des achten Jahres.

Wertminderung

Lernziele

- Die Anwendung des Kostenmodells geht stets mit der Pflicht einher, zu prüfen, ob Wertminderungen eingetreten sind, die dazu führen, dass die planmäßig fortgeführten historischen Kosten einen zu hohen Bilanzansatz darstellen.
- Dabei ist IAS 36 zu beachten, wonach eine erfolgswirksame Wertminderung vorzunehmen ist, wenn der erzielbare Betrag unter dem Restbuchwert liegt.
- Spätere Wertaufholungen kommen grundsätzlich in Frage, dürfen aber zu keinem höheren Wert als den ursprünglich geplanten fortgeführten historischen Kosten führen.

Bei der Folgebewertung von Sachanlagen nach dem Kostenmodell sind die Nutzungsdauern und Abschreibungsmethoden periodisch auf ihre Angemessenheit zu prüfen. Die Vornahme von Wertminderungstests bei Sachanlagen soll anhand eines fiktiven Beispiels erläutert werden. Die Ricke AG habe Anfang 20X1 eine Sattelzugmaschine für € 230.000 und einen Sattelauflieger mit Spezialausstattung für € 170.000 zu dem Zweck erworben, diese an Dritte zu vermieten. Beide werden nach dem eingangs beschriebenen Komponentenansatz getrennt aktiviert und über fünf Jahre nach der digitalen Methode (arithmetisch-degressiv) jeweils auf einen Restwert von 0 abgeschrieben. Die beiden Vermögenswerte wurden Anfang 20X1 beschafft, also Ende 20X2 bereits zwei Jahre genutzt. Gemäß der Formel für die digitale Abschreibung ergeben sich folgende Abschreibungsbeträge (in €):

Jahr	Abschreibung Zugmaschine	Abschreibung Auflieger
20X1	76.667	56.667
20X2	61.333	45.333
Summe	**138.000**	**102.000**

Der Restbuchwert der Zugmaschine beträgt also am Ende des Jahres 20X2 € 92.000, der des Aufliegers € 68.000. Aus internen Berichten geht 20X2 hervor, dass die Zugmaschine einen physischen Schaden hat, der einer Behebung bedarf und außerdem die Möglichkeit seiner Vermietung dauerhaft einschränkt. Durch das Vorliegen eines solchen internen Anzeichens muss das Unternehmen einen Wertminderungstest durchführen. Dabei muss der Restbuchwert mit dem erzielbaren Betrag verglichen werden. Letzterer ist definiert als höherer Betrag von beizulegendem Zeitwert nach Verkaufskosten und Nutzungswert. Das Problem bei der Ermittlung des Nutzungswerts ist, dass die Ricke AG stets Zugmaschine und Aufleger gemeinsam vermietet. Demnach können Zugmaschine und Aufleger Zahlungsmittelzuflüsse aus der Vermietung nicht getrennt zugeordnet werden – es liegt also eine zahlungsmittelgenerierende Einheit vor. Bei dieser ist zu prüfen, ob die Summe der Restbuchwerte der einzelnen Komponenten (hier: € 92.000 + € 68.000 = € 160.000) den erzielbaren Betrag übersteigt. Das Unternehmen ermittelt Ende 20X2 einen beizulegenden Zeitwert nach Verkaufskosten des gesamten Gespanns von € 152.000. Nun ist der Nutzungswert der zahlungsmittelgenerierenden Einheit zu berechnen. Bei einer weiteren Nutzung erwartet die Ricke AG folgende Zahlungsströme (in €) aus Vermietung und Unterhalt des Gespanns:

Jahr	Einzahlungen	Auszahlungen
20X3	152.000	97.000
20X4	192.000	134.000
20X5	173.000	104.000

Zur Berechnung des Nutzungswerts unterstellt die Ricke AG einen Zinssatz von 10 Prozent, mit dem die Netto-Cashflows der einzelnen Perioden zu diskontieren sind. Der Nutzungswert der zahlungsmittelgenerierenden Einheit entspricht der Summe der diskontierten Einzahlungsüberschüsse der Perioden. Die Berechnung ist ▶ Tabelle 4.6 zu entnehmen.

Tabelle 4.6

Berechnung des Nutzungswerts (Beispiel)

Jahr	Einzahlungen	Auszahlungen	Netto-Cashflow	Barwert 20X3
20X3	152.000	97.000	55.000	50.000*
20X4	192.000	134.000	58.000	47.934**
20X5	173.000	104.000	69.000	51.841***
Summe	–	–	–	**149.775******

Erläuterungen:

* $\frac{55.000}{(1+0{,}10)^1} = 50.000;$ ** $\frac{58.000}{(1+0{,}10)^2} \approx 47.934;$ *** $\frac{69.000}{(1+0{,}10)^3} \approx 51.841;$

**** 50.000 + 47.934 + 51.841 = 149.775

Da der erzielbare Betrag der höhere Wert von Nutzungs- und beizulegendem Zeitwert nach Verkaufskosten ist, nimmt er hier also einen Wert von € 152.000 an. Dieser Wert ist nun mit dem Restbuchwert (€ 160.000) zu vergleichen, der den erzielbaren Betrag um € 8.000 übersteigt. Um diesen Betrag ist der Buchwert erfolgswirksam zu vermindern. Problematisch ist im vorliegenden Fall aber, dass Sattelschlepper und -auflieger getrennt aktiviert wurden. Es entsteht nun die Frage, bei welchem Vermögenswert die Wertminderung erfasst werden soll. IAS 36 schreibt hier ein zweistufiges Verfahren vor. Zunächst ist der Buchwert eines etwaigen Geschäfts- oder Firmenwerts, der der zahlungsmittelgenerierenden Einheit zugeordnet ist, erfolgswirksam zu reduzieren. Soweit der Abschreibungsbedarf damit noch nicht gedeckt ist, sind auf der zweiten Stufe anteilig die Vermögenswerte der Einheit auf Basis der Buchwerte jedes einzelnen Vermögenswerts der Einheit erfolgswirksam zu vermindern. Da sich keine Hinweise darauf finden, dass die Ricke AG der zahlungsmittelgenerierenden Einheit einen Geschäfts- oder Firmenwert zugeordnet hat, wird die Wertminderung nach Stufe 2 behandelt. Der Wertminderungsaufwand (insgesamt € 8.000) für die Zugmaschine bemisst sich demnach nach dem anteiligen Buchwert, den die Zugmaschine an dem der zahlungsmittelgenerierenden Einheit ausmacht. Er beträgt also:

$$8.000 \times (92.000 \div 160.000) = € 8.000 \times 0{,}575 = € 4.600.$$

Für den Auflieger beträgt der Wertminderungsaufwand damit:

$$8.000 \times (68.000 \div 160.000) = € 8.000 \times 0{,}425 = € 3.400.$$

Gebucht wird nach der direkten Methode dann wie folgt:

822 Abschreibung wegen Wertminderung		8.000	
	an 1262 Zugmaschine		4.600
	an 1263 Auflieger		3.400

Bei Erfassung der Wertminderung ist nach IAS 36 zudem zu beachten, dass diese nicht dazu führen darf, dass Komponenten einer zahlungsmittelgenerierenden Einheit auf einen Wert sinken, der (a) kleiner als null oder (b) kleiner als der beizulegende Zeitwert nach Verkaufskosten der Komponente ist bzw. (c) unter dem Nutzungswert der jeweiligen Komponente liegt. Vor der Vornahme der Wertminderung sind deshalb die Beträge zu ermitteln, die von den jeweiligen Komponenten maximal abgeschrieben werden können. Diese sind mit den vorgesehenen Abschreibungsbeträgen zu vergleichen, die den Komponenten auf Basis ihres jeweiligen Anteils an der zahlungsmittelgenerierenden Einheit zugeordnet werden. Übersteigt der für eine Komponente vorgesehene Abschreibungsbetrag den maximal zulässigen, ist die Differenz auf andere Komponenten zu verteilen, bei denen der maximale Abschreibungsbetrag noch nicht ausgeschöpft wurde. Im vorliegenden Fall kann eine entsprechende Prüfung unterbleiben, da gemäß Aufgabenstellung weder der beizulegende Zeitwert noch der Nutzungswert der einzelnen Komponenten bekannt ist.

Aufgaben

1. Skizzieren Sie kurz den Inhalt von IAS 36! Warum ist IAS 36 nicht auf Vorräte anzuwenden?

2. Welche Schritte sind bei einem Wertminderungstest zu durchlaufen? Gehen Sie insbesondere auf die Ermittlung des erzielbaren Betrags ein! Wie erklären Sie sich, dass auf den höheren Betrag von beizulegendem Zeitwert nach Verkaufskosten und Nutzungswert abgeschrieben werden soll – und nicht auf den niedrigeren?

3. Die Wohnungsservice AG besitzt einen Wohnblock am Stadtrand. Dieses Gebäude hat sie Anfang 20X1 zu einem Kaufpreis von € 10 Mio. gekauft. Das Gebäude sollte 15 Jahre genutzt werden, wobei die Wohnungsservice AG einen Restwert von € 1 Mio. am Ende der Nutzung erwartet. Die Abschreibung erfolgt linear. Die Mieterträge aus diesem Gebäude belaufen sich jährlich auf € 400.000. Anfang 2X11 erfährt die Wohnungsservice AG, dass die benachbarten Grünflächen noch dieses Jahr als Gewerbegebiet freigegeben werden sollen. Die Wohnungsservice AG erwartet daher, dass der Marktwert ihres Gebäudes auf 60 Prozent des derzeitigen Buchwerts sinkt. Außerdem kann das Mietniveau nicht mehr gehalten werden und die zu erwartenden Mieteinkünfte reduzieren sich auf € 300.000. Der erwartete Restwert am Ende der Nutzungszeit wird nun auf € 600.000 geschätzt. Der momentane Marktzins liegt bei 8 Prozent.

a. Ermitteln Sie den erzielbaren Betrag. Wie hoch ist die Wertminderung des Gebäudes und wann wird sie erfasst?

b. Wie wird die Abschreibung auf den neuen Buchwert erfasst?

→

→ Fortsetzung

c. Mit welchem Betrag wird das Gebäude nach der Wertminderung jährlich abgeschrieben?

4. Die Flachland AG besitzt ein Grundstück, das zum 31.12.20X5 unter dem Sachanlagevermögen mit den historischen Anschaffungskosten von € 2,4 Mio. aktiviert ist. Ende 20X6 hat das Unternehmen ein Gutachten über den aktuellen Marktwert des Grundstücks anfertigen lassen. Hierbei wurde der Marktwert des Grundstücks auf € 3,5 Mio. geschätzt. 20X7 stellt sich heraus, dass das Nachbargrundstück mit Schadstoffen belastet ist und der Marktwert des Grundstücks der Flachland AG deshalb auf 60 Prozent des 20X6 vom Gutachter ermittelten Marktwerts sinkt. Zum 31.12.20X5 weist das Unternehmen langfristige Vermögenswerte in Höhe von € 5,5 Mio. aus, worunter auch eine Spezialmaschine mit einem Buchwert von € 1,32 Mio. fällt. Diese Maschine wurde Anfang 20X0 angeschafft und mit Anschaffungskosten von € 1,8 Mio. in die Bilanz aufgenommen. Die Nutzungsdauer beträgt 15 Jahre und der Restwert nach der Nutzungsdauer wird auf € 600.000 geschätzt. Die Abschreibung erfolgt linear. Das Unternehmen hat eine Marktanalyse in Auftrag gegeben. Aus dieser Analyse geht hervor, dass diese Maschine Ende 20X6 einen Marktwert von € 1,6 Mio. hat. Auf der Passivseite weist das Unternehmen 20X5 Eigenkapital in Höhe von € 3,2 Mio. und Fremdkapital in Höhe von € 4,7 Mio. aus. Erstellen Sie die Bilanzen für die Jahre 20X6 und 20X7. Berücksichtigen Sie hierbei die zwei nach IFRS möglichen Vorgehensweisen!

5. Die Spacedolls AG besitzt unter anderem eine Fertigungsmaschine für die Produktion von Weltraumspielfiguren. Die Anschaffungskosten für diese Maschine betragen am 01.01.20X1 € 600.000. Das Unternehmen erwartet eine Nutzungsdauer von fünf Jahren und einen Restwert der Maschine am Ende der Nutzungsdauer von € 50.000. Die Maschine soll linear abgeschrieben werden. Zum 31.12.20X2 liegt dem Unternehmen ein Angebot für diese Maschine in Höhe von € 360.000 vor. Bei weiterer Nutzung erwartet die Spacedolls AG Erträge von jährlich € 110.000. Der Marktzins liegt bei 7 Prozent.

a. Ist für die Fertigungsmaschine zum 31.12.20X2 eine Wertminderung eingetreten?

b. Ändert sich das Ergebnis aus (a), wenn Sie anstatt der linearen Abschreibungsmethode die geometrisch-degressive Abschreibungsmethode wählen?

Neubewertungsmodell

Lernziele

- Nach der Neubewertungsmethode wird ein Vermögenswert oder eine Schuld zum beizulegenden Zeitwert bewertet.
- Der beizulegende Zeitwert wird nach IFRS 13 als der Preis verstanden, der im Zuge eines geordneten Geschäftsvorfalls unter Marktteilnehmern am Bemessungsstichtag beim Verkauf eines Vermögenswerts erzielt würde.
- Bei Anwendung des Neubewertungsmodells sind Wertsteigerungen über die fortgeführten historischen Kosten erfolgsneutral.
- Liegt der beizulegende Zeitwert nach einer Neubewertung unterhalb der Anschaffungs- oder Herstellungskosten, ist die entsprechende Differenz zwischen beizulegendem Zeitwert und Anschaffungs- oder Herstellungskosten als Aufwand zu erfassen.

Nach dem in der deutschen Praxis bislang eher weniger verbreiteten Neubewertungsmodell ist eine Sachanlage nach dem erstmaligen Ausweis in den nachfolgenden Perioden zum Neubewertungsbetrag anzusetzen. Der Bilanzansatz entspricht dabei dem beizulegenden Zeitwert (*fair value*), für dessen Ermittlung die Regelungen des IFRS 13 greifen. IFRS 13 definiert den beizulegenden Zeitwert als den Preis, der in einem geordneten Geschäftsvorfall zwischen Marktteilnehmern am Bemessungsstichtag für den Verkauf eines Vermögenswerts eingenommen bzw. für die Übertragung einer Schuld gezahlt würde. Bei Sachanlagen und anderen nicht-finanziellen Vermögenswerten ist dabei von der höchsten und besten Verwendung auszugehen, in welcher diese wirtschaftlichen Nutzen erzeugen. In aller Regel wird es keine aktiven Märkte geben, auf denen Sachanlagen gehandelt werden, insofern gibt es nach der Ermittlungshierarchie typischerweise auch keine beizulegenden Zeitwerte nach Level 1. Nach IFRS kommen in solchen Fällen dann verschiedene Verfahren in Betracht, nach denen der beizulegende Zeitwert bestimmt werden kann. So kann der beizulegende Zeitwert einer Maschine etwa marktbasiert ermittelt werden. In diesem Fall sind Preise vergleichbarer Maschinen zu ermitteln; diese sind ggf. noch dafür zu adjustieren, dass es sich nicht um eine identische Maschine handelt. Es kann auch eine kostenbasierte Schätzung vorgenommen werden. In diesem Fall wären die Kosten zu schätzen, die anfallen, würde eine Maschine vergleichbaren Nutzens als Ersatz beschafft oder hergestellt werden. Grundsätzlich kann für die Ermittlung des beizulegenden Zeitwerts auf externe Gutachter zurückgegriffen werden. Diese Lösung findet sich sehr häufig bei der Neubewertung von Grundstücken und Immobilien. Der Rückgriff auf Gutachter befreit indes die Bilanzierenden nicht von der Verantwortung für die Richtigkeit der Wertermittlung.

Wird eine Sachanlage neu bewertet, so ist die gesamte Gruppe der Sachanlagen, zu denen dieser Gegenstand gehört, neu zu bewerten. Die Neubewertung wirft konzeptionell die Frage auf, wie die Differenz zwischen dem neu festgestellten und dem bisherigen Buchwert, die auch als Neubewertungssaldo bezeichnet wird, zu behandeln ist. Hierbei sind zunächst zwei Fälle zu unterscheiden:

1. Der neu festgestellte Buchwert liegt über dem bisherigen: IAS 16 sieht für diesen Fall vor, dass der (positive) Neubewertungssaldo im sonstigen Ergebnis erfasst wird. Dies ist allerdings nur der Fall, wenn die Neubewertung nicht einen in der Vergangenheit im Gewinn oder Verlust erfassten (negativen) Neubewertungssaldo umkehrt. Wurde in der Vergangenheit ein Aufwand in Zusammenhang mit einer Neubewertung im Gewinn oder Verlust gebucht, so wird die Aufwertung bis zu diesem Betrag im Gewinn oder Verlust und nur darüber hinaus im sonstigen Ergebnis erfasst.

2. Der neu festgestellte Buchwert liegt unter dem bisherigen: In diesem Fall wird, wenn vorher noch keine Zu- oder Abschreibung durch Neubewertung erfolgte, der Buchwert des Vermögenswerts um den Neubewertungssaldo vermindert; die Differenz zum bisherigen Buchwert wird im Gewinn oder Verlust als Aufwand erfasst. Ist es allerdings in vorigen Perioden schon zu einer Zuschreibung gekommen, die im sonstigen Ergebnis erfasst wurde, so wird bis zu diesem Betrag zunächst auch die Verminderung des Buchwerts im sonstigen Ergebnis erfasst.

Analog zur Folgebewertung nach dem Kostenmodell sind bestimmte abnutzbare Sachanlagen unter Umständen nach dem Neubewertungsmodell planmäßig über die voraussichtliche Nutzungsdauer abzuschreiben und am Bilanzstichtag, ungeachtet einer Neubewertung, auf Anhaltspunkte für eine Wertminderung nach IAS 36 zu prüfen. Der Neubewertungsbetrag bestimmt dabei die neue Abschreibungsbasis. Im Folgenden seien die Grundlagen des Neubewertungsmodells anhand der Neubewertung eines Grundstücks dargestellt, bevor zwei komplexere Verfahren zur Realisierung der Neubewertungsrücklage und zur Neubewertung unter Rückgriff auf fortgeführte Wiederbeschaffungskosten eingeführt werden.

1. Neubewertung eines Grundstücks über zehn Jahre

Unterstellt wird hier folgender Sachverhalt: Die LowTech AG bewertet ihre bebauten und unbebauten Grundstücke nach der Neubewertungsmethode. Eines der Grundstücke wurde am 18.07.20X1 per Banküberweisung erworben. Die Anschaffungskosten betrugen € 400.000. Es soll als Lagerplatz für Container genutzt und später mit einem Bürogebäude bebaut werden. Der durch Gutachter ermittelte Marktwert des Grundstücks beträgt am 31.12.20X1 € 420.000. Die Neubewertung des Grundstücks erfolgt danach jährlich:

- Zum 31.12.20X2 beträgt der Marktwert laut Gutachter € 360.000, da die Nachfrage nach Grundstücken abgenommen hatte;
- zum 31.12.20X3 ermittelt der Gutachter einen Wert von € 800.000;
- zum 31.12.20X4 sinkt der Wert des Grundstücks auf € 280.000, da bekannt wird, dass auf dem Nachbargrundstück eine Mülldeponie errichtet werden soll;
- zum 31.12.20X5 steigt der Wert wiederum auf € 660.000, da die Gemeinde den Plan aufgibt, die Mülldeponie zu errichten.

Zu klären ist nun, (1) wie das Grundstück in den Bilanzen der Jahre 20X1 bis 20X5 zu bewerten ist, welchen Wert jeweils die Neubewertungsrücklage hat, welche Erfolgswirkungen sich in den einzelnen Perioden ergeben und (2) wie die einzelnen Sachverhalte buchungstechnisch zu erfassen sind. Die nachfolgende Tabelle zeigt zu den jeweiligen Stichtagen die Werte des Grundstücks, die jeweilige Höhe der Neubewertungsrücklage sowie die Gewinnwirkungen der Neubewertungen (Beträge in €) und gibt Auskunft über den Fragenkomplex (1).

Tabelle 4.7

Beispiel zur jährlichen Neubewertung eines Grundstücks

Stichtag	Buchwert Grundstück	Gewinn oder Verlust		Sonstiges Ergebnis		Effekt auf die Neubewertungsrücklage
		Ertrag	Aufwand	Ertrag	Aufwand	
18.07.20X1	400.000					
31.12.20X1	420.000			20.000		+20.000
31.12.20X2	360.000		40.000		20.000	−20.000
31.12.20X3	800.000	40.000		400.000		+400.000
31.12.20X4	280.000		120.000		400.000	−400.000
31.12.20X5	660.000	120.000		260.000		+260.000

Die folgenden Buchungssätze verdeutlichen die Systematik der Neubewertung. Zunächst ist der Kauf des Grundstücks am 18.07.20X1 zu erfassen:

121 Grundstücke		400.000	
	an 220 Bank		400.000

Am 31.12.20X1 steigt der Wert des Grundstücks um € 20.000 auf € 420.000. Die Wertsteigerung wird erfolgsneutral durch folgenden Buchungssatz abgebildet:

121 Grundstücke		20.000	
	an 741 Ertrag aus Neubewertungen (sonstiges Ergebnis)		20.000

Am 31.12.20X2 beträgt der Marktwert laut Gutachter nur noch € 360.000, da die Nachfrage nach Grundstücken abgenommen hatte. Da es in der vorherigen Periode zu einer erfolgsneutral behandelten Zuschreibung gekommen ist, wird bis zu diesem Betrag zunächst die zugehörige Neubewertungsrücklage aufgelöst, bevor die Differenz aus den Anschaffungskosten und dem neu ermittelten Marktwert erfolgswirksam abgeschrieben wird. Die Neubewertung wird daher wie folgt gebucht:

880 Neubewertungsaufwendungen (im Gewinn oder Verlust)	40.000	
871 Aufwand aus Neubewertung (sonstiges Ergebnis)	20.000	
an 121 Grundstücke		60.000

Zum 31.12.20X3 ermittelt der Gutachter einen Wert des Grundstücks von € 800.000. Der Wertzuwachs ist grundsätzlich erfolgsneutral zu behandeln. Es ist im vorliegenden Fall aber zu beachten, dass am 31.12.20X2 bereits eine erfolgswirksame Abschreibung in Höhe von € 40.000 erfasst wurde. Dieser Teilbetrag ist nun also erfolgswirksam zuzuschreiben, der Rest erfolgsneutral, sodass sich folgender Buchungssatz ergibt:

121 Grundstücke	440.000	
an 741 Neubewertungsertrag (im sonstigen Ergebnis)		400.000
730 Neubewertungserträge (im Gewinn oder Verlust)		40.000

Zum 31.12.20X4 sinkt der Wert des Grundstücks laut Gutachter auf € 280.000. Der Buchungssatz lautet:

880 Neubewertungsaufwendungen (im Gewinn oder Verlust)	120.000	
871 Neubewertungsaufwand (im sonstigen Ergebnis)	400.000	
an 121 Grundstücke		520.000

Zum 31.12.20X5 steigt der Wert wiederum auf € 660.000. Der Buchungssatz lautet:

121 Grundstücke	380.000	
an 741 Neubewertungsertrag (im sonstigen Ergebnis)		260.000
730 Neubewertungserträge (im Gewinn oder Verlust)		120.000

Wird von planmäßigen Abschreibungen abgesehen, entspricht der Wert des Grundstücks dem beizulegenden Zeitwert am Tag der Neubewertung. ▶ Abbildung 4.1 verdeutlicht den Wertverlauf des Grundstücks bei Anwendung des Neubewertungsmodells. Positive Differenzbeträge aus dem beizulegenden Zeitwert und dem bisherigen Buchwert sind im Neubewertungsmodell grundsätzlich erfolgsneutral im sonstigen Ergebnis als Neubewertungsrücklage zu erfassen. Sofern der beizulegende Zeitwert unter dem Buchwert liegt, ergibt sich hingegen eine erfolgswirksame Abschreibung aufgrund der Neubewertung. Hierbei sind jeweils die Ereignisse der Vorperioden zu berücksichtigen. Bei einem aktuellen Neubewertungsverlust ist eine etwaig in Vorperioden gebildete Neubewertungsrücklage erfolgsneutral aufzulösen; ein erfolgswirksamer Neubewertungsverlust aus Vorperioden ist bei einer Werterhöhung des Vermögenswerts zunächst erfolgswirksam zu kompensieren. Während Neubewertungsgewinne über die historischen Kosten hinaus demnach erfolgsneutral abgebildet werden, sind Wertveränderungen unterhalb des geplanten Verlaufs der Buchwerte stets erfolgswirksam zu erfassen. Insofern sind auch beim Neubewertungsmodell die fortgeführten historischen Kosten als Ankerpunkt der Folgebewertung maßgeblich.

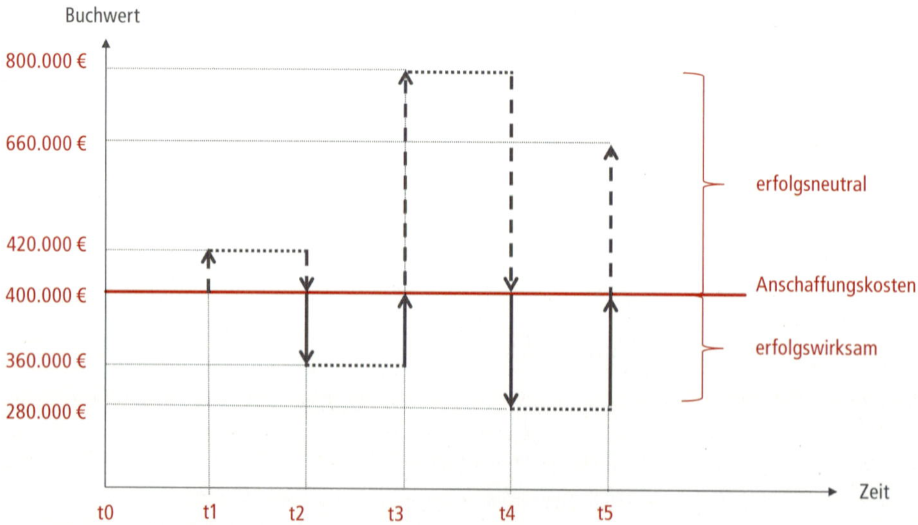

Abbildung 4.1: Wertverlauf des Grundstücks beim Neubewertungsmodell

2. Anteilige Realisierung der Neubewertungsrücklage

Gemäß IAS 16 kann die Neubewertungsrücklage direkt in die Gewinnrücklagen überführt werden, wenn sie realisiert ist. Wie dies geschehen soll, ist im Standard nicht eindeutig geregelt. Im Schrifttum werden hier vornehmlich zwei Varianten vorgeschlagen. Nach der ersten wird die Rücklage erst dann (und vollständig) in die Gewinnrücklagen umgebucht bzw. realisiert, wenn der Vermögenswert stillgelegt oder veräußert wird, also das Unternehmen verlässt. Das alternative Verfahren sieht eine anteilige Realisation über die Nutzungsdauer vor. Da sich durch Neubewertung die Abschreibungsbeträge in den Folgeperioden ändern, wird vorgeschlagen, die Neubewertungsrücklage in den Perioden der Restnutzung in Höhe der Differenz der ursprünglich geplanten und der neuen Abschreibungsbeträge anteilig zu realisieren. Bei beiden Verfahren berührt die Umbuchung der Neubewertungsrücklage in die Gewinnrücklagen die Gewinn-und-Verlust-Rechnung nicht.

Ein Beispiel soll das Verfahren der anteiligen Realisierung verdeutlichen. Dazu sei angenommen, dass am 1. Januar 20X1 eine Maschine zu Anschaffungskosten von € 200.000 erworben wurde. Die erwartete Nutzungsdauer beträgt acht Jahre, wobei ein gleichmäßiger Nutzenverzehr angenommen wird. Der Restwert nach Ende der Nutzungsdauer betrage € 0. Am 31. Dezember 20X2 wird, nach Erfassung der planmäßigen Abschreibung, eine erste Neubewertung vorgenommen. Es wird ein Marktwert von € 120.000 ermittelt. In den beiden ersten Perioden der Nutzung wurden jeweils € 200.000 ÷ 8 = € 25.000 linear abgeschrieben. Der Restbuchwert vor Neubewertung beträgt also € 150.000. Der ermittelte Marktwert ist um € 30.000 niedriger als der Restbuchwert. Auf der Aktivseite wird der Vermögenswert um den entsprechenden Betrag verringert und ein Neubewertungsaufwand (im Gewinn oder Verlust) in gleicher Höhe als Aufwand erfasst. Die neuen Abschreibungsbeträge sind auf Grundlage des beizulegenden Zeitwerts zum Zeitpunkt der Neubewertung zu bestimmen und betragen demnach, bei sonst unveränderten Annahmen, € 120.000 ÷ 6 = € 20.000.

Ferner sei angenommen, dass am 31. Dezember 20X3 eine weitere Neubewertung vorgenommen wird. Ein Gutachter beziffert den Marktwert der Maschine auf € 200.000. Zu klären ist nun, wie die Neubewertung zu buchen ist, wie nach der Neubewertung abzuschreiben ist und wie dadurch die Neubewertungsrücklage anteilig realisiert wird. Der Restbuchwert muss zum Zeitpunkt der Neubewertung um den Neubewertungssaldo erhöht werden. Der ermittelte Marktwert liegt bei € 200.000 und der angepasste Buchwert, nach vorheriger Wertminderung und planmäßiger Abschreibung, beträgt zu diesem Zeitpunkt € 120.000 – € 20.000 = € 100.000. Hier gilt es zu beachten, dass in der Vorperiode bereits ein Neubewertungsverlust GuV-wirksam verrechnet wurde. Auf der Aktivseite wird der Vermögenswert dementsprechend insgesamt um die Differenz aus Marktwert und Restbuchwert zum Neubewertungszeitpunkt, also € 100.000, erhöht. Als Gegenbuchung wird ein Neubewertungsertrag (im Gewinn oder Verlust) in Höhe von € 30.000 erfasst, um die vormals erfolgswirksam erfasste Neubewertung „nach unten" zu kompensieren; außerdem wird ein Neubewertungsertrag (im sonstigen Ergebnis) in Höhe von € 70.000 erfasst, der die Neubewertungsrücklage erhöht. Demnach wird in der Neubewertungsrücklage der Anteil der Neubewertung erfasst, der die um die planmäßigen Abschreibungen korrigierten Anschaffungskosten übersteigt. Abbildung 4.2 macht die Unterschiede zum Kostenmodell unmittelbar deutlich. Im Vergleich zur Bewertung zu fortgeführten Anschaffungs- oder Herstellungskosten bewirkt die Neubewertung einen höheren Vermögensausweis in Form einer Bilanzverlängerung, da stille Reserven im Sachanlagevermögen aufgedeckt werden.

Das neue Abschreibungsvolumen entspricht dem Neubewertungsbetrag von € 200.000. Die neue Abschreibung beträgt bei sonst unveränderten Annahmen € 200.000 ÷ 5 = € 40.000. Die Neubewertungsrücklage kann nun über die Restlaufzeit von 5 Jahren zeitkontinuierlich zugunsten der Gewinnrücklage aufgelöst werden. IAS 16 erlaubt eine entsprechende Umbuchung in jeder Periode in Höhe des Betrags, um dessen Höhe die Abschreibungen nach Neubewertung die historischen Abschreibungen übersteigen. Jährlich wird dann die Neubewertungsrücklage um € 70.000 ÷ 5 = € 14.000 aufgelöst. Da die neuen Abschreibungen € 40.000 betragen, muss demnach die historische Abschreibung rechnerisch € 26.000 p.a. betragen haben. Diese ergibt sich aus dem Abschreibungsvolumen am 31.12.20X3, das auf Basis der Anschaffungskosten abzüglich der bereits verrechneten planmäßigen Abschreibungen bestanden hätte. Es ergeben sich folgende Bilanzbilder zu diesem Sachverhalt:

Bilanz am 31.12.20X3 (vor Neubewertung)

1251 Maschinen	100.000	420 Gewinnrücklage	0
...		...	

Bilanz am 31.12.20X3 (nach Neubewertung)

1251 Maschinen	200.000	420 Gewinnrücklage	0
...		431 Neubewertungsrücklage	70.000
		...	

Bilanz 31.12.20X4

1251 Maschinen	160.000	420 Gewinnrücklage	14.000
...		431 Neubewertungsrücklage	56.000
		...	

Aus der Umbuchung der Neubewertungsrücklage in die Gewinnrücklage ist die Speicherfunktion der Neubewertungsrücklage für die Gewinnrücklage zu erkennen. Im Zeitablauf kann jedenfalls die Neubewertungsrücklage in die Gewinnrücklage überführt werden. Der Grund für die getrennte Erfassung liegt daran, dass die Gewinnrücklage Ausschüttungspotenziale signalisiert, die Neubewertungsrücklage muss hingegen vorerst im Unternehmen verbleiben.

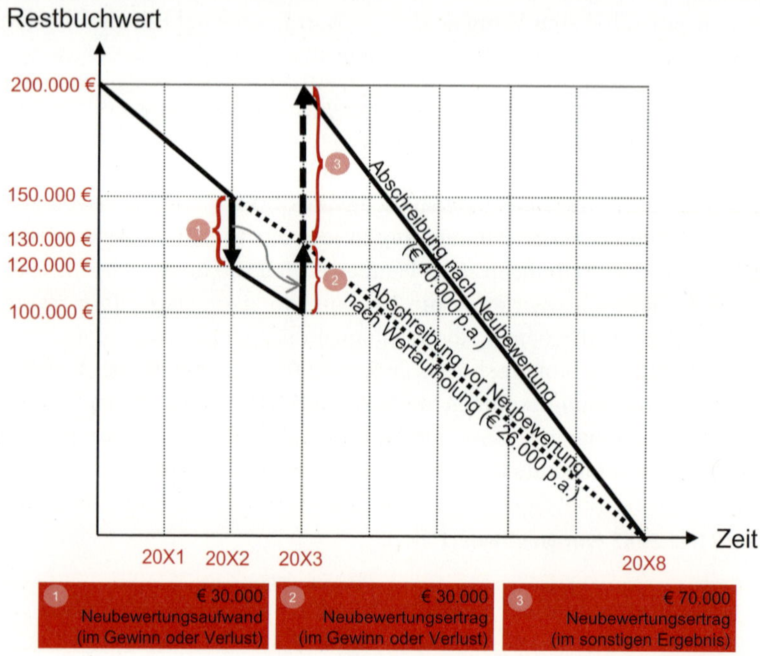

Abbildung 4.2: Wertminderung und Wertaufholung beim Kostenmodell

3. Neubewertung durch Rückgriff auf fortgeführte Wiederbeschaffungskosten

Bislang wurden nur Beispiele betrachtet, in denen ein Marktwert direkt bestimmt beziehungsweise beobachtet werden konnte. Liegen solche Marktwerte nicht vor, können beizulegende Zeitwerte auch als fortgeführte Wiederbeschaffungskosten bestimmt werden. Zur Darstellung der Systematik sei unterstellt, dass die LowTech AG am 1. Januar 20X1 eine Maschine zu € 40.000 erworben hat. Die Nutzungsdauer beträgt zehn Jahre, der Restbuchwert beträgt € 0 und es wird linear abgeschrieben. Jährlich werden also € 40.000 ÷ 10 = € 4.000 aufwandswirksam erfasst. Zum 31.12.20X3 ergibt sich demnach ein Restbuchwert von:

$$€\ 40.000 - 3 \times €\ 4.000 = €\ 28.000.$$

Es sei nun angenommen, dass die Wiederbeschaffungskosten einer gleichartigen neuen Maschine am 31.12.20X3 € 50.000 betragen. Die Nutzungsdauer dieser Maschine beträgt ebenfalls zehn Jahre. Das Problem ist nun: Die Maschine, die es neu zu bewerten gilt, ist nicht mehr neu, sondern bereits drei Jahre in Betrieb. Es sind also nicht die Wiederbeschaffungskosten einer neuen, sondern die Wiederbeschaffungskosten der alten Maschine von Interesse. Der beizulegende Zeitwert ist nun nicht mehr direkt bekannt, da nicht beobachtbar; ermittelbar ist nur der Neupreis. Wie viel ist eine drei Jahre alte Maschine bei gestiegenen Wiederbeschaffungskosten wert? Zur Lösung des Problems werden nun zunächst die Abschreibungen auf Basis der (aktuellen) Wiederbeschaffungskosten berechnet. Diese betragen:

$$€\ 50.000 \div 10 = €\ 5.000.$$

Die fortgeführten Wiederbeschaffungskosten einer drei Jahre alten Maschine belaufen sich also auf:

$$€\ 50.000 - 3 \times €\ 5.000 = €\ 35.000.$$

Dieser Betrag ist nun in der Bilanz anzusetzen. Da der bisherige Ansatz bei € 28.000 lag, entfallen € 7.000 auf die Neubewertungsrücklage. Der Buchungssatz lautet:

1251 Maschinen	7.000		
		an 741 Neubewertungsertrag (im sonstigen Ergebnis)	7.000

In den Folgeperioden müssen dann jeweils € 5.000 (€ 35.000 ÷ 7) abgeschrieben werden. Im Gegenzug werden, bei anteiliger Realisation der Neubewertungsrücklage über die Nutzungsdauer, jeweils € 1.000 von der Neubewertungsrücklage in die Gewinnrücklage umgebucht. Dieser Vorgang berührt die Gewinn-und-Verlust-Rechnung nicht, ist also erfolgsneutral.

Ein Effekt der Neubewertung entsteht aber nicht nur im Eigenkapital, sondern auch in der Gewinn-und-Verlust-Rechnung, weil in dieser nun ein Betrag von € 5.000 erfasst wird beziehungsweise weil sich die Umsatzkosten um diesen Betrag erhöhen, der als Abschreibung auf den Herstellungsprozess entfällt. Wird die Maschine vollständig in der Produktion eingesetzt, werden die Abschreibungen zunächst auf die Fertigerzeugnisse verteilt und dann über die Umsatzkosten zum Zeitpunkt des Verkaufs in die Gewinn-und-Verlust-Rechnung überführt.

Können zum Neubewertungszeitpunkt Wiederbeschaffungskosten (nur) geschätzt werden, zum Beispiel mit Preisindizes, so sind kumulierte Abschreibungsbeträge und Restbuchwert jeweils im gleichen Verhältnis zu erhöhen, in dem die Wiederbeschaffungskosten im Vergleich zu den historischen Kosten gestiegen sind. In Anwendung auf das Beispiel sei dazu angenommen, dass für industrielle Maschinen in den letzten drei Jahren eine Preissteigerung von insgesamt 25 Prozent zu beobachten war. Die neu zu bewertende Maschine wird aber nicht mehr hergestellt, sodass kein Neupreis vorliegt. Es werden nun der Restbuchwert sowie die kumulierten Abschreibungen um 25 Prozent erhöht, sodass sich ein Restbuchwert von € 28.000 × 1,25 = € 35.000 ergibt (beziehungsweise ein Brutto-Buchwert von € 40.000 × 1,25 = € 50.000 sowie kumulierte Abschreibungen von 3 × € 4.000 × 1,25 = € 15.000).

Die Neubewertung des Sachanlagevermögens ist in deutschen Konzernen bislang unüblich, aber nicht völlig ungebräuchlich.

Exkurs 4.7 Neubewertung des Sachanlagevermögens

Die Rheinmetall AG war eines der wenigen Unternehmen, die Teile ihres Sachanlagevermögens nach dem Neubewertungsmodell gemäß IAS 16 bewertet hat. Im Anhang des Konzernabschlusses 2017 fanden sich dazu, unter anderem, folgende Angaben:

- „Der im Posten Grundstücke, grundstücksgleiche Rechte und Bauten enthaltene beizulegende Zeitwert des betriebsnotwendigen Grund und Bodens beträgt zum 31. Dezember 2017 210 Mio. EUR (Vorjahr: 228 Mio. EUR). Der Aufstockungsbetrag beträgt 117 Mio. EUR (Vorjahr: 120 Mio. EUR). Die Ermittlung des beizulegenden Zeitwerts erfolgt nach anerkannten Bewertungsmethoden und ist im Wesentlichen auf die Wertindikationen eines unabhängigen Gutachters gestützt. Externe Gutachten werden in regelmäßigen Zeitabständen eingeholt, zuletzt zum Stichtag 31. Dezember 2013. Ausgehend von den jeweiligen Bodenrichtwerten für die betreffenden Grundstücke und ergänzenden Analysen von Transaktionen vergleichbarer Objekte werden unter Berücksichtigung der Grundstückscharakteristika und der objektspezifischen Nutzung angemessene Zu- und Abschläge festgesetzt. Eine Veränderung der Bodenrichtwerte um 10 % würde, unter der Annahme gleichbleibender Zu- und Abschläge, zu einer entsprechenden Veränderung der jeweiligen Zeitwerte führen. Regelmäßig erfolgt die Überprüfung auf Indikationen, die eine Änderung der beizulegenden Werte zur Folge haben könnten. Die Bewertungsmethodik ist dem Level 3 der Bemessungshierarchie des IFRS 13 zuzurechnen."

→

→ Fortsetzung

Zu erkennen ist, dass die Ermittlung der beizulegenden Zeitwerte häufig über externe Gutachten erfolgt. Dies schränkt die Bewertungsspielräume des Managements ein. Allerdings wurde das Bewertungswahlrecht im Geschäftsjahr 2018 geändert, seither wird Grund und Boden nach dem Kostenmodell folgebewertet. Die Begründung dafür lautet wie folgt:

- „Im Geschäftsjahr 2018 erfolgte die Umstellung der Bilanzierung von betriebsnotwendigem Grund und Boden von der Neubewertungsmethode auf die Anschaffungskostenmethode retrospektiv. Der Grund für die geänderte Bilanzierung ist die Tatsache, dass sich die Neubewertungsmethode im deutschen und auch im internationalen Raum nicht durchgesetzt hat und daher die Vergleichbarkeit mit anderen Unternehmen der gleichen Branche eingeschränkt ist. Die Anwendung der neuen IFRS-Standards, die zu Anpassungen in diesem Abschluss und im Konzernanhang führt, wurde zum Anlass genommen, auch die Bewertung der Sachanlagen in diesem Jahr auf die üblicherweise angewendete Methode zu ändern."

(Quellen: Konzernabschlüsse der Rheinmetall AG 2017 und 2018)

Exkurs 4.8 Bewertung von Sachanalagevermögen nach HGB

Um eine zu positive Darstellung der Vermögens- und Ertragslage und mithin überhöhte Gewinnausschüttungen zu verhindern, sieht § 252 Abs. 1 S. 4 HGB eine vorsichtige Bilanzierung und Bewertung von Vermögensgegenständen vor. Aus diesem Grundatz lassen sich das Realisationsprinzip und das Imparitätsprinzip ableiten. Das Realisationsprinzip normiert die Ertrags- und Aufwandserfassung, wonach Gewinne und Verluste erst dann zu berücksichtigen sind, wenn sie durch den Umsatzprozess angefallen sind. Vor dem Zeitpunkt der Leistungserbringung können mögliche, aber noch nicht realisierte Gewinne damit bilanziell noch nicht erfasst werden und Aktiva und Passiva höchstens bis zu den Anschaffungs- oder Herstellungskosten ausgewiesen werden (Anschaffungswertprinzip). Demgegenüber gebietet das Imparitätsprinzip eine möglichst frühe Verlustantizipation, indem künftige Verluste bereits im Geschäftsjahr ihrer Verursachung in der GuV als Aufwand zu erfassen sind. Das Imparitätsprinzip und Realisationsprinzip geben daher eine dem Vorsichtsgedanken folgende, asymmetrische Behandlung von Aufwendungen und Erträgen vor, die sich im Höchstwertprinzip für Schulden bzw. Niederstwertprinzip für Vermögensgegenstände manifestiert.

→

→ Fortsetzung

Als Ausgangswert und Obergrenze für die Bewertung von Vermögensgegenständen gibt § 253 HGB die um plan- und außerplanmäßige Abschreibungen verminderten Anschaffungs- und Herstellungskosten vor. Im Gegensatz zu den IFRS ist im Rahmen der Folgebewertung aber nur die Bewertung zu fortgeführten historischen Kosten zulässig. Für Gegenstände des Anlagevermögens, zu dem Sachanlagen gehören, gilt das gemilderte Niederstwertprinzip nach § 253 Abs. 3 HGB. Beim gemilderten Niederstwertprinzip erfolgen außerplanmäßige Abschreibungen nur, um die Vermögenswerte mit dem niedrigeren Wert anzusetzen, der ihnen aufgrund einer *voraussichtlich dauerhaften* Wertminderung beizumessen ist. Als dauerhaft gilt eine Wertminderung dann, wenn der Wert des Vermögenswerts während eines erheblichen Teils der Restnutzungsdauer unter dem Wert liegt, der sich bei planmäßiger Abschreibung ergibt. Hinsichtlich der Wertaufholung weist das Handelsrecht einen konzeptionellen Unterschied zu den IFRS auf. Nach IFRS kann eine Wertaufholung unabhängig des Grunds einer vorangegangenen Wertminderung vorgenommen werden, solange ein Wertanstieg des Vermögenswerts stattgefunden hat. Hingegen sind gemäß § 253 Abs. 3 und 5 HGB erfolgswirksame Zuschreibungen im Umfang der Werterhöhung nur vorzunehmen, falls die Gründe für eine außerplanmäßige Abschreibung in späteren Jahren entfallen. Die (fortgeführten) Anschaffungskosten gelten dabei jedoch als Obergrenze und dürfen nicht überschritten werden.

EXTRAS ONLINE

Aufgaben

1. Geben Sie die Kernaussagen des IAS 16 bezüglich Ansatz und Bewertung kurz wieder.

2. Beschreiben Sie, was unter dem Komponentenansatz (*component accounting*) nach IAS 16 zu verstehen ist. Geben Sie ein Beispiel.

3. Die Immobilien AG hat am 01.01.20X3 ein Gebäude für € 1.200.000 erworben. Am 31.12.20X4 wurde das Gebäude gemäß IAS 16 mit € 1.000.000 neu bewertet. Ein hauptamtlicher Gutachter schätzt den Marktwert des Gebäudes am 31.12.20X5 auf € 1.400.000. Am 15.03.20X6 wird das Gebäude für € 1.500.000 veräußert. Vernachlässigen Sie planmäßige Abschreibungen.

a. Wie lautet der Buchungssatz am 31.12.20X4?

b. Wie lautet der Buchungssatz am 31.12.20X5?

c. In welcher Höhe ist der Buchungssatz aus (b) erfolgswirksam?

d. Wie lautet der Buchungssatz am 15.03.20X6?

→

→ Fortsetzung

e. In welcher Höhe ist der Buchungssatz aus (d) erfolgswirksam?

f. Was muss mit den übrigen Gebäuden der Immobilien AG am 31.12.20X4 und 31.12.20X5 geschehen?

4. Die Immobilien AG hat am 01.01.20X1 eine Maschine für € 240.000 per Banküberweisung erworben. Diese wird nach dem Neubewertungsmodell bewertet und sieben Jahre lang linear auf einen Restwert von € 30.000 abgeschrieben. Am 31.12.20X1 wird ein Wertminderungstest durchgeführt, der ergibt, dass der Marktwert sich aufgrund eingetrübter Absatzerwartungen auf 50 % des Buchwerts zum Bilanzstichtag verringert (bei gleichbleibendem Restwert). Der Marktwert der Maschine steigt im darauffolgenden Jahr überraschend wieder an. Ein Gutachter ermittelt am 31.12.20X2 nun einen Marktwert in Höhe von € 200.000.

a. Wie lautet der Buchungssatz am 01.01.20X1?

b. Wie lautet der Buchungssatz am 31.12.20X1?

c. Wie lautet der Buchungssatz am 31.12.20X2?

d. In welcher Höhe ist der Buchungssatz aus (c) erfolgswirksam?

e. In welcher Höhe erfolgt am 31.12.20X3 eine Umbuchung der Neubewertungsrücklage bei anteiliger Realisierung?

f. Welchen Buchwert weist die Maschine am 31.12.20X4 auf?

5. Was versteht man unter einer Neubewertungsrücklage?

6. Aus welchen Kosten können sich die Anschaffungskosten bei Sachanlagen zusammensetzen?

7. Erläutern Sie Möglichkeiten, die Neubewertungsrücklage in die Gewinnrücklagen zu überführen.

4.2 Immaterielle Vermögenswerte

Lernziele

- Immaterielle Vermögenswerte sind identifizierbare, nicht monetäre, langfristig verfügbare Vermögenswerte ohne physische Substanz, die der Erstellung betrieblicher Leistungen über einen längeren Zeitraum dienen.
- Zu den Definitionskriterien von immateriellen Vermögenswerten nach IAS 38 gehört, dass sie aufgrund von Ereignissen der Vergangenheit in der Verfügungsmacht (Kontrolle) eines Unternehmens stehen, künftigen wirtschaftlichen Nutzen erzeugen und identifizierbar sind.
- Zusätzliche Anforderungen gelten für den Ansatz selbst erstellter immaterieller Vermögenswerte, der auf Entwicklungsausgaben beschränkt wird, die bestimmte Kriterien erfüllen; Ausgaben für Forschungsaktivitäten dürfen demnach nicht aktiviert werden.
- Die Folgebewertung immaterieller Vermögenswerte erfolgt in der Regel nach dem Kostenmodell und nur in Ausnahmefällen nach dem Neubewertungsmodell.

Die Bilanzierung immaterieller Vermögenswerte ist in IAS 38 geregelt.[1] Bei immateriellen Vermögenswerten handelt es sich um identifizierbare, nicht monetäre, langfristig verfügbare Vermögenswerte ohne physische Substanz, die der Erstellung betrieblicher Leistungen über einen längeren Zeitraum dienen. Immaterielle Werte umfassen allgemein rechtlich bzw. vertraglich unterlegte Werte sowie rein wirtschaftliche Werte. Zu den Ersteren zählen etwa Patente, Urheberrechte und Lizenzen; Beispiele für wirtschaftliche Werte sind Technologien, Geheimverfahren oder Kundenbeziehungen. Das einende, charakteristische Merkmal all dieser immateriellen Werte ist das Fehlen physischer Substanz. Dabei können sich gewisse Abgrenzungsschwierigkeiten dann ergeben, wenn Vermögenswerte sowohl über immaterielle als auch über materielle Komponenten verfügen, so etwa, wenn sich (immaterielle) Software auf einem physischen Datenträger befindet. Die Zuordnung zum materiellen oder immateriellen Vermögen erfolgt dann auf Basis des dominierenden Bestandteils. Im Fall der auf einem Datenträger gespeicherten Computersoftware wird es somit im Regelfall zu einer Klassifizierung als immaterieller Vermögenswert kommen. Der Verweis auf den nicht monetären Charakter immaterieller Vermögenswerte beabsichtigt die eindeutige Abgrenzung zum finanziellen Vermögen, das nach anderen Standards (IAS 32 und IFRS 9) zu bilanzieren ist.

1 Nicht unter den Anwendungsbereich dieses Standards fällt die Bilanzierung von Finanzinstrumenten, von Abbaurechten, von immateriellen Gütern, die bei Versicherungsgesellschaften durch den Abschluss von Versicherungsverträgen entstehen, zudem von immateriellen Gütern, die unter andere Standards fallen (etwa Vorräte, Leasinggegenstände oder Geschäftsbeziehungsweise Firmenwerte, die im Rahmen der Kapitalkonsolidierung entstehen).

Ein immaterieller Vermögenswert im Sinne des IAS 38 liegt vor, wenn der immaterielle, nicht monetäre Wert folgende Definitionskriterien kumulativ erfüllt:

- Er steht aufgrund von Ereignissen der Vergangenheit in der Verfügungsmacht (Kontrolle) eines Unternehmens;
- er erzeugt künftigen wirtschaftlichen Nutzen;
- er ist identifizierbar.

Die ersten beiden Kriterien, Kontrolle und wirtschaftlicher Nutzen, sind grundlegende Eigenschaften, die nach dem Rahmenkonzept des IASB für alle Vermögenswerte erfüllt sein sollen. Kontrolle über einen immateriellen Vermögenswert übt ein Unternehmen dann aus, wenn es sich den mit ihm verbundenen ökonomischen Nutzen aneignen und Dritte von diesem Nutzen ausschließen kann. Im Regelfall basiert dies auf einem gerichtlich durchsetzbaren subjektiven Recht. Jedoch ist ein solches Recht keine notwendige Voraussetzung für die Verfügungsmacht über einen immateriellen Vermögenswert. In keinem Fall erfüllt ist das Kriterium indes in Bezug auf die Belegschaft und entsprechende Ausgaben etwa für Aus- und Weiterbildung. Zweifelsfrei handelt es sich zwar bei solchen Investitionen in das „Humankapital" mitunter um wertschaffende Aktivitäten; indes kann in einer freiheitlichen Gesellschaft nicht die Kontrolle oder Verfügungsmacht über Mitarbeiter unterstellt werden. Folglich sind entsprechende Ausgaben ausnahmslos nicht ansatzfähig und werden daher unmittelbar als Aufwand erfasst. Dies gilt auch für den Profifußball: Sogenannte „Spielerwerte" im immateriellen Vermögen sind keine Bilanzierung der Fußballspieler selbst, sondern dienen der Verteilung der Anschaffungskosten in Form von Transferzahlungen und Beraterkosten über die voraussichtliche Nutzungsdauer, was deshalb möglich ist, weil Bundesligavereine Lizenzen, also exklusive Nutzungsrechte an Fußballspielern halten.

Exkurs 4.9 Immaterielle Vermögenswerte im Profifußball

Die Borussia Dortmund GmbH & Co. KGaA ist ein börsennotierter Bundesligaverein, der entsprechend Konzernabschlüsse nach IFRS erstellen muss. Im Konzernabschluss zum 30.06.2018 weist die Borussia Dortmund immaterielle Vermögenswerte in Höhe von 109.684 TEUR aus. Dies entspricht 22,93 Prozent der Bilanzsumme. Der Betrag setzt sich zusammen aus Spielerwerten (108.783 TEUR) sowie gewerblichen Schutzrechten sowie ähnlichen Rechten (901 TEUR). Im Anhang finden sich weitere Erläuterungen zu den immateriellen Vermögenswerten und insbesondere auch den darin dominierenden Spielerwerten:

→

→ Fortsetzung

- „Entgeltlich erworbene immaterielle Vermögenswerte werden zu Anschaffungskosten, vermindert um planmäßige Abschreibungen, die sich an der voraussichtlichen Nutzungsdauer orientieren, oder mit dem niedrigeren erzielbaren Betrag bewertet. Die ausgewiesenen Spielerwerte werden unter Berücksichtigung der BFH-Urteile vom 26. August 1992, I R 24/91 sowie vom 14. Dezember 2011, I R 108/10, des am 21. September 2001 in Kraft getretenen „Status undT-ransfer von Spielern", abgefasst um FIFA-Zirkular Nr. 769 vom 24. August 2001 und dem DFL-Rundschreiben Nr. 52 vom 20. März 2015, zu Anschaffungskosten bewertet und linear entsprechend der individuellen Laufzeit der Anstellungsverträge der Lizenzspieler abgeschrieben. Die Anschaffungskosten der Spielerwerte umfassen geleistete Transferzahlungen sowie Beraterkosten, die dem entsprechenden Transfer direkt zuzuordnen sind."

(Quelle: Konzernabschlüsse der Borussia Dortmund GmbH & Co. KGaA 2018)

Das zweite Kriterium, der künftige wirtschaftliche Nutzen, kann sich auf die Erzielung von Erlösen aus dem Verkauf von Produkten oder der Erbringung von Dienstleistungen beziehen, aber auch auf Kosteneinsparungen oder andere Vorteile durch den internen Gebrauch des betreffenden Vermögenswerts.

Das Erfordernis der Identifizierbarkeit stellt eine spezifische Anforderung an immaterielle Vermögenswerte dar. Es ist ein Reflex auf die besonderen Eigenschaften der *intangibles*: Die fehlende physische Substanz erschwert in vielen Fällen die objektive Bestimmung des Vorhandenseins und vor allem des Werts solcher Vermögenswerte. Zudem ist der Wert der *intangibles* häufig flüchtig, wie etwa im Fall von Marken. Der hieraus folgenden Erfordernis einer stärkeren Objektivierung immaterieller Vermögenswerte entspricht die Forderung des IAS 38 nach Identifizierbarkeit. Damit wird sinngemäß die auch im deutschen Handelsrecht einschlägige „Greifbarkeit" gefordert. Diese erlaubt auch die Unterscheidung einzelner immaterieller Vermögenswerte vom allgemeinen Goodwill, in den gebündelt Wertkomponenten wie das übergreifende Unternehmensimage, Managementqualitäten, Standortvorteile und andere mehr oder weniger konkrete Wettbewerbsvorteile eingehen. Nach IAS 38 ist ein Vermögenswert demnach identifizierbar, wenn eines der nachfolgenden beiden Kriterien erfüllt ist:

- Er ist separierbar;
- er beruht auf vertraglichen oder anderen gesetzlichen Rechten.

Ein Vermögenswert ist damit separierbar, wenn er einzeln oder in Verbindung mit einem Vertrag oder einem identifizierbaren Vermögenswert (beziehungsweise einer identifizierbaren Schuld) vom Unternehmen getrennt werden kann. Die Separierbarkeit ist dabei zukunftsorientiert zu verstehen. Es muss möglich sein, den künftigen Nutzenzufluss durch den betreffenden Vermögenswert vom Nutzenzufluss durch andere Vermögenswerte zu unterscheiden. Dem immateriellen Vermögenswert müssen also künftige Zahlungsüberschüsse eindeutig zugeordnet werden können. Die so verstandene Separierbarkeit ist vor allem für rein wirtschaftliche Werte wie Marken, Kundenbeziehungen oder Produktionstechnologien das ausschlaggebende Kriterium. Das zweite (alternative) Kriterium für Identifizierbarkeit besagt, dass ein Vermögenswert auf vertraglichen oder anderen gesetzlichen Rechten beruht. Dieses Kriterium ist für die Bilanzierbarkeit der rechtlich unterlegten Vermögenswerte entscheidend, etwa für Lizenzen, Patentrechte, Urheberrechte etc. Solche Vermögenswerte gelten auch dann als identifizierbar, wenn die mit ihnen verbundenen Rechte nicht vom Unternehmen separierbar sind. Ein Beispiel hierfür wäre etwa eine unternehmensbezogene Lizenz, die nicht weiterveräußert werden darf.

Erfüllt ein Sachverhalt die vorgenannten Definitionskriterien, so liegt ein immaterieller Vermögenswert nach IAS 38 vor. Hieraus folgt indes noch nicht automatisch der Ansatz. Eine solche Aktivierung ist nur vorgesehen, wenn zusätzlich zwei weitere Ansatzkriterien erfüllt sind:

- Es muss wahrscheinlich sein, dass dem Unternehmen der mit dem Vermögenswert verbundene wirtschaftliche Nutzen zufließt;
- die Anschaffungs- oder Herstellungskosten müssen verlässlich bestimmbar sein.

Auch hier handelt es sich um Kriterien, die aus dem Rahmenkonzept bereits bekannt sind. Demnach genügt es nicht, dass ein Vermögenswert im Sinne einer vagen Aussicht auf Generierung von Zahlungsmittelüberschüssen vorliegt. Vielmehr muss der Zufluss von Zahlungsüberschüssen ausreichend wahrscheinlich sein. Mit diesem Kriterium sollen Realoptionen bzw. ähnlich hochriskante Investitionen mit ungewissen Erfolgsaussichten vom bilanziellen Ansatz ausgeschlossen werden. Das zweite Kriterium will hingegen die Zuverlässigkeit des Wertansatzes sicherstellen, wird in der Praxis aber in den meisten Fällen wohl relativ problemlos erfüllbar sein.

Liegen die Definitionsmerkmale eines immateriellen Vermögenswerts nicht vor, oder ist eines der beiden Ansatzkriterien nicht erfüllt, sind die entsprechenden Ausgaben im Zeitpunkt des Anfallens aufwandswirksam zu erfassen. Sind hingegen alle Anforderungen erfüllt, liegt ein aktivierungs*fähiger* immaterieller Vermögenswert nach IAS 38 vor. Soweit der immaterielle Vermögenswert nicht selbst erstellt wurde, also durch Erwerb (einzeln oder im Rahmen eines Unternehmenskaufs) oder Tausch beschafft wurde, ergibt sich unmittelbar eine Pflicht zur Aktivierung.

Wurde der immaterielle Vermögenswert hingegen selbst erstellt, müssen für eine Aktivierung weitere Voraussetzungen erfüllt sein. Damit trägt IAS 38 der besonderen Unsicherheit Rechnung, die daraus resultiert, dass das Vorhandensein und der Wert selbst erstellter immaterieller Vermögenswerte bislang keinerlei Wertbestätigung durch den Markt erfahren haben. Die zusätzlichen Anforderungen für selbst erstellte immaterielle Vermögenswerte können insofern als Ansinnen verstanden werden, den mit den entsprechenden Investitionen geschaffenen Ausgabengegenwert zu objektivieren. Die spezifischen Anforderungen des IAS 38 erstrecken sich auf zwei Aspekte. Erstens darf für den selbst erstellten Wert kein explizites Ansatzverbot bestehen. Ein solches Ansatzverbot besteht insbesondere für selbst geschaffene Marken, Verlagsrechte, Kundenlisten, Ingangsetzungskosten, Trainingskosten, Werbekosten sowie Kosten der

Unternehmensverlagerung und Reorganisation, sofern sie durch das Unternehmen selbst geschaffen beziehungsweise veranlasst wurden. Für die verbleibenden Sachverhalte ist zweitens zu prüfen, ob sich der Prozess der Erstellung des immateriellen Vermögenswerts in der Forschungs- oder bereits in der Entwicklungsphase befindet.

Unter Forschung wird die eigenständige und planmäßige Suche nach neuem, wissenschaftlichem oder technischem Wissen verstanden. Beispiele für Forschungsaktivitäten sind gemäß IAS 38:

- Aktivitäten, die auf Erlangung neuer Erkenntnisse ausgerichtet sind;
- Suche, Abschätzung oder Auswahl von Anwendungen für existierende Forschungsergebnisse;
- Suche nach Alternativen für Materialien, Vorrichtungen, Produkte, Verfahren, Systeme oder Dienstleistungen;
- die Formulierung, der Entwurf, die Abschätzung oder Auswahl von möglichen Alternativen für neue oder verbesserte Materialien, Vorrichtungen, Produkte, Verfahren, Systeme oder Dienstleistungen.

Unter Entwicklung wird hingegen die Anwendung von Forschungsergebnissen oder von Spezialwissen auf einen Plan oder einen Entwurf für die Produktion von neuen oder beträchtlich verbesserten Materialien, Vorrichtungen, Produkten, Verfahren, Systemen oder Dienstleistungen verstanden, wobei dies allerdings noch vor der Aufnahme der kommerziellen Produktion oder Nutzung stattfindet. Beispiele für Entwicklungsaktivitäten sind nach IAS 38 unter anderem:

- Entwurf, Konstruktion oder Test von Prototypen und Modellen vor Aufnahme der eigentlichen Produktion oder Nutzung;
- Entwurf von Werkzeugen, Spannvorrichtungen, Prägestempeln und Gussformen unter Verwendung neuer Technologien;
- Entwurf, Konstruktion oder Betrieb einer Pilotanlage, die von ihrer Größe her für eine kommerzielle Produktion wirtschaftlich ungeeignet ist;
- Entwurf, Konstruktion oder Test einer gewählten Alternative für neue oder verbesserte Materialien, Vorrichtungen, Produkte, Verfahren, Systeme oder Dienstleistungen.

Für immaterielle Vermögenswerte, die in der Forschungsphase entstehen, existiert ein generelles Aktivierungsverbot. Investitionen in der Entwicklungsphase hingegen müssen aktiviert werden, jedoch nur unter der Voraussetzung, dass sechs weitere Ansatzkriterien erfüllt sind:

- Die Fertigstellung des immateriellen Vermögenswerts ist technisch realisierbar (1);
- die Absicht zur Fertigstellung und Nutzung besteht (2);
- die Fähigkeit zur Nutzung besteht (3);
- das Unternehmen wird wahrscheinlich einen Nutzen aus dem Vermögenswert ziehen (4);

- die erforderlichen Ressourcen zur Fertigstellung und Nutzung im Unternehmen existieren, was etwa durch bestehende Geschäftspläne nachgewiesen werden kann (5);
- die zuverlässige Messbarkeit ist gegeben, wozu insbesondere die Fähigkeit bestehen muss, die zurechenbaren Kosten zuverlässig zu ermitteln, was etwa über ein adäquates Kostenrechnungssystem geschehen kann (6).

Somit erscheint die Aktivierung von selbst erstellten immateriellen Vermögenswerten eher als spezifische Ausnahmeregelung, wonach lediglich solche Entwicklungsinvestitionen für einen Ansatz in Frage kommen, für die anhand von sechs Kriterien ein künftiger wirtschaftlicher Erfolg mit hinreichender Sicherheit erwartet werden kann. Dies führt auch zu der eigentümlichen Situation, dass ein Unternehmen zwar gezwungen ist, solche immateriellen Vermögenswerte zu aktivieren, dies aber nur dann, wenn es selbst die entsprechenden Nachweise erbringt, etwa in Form von Marktstudien. Dem Unternehmen wird damit ein gewisser Ermessensspielraum bei der Bereitstellung der entsprechenden Informationen eingeräumt. In der Literatur ist gar mitunter von einem „faktischen Wahlrecht" zur Entwicklungsausgabenaktivierung die Rede. Letztere Einschätzung geht sicherlich ein wenig zu weit, da Unternehmen nicht beliebig die erforderlichen Informationen verweigern dürfen; beispielsweise ist es etwa die Pflicht des Managements börsennotierter Unternehmen, ein aussagekräftiges Forschungs- und Entwicklungscontrolling einzurichten. Gewisse Ermessensspielräume verbleiben aber. Auch haben sich offenbar bestimmte branchenspezifische Praktiken entwickelt.

Exkurs 4.10 Aktivierung selbst erstellter immaterieller Vermögenswerte

Gemessen am Umsatz investieren Unternehmen im Chemie- und Pharmabereich die höchsten Beträge in Forschung und Entwicklung. Dennoch weisen Chemie- und Pharmaunternehmen im Verhältnis zu anderen Branchen die niedrigste Aktivierungsquote von Forschungs- und Entwicklungskosten auf. Begründet wird dies seitens der Unternehmen mit der Unsicherheit eines künftigen Nutzenzuflusses aus solchen Investitionen. Beispielsweise mögen behördliche Genehmigungen und Freigaben noch fehlen. In weitaus größerem Umfang werden Entwicklungskosten in den Branchen Industrie, Automobil, Transport und Hightech aktiviert.

Auch hinsichtlich der Art der aktivierten Entwicklungskosten zeigen sich Unterschiede. Während Finanzdienstleistungsunternehmen nahezu ausschließlich selbst erstellte Software als immaterielle Vermögenswerte aktivieren, aktivieren Automobil- und Transportunternehmen in erster Linie Entwicklungskosten für neue Fahrzeuge und Motoren.

(Quelle: Haller, Froschhammer und Groß, 2010)

Für von Dritten beschaffte immaterielle Vermögenswerte ergeben sich weder für Ansatz noch Bewertung signifikante Unterschiede zur Bilanzierung des Sachanlagevermögens nach IAS 16. Selbiges gilt für die im Rahmen eines Unternehmenserwerbs angeschafften und von dem gekauften Unternehmen selbst erstellten immateriellen Vermögenswerte: Für diese besteht ein Ansatzgebot, auch wenn das gekaufte Unternehmen die Vermögenswerte selbst nicht aktivieren durfte. Fragen der Bilanzierung derivativen Goodwills, für den Aktivierungspflicht besteht, zählen nicht zum Umfang des Textes und werden demnach hier nicht weiter betrachtet (vergleiche hierzu IFRS 3). Der Großteil der Regelungen in IAS 38 bezieht sich daher auf die Bilanzierung von selbst geschaffenen immateriellen Vermögenswerten. Bei selbst erstellten immateriellen Vermögenswerten entsprechen die Herstellungskosten den direkt zurechenbaren Kosten, die ab der kumulativen Erfüllung der sechs zusätzlichen Ansatzkriterien für selbst erstellte immaterielle Vermögenswerte angefallen sind. Eine Nachaktivierung zuvor angefallener Kosten ist explizit ausgeschlossen.

Beim erstmaligen Ansatz eines immateriellen Vermögenswerts muss geprüft werden, ob die Nutzungsdauer endlich ist. Zeichnet sich ein immaterieller Vermögenswert durch eine unbestimmte Nutzungsdauer aus, bleibt er zu seinen Anschaffungs- oder Herstellungskosten in der Bilanz ausgewiesen. Es ist aber in jedem Geschäftsjahr – oder wann sonst ein Anlass besteht – durch Vergleich von Buchwert und erzielbarem Betrag ein eventueller Wertminderungsbedarf zu untersuchen. Liegt ein solcher vor, ist gemäß IAS 36 zu verfahren. Die Nutzungsdauer von Geschäftswerten gilt grundsätzlich als unbestimmt, sodass ein eventueller Wertminderungsbedarf mindestens einmal im Jahr zu überprüfen ist.

Wenn die Nutzungsdauer eines immateriellen Vermögenswerts bestimmbar ist, erfolgt die Folgebewertung grundsätzlich nach dem Kostenmodell; falls der Vermögenswert auf einem aktiven Markt gehandelt wird, darf alternativ auch das Neubewertungsmodell verwendet werden. Bei einer Folgebewertung nach dem Kostenmodell ist das Abschreibungsvolumen planmäßig über die geschätzte Nutzungsdauer zu verteilen. Die Abschreibung beginnt erst, wenn der Vermögenswert verwendet werden kann, sich also in einem betriebsbereiten Zustand befindet. Die Abschreibungsmethode muss so gewählt werden, dass sie den Nutzenverzehr abbildet. Allerdings wird ausdrücklich der Hinweis gegeben, dass nur im Ausnahmefall eine Abschreibungsmethode gerechtfertigt ist, die zu einem niedrigeren kumulierten Abschreibungsbetrag führt als die lineare Methode. Die Abschreibungsmethode ist stetig anzuwenden. Die geplante Abschreibungsperiode sowie die gewählte Methode sind mindestens zu jedem Geschäftsjahresende auf ihre Angemessenheit zu prüfen. Eventuelle Änderungen in den Erwartungen sind als Änderung einer Schätzung gemäß IAS 8 zu berücksichtigen. Abschreibungen sind als Aufwand zu erfassen, es sei denn, ein anderer IAS oder IFRS erlaubt oder fordert es, dass sie in den Buchwert eines anderen Vermögenswerts, also etwa in die Herstellungskosten von Vorräten, einzubeziehen sind. Für die Bestimmung des Abschreibungsvolumens ist der Restwert eines immateriellen Vermögenswerts stets mit null anzusetzen. Eine Ausnahme davon besteht für die Fälle, in denen ein Dritter verpflichtet ist, den Vermögenswert nach Ende der Nutzung zu erwerben und/oder ein aktiver Markt für den Vermögenswert nach Ende der Nutzungsdauer wahrscheinlich bestehen wird und ein Restwert dort verlässlich ermittelt werden kann.

Exkurs 4.11 **Folgebewertung immaterieller Vermögenswerte**

Im Anhang des Konzernabschlusses 2018 der Bayer AG finden sich zur Folgebewertung immaterieller Vermögenswerte mit unbestimmter Nutzungsdauer unter anderem folgende Angaben: „Als weiterer immaterieller Vermögenswert mit unbestimmter Nutzungsdauer wird das im Jahr 1994 für die Region Nordamerika zurückerworbene „Bayer-Kreuz" berücksichtigt, das infolge von Reparationsleistungen nach dem Ersten Weltkrieg an die USA und Kanada fiel. Der Zeitraum, über den dieser Firmenname ökonomischen Nutzen stiftet, ist nicht bestimmbar, da die fortwährende Nutzung durch den Bayer-Konzern beabsichtigt ist. Das „Bayer-Kreuz" ist mit einem Buchwert von 108 Mio. € aktiviert." Weiter heißt es: „Sonstige immaterielle Vermögenswerte mit einer unbestimmten Nutzungsdauer (z.B. das „Bayer-Kreuz") sowie immaterielle Vermögenswerte, die noch nicht nutzungsbereit sind (z.B. F&E-Projekte), werden nicht planmäßig abgeschrieben, sondern jährlich auf Wertminderung geprüft."

(Quelle: Konzernabschluss 2018 der Bayer AG, Anhang)

Das Neubewertungsmodell kommt bei immateriellen Vermögenswerten nur selten zur Anwendung, da für diese Vermögenswerte normalerweise kein aktiver Markt besteht. Als immaterielle Vermögenswerte, für die doch ein aktiver Markt bestehen kann, nennt der IAS 38 frei übertragbare Taxilizenzen, Fischereilizenzen oder Produktionsquoten. Hinsichtlich der Detailregelungen ergibt sich in solchen Fällen zur Neubewertung nach IAS 16 kein Unterschied.

Exkurs 4.12 **Immaterielle Vermögenswerte nach HGB**

Nach HGB müssen immaterielle Vermögenswerte gemäß des Vollständigkeitsgebots angesetzt werden, soweit ihr wirtschaftlicher Nutzen durch Einzelverwertbarkeit nachgewiesen werden kann. Grundsätzlich ist die Einzelverwertbarkeit bei allen entgeltlich erworbenen immateriellen Anlagegegenständen zu unterstellen, für diese gilt demnach eine Ansatzpflicht.

Nach § 248 HGB sind auch einige Ansatzverbote zu beachten. So ist es Unternehmen nicht gestattet Gründungsaufwendungen, Aufwendungen für die Beschaffung des Eigenkapitals oder für den Abschluss von Versicherungsvertägen sowie auch selbst geschaffene Marken, Drucktitel, Verlagsrechte, Kundenlisten oder vergleichbare Sachverhalte als immaterielle Vermögensgegenstände zu erfassen.

→

→ Fortsetzung

Für selbst geschaffene immaterielle Vermögensgegenstände gilt ein Ansatzwahlrecht (§ 248 Abs. 2 Satz 1 HGB). Bei Ausübung dieses Wahlrechts greift allerdings die sogenannte Ausschüttungssperre. Die Funktionsweise der Ausschüttungssperre sei an einem Beispiel verdeutlicht: Der Jahresüberschuss eines Unternehmens betrage € 2.300.000. Im laufenden Geschäftsjahr fielen Forschungsausgaben in Höhe von € 1.100.000 und Entwicklungsausgaben in Höhe von € 2.000.000 an. Das Unternehmen hat Forschungs- und Entwicklungsausgaben mit der maximalen Höhe aktiviert und damit die Gewinn-und-Verlust-Rechnung entlastet. Bei der Berechnung der maximalen Ausschüttung an die Anteilseigner sind vom Jahresüberschuss die aktivierten Entwicklungsausgaben abzuziehen. Der ausschüttbare Betrag beläuft sich demnach auf € 300.000. Da die Forschungsausgaben i.H.v. € 1.100.000 nicht aktiviert werden, haben diese bereits den Jahresüberschuss geschmälert und bleiben für die Ausschüttungssperre unberücksichtigt. Die Ausschüttungssperre stellt – mit anderen Worten – sicher, dass der ausschüttungsfähige Teil des Jahresüberschusses auf den Betrag begrenzt ist, der sich ohne Aktivierung ergeben hätte. Ähnlich wie die IFRS unterscheidet auch das HGB zwischen der Forschungs- und Entwicklungsphase. Wie in den IFRS kommt eine Aktivierung nur für Ausgaben in Frage, die im Rahmen der Entwicklung anfallen. Das HGB orientiert sich hier sehr deutlich an den Regelungen der IFRS.

EXTRAS ONLINE

Aufgaben

1. Erläutern Sie die Kritik an der Bilanzierung selbst erstellter immaterieller Vermögenswerte, nach der ein erheblicher Ermessensspielraum besteht, der im Ergebnis zu einem faktischen Wahlrecht ihres Ansatzes führt.

2. Erläutern Sie den Unterschied zwischen Entwicklungs- und Forschungsphase. Ist es aus Ihrer Sicht gerechtfertigt, Vermögenswerte, die in der Forschungsphase entstehen, mit einem Ansatzverbot zu belegen? Begründen Sie Ihre Meinung.

3. Diskutieren Sie, warum für immaterielle Vermögenswerte besonders strenge und ausführliche Bilanzierungsvorschriften bestehen.

→

→ Fortsetzung

4. Die Saatgut AG hat die Forschungsarbeiten zur Entwicklung einer neuen widerstandsfähigeren Maissorte abgeschlossen. Die damit betrauten Wissenschaftler sind aufgrund dieser Forschungsarbeiten in der Lage, einen Plan für die konkrete Entwicklung dieser neuen Maissorte vorzulegen. Nach diesem Plan soll die Entwicklung am 01.04.20X1 beginnen und zum 15.10.20X1 mit einer Großfeldstudie abgeschlossen werden. Die Zustimmung des Vorstands zu diesem Projekt wurde auf der letzten Vorstandssitzung am 01.02.20X1 gegeben. Die notwendigen Produktions- und Vertriebskapazitäten zur später beabsichtigten Vermarktung der neuen Maissorte sind in dem Unternehmen vorhanden. Ebenso hat das Unternehmen die technischen und finanziellen Möglichkeiten, die Entwicklung dieser neuen Maissorte abzuschließen. Die Wissenschaftler haben die Entwicklungskosten mit € 3 Mio. kalkuliert. Eine Befragung deutscher Landwirte ergab, dass mindestens 10.000 Landwirte den neuen Mais für € 40 pro Hektar nachfragen würden. Hierbei benötigt jeder Landwirt im Schnitt Saatgut für 10 ha Anbaufläche. Die Saatgut AG erwartet zudem, dass das Saatgut auch im europäischen Ausland nachgefragt wird, kann dieses jedoch noch nicht anhand einer Umfrage belegen. Überprüfen Sie, ob das Unternehmen die Kriterien zur Aktivierung der Entwicklungskosten erfüllt!

5. Die Saatgut AG hat zudem am 01.01.20X1 noch ein Patent für die Herstellung einer bestimmten Gerstensorte für € 2 Mio. erworben. Das Patent soll zehn Jahre genutzt und linear abgeschrieben werden. Da ein Konkurrenzunternehmen im Jahr 20X2 eine neue Gerstensorte auf den Markt gebracht hat, die einen höheren Ertrag verspricht, sinkt der Nutzungswert des Patents auf € 1,5 Mio. und der Nettoveräußerungspreis auf € 1,4 Mio.. Nach zwei Jahren stellt sich heraus, dass die Gerstensorte des Konkurrenzunternehmens gegen einen weit verbreiteten Schädling nicht resistent ist. Deshalb steigt die Nachfrage nach der Gerste der Saatgut AG in 20X4 wieder und es entfällt der Grund für die niedrigeren Werte von 20X2. Mit welchem Wert wird das Patent zum 31.12.20X2 und zum 31.12.20X4 bewertet? Geben Sie die zugehörigen Buchungssätze an!

4.3 Finanzielle Vermögenswerte

Lernziele

- Finanzielle Vermögenswerte sind Teil der Finanzinstrumente und stellen Verträge dar, die bei der anderen Vertragspartei zu einer finanziellen Verbindlichkeit oder einem Eigenkapitalinstrument führen.
- Bei ihrem Ansatz sind finanzielle Vermögenswerte in eine von drei maßgeblichen Kategorien einzuordnen.
- Die Erstbewertung von finanziellen Vermögenswerten erfolgt grundsätzlich zum beizulegenden Zeitwert.
- Die Folgebewertung von finanziellen Vermögenswerten erfolgt abhängig ihrer Kategorisierung zu fortgeführten Anschaffungskosten oder zum beizulegenden Zeitwert. Die Kategorie bestimmt in letzterem Fall auch, ob die Neubewertungsbeträge im Gewinn oder Verlust bzw. im sonstigen Ergebnis (*other comprehensive income, OCI*) erfasst werden.

Definition finanzieller Vermögenswerte

Bei finanziellen Vermögenswerten handelt es sich nicht nur, aber typischerweise um Finanzinstrumente nach IAS 32 bzw. IFRS 9, die auf der Aktivseite der Bilanz erfasst werden. Finanzinstrumente sind in IAS 32 definiert als Verträge, die bei der einen Vertragspartei zu einem finanziellen Vermögenswert und bei der anderen zu einer finanziellen Verbindlichkeit oder einem Eigenkapitalinstrument führen. Zu den finanziellen Vermögenswerten gehören insbesondere:

- Zahlungsmittel;
- Eigenkapitalinstrumente Dritter (insbesondere Aktien);
- Vertragliche Rechte, entweder Zahlungsmittel von Dritten zu erhalten (z.B. Forderung aus Lieferungen und Leistungen) oder Finanzinstrumente mit Dritten unter potenziell vorteilhaften Bedingungen zu tauschen (z.B. die Option auf Kauf von Aktien Dritter unter Marktpreis);
- Bestimmte Verträge, die durch Dritte in eigenen Aktien des bilanzierenden Unternehmens erfüllt werden (können).

Ansatz und Kategorisierung finanzieller Vermögenswerte

Finanzinstrumente sind grundsätzlich in dem Zeitpunkt zu erfassen, in dem ein Unternehmen Partei eines solchen Vertrags wird. Mit der erstmaligen Erfassung eines finanziellen Vermögenswerts muss das Unternehmen diesen einer von drei Kategorien nach IFRS 9 zuordnen. Die drei Kategorien sind:

- Finanzinstrumente, die zu fortgeführten Anschaffungskosten bilanziert werden (AC – Amortised Cost);

- Finanzinstrumente, die zum beizulegenden Zeitwert bilanziert werden, wobei die Wertänderungen im Gewinn oder Verlust zu erfasen sind (FVTPL – Fair Value through Profit or Loss);
- Finanzinstrumente, die zum beizulegenden Zeitwert bilanziert werden, wobei die Wertänderungen im sonstigen Ergebnis zu erfasen sind (FVTOCI – Fair Value through Other Comprehensive Income).

Die Klassifikation von Finanzinstrumenten ist kein willkürlicher Akt, sondern muss anhand eindeutiger und nachprüfbarer Kriterien erfolgen. Die Klassifikationsentscheidung ist bedeutsam, weil sich, je nach Kategorie, unterschiedliche Bilanzierungsfolgen insbesondere in Bezug auf die Erst- und Folgebewertung ergeben. Soweit es sich bei dem finanziellen Vermögenswert nicht um ein Eigenkapitalinstrument handelt, ergibt sich die Kategorie durch Beantwortung zweier Fragen bzgl. des Geschäftsmodells, das der Investition in den finanziellen Vermögenswert zugrunde liegt:

- Liegt das Geschäftsmodell darin, den finanziellen Vermögenswert zu halten, um vertraglich vereinbarte Zahlungsmittel zu vereinnahmen? Oder liegt es im Halten und Verkaufen des Instrumens bzw. darin, mit dem Instrument Handel zu betreiben?
- Soweit das Geschäftsmodell „Halten" ist, handelt es sich bei den erwarteten Zahlungsmitteln ausschließlich um Tilgungs- und Zinszahlungen?

Die Fragen werden durch den sogenannten „SPPI"-Test beantwortet.

Exkurs 4.13 SPPI-Test

Der Begriff SPPI-Test leitet sich aus der englischen Formulierung *soley payment of principle and interest* ab, es geht also darum, zu prüfen, ob die Zahlungen, die aus dem Halten eines finanziellen Vermögenswerts resultieren, ausschließlich Zins- und Tilgungszahlungen enthalten. Dies ist typischerweise nicht der Fall bei Eigenkapitalinstrumenten, die keine Endfälligkeit haben und bei denen es auch zu Dividendenzahlungen kommen kann. Bei Fremdkapitalinstrumenten dürfen Zinszahlungen dabei nur Kompensationen für den Zeitwert des Geldes, das übernommene Kredit- und Liquiditätsrisiko sowie die Verwaltungskosten und eine Gewinnmarge sein. Tilgungszahlungen umfassen reguläre Tilgungen sowie auch etwaige Sondertilgungen. Soweit der SPPI-Test ergibt, dass Zahlungen zu erwarten sind, die nicht ausschließlich auf Zins und Tilgung zurückzuführen sind – etwa aus dem Verkauf des entsprechenden finanziellen Vermögenswerts – kommt nur eine Klassifikation in der Katgeorie FVTPL in Betracht. Soweit die vertraglich vereinbarten Zahlungen hingegen ausschließlich Zinsen und Tilgungen darstellen, wird der finanzielle Vermögenswert der Katgeorie AC (soweit kein Verkauf beabsichtigt ist) oder der Kategorie FVTOCI (soweit ein Verkauf vor Endfälligkeit erwartet wird) zugeordnet.

Zunächst ist anzumerken, dass die Kategorie FVTPL die Standardkategorie darstellt, der alle finanziellen Vermögenswerte zugeordnet werden, soweit das Geschäftsmodell des Haltens des entsprechenden Instruments oder der SPPI-Test nicht eine andere Kategorisierung nahelegen. Alle Eigenkapitalinstrumente gehören grundsätzlich dieser Kategorie an, soweit für diese nicht die sogenannte „OCI-Option" gewählt wird. Bei dieser Option handelt es sich um das Recht, bei erstmaliger Klassifikation ein Eigenkapitalinstrument unwiderruflich der Kategorie FVTOCI zuzuordnen.

Beispiel 4.2: OCI-Option für Eigenkapitalinstrumente

Eigenkapitalinstrumente haben keine bestimmte Fälligkeit und können daher nach der oben skizzierten Logik nicht zu fortgeführten Kosten bilanziert werden. Die Standardlösung besteht darin, diese Instrumente der Katgeorie FVTPL zuzuordnen. Allerdings gibt es auch die Option einer Zuordnung zur Kategorie FVTOCI. Ein mögliches Anwendungsszenario wäre die schrittweise Übernahme eines anderen Unternehmens. Steigen etwa im Übernahmeprozess die Aktienkurse des Zielunternehmens, würde dies in der Katgeorie FVTPL zur Erfassung von Erträgen im Gewinn oder Verlust führen. Dies wäre kontraintuitiv und kann durch eine Zuordnung zur Kategorie FVTOCI vermieden werden.

Für Fremdkapitalinstrumente ist hingegen zu prüfen, ob diese den Kategorien AC oder FVTOCI zuzuordnen sind. Ein finanzieller Vermögenswert, der ein Schuldinstrument darstellt, ist der Kategorie AC zuzuordnen, wenn die folgenden Bedingungen zutreffen:

- Das Geschäftsmodell des Haltens des finanziellen Vermögenswerts besteht darin, vertragliche Zahlungen zu vereinnahmen;
- der SPPI-Test legt nahe, dass es sich bei diesen Zahlungen ausschließlich um Zins- und Tilgungszahlungen handelt;
- die Fair-Value-Option wird nicht ausgeübt, nach der auch ein solcher Vermögenswert der Katgeorie FVTPL zugeordnet werden kann, soweit dadurch Bewertungsinkongruenzen vermieden werden können.

Wenn die folgenden Bedingungen zutreffen, ist ein finanzieller Vermögenswert, der ein Schuldinstrument darstellt, der Kategorie FVTOCI zuzordnen:

- Das Geschäftsmodell des Haltens des finanziellen Vermögenswerts besteht darin, sowohl vertragliche Zahlungen als auch Zahlungen aus dem Verkauf des entsprechenden Instruments zu vereinnahmen;
- der SPPI-Test legt nahe, dass es sich bei den vertraglich vereinbarten Zahlungen ausschließlich um Zins- und Tilgungszahlungen handelt;
- die Fair-Value-Option wird nicht ausgeübt, nach der auch ein solcher Vermögenswert der Katgeorie FVTPL zugeordnet werden kann, soweit dadurch Bewertungsinkongruenzen vermieden werden können.

Einige Beispiele sollen die Klassifikation finanzieller Vermögenswerte verdeutlichen:

- Zahlungsmittel: Das Geschäftsmodell ist „Halten", entsprechend erfolgt eine Einordnung in die Katgeorie AC.
- Forderungen aus Lieferungen und Leistungen: Das Geschäftsmodell ist „Halten" und der SPPI-Test legt nahe, dass die vertraglich vereinbarten Zahlungen ausschließlich Zins und Tilgung darstellen, entsprechend erfolgt eine Einordnung in die Katgeorie AC.
- Schuldverschreibungen, die bis zur Endfälligkeit gehalten werden: Das Geschäftsmodell ist „Halten" und der SPPI-Test legt nahe, dass die vertraglich vereinbarten Zahlungen ausschließlich Zins und Tilgung darstellen, entsprechend erfolgt eine Einordnung in die Katgeorie AC.
- Schuldverschreibungen, die mit der Möglichkeit eines Verkaufs vor Endfälligkeit gehalten werden: Das Geschäftsmodell ist „Halten und Verkauf" und der SPPI-Test legt nahe, dass die vertraglich vereinbarten Zahlungen ausschließlich Zins und Tilgung darstellen, entsprechend erfolgt eine Einordnung in die Katgeorie FVTOCI.
- Schuldverschreibungen, die zu Handelszwecken gehalten werden: Das Geschäftsmodell ist „Handel", entsprechend besteht es nicht darin, vertraglich vereinbarte Zahlungen zu erhalten, entsprechend erfolgt eine Einordnung in die Katgeorie FVTPL.
- Aktien, die zu Handelszwecken gehalten werden: Es handelt sich um Eigenkapitalinstrumente, die zwingend der Kategorie FVTPL zugeordnet werden, weil die OCI-Option nur für Eigenkapitalinstrumente gilt, die nicht zu Handelszwecken gehalten werden;
- Aktien, die über längere Zeit gehalten und ggf. verkauft werden: Es handelt sich um Eigenkapitalinstrumente, die typischerweise der Kategorie FVTPL zugeordnet werden, für die aber bei erstmaliger Erfassung auch die OCI-Option gewählt werden kann, weil keine Handelsabsicht besteht.

Erstbewertung

Nach IFRS 9 sind alle finanziellen Vermögenswerte bei Zugang zum beizulegenden Zeitwert (*fair value*) zu bewerten, also zu dem Preis, der im Zuge eines geordneten Geschäftsvorfalls unter Marktteilnehmern am Bemessungsstichtag beim Verkauf eines Vermögenswerts erhalten würde oder bei Übertragung einer Schuld zu zahlen wäre (IFRS 13). Damit entspricht der Erstbewertungsbetrag typischerweise dem tatsächlichen Transaktionspreis, also den Anschaffungskosten des Vermögenswerts. In bestimmten Fällen können sich beizulegender Zeitwert und Transaktionspreis jedoch voneinander unterscheiden. Der beizulegende Zeitwert muss dann unter Rückgriff auf Bewertungstechniken ermittelt werden, etwa durch Berechnung des Barwerts der künftig erwarteten Nettozahlungsströme. Für Forderungen aus Lieferungen und Leistungen gilt, dass diese zum Transaktionspreis anzusetzen sind, soweit sie keine signifikante Finanzierungskomponente enthalten.

Wie erwähnt spielt aber auch die Kategorisierung eine Rolle: Wird der entsprechende Vermögenswert der Kategorie FVTPL zugeordnet, schließt der Erstbewertungsbetrag keine Transaktionskosten ein. Ist der finanzielle Vermögenswert einer anderen Kategorie (FVTOCI oder AC) zugeordnet, werden Transaktionskosten, die in direktem Zusammenhang mit dem Erwerb des Vermögenswerts angefallen sind, in den Erstbewertungsbetrag mit einbezogen.

Folgebewertung zum beizulegenden Zeitwert

Der beizulegende Zeitwert eines finanziellen Vermögenswerts ist nach der in IFRS 13 beschriebenen Bemessungshierarchie zu bestimmen. Demnach ist zunächst zu prüfen, ob Inputfaktoren der Stufe 1 vorliegen (*mark-to-market*). Dabei handelt es sich um Preise auf aktiven Märkten, die dem Unternehmen am Bewertungsstichtag zugänglich sind. Es kann sich hierbei zum Beispiel um den Aktienkurs am Bewertungsstichtag handeln, soweit die Aktie auf einem aktiven Markt gehandelt wird. Stehen solche Preisinformationen nicht zur Verfügung, sind Inputfaktoren der Stufe 2 zu wählen (*mark-to-matrix*). Dabei handelt es sich dann beispielsweise um Preisnotierungen für ähnliche finanzielle Vermögenswerte in aktiven Märkten oder um Preisnotierungen für identische Vermögenswerte auf inaktiven Märkten. Schließlich kommt in Abwesenheit solcher Preise auch die Verwendung von Inputfaktoren auf Stufe 3 in Frage (*mark-to-model*). In diesem Fall kommen Bewertungsmodelle zur Anwendung, die Preise werden also modelliert.

Das Standardmodell bei der Folgebilanzierung finanzieller Vermögenswerte ist die Kategorie FVTPL. Nach diesem Modell wird der Wert des finanziellen Vermögenswerts in der Bilanz an den beizulegenden Zeitwert angepasst. Eine etwaige Differenz wird als Ertrag oder Aufwand im Gewinn oder Verlust erfasst. Ebenfalls erfolgswirksam zu erfassen sind die auf ein Eigenkapitalinstrument gezahlten Dividenden. In der Kategorie FVTOCI wird der Neubewertungsaufwand oder -ertrag entsprechend im sonstigen Ergebnis erfasst. Eine Dividende, die auf ein Eigenkapitalinstrument gezahlt wird, ist auch in diesem Fall im Gewinn oder Verlust zu erfassen.

Folgebewertung zu fortgeführten Anschaffungskosten

Die fortgeführten Anschaffungskosten bei finanziellen Vermögenswerten werden nach der Effektivzinsmethode bestimmt, durch die eine Aufteilung der Zinserträge über die Laufzeit des Vermögenswerts erfolgt. Der Effektivzinssatz ist dabei derjenige Kalkulationszinssatz, mit dem die über die Laufzeit erwarteten zukünftigen Ein- und Auszahlungen abgezinst werden müssen, um genau auf den Nettobuchwert des Finanzinstruments zu kommen. Grundsätzlich wird dabei mit einem konstanten Effektivzinssatz gerechnet.

Beispiel 4.3: Fortgeführte Kosten bei finanziellen Vermögenswerten

Angenommen sei, dass ein Unternehmen eine Staatsanleihe für € 100.000 zu Beginn des Jahres 2014 erwirbt. Die Anleihe läuft über zehn Jahre und wird Ende 2023 vom Emittenten zu € 100.000 zurückgekauft. Am Ende eines jeden Jahres erhält das Unternehmen zudem einen Couponzins von € 1.000. Es kann nun der Effektivzinssatz berechnet werden. In jedem Jahr erhält das Unternehmen eine Zinszahlung von € 1.000 und am Ende der Laufzeit eine Tilgungszahlung in Höhe von € 100.000. Daraus ergibt sich ein Effektivzinssatz von 1%.

Nehmen wir nun alternativ an, dass das Unternehmen für die Anleihe bei ihrer Emission nur € 95.000 bezahlt hat. Zur Berechnung des Effektivzinssatzes gibt es einschlägige Hilfsmittel in Tabellenkalkulationsprogrammen, die den entsprechenden Wert näherungsweise bestimmen. Im vorliegenden Fall ergibt sich ein Effektivzinssatz von rund 1,5%. Bilanziell erfolgt dann die Abbildung des Finanzinstruments wie folgt: Das Instrument wird bei erstmaligem Ansatz der Kategorie AC zugeordnet und mit einem Wert von € 95.000 erfasst. Der Effektivzinssatz beträgt 1,5%. Am Jahresende wird dieser auf den Buchwert des Instruments zu Jahresbeginn angewendet. Die Effektivzinsen (= Ertrag) betragen 0,015 x € 95.000 = € 1.425. Die Zinszahlung beträgt indes nur € 1.000. Die Differenz in Höhe von € 425 wird zur Fortschreibung des finanziellen Vermögenswerts genutzt, dieser beträgt am Jahresende dann € 95.425. Durch das Vorgehen wird erreicht, dass am Ende der Laufzeit der Buchwert dem Rückzahlungsbetrag in Höhe von € 100.000 entspricht.

Wertminderungen finanzieller Vermögenswerte

Wie bei materiellen Vermögenswerten soll auch bei finanziellen Vermögenswerten vermieden werden, dass diese mit einem überhöhten Wert ausgewiesen werden und eine etwaige Wertminderung ohne Auswirkung auf die Erfolgsmessung bleibt. Dies ist insbesondere ein Problem für finanzielle Vermögenswerte der Kategorien AC und FVTOCI. IFRS 9 enthält daher spezielle Regelungen zum Thema Wertminderung. Das in IFRS 9 zum Tragen kommende Modell der „erwarteten Verluste" (*expected loss model*) gilt für folgende Sachverhalte:

- Fremdkapitalinstrumente in den Kategorien AC und FVTOCI inklusive Forderungen aus Lieferungen und Leistungen (IFRS 9);
- Vertragsvermögenswerte (IFRS 15);
- Forderungen aus Leasingverhältnissen (IFRS 16);
- Kreditzusagen oder finanzielle Garantien.

Für finanzielle Vermögenswerte entsteht ein Kreditverlust immer dann, wenn die Zahlungen, die ein Unternehmen aus dem entsprechenden Vertrag (voraussichtlich) erzielt, unter denen liegen, die vertragsgemäß geschuldet werden. Erwartete Verluste sind dabei als wahrscheinlichkeitsgewichtete Schätzung der *künftigen* Kreditverluste zu verstehen. Eine entscheidende Frage ist, wie weit bei der Schätzung künftiger Verluste in die Zukunft geschaut werden muss. IFRS 9 sieht hier als Standardfall eine

Jahresbetrachtung vor, zu schätzen sind also die erwarteten Verluste innerhalb der nächsten zwölf Monate. Soweit allerdings am Abschlussstichtag festgestellt wird, dass es seit dem erstmaligen Ansatz – bei dem die erwarteten Verluste der nächsten zwölf Monate zu schätzen waren – zu einer Verschlechterung des Ausfallrisikos gekommen ist, muss der erwartete Verlust für die *gesamte* weitere Laufzeit des Instruments geschätzt werden. Es gilt hierbei die widerlegbare Vermutung, dass sich das Ausfallrisiko erhöht hat, wenn etwaige vertragliche Zahlungen mehr als 30 Tage überfällig sind. In beiden Fällen (12-Monatsverlust, Verlust über die restliche Laufzeit) entspricht der zu erfassende Wertminderungsaufwand dem Barwert der zukünftigen Zahlungsausfälle, bei dessen Ermittlung der ursprüngliche Effektivzinssatz heranzuziehen ist. Für die bilanzielle Abbildung ist wichtig, dass in beiden Fällen zwar ein Wertminderungsaufwand zu erfassen ist, der (Brutto-)Buchwert des Vermögenswerts aber nicht angepasst wird. Stattdessen wird ein Wertberichtigungsposten gebildet, welcher, ähnlich einer Rückstellung, erwartete Verluste antizipert. Dies ändert sich in dem Fall, in dem Verluste nicht nur erwartet werden, sondern tatsächlich *eintreten*. Von einem eingetretenen Verlust wird (widerlegbar) ausgegangen, wenn eine Zahlung mehr als 90 Tage überfällig ist. In diesem Fall wird der Bruttobuchwert durch Abschreibung vermindert.

IFRS 9 enthält auch einen vereinfachten Ansatz für die Erfassung von Wertminderungen. Der vereinfachte Ansatz gilt für:

- Forderungen aus Lieferungen und Leistungen (soweit diese keine signifikante Finanzierungskomponente enthalten);
- Vertragsvermögenswerte;
- Forderungen aus Leasingverhältnissen.

Nach dem vereinfachten Ansatz wird der erwartete Verlust stets über die gesamte Laufzeit geschätzt. Dies stellt eine Vereinfachung dar, weil das Unternehmen nicht verpflichtet ist zu prüfen, ob es über die Laufzeit zu Änderungen im Kreditrisiko kommt. Der erwartete Kreditverlust soll einen unverzerrten, wahrscheinlichkeitsgewichteten Wert darstellen, der den Zeitwert des Gelds reflektiert und auf Basis angemessener und belastbarer Informationen ermittelt wurde, die am Abschlusstag vorliegen. Hierbei können auch vereinfachte Verfahren zur Anwendung kommen, etwa die Anwendung von Wertberichtigungstabellen.

▶ Tabelle 4.8 gibt einen Überblick über das oben skizzierte Stufen-Modell zur Wertminderung finanzieller Vermögenswerte.

Tabelle 4.8

Wertminderung finanzieller Vermögenswerte

<table>
<tr><th></th><th>Klassifikation</th><th>Erwarteter Verlust</th><th>Effektivzins</th><th>Vereinfachter Ansatz</th></tr>
<tr><td>Stufe 1</td><td>Initiale Kategorie, in der die Instrumente verbleiben, solange keine Verschlechterung des Ausfallrisikos eintritt (in diesem Fall: Stufe 2)</td><td>Verluste innerhalb der nächsten zwölf Monate</td><td rowspan="2">Ursprünglicher Effektivzins, der sich auf Basis des Buchwerts (Brutto) ergibt</td><td rowspan="3">Alle über die Restlaufzeit möglichen Ausfallereignisse (lifetime expected losses) werden mit Erstbewertung erfasst für Forderungen aus Lieferungen und Leistungen und andere aus IFRS 15 entstehende Vermögenswerte (soweit keine signifikante Finanzierungskomponente enthalten)
Implikation: Keine Notwendigkeit, Veränderungen des Ausfallrisikos zu beobachten</td></tr>
<tr><td>Stufe 2</td><td>Instrumente, bei denen es zu einer signifikanten Verschlechterung des Ausfallrisikos kam (Zahlungen >30 Tage überfällig). Instrumente verbleiben auf Stufe 2 solange sich das Ausfallrisiko nicht verbessert (Stufe 1) oder verschlechtert (Stufe 3)</td><td rowspan="2">Verluste über die gesamte Restlaufzeit (lifetime expected loss)</td></tr>
<tr><td>Stufe 3</td><td>Für Instrumente mit eingetretenen Verlusten (Zahlungen >90 Tage überfällig) (incurred losses)</td><td>Zinsertrag basiert auf Netto-Buchwert</td></tr>
</table>

Beispiel 4.4: Bilanzierung von Forderungen aus Lieferungen und Leistungen

Forderungen aus Lieferungen und Leistungen entstehen typischerweise durch den Absatz von Produkten und Leistungen an Kunden. Forderungen sind finanzielle Vermögenswerte, die typischerweise der Kategorie „Halten" gem. IFRS 9 zugeordnet werden, entsprechend kommt es zur Bewertung nach der Methode der fortgeführten Anschaffungskosten. Forderungen können allerdings auch anderen Kategorien finanzieller Vermögenswerte zugeordnet sein (etwa bei Verkaufsabsicht), was dann abweichende Folgen für die Bilanzierung zeitigt, die hier nicht behandelt werden. Forderungen, die über eine feste Laufzeit, also ein Zahlungsziel, verfügen, sind zunächst zu Anschaffungskosten zzgl. Transaktionskosten anzusetzen.

→

→ Fortsetzung

IFRS 9 sieht bei Forderungen aus Lieferungen und Leistungen ein vereinfachtes Modell zur Erfassung erwarteter Verluste vor. Soweit eine Forderung keine signifikante Finanzierungskomponente enthält, wird sie bei ihrem Entstehen zum Transaktionspreis auf der Aktivseite erfasst. Sodann wird aufwandswirksam ein Wertberichtigungsposten gebildet, der der Höhe nach dem erwarteten Verlust über die gesamte Restlaufzeit (*lifetime expected loss*) entspricht. Für die Bemessung der erwarteten Verluste kommen verschiedene Vereinfachungsverfahren in Betracht, etwa die Anwendung einer Wertberichtigungstabelle. Die Forderungen werden am Bilanzstichtag in Portfolios eingeteilt, zum Beispiel nach dem Kriterium, wie viele Tage sie jeweils überfällig sind. Es kommen auch andere Kriterien in Betracht, z.B. Kundensegmente, Produktarten, geografische Gebiete usw. Den einzelnen Portfolios werden Ausfallwahrscheinlichkeiten zugeordnet, die auf historischen Daten beruhen.

Es sei von folgenden Daten ausgegangen:

Kategorie	Überfälligkeit	Wertberichtigungsquote	Forderungsbestand (Bilanzstichtag)
(1)	Nicht überfällig	1,0 %	2.100.000
(2)	<30 Tage überfällig	5,0 %	825.000
(3)	30–90 Tage	20,0 %	660.000

Auf dieser Basis werden nun die erforderlichen Wertberichtigungen gebildet. Dazu werden die Wertberichtigungsquoten in den einzelnen Kategorien mit dem jeweiligen Forderungsbestand am Bilanzstichtag in dieser Kategorie multipliziert.

Kategorie	Forderungsbestand	Wertberichtigungsquote	Wertberichtigung
(1)	2.100.000	1,0 %	21.000
(2)	825.000	5,0 %	41.250
(3)	660.000	20,0 %	132.000
Summe			**194.250**

→

→ Fortsetzung

Die Summe von € 194.250 ist der Betrag, der am Jahresende im Wertberichtigungskonto ausgewiesen sein muss. Dieser Betrag ist aber nicht notwendigerweise gleich den Aufwendungen für Forderungsausfälle im betrachteten Jahr: Als Aufwand sind nur dann € 194.250 zu erfassen, wenn der Anfangsbestand des Wertberichtigungskontos € 0 betragen hatte. Allgemein ist Aufwand nur in der Höhe zu erfassen, die dazu führt, dass der berechnete Endbestand in Höhe von € 194.250 erreicht wird. Es ist also bei dieser Methode, neben den Transaktionen während des Jahres, auch der Anfangsbestand des Wertberichtigungskontos zu berücksichtigen. Hätte der Anfangsbestand zum Beispiel € 4.250 betragen, so wäre nur Aufwand in Höhe von € 190.000 zu erfassen gewesen. Soweit eine Forderung tatsächlich ausfällt, ist diese abzuschreiben. Entsprechend wird dann auch der bilanziell ausgewiesene Betrag reduziert. Der Vorteil bei dem Modell der erwarteten Verluste ist, dass der eigentliche Forderungsausfall nicht zur Erfassung eines Aufwands im Gewinn oder Verlust führt, da die Reduktion des Buchwerts der Forderung (Buchung im Haben auf dem Forderungskonto) durch entsprechende Auflösung des Wertberichtigungspostens (Buchung im Soll auf dem Wertberichtigungskonto) in Ausgleich gebracht wird.

Exkurs 4.14 Finanzielle Vermögenswerte nach HGB

Nach HGB gibt es weder eine Legaldefinition noch spezielle Ansatzvorschriften für finanzielle Vermögenswerte. Nach dem Vollständigkeitsgebot sind diese dennoch zu erfassen und gemäß ihres Charakters als im Anlagevermögen (Finanzanlagen) oder Umlaufvermögen (Forderungen, Wertpapiere, Kassenbestand, Bundesbankguthaben, Guthaben bei Kreditinstituten und Schecks) zu erfassen.

Beim erstmaligen Ansatz werden finanzielle Vermögenswerte zu Anschaffungskosten bewertet. Finanzielle Vermögenswerte bleiben auch in der Folgebewertung (planmäßig) zu ihren Anschaffungskosten bewertet. Dies ist darin begründet, dass sich finanzielle Vermögenswerte im Zeitablauf nicht abnutzen. Eine Besonderheit besteht für die Jahresabschlüsse von Kreditinstituten und Finanzdienstleistungsinstituten. Demnach sind Finanzinstrumente des Handelsbestands zum beizulegenden Zeitwert abzüglich eines Risikoabschlags zu bewerten. Dies ist eine der wenigen Stellen im HGB, an denen eine Bewertung zu einem höheren Wert als den Anschaffungskosten eines Vermögenswerts ermöglicht wird.

→

→ Fortsetzung

Im Hinblick auf mögliche Wertminderungen differenziert das HGB zwischen finanziellen Vermögenswerten, die im Anlagevermögen erfasst werden, und solchen, die im Umlaufvermögen erfasst werden. Für das Anlagevermögen gilt das milde Niederstwertprinzip: Während eine außerplanmäßige Abschreibung auf den niedrigeren beizulegenden Zeitwert bei voraussichtlich dauernder Wertminderung verpflichtend ist, stellt sie bei voraussichtlich nicht dauernder Wertminderung ein Wahlrecht dar (vgl. § 253 Abs. 3 HGB). Entscheidend ist also, ob von einer voraussichtlich dauerhaften Wertminderung auszugehen ist. Hinweise für die Beurteilung dieser Frage liefern unter anderem folgende Kritierien:

- Höhe der Differenz: Eine nur kleine Differenz zwischen Buchwert und Börsenkurs am Abschlussstichtag spricht für eine nicht dauernde Wertminderung.
- Dauer der Wertminderung: Liegt der Börsenkurs in den 6 (12) Monaten vor dem Abschlussstichtag dauerhaft bzw. im Durchschnitt bis zu 20% (10%) unter den Anschaffungskosten, wird ebenfalls nur von einer nicht dauernden Wertminderung auszugehen sein.
- Bonitätsverschlechterung: Eine nur geringfügige Verschlechterung der Bonität des Emittenden spricht für eine nicht dauernde Wertminderung.

Im Umlaufvermögen gilt hingegen das strenge Niederstwertprinzip: Demnach ist eine außerplanmäßige Abschreibung auf den niedrigeren Börsen- oder Marktpreis zwingend zu erfassen. Dem Einzelbewertungsgrundsatz des HGB folgend, sind Forderungen grundsätzlich zunächst einzeln auf Wertminderung zu prüfen und ggf. entsprechend außerplanmäßig abzuschreiben (Einzelwertberichtigung). Dabei spielt die Beurteilung der Bonität des Schuldners eine wichtige Rolle. Soweit Forderungen, die nach Art und Umfang mit etwa gleichen Risiken behaftet sind, für Zwecke der Einzelwertberichtigung zu Bewertungsgruppen (etwa: Gruppierung nach Länderrisiken) zusammengefasst werden, wird auch von pauschalierten Einzelwertberichtigungen gesprochen. Im Anschluss an etwaige Einzelwertberichtigungen kommt das Verfahren der Pauschalwertberichtigung zur Anwendung. Hierbei werden bestimmte Forderungsgruppen um einen Pauschalwert gekürzt, um noch nicht bekannte, aber mit einer gewissen Wahrscheinlichkeit noch auftretende Risiken zu berücksichtigen. Wichtig ist allerdings, dass Risiken, die bereits durch die Einzelwertberichtigung erfasst wurden, im Rahmen der Pauschalwertberichtigung nicht nochmals berücksichtigt werden. Pauschalwertberichtigungen sind daher auf den um Einzelwertberichtigungen gekürzten Bruttobestand der Forderungen anzuwenden. Technisch werden Einzel- und Pauschalwertabschreibungen sinnvollerweise auf getrennten Konten erfasst und kürzen den Forderungsbestand. Gleichwohl erfolgt in der Bilanz keine Ausbuchung der Bruttobeträge der Forderungen; dies geschieht nur dann, wenn sich herausstellt, dass eine Forderung entgültig uneinbringlich ist. Grundsätzlich kann das Vorgehen wie folgt zusammengefasst werden:

→

→ Fortsetzung

- Für einwandfreie Forderungen werden keine Einzelwertberichtigungen erfasst, allerdings besteht für diese ein allgemeines Kreditrisiko, das durch Pauschalwertberichtigungen zu berücksichtigen ist. Die Forderungen werden nicht ausgebucht, aber durch ein Wertberichtigungskonto korrigiert.
- Forderungen, für die Einzelwertberichtigungen vorgenommen werden, sind als zweifelhafte Forderungen auszusondern. Nach der Erfassung der Einzelwertberichtigung sind auch Pauschalwertberichtigungen möglich, allerdings nur auf den Nettobestand (also den Bruttoforderungswert abzüglich der Einzelwertberichtigungen). Auch die zweifelhaften Forderungen werden nicht ausgebucht, sondern durch entsprechende Wertberichtigungskonten korrigiert.
- Uneinbringliche Forderungen sind in voller Höhe abzuschreiben und werden aus der Bilanz ausgebucht.

Besonderheiten bei Beteiligungen an anderen Unternehmen

Beteiligungen an anderen Unternehmen können mit der Möglichkeit einhergehen, Einfluss auf diese auszuüben. Auch dies muss in Abschlüssen berücksichtigt werden. Das Halten von Eigenkapitalinstrumenten kann daher auch weiterreichende Bilanzierungsfolgen zeitigen. Soweit ein Unternehmen Eigenkapitalinstrumente an einem anderen Unternehmen hält, ist zunächst die Frage zu stellen, ob damit eine alleinige **Beherrschung** des Beteiligungsunternehmens einhergeht. Die Beherrschung wird nach IFRS 10 an folgenden Indikatoren festgemacht:

- Es besteht Bestimmungsmacht über die maßgeblichen Tätigkeiten;
- es besteht das Risiko von (oder Rechte an) variablen wirtschaftlichen Erfolgen;
- die Ausübung der Bestimmungsmacht kann die Höhe der wirtschaftlichen Erfolge beeinflussen.

Wichtig ist, dass sich eine Beherrschung auch – aber nicht nur – durch die Höhe der Beteiligung ergibt:

- Befinden sich die Anteile des Beteiligungsunternehmens zu mehr als 50 % im Besitz des Investors, liegt üblicherweise eine alleinige Beherrschung vor.
- Es kann Situationen geben, in denen trotz eines Besitzes von mehr als 50 % der Anteile keine Beherrschung vorliegt. Hat ein Investor beispielsweise (ohne explizite vertragliche Berechtigung) nicht die Möglichkeit, Führungskräfte des Beteiligungsunternehmens auszutauschen oder dafür zu sorgen, dass das Beteiligungsunternehmen Transaktionen zugunsten des Investors vornimmt, wird nicht von einer (alleinigen) Beherrschung auszugehen sein.
- Genauso kann es aber auch Situationen geben, in denen bereits ein Besitz von weniger als 50 % der Anteile des Beteiligungsunternehmens zu einer beherrschenden Stellung führt. So nehmen bspw. viele Kleinaktionäre nicht an Hauptversammlungen teil, sodass 50 % der Stimmrechte zur Durchsetzung maßgeblicher Beschlüsse auch mit geringerem Anteilsbesitz erreicht werden können.

Soweit eine Beteiligung an einem anderen Unternehmen dazu führt, dass dieses beherrscht wird, besteht eine „Mutter-Tochter-Beziehung" zwischen den Unternehmen. Nach IFRS 10 ist jedes Mutterunternehmen verpflichtet, einen **Konzernabschluss** aufzustellen, in dem die Vermögenswerte und Schulden der beteiligten Unternehmen so aufgenommen werden, als würde es sich bei Mutter und Tochter um *eine* wirtschaftliche Einheit handeln. Die Erstellung von Konzernabschlüssen wird auch als die Konsolidierung von Abschlüssen der beteiligten Unternehmen bezeichnet. Eine Konsolidierung kommt nur in Betracht, wenn das Tochterunternehmen als rechtlich selbstständiges Unternehmen fortexistiert. Insofern kann ein *Share Deal* eine Pflicht zur Konsolidierung auslösen, nicht aber ein reiner *Asset Deal*. Liegen folgende Tatbestände kumulativ vor, so kann trotz Beherrschung auf eine Vollkonsolidierung von TU und die Erstellung von Konzernabschlüssen verzichtet werden:

- Das Mutterunternehmen ist selbst hundertprozentige Tochter eines anderen Unternehmens;
- die Schuld- oder Eigenkapitalinstrumente des Mutterunternehmens werden nicht öffentlich gehandelt;
- es gibt keine Verpflichtung, Abschlüsse bei einer Wertpapieraufsichtsbehörde oder einer anderen Regulierungsinstanz vorzulegen;
- das oberste oder ein zwischengeschaltetes Mutterunternehmen stellt einen IFRS-konformen Konzernabschluss auf.

Die Vorgehensweise bei der **Vollkonsolidierung** soll hier nicht im Detail beleuchtet werden. In aller Kürze werden alle Vermögenswerte und Schulden der Tochter in die Bilanz des Mutterunternehmens aufgenommen, wobei gegenseitige Verflechtungen zu eliminieren sind. Grundsätzlich sind Vermögenswerte und Schulden im Rahmen der erstmaligen Konsolidierung mit ihrem beizulegenden Zeitwert anzusetzen. Auch sind Vermögenswerte zu identifizieren und ggf. anzusetzen, welche die Tochter selbst nicht bilanzieren durfte (beispielsweise selbst geschaffene Marken). Verbleibt ein positiver Betrag zwischen den Anschaffungskosten der Anteile des Tochterunternehmens und den übernommenen Netto-Vermögenswerten (nach Neubewertungen und Wertaufhellung), so wird dieser Wert als Goodwill bezeichnet und als Aktivposten ausgewiesen. In der Folgebewertung werden die Vermögenswerte und Schulden gemäß der einschlägigen IFRS bilanziert. Ein etwaiger Goodwill wird als immaterieller Vermögenswert mit unbegrenzter Lebensdauer nicht planmäßig abgeschrieben.

Wenn ein Investor ein Beteiligungsunternehmen nicht beherrscht, aber einen maßgeblichen Einfluss auf dieses hat bzw. eine gemeinschaftliche Führung vorliegt, dann kommt die **Equity-Methode** zur Anwendung. Was unter einem maßgeblichen Einfluss zu verstehen ist, wird in IAS 28 definiert: Es handelt sich um die Möglichkeit, an den finanz- und geschäftspolitischen Entscheidungen des Beteiligungsunternehmens mitzuwirken, ohne dieses allerdings zu beherrschen oder das Unternehmen gemeinsam mit anderen zu führen. Eine nach der Equity-Methode bilanzierte Beteiligung wird beim erstmaligen Ansatz mit ihren Anschaffungskosten angesetzt, die dem beizulegenden Zeitwert inklusive der Transaktionskosten entsprechen. In der Folgebewertung erhöht oder verringert sich der Buchwert der Beteiligung entsprechend des

Anteils des Investors am Gewinn oder Verlust des Beteiligungsunternehmens bzw. auch aufgrund von Neubewertungen und vermindert sich in Höhe einer vom Beteiligungsunternehmen empfangenen Ausschüttung. Anteilige Gewinne oder Verluste werden beim Investor im Finanzergebnis oder im sonstigen Ergebnis erfasst.

Beispiel 4.5: Bilanzierung von Beteiligungen

Die unterschiedlichen Formen zur Abbildung von Beteiligungen in Abschlüssen werden im Folgenden anhand eines Fallbeispiels mit folgenden Ausgangsdaten veranschaulicht:

- Anfang 2020 kauft *BUYER Corp.* Aktien der *TARGET Corp.*
- Die *BUYER* hatte vor diesem Investment keine Aktien der *TARGET* gehalten.
- *TARGET* hat insgesamt 1.000.000 Aktien im Umlauf.
- Der Kaufpreis je Aktie beträgt Anfang 2020 € 20.
- Ende 2020 ist der Kurs der Aktien der *TARGET* auf € 30 gestiegen.
- Das Geschäftsjahresende beider Gesellschaften ist der 31. Dezember.

Vollkonsolidierung einer Beteiligung

Es sei angenommen, dass *BUYER* 1.000.000 Aktien der *TARGET* erwirbt. Die Bilanz der *TARGET* umfasst finanzielle Vermögenswerte in Höhe von € 35.000.000, das Fremdkapital beläuft sich auf € 20.000.000 und das Eigenkapital auf € 15.000.000. Die Vermögenswerte und Schulden der *TARGET* seien bereits zum beizulegenden Zeitwert erfasst und vollständig in der Bilanz der *TARGET* (vor Konsolidierung) enthalten. Im vorliegenden Fall ist davon auszugehen, dass *BUYER* die *TARGET* beherrscht und es entsprechend zur Vollkonsolidierung kommen muss. *BUYER* muss nunmehr alle Vermögenswerte und Schulden der *TARGET* in der konsolidierten Bilanz zeigen (soweit es sich nicht um konzerninterne Forderungen oder Schulden handelt). Für das bilanzielle Nettovermögen (= Eigenkapital) der *TARGET* in Höhe von € 15.000.000 bezahlt *BUYER* insgesamt € 20.000.000, daher entsteht bei dieser Transaktion zunächst Goodwill in Höhe von € 5.000.000. Dieser Goodwill kann im vorliegenden Fall auch nicht durch Neubewertungen der Vermögenswerte und Schulden von *TARGET* bzw. die Bilanzierung „neuer" Vermögenswerte (die *TARGET* selbst nicht bilanzieren durfte) reduziert werden. Im konsolidierten Abschluss wird daher Goodwill in Höhe von € 5.000.000 auf der Aktivseite erfasst. In der Folgebewertung wird der Goodwill nicht planmäßig abgeschrieben, er ist aber jährlich auf Wertminderung zu testen. Zukünftige Ergebnisse der *TARGET* sind Bestandteil des konsolidierten Ergebnisses

→

→ Fortsetzung

Erfassung einer Beteiligung nach der Equity-Methode

BUYER erwirbt 500.000 Aktien der *TARGET* für € 20 je Aktie. Die verbleibenden Aktien werden von der *ONBOARD Inc.* gehalten. *TARGET* weist in 2020 einen Gewinn von € 1.200.000 aus. Am 15. Februar 2021 schüttet *TARGET* eine Dividende in Höhe von insgesamt € 400.000 bezogen auf das Jahr 2020 aus. BUYER hält nunmehr 50 % der ausstehenden Aktien. Es gibt allerdings eine andere Partei, die ebenfalls 50 % der Anteile hält. Folglich liegt gemeinschaftliche Kontrolle vor und die Equity-Methode kommt zur Anwendung. Der Erwerb der Anteile am 5. Januar 2020 wird zu den Anschaffungskosten in Höhe von € 20 x 500.000 = € 10.000.000 erfasst. Am 31. Dezember 2020 muss der Buchwert der Beteiligung angepasst werden. Er steigt um den Betrag des Anteils, den *BUYER* rechnerisch an dem von *TARGET* ausgewiesenen Gewinn (bzw. Gesamtergebnis) beansprucht, also um € 1.200.000 : 2 = € 600.000. Die Erhöhung des Buchwerts der Beteiligung wird erfolgswirksam erfasst. Die am 15. Februar 2021 erfolgende Dividendenzahlung reduziert nunmehr den Buchwert der Beteiligung im Sinne eines Aktivtauschs auf € 10.600.000 – (0.5 x € 400.000) = € 10.400.000.

Beteiligung als finanzieller Vermögenswert

BUYER kauft 10.000 Aktien der *TARGET* für € 20 je Aktie und beabsichtigt, diese zu verkaufen, sobald der Aktienkurs der *TARGET* € 40 je Aktie übersteigt. *BUYER* hält nun lediglich 1 % der Anteile, Beherrschung und maßgeblicher Einfluss liegen hier entsprechend nicht vor, die Beteiligung ist als finanzieller Vermögenswert nach IFRS 9 zu erfassen. Grundsätzlich besteht Handelsabsicht, daher kommt das Wahlrecht zur Klassifikation als *FVTOCI* nicht in Betracht, auch die Erfassung in der Kategorie AC scheidet aus, sodass das Instrument in der Kategorie *FVTPL* erfasst wird. Die Anschaffungskosten entsprechen dem beizulegenden Zeitwert der Anteile beim Kauf und betragen € 20 x 10.000 = € 200.000. Spätere Neubewertungen des Instruments werden erfolgswirksam im Gewinn oder Verlust erfasst. So steigt der Wert der Aktien am Geschäftsjahresende auf € 30 je Aktie. Entsprechend wird ein Ertrag in Höhe von 10.000 x (€ 30 – € 20) = € 100.000 im Gewinn oder Verlust erfassst.

Aufgaben

EXTRAS ONLINE

1. Welche Kategorien finanzieller Vermögenswerte gibt es?

2. Nennen Sie Beispiele für finanzielle Vermögenswerte, die in verschiedenen Kategorien eingeordnet werden. Ist die Zuordnung abhängig von Charakteristika der Vermögenswerte selbst – oder von der Halteabsicht im Unternehmen?

3. Warum werden Umklassifizierungen durch die Rechnungslegungsregeln erschwert?

4.4 Vorräte

Lernziele

- Vorräte sind Vermögenswerte, die zum baldigen Verkauf gehalten werden (fertige Erzeugnisse), sich in Herstellung befinden (unfertige Erzeugnisse) oder die als Roh-, Hilfs- und Betriebsstoffe dazu bestimmt sind, im Rahmen der Produktion oder der Erbringung von Dienstleistungen verbraucht zu werden.
- Vorräte sind zum niedrigeren Wert von Anschaffungs- beziehungsweise Herstellungskosten und Nettoveräußerungswert anzusetzen.
- Vom Grundsatz der Einzelbewertung kann beim Vorratsvermögen aus Vereinfachungsgründen abgewichen werden. Als Bewertungsvereinfachungsverfahren sind nach IFRS die FIFO- und die Durchschnittsmethode zulässig.

Die Bewertung von Vorräten ist in IAS 2 geregelt.[2] Vorräte sind Vermögenswerte, die entweder zum baldigen Verkauf gehalten werden (fertige Erzeugnisse), sich in Herstellung befinden (unfertige Erzeugnisse) oder die als Roh-, Hilfs- und Betriebsstoffe dazu bestimmt sind, im Rahmen der Produktion oder der Erbringung von Dienstleistungen verbraucht zu werden. Bestandteile des Vorratsvermögens sind damit im Einzelnen:

- Rohstoffe, die physisch Hauptbestandteile der vom Unternehmen gefertigten Produkte sind (etwa Bleche, Holz etc.);
- Hilfsstoffe, die Teil der herzustellenden Produkte werden, jedoch nur einen geringwertigen Bestandteil der fertigen Produkte ausmachen (etwa Schrauben, Nägel, Leim etc.);
- Betriebsstoffe, die nicht Bestandteil der Fertigprodukte werden, sondern in der Produktion verbraucht werden (wie zum Beispiel Schmiermittel);
- unfertige Erzeugnisse, die noch nicht alle Produktionsstufen durchlaufen haben;
- fertige Erzeugnisse, die entweder selbst erstellte, auslieferungsbereite Waren oder Handelswaren sind.

Vorräte zählen zum Umlaufvermögen (*current assets*). Sie sollen nicht länger oder dauerhaft im Unternehmen verbleiben. Dies hat insbesondere Konsequenzen für die Folgebewertung. Zunächst ist jedoch zu klären, wie die Erstbewertung erfolgt, also die Anschaffungs- oder Herstellungskosten von Vorräten bestimmt werden. Hinsichtlich der Anschaffungskosten ergeben sich grundsätzlich keine Unterschiede zu den allgemein dargestellten Prinzipien. Die Regelungen der Bemessung der Herstellungskosten sollen aber im Folgenden einer näheren Betrachtung unterzogen werden.

2 Der Standard ist nicht anzuwenden bei der Bilanzierung von unfertigen Erzeugnissen im Rahmen von Fertigungsaufträgen, bei Finanzinstrumenten und biologischen Vermögenswerten, auch wenn diese im Einzelfall den Charakter von Vorräten aufweisen mögen.

Die Herstellungskosten beinhalten grundsätzlich alle Kosten, die den produzierten Einheiten zuzurechnen sind. In die Herstellungskosten gehen somit die üblicherweise anfallenden Kosten der Produktion sowie die produktionsbezogenen Lager- und Verwaltungskosten ein. Vertriebskosten, allgemeine Verwaltungskosten sowie anomale Beträge für Abfälle, Fertigungslöhne oder andere Produktionskosten werden nicht einbezogen. Im Rechnungswesen unterscheidet man zudem in Einzel- und Gemeinkosten wie auch in variable und fixe Kosten. In die Herstellungskosten sind gemäß IAS 2 folgende Positionen einzubeziehen:

- Kosten, die den Produktionseinheiten direkt zuzurechnen sind (Einzelkosten);
- fixe und variable Produktionsgemeinkosten, die indirekt zuzurechnen sind (Gemeinkosten).

Es werden demnach neben den direkt zurechenbaren Einzelkosten auch die nicht direkt zurechenbaren, variablen sowie fixen Gemeinkosten einbezogen. Gemeinkosten, die den selbst erstellten Vermögenswerten nicht direkt zugerechnet werden können, die aber mit deren Erstellung in enger Verbindung stehen, sollten nach dem Verursachungsprinzip berücksichtigt werden. Gemeinkosten können der Produktionseinheit dabei nur durch die Anwendung einer Rechenvorschrift zugeordnet werden.

Variable Produktionsgemeinkosten sind den einzelnen Produkten somit nicht direkt zurechenbar, sie variieren aber mit dem Produktionsvolumen. Bei fixen Produktionsgemeinkosten ist dies nicht der Fall. Ein Beispiel hierfür ist die Miete für eine Produktionshalle. Unabhängig von der produzierten Stückzahl bleibt die Miete immer gleich. Eine Einbeziehung der Miete kann nun relativ einfach erfolgen: Sie wird in die Gesamtkosten der Produktion einbezogen, anschließend werden diese Kosten durch die produzierte Gesamtstückzahl dividiert. Es ergeben sich dann Herstellungskosten nach dem Vollkostenprinzip. Es sei angenommen, dass die Gemeinkosten ausschließlich durch die Miete der Produktionshalle von € 50.000 bestimmt sind. Für die Produktion von 10.000 Stück fertiger Erzeugnisse fallen Einzelkosten in Höhe von € 50.000 an. Die Gesamtkosten unter Einbeziehung der Miete betragen dann € 100.000; bei 10.000 Stück ergeben sich Stückkosten von € 10. Problematisch ist nun, dass die produzierten Stückzahlen in verschiedenen Jahren variieren können. Dazu sei angenommen, dass die Fabrikationshalle wegen eines nicht planmäßigen Umbaus in einem Jahr für drei Monate geschlossen werden muss und deshalb nur drei Viertel der früheren Stückzahl (also 7.500 Stück) produziert werden können. Die Einzelkosten betragen dann ebenfalls nur drei Viertel des früheren Betrags, also € 37.500. Allerdings bleiben die Kosten für die Miete unverändert bei € 50.000. Die Gesamtkosten betragen also € 87.500, die Stückkosten liegen nun bei € 11,67. Eine Unterauslastung in der Produktion darf nach IAS 2 aber nicht in die Bestimmung der Kosten einbezogen werden. Die Zurechnung fixer Produktionsgemeinkosten basiert daher im Regelfall auf der normalen Kapazität. Diese hätte im Beispiel bei einem Output von 10.000 Stück gelegen. Es sind damit nur Mietkosten in Höhe von

$$\frac{50.000}{10.000} \times 7.500 = 37.500$$

beziehungsweise € 5 pro Stück zuzurechnen, sodass sich, wie im Ausgangsbeispiel, Stückkosten von € 10 ergeben. Nicht zugerechnete fixe Produktionsgemeinkosten sind in der Periode ihres Anfallens als Aufwand zu erfassen, im Beispiel ist die Differenz von € 50.000 und € 37.500, also € 12.500, als Aufwand in der Gewinn-und-Verlust-Rechnung zu erfassen.

Exkurs 4.15 Ermittlung von Herstellungskosten

Sachverhalt: Die Alpha AG stellt Premium-Seife her. Die Produktionskapazität für Seife beträgt 10.000 Stück pro Jahr. Für ein Stück Premium-Seife fallen Materialeinzelkosten in Höhe von € 3 an, hinzu kommen Lohneinzelkosten in Höhe von € 6. Die Miete für die Produktionshalle beträgt € 10.000 im Jahr, die Abschreibung für die Maschine, die einer rein zeitlichen Abnutzung unterliegt, beträgt € 1.000 im Jahr. Der Vorarbeiter, der die Produktion beaufsichtigt, erhält einen Lohn von € 40.000 im Jahr. Für die Verwaltung des Unternehmens und den Vertrieb der Seife fallen € 120.000 an.

Frage 1: Wie hoch sind die Herstellungskosten für ein Stück Seife, wenn in einer Periode (a) 10.000 und (b) 8.000 Stück Seife hergestellt werden?

Lösung:

Position	(a) 10.000 Stück	(b) 8.000 Stück
Materialeinzelkosten × Stückzahl	€ 30.000	€ 24.000
+ Lohneinzelkosten × Stückzahl	€ 60.000	€ 48.000
= Summe direkt zurechenbare Einzelkosten	**€ 90.000**	**€ 72.000**
+ Miete	€ 10.000	€ 8.000
+ Abschreibungen	€ 1.000	€ 800
+ Lohn Vorarbeiter	€ 40.000	€ 32.000
+ Verwaltungs- und Vertriebskosten	Ansatzverbot	
= Summe Herstellungskosten	**€ 141.000**	**€ 112.800**
Herstellungskosten pro Stück	**€ 14,10**	**€ 14,10**

Da die Produktion in Fall (b) nicht voll ausgelastet ist, werden die Gemeinkosten in Abhängigkeit des Beschäftigungsgrads zugerechnet, der hier bei 80 Prozent liegt. Für die Miete ergibt sich € 10.000 × 0,8 = € 8.000; für die sonstigen Positionen wird entsprechend gerechnet. Somit wird der Bilanzansatz nicht überbewertet. Die übersteigenden Kosten werden direkt in der GuV als Aufwand erfasst.

Frage 2: Wie hoch sind die Herstellungskosten für ein Stück Seife, wenn in einer Periode (a) 10.000 und (c) 12.000 Stück Seife hergestellt werden?

→

→ Fortsetzung

Lösung:

Position	(a) 10.000 Stück	(c) 12.000 Stück
Materialeinzelkosten × Stückzahl	€ 30.000	€ 36.000
+ Lohneinzelkosten × Stückzahl	€ 60.000	€ 72.000
= Summe direkt zurechenbare Einzelkosten	**€ 90.000**	**€ 108.000**
+ Miete	€ 10.000	€ 10.000
+ Abschreibungen	€ 1.000	€ 1.000
+ Lohn Vorarbeiter	€ 40.000	€ 40.000
+ Verwaltungs- und Vertriebskosten	Ansatzverbot	
= Summe Herstellungskosten	**€ 141.000**	**€ 159.000**
Herstellungskosten pro Stück	**€ 14,10**	**€ 13,25**

Da die Produktion in Fall (c) nicht nur voll ausgelastet ist, sondern sogar bei einem ungewöhnlich hohen Produktionsvolumen liegt, werden die fixen Gemeinkosten nur in der tatsächlich anfallenden Höhe berücksichtigt und es ergeben sich geringere Herstellungskosten für ein Stück Seife.

Typischerweise werden die Kosten der Produktion unter dem Vorratsvermögen in der Bilanz so lange gespeichert, bis die Vorräte das Unternehmen verlassen. In diesem Moment werden sie durch *matching* den korrespondierenden Erträgen (hier: Umsatzerlöse) in der Gewinn-und-Verlust-Rechnung als Umsatzkosten gegenübergestellt.

Die bisher beschriebene Ermittlung der (Anschaffungs- und) Herstellungskosten folgt dem Grundsatz der Einzelbewertung: Die Kosten werden für jeden einzelnen Vermögenswert des Vorratsvermögens einzeln bestimmt. Bei bestimmten Gruppen des Vorratsvermögens liegt aber oftmals Austauschbarkeit der einzelnen Vermögenswerte vor. Der Grundsatz der Einzelbewertung kann dann zu Bewertungsvereinfachungszwecken durchbrochen werden. Nach IAS 2 kommen die FIFO-Methode (First-In-First-Out) sowie die Durchschnittsmethode als Zuordnungsverfahren der Kosten auf Vorräte in Betracht. Bis zur Neufassung von IAS 2 im Jahr 2004 war alternativ auch die Bewertung nach dem LIFO-Verfahren (Last-In-First-Out) zulässig. Das Verfahren wird hier aus didaktischen Gründen weiterhin behandelt, spielt aber in IFRS-Abschlüssen keine Rolle mehr.

Zum Verständnis der Zuordnungsverfahren müssen folgende grundlegende Gleichungen betrachtet werden. Bei mengenmäßiger Betrachtung gilt:

	Anfangsbestand
+	Zugänge
−	Abgänge
=	Endbestand

Der mengenmäßige Anfangsbestand ist gegeben, der mengenmäßige Endbestand wird in der Praxis meist durch eine Inventur festgestellt. Die Zugänge ergeben sich aus Markttransaktionen. Entscheidend ist also, welche Abgänge erfolgen. Bei wertmäßiger Betrachtung ergibt sich durch Umstellung der obigen Gleichung:

	Anfangsbestand (Wert; gegeben)
+	Zugänge (Wert; gegeben)
−	Endbestand (Wert; methodenabhängig)
=	**Umsatzkosten (Wert der Abgänge; zu bestimmen)**

Mit den Bewertungsvereinfachungsverfahren ist eine Annahme über die Reihenfolge der Abgänge (Verbrauchsfolgefiktion) verbunden, die insbesondere Auswirkungen auf die Bewertung des Endbestands und damit auch der Umsatzkosten hat. Der FIFO-Methode liegt die Annahme zugrunde, dass die zuerst angeschafften beziehungsweise produzierten Vorräte (*first in*) auch zuerst verbraucht beziehungsweise verkauft werden (*first out*). Die Umsatzkosten entsprechen also den Preisen der ältesten verfügbaren Bestände.

Die nach IFRS nicht mehr zulässige LIFO-Methode basierte dagegen auf der Annahme, dass die zuletzt eingegangenen Bestände (*last in*) als erste die Unternehmung wieder verlassen (*first out*) und sich somit am Bilanzstichtag immer die zuerst eingegangenen Bestände auf Lager befinden. Die Umsatzkosten entsprechen also den Preisen der jüngsten verfügbaren Bestände. Der Bewertung des Endbestands nach LIFO kann damit ein sehr altes Preisgerüst zugrunde liegen: Der aktuelle Marktwert der Vorräte kann stark von ihm abweichen.

Zur Verdeutlichung der beiden Verfahren sei an einen Supermarkt gedacht, in dem im Kühlregal Milch verkauft wird. Die Milch steht in einer Reihe im Kühlregal und wird von den Kunden immer von vorne weggenommen. Das Kühlregal wird von einer Aushilfskraft ständig neu befüllt. Da Milch nur relativ kurze Zeit haltbar ist, werden die älteren Bestände mit früherem Verfallsdatum immer vorne im Regal platziert, die jüngeren Bestände also von hinten nachgefüllt: Ein einfaches Beispiel für FIFO. Das Beispiel verdeutlicht auch, dass die LIFO-Fiktion in aller Regel keine besonders plausible ist, was neben dem veraltenden Preisgerüst ein Grund für die Abschaffung dieser Methode gewesen ist. Allerdings gibt es durchaus auch Lagerhaltungspraktiken, etwa auf Halden, die der LIFO-Fiktion eher entsprechen als der nach FIFO.

Die Durchschnittsmethode ist nun eine Art Kompromiss zwischen beiden Verfahren. Sie ist in zwei Varianten denkbar und zulässig, namentlich als (a) gewogene und (b) gleitende Durchschnittsmethode. Bei der gewogenen Durchschnittsmethode wird aus dem Anfangsbestand und den Zugängen ein gewogener Preis gebildet, mit dem sowohl die Abgänge als auch der Endbestand bewertet werden. Bei der gleitenden Durchschnittsmethode wird nach jedem Zugang ein neuer Durchschnittspreis errechnet und jeder Abgang bis zum nächsten Zugang jeweils damit bewertet.

Zur Verdeutlichung der Konsequenzen auf Bilanz und Gewinn-und-Verlust-Rechnung seien die Bewertungsvereinfachungsverfahren anhand eines Beispiels miteinander verglichen. Dazu soll angenommen werden, dass ein Unternehmen am 01.01.20X1 keine Vorräte auf Lager hatte. Im Lauf des Jahres 20X1 kommt es zu folgenden Zugängen:

Datum	Menge (kg)	Preis (€)
10.01.20X1	1.000	10
15.06.20X1	800	11
27.11.20X1	1.200	12

Der mengenmäßige Endbestand beträgt laut Inventur 900 kg. Zu berechnen sind nun die Abgänge der Periode bei Anwendung (a) der FIFO-, (b) der LIFO- und (c) der gewogenen Durchschnittsmethode.[3] Mengenmäßig ergeben sich die Abgänge (bei allen Verfahren) folgendermaßen:

	Anfangsbestand	0
+	Zugänge	3.000
–	Endbestand	900
=	Abgänge	2.100

Bei Anwendung der unterschiedlichen Verfahren werden sich nun sowohl die Werte der Abgänge (= Umsatzkosten) als auch die Werte der Endbestände unterscheiden. Die Wahl des Verfahrens hat also Auswirkungen sowohl auf den bilanziellen Vermögens- als auch den Gewinnausweis.

FIFO-Verfahren Bei FIFO verlassen die zuerst zugegangenen Waren zumindest hypothetisch auch zuerst das Lager. Insgesamt sind 2.100 kg abgegangen. Da keine Vorräte am Periodenbeginn vorhanden waren, gehen zunächst die 1.000 kg vom 10.01.20X1 ab, dann die 800 kg vom 15.06.20X1. Es verbleiben nun noch 300 kg, die aus dem Zugang vom 27.11.20X1 abgehen.

Menge (kg)	Preis (€)	Wert (€)
1.000	10	10.000
800	11	8.800
300	12	3.600
2.100		22.400

Der Wert der gesamten Abgänge beläuft sich also auf € 22.400. Als Restlagerbestand ergeben sich 900 × € 12 = € 10.800. Dieser Wert ist der neue Bilanzansatz.

3 Die Anwendung der gleitenden Durchschnittsmethode ist hier nicht explizit möglich, da sich keine Angaben zu den einzelnen Abgängen während des Jahres finden.

LIFO-Verfahren Soweit die Anwendung des LIFO-Verfahrens gestattet wäre, gälte die Fiktion, dass die zuletzt zugegangenen Waren das Lager zuerst verlassen. Insgesamt sind 2.100 kg abgegangen. Dazu werden jetzt zunächst die jüngsten Zugänge herangezogen, also die 1.200 kg vom 27.11.20X1 zu € 12 je kg. Dazu kommen die 800 kg vom 15.06.20X1 zu Stückkosten von € 11. Es verbleiben nun noch 100 kg, die aus dem ersten Zugang vom 10.01.20X1 abgehen.

Menge (kg)	Preis (€)	Wert (€)
1.200	12	14.400
800	11	8.800
100	10	1.000
2.100		24.200

Der Wert der gesamten Abgänge beläuft sich also auf € 24.200. Als Restlagerbestand ergeben sich wertmäßig 900 × € 10 = € 9.000.

Durchschnittsmethode Bei der gewogenen Durchschnittsmethode wird zunächst der Wert des durchschnittlichen Lagerbestands berechnet. Dieser wird auf eine Vorratseinheit (hier: 1 kg) bezogen. Mit dem sich ergebenden Betrag sind dann Abgänge sowie Endbestand zu bewerten. Für das Beispiel ergibt sich folgender Gesamtwert der Zugänge:

Menge (kg)	Preis (€)	Wert (€)
1.000	10	10.000
800	11	8.800
1.200	12	14.400
3.000		33.200

Der gewogene Durchschnittspreis pro kg beträgt also € 33.200 ÷ 3.000 ≈ € 11,07. Die Abgänge haben demnach einen Wert von € 23.240, der Restlagerbestand wird mit € 9.960 bewertet.

Die folgende Tabelle stellt die Ergebnisse bei Anwendung der verschiedenen Verfahren gegenüber:

Methode	Abgänge (in €)	Endbestand (in €)
FIFO	22.400	10.800
LIFO	24.200	9.000
Durchschnitt	23.240	9.960

Bei steigenden Preisen führt das LIFO-Verfahren im Vergleich zu FIFO zu einem niedrigeren Bilanzausweis sowie zu einem unter sonst gleichen Bedingungen niedrigeren Ergebnisausweis. Ohne die Informationsbedürfnisse der Adressaten zu kennen, kann keine Aussage über die Vorteilhaftigkeit eines der beiden Verfahren getroffen werden. Bei Anwendung des LIFO-Verfahrens wird das Vorratsvermögen nicht zu marktnahen Werten ausgewiesen. Bei steigenden Preisen ist dieses höher, sodass hier stille Reserven entstehen. Dafür werden durch Berücksichtigung der aktuellen Kosten in der Gewinn-und-Verlust-Rechnung die aktuellen Wiederbeschaffungskosten verdient, bevor es zu einem Gewinnausweis kommen kann. Beim FIFO-Verfahren erfolgt der Bilanzausweis des Vermögens zu aktuelleren Kosten, also marktnäher. Die Abschaffung des LIFO-Verfahrens durch das IASB passt also zur Logik, Vermögenswerte zum beizulegenden Zeitwert auszuweisen. Ein marktnaher Ausweis des Vermögens in der Bilanz wird offenbar vom IASB favorisiert und als entscheidungsnützlich erachtet, wobei Verzerrungen in der Gewinn-und-Verlust-Rechnung in Kauf genommen werden.

Für die Folgebewertung ist abschließend noch zu beachten, dass die Vorräte an jedem Bilanzstichtag zum niedrigeren Wert von Anschaffungs- beziehungsweise Herstellungskosten und Nettoveräußerungswert auszuweisen sind. Mit der Idee, dass Vorräte zum Absatz gehalten werden und daher mit keinem höheren als dem (realisierbaren) Nettoveräußerungswert in der Bilanz ausgewiesen sein sollten, bleibt das sog. Prinzip der verlustfreien Bewertung gewahrt, da beim Verkauf der Vorräte kein Verlust mehr entstehen kann. Dabei wird unter dem Nettoveräußerungswert der geschätzte, im normalen Geschäftsgang erzielbare Verkaufserlös abzüglich der geschätzten Kosten der Fertigstellung und der geschätzten notwendigen Verkaufskosten verstanden. Eine Abschreibung auf den Nettoveräußerungswert entspricht einer Wertminderung, weshalb IAS 36 nicht auf Vorräte angewendet werden darf. Alle Abwertungen von Vorräten auf den Nettoveräußerungswert sowie alle Verluste bei den Vorräten sind in der Periode als Aufwand zu erfassen, in der die Abwertungen vorgenommen werden beziehungsweise die Verluste eingetreten sind. Von der Pflicht zur Abwertung bei rückläufigen Einkaufspreisen ausgenommen sind Roh-, Hilfs- und Betriebsstoffe, wenn das Fertigerzeugnis, in welches sie eingehen, mindestens kostendeckend verkauft werden kann. Ist dies nicht der Fall, wird als Referenzmaßstab zur Bewertung auf den Wiederbeschaffungswert der Roh-, Hilfs- und Betriebsstoffe am Absatzmarkt abgestellt. Entfällt der Grund für eine vormals erfasste Wertminderung, wird Letztere im Rahmen des Wertaufholungsgebots erfolgswirksam rückgängig gemacht. Der neue Buchwert muss dann abermals dem niedrigeren Wert von historischen Kosten und Nettoveräußerungswert entsprechen.

Exkurs 4.16 Bewertung des Vorratsvermögens

Im Anhang des Konzernabschlusses 2018 der Adidas AG finden sich zur Bewertung von Vorräten folgende Informationen:

„Fertige Erzeugnisse und Handelswaren werden mit dem niedrigeren Wert aus Anschaffungs- oder Herstellungskosten und Nettoveräußerungswert angesetzt. Letzterer entspricht dem geschätzten, im normalen Geschäftsgang erzielbaren Verkaufserlös abzüglich der geschätzten Kosten bis zur Fertigstellung und der geschätzten notwendigen Vertriebskosten. Die Anschaffungskosten werden durch eine Standardbewertungsmethode ermittelt, die der „Durchschnittsmethode" entspricht. Die Herstellungskosten fertiger Erzeugnisse beinhalten Materialkosten, Fertigungslöhne und angemessene Teile der zurechenbaren Gemeinkosten. Die Berechnung der Gemeinkostenzuschläge erfolgt auf Basis geplanter durchschnittlicher Auslastungen. Die Wertberichtigungen auf den Nettoveräußerungswert werden konzerneinheitlich, basierend auf dem Alter bzw. der voraussichtlichen Umsatzerlöse der Artikel, ermittelt."

(Quelle: Konzernabschluss der Adidas AG 2018, Anhang S. 178)

Exkurs 4.17 Bewertung von Vorratsvermögen nach HGB

Die Vorratsbewertung nach HGB ist seit Inkrafttreten des Bilanzrechtsmodernisierungsgesetzes durch eine hohe Konformität zu den IFRS gekennzeichnet. Hinsichtlich der Ansatznormen gilt im HGB das Anschaffungs- und Herstellungskostenprinzip ebenso als Wertmaßstab für Vermögensgegenstände des Anlage- und Umlaufvermögens. Auch die Anwendungsvoraussetzungen der Bewertungsvereinfachungsverfahren stimmen nach HGB und IFRS überein, wobei das in den IFRS unzulässige LIFO-Verfahren nach den handelsrechtlichen Vorschriften gemäß § 256 HGB Verwendung finden darf. Unterschiede ergeben sich hingegen bei der Aktivierung bestimmter Kostenbestandteile. Die nachfolgende Tabelle kontrastiert die Bestandteile der Herstellungskosten nach IAS 2 und HGB.

→

→ Fortsetzung

Tabelle 4.9

Bestandteile der Herstellungskosten nach IFRS und HGB

Position	IAS 2	§ 255 HGB
Material- und Fertigungseinzelkosten	Pflicht	Pflicht
Sondereinzelkosten der Fertigung	Pflicht	Pflicht
Material- und Fertigungsgemeinkosten	Pflicht	Pflicht
Kosten für		
– soziale Einrichtungen des Betriebs[a]	Pflicht	Wahlrecht
– freiwillige soziale Leistungen[a]	Pflicht	Wahlrecht
– betriebliche Altersversorgung[a]	Pflicht	Wahlrecht
Fertigungsbezogene Verwaltungskosten[a]	Pflicht	Wahlrecht
Fremdkapitalkosten	Pflicht[b]	Wahlrecht[c]
Vertriebskosten	Verbot	Verbot

a. Sofern produktionsbezogen, ansonsten besteht ein Ansatzverbot.
b. Bei Vorliegen eines qualifizierten Vermögenswerts.
c. Nur wenn das Fremdkapital zur Herstellung eines Vermögenswerts verwendet wird und nur für Zinsen, die im Zeitraum der Herstellung anfallen.

Im Rahmen der Folgebewertung sind Vorräte als Vermögensgegenstände des Umlaufvermögens prinzipiell nach dem strengen Niederstwertprinzip gemäß § 253 Abs. 4 HGB zu bewerten. Unabhängig von der Dauer der voraussichtlichen Wertminderung schreibt das strenge Niederstwertprinzip außerplanmäßige Abschreibungen vor. Als Bewertungsmaßstab wird hier der aus dem Börsen- oder Marktpreis abgeleitete Wert der Vermögensgegenstände oder falls ein solcher nicht feststellbar ist, der beizulegende Zeitwert herangezogen. Falls die Gründe für eine außerplanmäßige Abschreibung in späteren Jahren entfallen, müssen gemäß § 253 Abs. 3 und 5 im Umfang der Werterhöhung erfolgswirksame Zuschreibungen vorgenommen werden. Die (fortgeführten) Anschaffungskosten gelten dabei jedoch als Obergrenze und dürfen nicht überschritten werden.

EXTRAS ONLINE

Aufgaben

1. Diskutieren Sie, warum die Aussagekraft von Abschlüssen durch Anwendung des LIFO-Verfahrens sinken könnte!

2. Informieren Sie sich über die Grundsätze beziehungsweise Stereotypen der statischen und dynamischen Bilanztheorie. Welches Verfahren (LIFO/FIFO) „passt" zu welcher der beiden Theorien? Warum?

3. Skizzieren Sie kurz den Inhalt von IAS 2!

4. Wodurch sind die einzelnen Methoden für die Bewertung von Vorräten nach IFRS gekennzeichnet?

5. Die Köhler AG vertreibt Grillzubehör, unter anderem auch einen Säulengrill. Am 01.01.20X3 hatte die Köhler AG keinen Säulengrill im Lager. Im Lauf des Jahres nimmt die Köhler AG folgende Einkäufe dieses Grills vor:

Datum	Anzahl (in Stück)	Preis pro Stück
15. Januar	25	80
13. März	50	83
30. April	120	79
5. Juni	95	81
28. Juli	75	84
1. September	45	82

Die Köhler AG konnte in diesem Jahr 225 Stück verkaufen.

a. Ermitteln Sie den Wert des Lagerbestands am Jahresende nach der FIFO-Methode.

b. Ermitteln Sie den Wert des Lagerbestands am Jahresende nach der LIFO-Methode.

c. Ermitteln Sie den Wert des Lagerbestands am Jahresende nach der gewogenen Durchschnittsmethode.

→

→ **Fortsetzung**

6. Die Kallmeier AG hat sich auf den Vertrieb unterschiedlicher Einzäunungsvorrichtungen spezialisiert. Um ihre Angebotspalette zu erweitern, bietet die Kallmeier AG ab 20X3 Einzäunungsteile an, in denen Metallfäden eingewoben sind. Diese Seile werden in einer Länge von 50 m angeboten. Gleich zu Beginn des Jahres kauft das Unternehmen 110 Rollen à 50 m für € 32 pro Rolle. Aufgrund der regen Nachfrage kauft das Unternehmen am 15.03.20X3 weitere 155 Rollen für € 35. Am 20.04.20X3 kauft es noch einmal 120 Rollen für € 30 und am 05.06.20X3 werden 105 Rollen für € 33 gekauft. Bis zum 30.06.20X3 verkauft das Unternehmen insgesamt 310 Rollen zu einem Verkaufspreis von € 48.

a. Welchen Wert hat das Lager am 30.06.20X3 bei Anwendung der LIFO-Methode?

b. Welchen Wert haben die verkauften Seile bei Anwendung der gewogenen Durchschnittsmethode?

c. Wie werden das Lager und die verkauften Seile bei Anwendung der FIFO-Methode bewertet?

7. Die Kids AG produziert und vertreibt unter anderem Kinderroller. Die Herstellungskosten für einen Kinderroller belaufen sich auf € 45. Zum 31.12.20X3 befinden sich 890 dieser Roller im Lager der Kids AG. Die Nachfrage nach Kinderrollern ist in 20X3 dramatisch zurückgegangen, sodass der ursprüngliche Verkaufspreis von € 58 nicht mehr gehalten und jetzt lediglich ein Verkaufspreis von € 42 erzielt werden kann. Mit welchem Wert sind die Kinderroller in der Bilanz zum 31.12.20X3 zu erfassen? Begründen Sie Ihre Antwort!

8. Die Heiligsblechle AG ist Hersteller von Dachziegeln. Zum Bilanzstichtag 31.12.20X1 liegen noch Rohstoffe mit historischen Anschaffungskosten in Höhe von € 20.000 auf Lager. Aufgrund eines Preisrückgangs betragen die Wiederbeschaffungskosten der Rohstoffe zu diesem Zeitpunkt € 18.400. Die historischen Herstellungskosten der zum 31.12.20X1 auf Lager liegenden fertig produzierten Dachziegel betragen € 55.000. Der geschätzte Verkaufserlös hierfür liegt bei € 57.000, wobei noch Verkaufskosten in Höhe von € 4.500 anfallen würden.

a. Mit welchem Wert sind die Rohstoffe am 31.12.20X1 in der Bilanz anzusetzen?

b. Nehmen Sie an, dass sich zum 31.12.20X1 ein Wertminderungsbedarf in Höhe von € 2.000 ergibt. Wie lautet der Buchungssatz?

c. Welcher Wertansatz ergibt sich am 31.12.20X1 für die Dachziegel?

Darstellung der Vermögenslage: Passiva

5

ÜBERBLICK

5.1 Finanzielle Verbindlichkeiten

5.1.1 Definition, Ansatz und Klassifikation

Lernziele

- Finanzielle Verbindlichkeiten zählen zu den Schulden eines Unternehmens. Allerdings sind nicht alle Schulden finanzielle Verbindlichkeiten.
- Finanzielle Verbindlichkeiten sind vertragliche Verpflichtungen, die zum Abfluss von Zahlungsmitteln oder anderer finanzieller Verbindlichkeiten führen.
- Eine finanzielle Verbindlichkeit kann auch durch die vertragliche Verpflichtung entstehen, finanzielle Vermögenswerte oder finanzielle Verbindlichkeiten unter nachteiligen Bedingungen zu tauschen.
- Typischerweise werden finanzielle Verbindlichkeiten zu fortgeführten Anschaffungskosten unter Anwendung der Effektivzinsmethode bewertet. Alternativ kommt aber auch die Neubewertung von Schulden in Betracht.

Finanzielle Verbindlichkeiten zählen zu den Schulden eines Unternehmens. Schulden sind gemäß Rahmenkonzept der IFRS definiert als gegenwärtige Verpflichtungen aufgrund vergangener Ereignisse, die zu einem Abfluss von Ressourcen mit wirtschaftlichem Nutzen führen. Der Begriff der Schulden ist breiter als der der finanziellen Verbindlichkeiten. Schulden, aber keine finanziellen Verbindlichkeiten, sind zum Beispiel Abgrenzungsposten (vergleiche ▸ Kapitel 5.3.1), Rückstellungen (vergleiche ▸ Kapitel 5.2), Schulden, die durch die Gewährung bestimmter Formen anteilsbasierter Vergütung entstehen (vergleiche Kapitel ▸ 5.3.2), oder auch Sachleistungsverpflichtungen (vergleiche Kapitel ▸ 5.3.3). Schulden entstehen häufig im normalen Geschäftsablauf und sind relativ breit zu fassen. Es muss nicht notwendigerweise eine gesetzliche Durchsetzbarkeit oder ein bindender Vertrag vorliegen. Auch die unternehmenspolitische Entscheidung, nach Ablauf von Garantiefristen Produktfehler zu beheben, kann zur Entstehung von Schulden führen.

Finanzielle Verpflichtungen zählen nicht nur zu den Schulden, sondern auch zur Gruppe der Finanzinstrumente, deren Bilanzierung in IAS 32 und IAS 39 bzw. in IFRS 9 geregelt ist. Dabei handelt es sich um vertragliche Verpflichtungen,

- flüssige Mittel oder einen anderen finanziellen Vermögenswert an ein anderes Unternehmen abzugeben (zum Beispiel Verbindlichkeiten aus Lieferungen und Leistungen) oder
- finanzielle Vermögenswerte oder finanzielle Verbindlichkeiten mit einem anderen Unternehmen zu potenziell nachteiligen Bedingungen zu tauschen (zum Beispiel die vertraglich eingeräumte Verpflichtung des Stillhalters einer Option).

Zudem kann es sich auch bei vertraglichen Verpflichtungen, die ein Unternehmen in Eigenkapitalinstrumenten erfüllen kann oder muss, um finanzielle Verbindlichkeiten handeln. Dies ist allerdings nur in den Fällen möglich, in denen ...

- bei einem nicht derivativen Finanzinstrument die vertragliche Verpflichtung besteht, künftig eine variable Anzahl von Eigenkapitalinstrumenten abzugeben;
- bei einem derivativen Finanzinstrument die vertragliche Verpflichtung besteht, eine variable Anzahl von Eigenkapitalinstrumenten gegen einen festen Betrag an flüssigen Mitteln (oder einen anderen finanziellen Vermögenswert) zu tauschen.

Eine finanzielle Verbindlichkeit ist – wie alle Finanzinstrumente – erstmals und nur dann anzusetzen, wenn das Unternehmen Vertragspartei geworden ist. Beim erstmaligen Ansatz klassifiziert ein Unternehmen die finanzielle Verbindlichkeit und nimmt auch die Erstbewertung vor. Die Ausbuchung erfolgt, wenn die finanzielle Verbindlichkeit getilgt ist. Dies ist der Fall, wenn alle im Vertrag genannten Verpflichtungen erfüllt oder aufgehoben sind.

Nach IFRS 9 (ähnlich auch nach IAS 39) gibt es zwei Kategorien finanzieller Schulden. Die erste Kategorie besteht aus Schulden, die zu fortgeführten Anschaffungskosten (*at armortized cost*) bewertet werden, die zweite aus Schulden, die zum beizulegenden Zeitwert bilanziert werden (*at fair value through profit and loss*). Nach IAS 39 werden zunächst nur solche Instrumente der Fair-Value-Kategorie zugeordnet, die zu Handelszwecken gehalten werden. Dies betrifft insbesondere alle derivativen Finanzinstrumente auf der Passivseite (soweit es sich nicht um Finanzgarantien oder derivative Finanzinstrumente handelt, die Teil effektiver Hedge-Beziehungen sind). IFRS 9 macht deutlicher, dass grundsätzlich alle finanziellen Verbindlichkeiten zu fortgeführten Anschaffungskosten bewertet werden sollen, wovon allerdings einige Verbindlichkeiten ausgenommen sind (z.B. bestimmte Finanzgarantien, bei speziellen Verbindlichkeiten, die aus der Übertragung finanzieller Vermögenswerte entstehen oder bei Kreditzusagen unterhalb des Marktzinssatzes). Sowohl IAS 39 als auch IFRS 9 sehen zudem die sogenannte Fair-Value-Option vor, ein Wahlrecht, nach dem im Grunde alle Arten finanzieller Verbindlichkeiten zum beizulegenden Zeitwert bilanziert werden dürfen. Voraussetzung ist, dass durch den Fair Value entscheidungsnützlichere Informationen geliefert werden, wovon auszugehen ist, wenn durch die Designation Bewertungsinkonsistenzen (*accounting mismatches*) vermieden werden und/oder eine Angleichung von externem und internem Reporting erfolgt.

Hinweise zum Ausweis finanzieller Verbindlichkeiten finden sich in IAS 1 und IFRS 7. Nach IAS 1 sind finanzielle Schulden neben den Positionen Verbindlichkeiten aus Lieferungen und Leistungen, Ertragssteuerschulden und latente Steuern auszuweisen, wobei kurz- und langfristige Schulden getrennt auszuweisen sind. Eine Schuld ist als kurzfristig anzusehen, wenn eine Tilgung innerhalb des gewöhnlichen Geschäftszyklus oder innerhalb von zwölf Monaten nach dem Bilanzstichtag erwartet wird beziehungsweise kein Recht besteht, die Tilgung über diesen Zeitraum hinaus zu verschieben. Auch zu Handelszwecken gehaltene Schulden werden als kurzfristig klassifiziert, alle anderen als die genannten gelten als langfristig. Wenn ein Rechtsanspruch zur Aufrechnung und die Absicht zum Nettoausgleich vorhanden sind, besteht die Pflicht, finanzielle Vermögenswerte und Verbindlichkeiten zu saldieren. Bei Forderungen und Verbindlichkeiten gegenüber unterschiedlichen Partnern ist dies allerdings in der Regel genauso wenig der Fall wie bei Verpflichtungen aus Schadensereignissen, denen Entschädigungsansprüche aus Versicherungen gegenüberstehen. Weitere Ausweisvorschriften, auf die hier nicht näher eingegangen sei, finden sich in IFRS 7.

EXTRAS ONLINE

Aufgaben

1. Nehmen Sie an, die Alpha AG hat eine Forderung gegenüber der Gamma AG über € 1.000.000 und schuldet gleichzeitig der Gamma AG € 500.000. Darf die Alpha AG in ihrem Abschluss Forderung und finanzielle Verbindlichkeit saldieren?

Weiterführende Literatur Weitere Informationen zum Ausweis von Verbindlichkeiten als lang- oder kurzfristig finden sich in Freiberg, 2010. Mit der Saldierung von Finanzinstrumenten beschäftigen sich Freiberg und Lukat, 2013, sowie Bär, Kalbow und Vesper, 2014. König, 2013, beschreibt die Auswirkungen der Kategorisierung von Finanzinstrumenten nach IAS 39 und IFRS 9 auf die Berechnung des regulatorischen Eigenkapitals von Banken.

5.1.2 Erst- und Folgebewertung

Lernziele

- Finanzielle Verbindlichkeiten, die zu fortgeführten Anschaffungskosten bewertet werden, werden bei Zugang mit ihrem beizulegenden Zeitwert unter Berücksichtigung von Transaktionskosten angesetzt. Für die Folgebewertung kommt die Effektivzinsmethode zum Einsatz.
- Finanzielle Verbindlichkeiten, die zum beizulegenden Zeitwert bewertet werden, werden bei Zugang mit ihrem beizulegenden Zeitwert ohne Berücksichtigung von Transaktionskosten angesetzt. In den nachfolgenden Perioden wird jeweils neubewertet, wobei die Neubewertungsbeträge typischerweise erfolgswirksam erfasst werden.

Die Erstbewertung von finanziellen Verbindlichkeiten erfolgt analog zu den finanziellen Vermögenswerten: Wenn eine finanzielle Verbindlichkeit zu fortgeführten Anschaffungskosten bewertet wird, sind Transaktionskosten bei der Bestimmung der Anschaffungskosten zu berücksichtigen. Fällt die finanzielle Verbindlichkeit dagegen in die Kategorie der zum beizulegenden Zeitwert zu bewertenden Finanzinstrumente, so müssen eventuell anfallende Transaktionskosten in der Periode des Erwerbs erfolgsmindernd erfasst werden, dürfen also nicht passiviert werden.

Die fortgeführten Anschaffungskosten entsprechen grundsätzlich dem Rückzahlungsbetrag abzüglich erfolgter Tilgungen und einer Korrektur um Agien und Disagien. Die sogenannte Effektivzinsmethode dient der Berechnung fortgeführter Anschaffungskosten finanzieller Schulden und insbesondere der Zuordnung von Zinserträgen und Zinsaufwendungen auf die jeweiligen Perioden, in denen das Instrument gehalten wird. Dabei ist der Effektivzinssatz derjenige Kalkulationszinssatz, mit dem die geschätzten künftigen Ein- und Auszahlungen exakt auf den Nettobuchwert abgezinst werden. Bei der Ermittlung des Effektivzinssatzes müssen alle vertraglichen Bedingungen des Finanzinstruments berücksichtigt werden, außerdem alle unter den Vertragspartnern gezahlten oder erhaltenen Gebühren und sonstigen Entgelte. Die Effektivzinsmethode wird in ▶ Kapitel 5.1.3 an einem Beispiel verdeutlicht.

Exkurs 5.1 **Folgebewertung von Schulden bei der Continental AG**

Im Konzernbericht 2017 der Continental AG finden sich folgende Informationen zur Bewertung strukturierter Finanzprodukte: „Finanzinstrumente, die sowohl eine Fremd- als auch eine Eigenkapitalkomponente enthalten, werden ihrem Charakter entsprechend in unterschiedlichen Bilanzposten angesetzt. Zu den hier relevanten Eigenkapitalinstrumenten gehören im Wesentlichen Options- und Wandelanleihen. Der beizulegende Zeitwert von Wandlungsrechten wird bereits bei der Emission einer Wandelanleihe in die Kapitalrücklage eingestellt und gleichzeitig von der Anleiheverbindlichkeit abgesetzt.

Beizulegende Zeitwerte von Wandlungsrechten aus unterverzinslichen Anleihen werden anhand des kapitalisierten Unterschiedsbetrags aus dem Zinsvorteil ermittelt. Für die Laufzeit der Anleihe wird der Zinsaufwand der Fremdkapitalkomponente aus dem Marktzins zum Zeitpunkt der Emission für eine vergleichbare Anleihe ohne Wandlungsrecht errechnet. Der Differenzbetrag zwischen dem berechneten und dem gezahlten Zins erhöht den Buchwert der Anleiheverbindlichkeit. Bei Fälligkeit oder Wandlung der Wandelanleihe wird gemäß dem Wahlrecht in IAS 32 die in der Kapitalrücklage bei der Emission eingestellte Eigenkapitalkomponente mit den kumulierten einbehaltenen Gewinnen aufgerechnet."

(Quelle: Anhang des Konzernabschlusses der Continental AG 2017, S. 138)

Die nach IAS 39 im Rahmen der Fair-Value-Option zulässige Bewertung finanzieller Schulden zum beizulegenden Zeitwert war stets umstritten. Ein Grund dafür ist, dass Neubewertungen von Schulden gemäß IAS 39 – und im Grundsatz auch nach IFRS 9 – stets erfolgswirksam sind. Demnach entsteht durch das Absinken des Marktwerts einer zum beizulegenden Zeitwert angesetzten finanziellen Verbindlichkeit ein Ertrag. Bei Derivaten ist dies häufig explizit gewünscht. So könnte etwa ein Derivat die Erfolgswirkungen eines zum beizulegenden Zeitwert bilanzierten und hinsichtlich der Wertentwicklung höchst volatilen finanziellen Vermögenswerts (exakt) kompensieren. Sinkt demnach der beizulegende Zeitwert des Vermögenswerts, so wird ein Aufwand erfasst; dieser wird aber exakt durch die Veränderung des beizulegenden Zeitwerts des Derivats

– hier in Form einer Verminderung des negativen Marktwerts – kompensiert. Problematisch ist allerdings, dass sich auch eine Verschlechterung der eigenen Bonität auf den Marktwert der eigenen Schulden auswirkt. Verschlechtert sich etwa das eigene Rating, so bedeutet dies nichts anderes, als dass der Markt die Rückzahlung der Schulden nunmehr als weniger wahrscheinlich erachtet. Will etwa der Inhaber einer Anleihe diese deshalb am Markt veräußern, wird er einen Bewertungsabschlag in Kauf nehmen müssen. Der Marktwert fällt also, entsprechend führt die Verschlechterung der eigenen Bonität bei einer Bewertung der eigenen Schulden zum beizulegenden Zeitwert zur Erfassung von Erträgen. Werden die dadurch erhöhten Gewinne einbehalten, ergibt sich durch die Verschlechterung des eigenen Ausfallsrisikos gar eine Erhöhung der Eigenkapitalquote. Aus konzeptioneller Sicht ist das Vorgehen deshalb fragwürdig. Die Erfolgsvereinnahmung durch Erhöhung der Ausfallwahrscheinlichkeit ist vor dem Hintergrund, dass die Bilanzierung stets unter der Annahme der Unternehmensfortführung erfolgt, bedenklich. Insbesondere dann, wenn davon ausgegangen wird, dass der „Erfolg" der verminderten Rückzahlung eigentlich nur bei einem Zahlungsausfall realisiert wird. Dagegen lässt sich einwenden, dass es auch eine mit der Unternehmensfortführung vereinbare Form der Realisation gibt: Das Unternehmen kann seine eigenen Schulden zu einem niedrigeren als dem Erfüllungsbetrag zurückkaufen. Dieser Rückkauf muss wiederum refinanziert werden, sodass auch diese Begründung der Abbildungskonsequenzen nicht restlos überzeugt. Wohl auch deshalb stellt IFRS 9 klar, dass der Effekt aus der Verschlechterung ausschließlich erfolgswirksam erfasst werden kann, wenn dadurch nachweisbar ein *Accounting Mismatch* beseitigt werden kann. Soweit ein solcher Nachweis nicht erbracht werden kann, sind mit der Verschlechterung der eigenen Kreditwürdigkeit verbundene Effekte bei den zum beizulegenden Zeitwert bilanzierten finanziellen Vermögenswerten im sonstigen Ergebnis zu erfassen.

Exkurs 5.2

Bilanzierung eigener Verbindlichkeiten zum beizulegenden Zeitwert

Im dritten Quartal 2011 wies die UBS überraschend einen Reingewinn von ca. 1 Mrd. Schweizer Franken aus – trotz Finanzkrise und einem vom eigenen Händler verursachten Milliardenverlust. Dazu hatte auch die Neubewertung eigener, zum Fair Value bilanzierter Verbindlichkeiten beigetragen. Die Neubewertung führte zu einem Gewinnbeitrag in Höhe von 1,8 Mrd. Schweizer Franken, wovon alleine 1,5 Mrd. auf die Ausweitung des Credit Spread zurückzuführen waren. Die Bewertung eigener Anleihen nach dem Fair-Value-Prinzip erlaubt es Banken, im Falle einer Bonitätsverschlechterung Gewinne zu erfassen. Dies funktioniert wie folgt: Fällt der Wert der Anleihe, ist die Bank dazu in der Lage, eigene Papiere zu einem günstigeren Preis zurückzukaufen und somit einen Gewinn zu verbuchen. In den meisten Fällen kauft die Bank ihre Anleihen allerdings nicht zurück. Am Ende der Laufzeit muss dann der volle Wert der Anleihe zurückgezahlt werden.

(Quelle: Quartalsabschluss Q3 2011 der UBS Gruppe 2011, S. 79)

Weiterführende Literatur Zu finanziellen Verbindlichkeiten unter IFRS 9 sei auf Christian, 2011, verwiesen. Eckes, Flick und Sierleja, 2010, beschäftigen sich mit der Kategorisierung und Bewertung von Finanzinstrumenten nach IFRS 9 bei Kreditinstituten. Zur Problematik der Erfolgswirksamkeit der Verschlechterung der eigenen Bonität bei eigenen Verbindlichkeiten, die zum beizulegenden Zeitwert bilanziert werden, ist auf Thurow, 2012, sowie Finke und Kümpel, 2013, zu verweisen. Inwieweit Rechnungslegungspraktiken zur Finanzkrise beigetragen haben, wird in Laux und Leuz, 2009, Laux und Leuz, 2010, sowie Norton, 2011, diskutiert.

5.1.3 Fallbeispiele

Folgebewertung ausgegebener Anleihen nach der Effektivzinsmethode

Lernziele

- Die Folgebewertung zu fortgeführten Anschaffungskosten nach der Effektivzinsmethode ist die präferierte Bewertungskategorie finanzieller Verbindlichkeiten.
- Der Effektivzins kann als interner Zinsfuß einer Zahlungsreihe verstanden werden, in der alle vertraglichen Vereinbarungen berücksichtigt sind, wobei der interne Zinsfuß dafür sorgt, dass alle diskontierten künftigen Zahlungsströme genau dem beizulegenden Zeitwert des Instruments im Zeitpunkt der Emission entsprechen.

Im vorliegenden Fallbeispiel wird eine Anleihe betrachtet, welche am 31.12.20X1 mit einem Nennwert von € 200.000 emittiert wird und die über drei Jahre (bzw. sechs Halbjahre) läuft. Das Unternehmen geht mit der Emission die vertragliche Verpflichtung zur Rücknahme nach Ende der Laufzeit zu € 200.000 ein, ferner auch zur Leistung von Zinszahlungen am Ende jeden Halbjahres während der Laufzeit. Der Couponzinssatz beträgt 10 Prozent (jährlich bzw. 5 Prozent halbjährlich). Transaktionskosten sind zu vernachlässigen. Offensichtlich entsteht mit der Emission eine finanzielle Verbindlichkeit für das Unternehmen: Mit Ausgabe nimmt das Unternehmen Geld auf und verpflichtet sich, am Ende der Laufzeit € 200.000 zurückzubezahlen. Außerdem sind halbjährlich Zinszahlungen an die Inhaber der Anleihe zu entrichten. Es liegt also eine gegenwärtige Verpflichtung vor, die über die Laufzeit hinweg zum Abfluss von Ressourcen führen wird.

Die Schuld ist beim ersten Ansatz mit ihrem beizulegenden Zeitwert (adjustiert um Transaktionskosten) in der Bilanz zu passivieren. Das ist der Betrag, den potenzielle Käufer gewillt sind, unter Risikogesichtspunkten für ein Instrument mit den versprochenen Zahlungsströmen zu bezahlen. Die Schuld wird also mit dem Erlös aus der Emission angesetzt. Grundsätzlich können nun im Hinblick auf den realisierten Emissionserlös drei Fälle unterschieden werden: Im ersten Fall entspricht der Emissionserlös (unter Berücksichtigung von Transaktionskosten) genau dem Nennwert der Anleihe, also dem Erfüllungsbetrag von € 200.000. Im zweiten Fall liegt er darunter (z.B. € 190.165), im dritten darüber (z.B. € 210.484). Ob der Marktpreis über oder unter dem Erfüllungsbetrag liegt – bzw. diesem genau entspricht – hängt davon ab, ob die Anleihe eine marktübliche Verzinsung bietet, ob also die Erwartung des Markts über die Verzinsung eines entsprechend risikobehafteten Papiers erfüllt wird.

Im ersten Fall erwartet der Markt eine Verzinsung mit 10 Prozent p.a. (bzw. 5 Prozent halbjährlich). Dies entspricht genau der vertraglich angebotenen Verzinsung. Im zweiten Fall ist die über den Coupon angebotene Verzinsung der Anleihe aus Sicht des Markts zu niedrig, weil etwa die marktüblichen Fremdkapitalkosten für eine entsprechende Anleihe bei 12 Prozent p.a. (bzw. 6 Prozent halbjährlich) liegen. Die Marktteilnehmer sind daher nicht bereit, bei Ausgabe den Nominalbetrag der Anleihe zur Verfügung zu stellen. Im dritten Fall ist es genau anders herum: Die Anleihe bietet eine höhere als die marktübliche Verzinsung an. Dies wäre etwa der Fall, wenn die marktüblichen Fremdkapitalkosten für eine entsprechende Anleihe bei 8 Prozent p.a. (bzw. 4 Prozent halbjährlich) liegen. Die Anleger werden in diesem Fall bereit sein, einen höheren als den Nominalbetrag der Anleihe zur Verfügung zu stellen. Die folgende Tabelle gibt zunächst die nominalen Zahlungen an, welche das Unternehmen leisten muss. Diese entsprechen am Ende jeder Periode den versprochenen Couponzinszahlungen von 0,5 × 0,10 × € 200.000 = € 10.000. Am Ende der Laufzeit wird die Anleihe zum Nominalbetrag von € 200.000 zurückgenommen. Die Frage ist nun, welchen Betrag ein rational handelnder Anleger für ein entsprechendes Zahlungsversprechen bereit wäre, zu investieren. Dies hängt offensichtlich von der Risikoeinschätzung ab. In ▶ Tabelle 5.1 werden daher die Barwerte angegeben, die sich in den drei Fällen ergeben. Abermals wird mit den halben jährlichen Zinssätzen gerechnet. Damit ergibt sich etwa im Fall 1 (Couponzins entspricht der Zinserwartung des Markts) im Zeitpunkt der Emission ein Barwert der ersten Zinszahlung von $10.000 \div (1.05)^1 = 9.524$. In Fall 2 ergibt sich zum Ausgabezeitpunkt für die zweite Zinszahlung ein Barwert von $10.000 \div (1.06)^2 = 8.900$. Der Emissionserlös, der aus der Investition rational handelnder Investoren erwartet werden kann, entspricht dann der Summe der Barwerte der einzelnen Zahlungen. In Fall 1 beträgt er genau € 200.000, in Fall 2 insgesamt € 190.165 und im dritten Fall € 210.484.

Tabelle 5.1

Berechnung des Barwerts der Anleihe bei Emission

Periode (Ende)	Position	Betrag (nominal)	Barwert Fall 1 (10 % p.a.)	Fall 2 (12 % p.a.)	Fall 3 (8 % p.a.)
1	Zinszahlung	10.000	9.524	9.434	9.615
2	Zinszahlung	10.000	9.070	8.900	9.246
3	Zinszahlung	10.000	8.638	8.396	8.890
4	Zinszahlung	10.000	8.227	7.921	8.548
5	Zinszahlung	10.000	7.83	7.473	8.219
6	Zinszahlung	10.000	7.462	7.050	7.903
6	Rücknahme	200.000	149.243	140.992	158.063
0	Emissionserlös		200.000	190.165	210.484

Der beizulegende Zeitwert einer Anleihe wurde hier über die explizit bekannte Zinserwartung des Markts bestimmt. Die Zinserwartung muss aber nicht explizit bekannt sein. Wird etwa angenommen, dass das Unternehmen, welches die Anleihe mit den oben genannten Zahlungsversprechen ausgibt, € 229.944 erlöst, kann der Effektivzins auch rechnerisch bestimmt werden. Der Effektivzinssatz ist nach IAS 39 der Kalkulationszinssatz, mit dem die geschätzten künftigen Ein- und Auszahlungen über die erwartete Laufzeit des Finanzinstruments exakt auf den Nettobuchwert abgezinst werden. Der Nettobuchwert muss im Zeitpunkt der Emission dem Emissionserlös, also € 229.944, entsprechen. Demnach ist nun der interne Zinsfuß i gesucht, der dafür sorgt, dass der Barwert der gegebenen Zahlungsreihe im Zeitpunkt der Emission genau € 229.944 beträgt. Der interne Zinsfuß wird gemäß der folgenden Gleichung – typischerweise über Näherungsverfahren oder die Zielwertsuche in einer Tabellenkalkulation – bestimmt:

$$€\ 229.944 = 10.000 \div (1 + i)^1 + 10.000 \div (1 + i)^2 + \ldots + 200.000 \div (1 + i)^6.$$

Im vorliegenden Fall ergibt sich somit ein Effektivzinssatz von 4,6 Prozent p.a. (bzw. 2,3 Prozent im Halbjahr).

Für die Erfassung der Anleihe in den Büchern des Emittenten stehen nun zwei Dinge fest: Erstens muss zum Zeitpunkt der Emission der (ggf. um Transaktionskosten adjustierte) Emissionserlös – der dem beizulegenden Zeitwert entspricht – erfasst werden. Zweitens muss am Ende der Laufzeit (vor der Tilgung) die Anleihe mit ihrem Nominalwert in der Bilanz stehen, denn dieser entspricht genau dem geschuldeten Erfüllungsbetrag. In Fall 1 ist dies kein besonderes Problem, denn die Anleihe steht stets mit ihrem Nominalwert in der Bilanz. Der Zinsaufwand entspricht in jeder Periode dem zu zahlenden Couponzins. In Fall 2 muss der Wert der Anleihe über die Laufzeit erhöht, in Fall 3 vermindert werden. Dies geschieht abermals nach der Effektivzinsmethode, indem in jeder Periode die Differenz zwischen zu erfassendem Zinsaufwand und Zinszahlung zur Erhöhung oder Verminderung des Bilanzansatzes genutzt wird. Der in einer Periode zu erfassende Zinsaufwand ergibt sich durch Multiplikation des Effektivzinssatzes mit dem Wert der Anleihe zum Periodenbeginn. Die Differenz zum gezahlten Couponzins wird zur Fortschreibung der Anleihe genutzt.

In Fall 2 wird nach dem ersten Halbjahr ein Zinsaufwand von € 190.165 × 0,06 = € 11.410 erfasst; es ist allerdings „nur" ein Couponzins von € 10.000 zu zahlen. Die Differenz von € 11.410 – € 10.000 = € 1.410 wird dazu genutzt, den bilanziellen Wert der Anleihe zu erhöhen. Dieser beträgt dann am Periodenende € 190.165 + € 1.410 = € 191.575. Die Erfassung von Aufwand, Zinszahlungsverpflichtung und Anpassung der Schuld geschieht durch folgenden Buchungssatz:

851 Zinsaufwand		11.410	
	an 523 Schulden aus Anleihen		1.410
	630 Zinsverbindlichkeiten		10.000

In Fall 3 beträgt der im ersten Halbjahr zu erfassende Zinsaufwand € 210.484 × 0,04 = € 8.419; gleichwohl entsteht die Pflicht zur Zahlung des Couponzinses in Höhe von € 10.000. Die Differenz von € 8.419 – € 10.000 = € –1.581 wird nun dazu genutzt, den bilanziellen Wert der Anleihe zu vermindern. Dieser beträgt somit am Periodenende € 210.484 + (€ –1.581) = € 208.903. Die Erfassung von Aufwand, Zinszahlungsverpflichtung und Anpassung der Schuld geschieht durch folgenden Buchungssatz (soweit die Zinszahlung nicht unmittelbar erfolgt):

851 Zinsaufwand		8.419	
523 Schulden aus Anleihen		1.581	
	an 630 Zinsverbindlichkeiten		10.000

Die in den einzelnen Perioden zu erfassenden Zinsaufwendungen und die sich daraus ergebenden Bilanzansätze der finanziellen Verbindlichkeit können ▶ Tabelle 5.2 entnommen werden.

Tabelle 5.2

Fortschreibung einer Anleihe nach der Effektivzinsmethode

Periode	Position	Fortschreibung der Anleihe Fall 1 (10 % p.a.)	Fall 2 (8 % p.a.)	Fall 3 (12 % p.a.)
1	Verbindlichkeit (Periodenbeginn)	200.000	190.165	210.484
	+ Zinsaufwand	10.000	11.410	8.419
	– Couponzins	10.000	10.000	10.000
	= Verbindlichkeit (Periodenende)	**200.000**	**191.575**	**208.904**
2	+ Zinsaufwand	10.000	11.495	8.356
	– Couponzins	10.000	10.000	10.000
	= Verbindlichkeit (Periodenende)	**200.000**	**193.070**	**207.260**
3	+ Zinsaufwand	10.000	11.584	8.290
	– Couponzins	10.000	10.000	10.000
	= Verbindlichkeit (Periodenende)	**200.000**	**194.654**	**205.550**
4	+ Zinsaufwand	10,000	11.679	8.222
	– Couponzins	10.000	10.000	10.000
	= Verbindlichkeit (Periodenende)	**200.000**	**196.333**	**203.772**
5	+ Zinsaufwand	10.000	11.780	8.151
	– Couponzins	10.000	10.000	10.000
	= Verbindlichkeit (Periodenende)	**200.000**	**198.113**	**201.923**
6	+ Zinsaufwand	10.000	11.887	8.077
	– Couponzins	10.000	10.000	10.000
	= Verbindlichkeit (Periodenende)	**200.000**	**200.000**	**200.000**

Exkurs 5.3 Bilanzierung von Verbindlichkeiten nach HGB

Verbindlichkeiten sind gesetzlich nicht im HGB definiert. Passivierungsfähig ist eine Verbindlichkeit, wenn für das Unternehmen eine Leistungsverpflichtung gegenüber Dritten entsteht, die dem Grunde und der Höhe nach bestimmt ist. Sie muss am Bilanzstichtag entstanden sein und es muss sich um eine wirtschaftliche Belastung handeln, die vom Gläubiger durchsetzbar ist. Sofern nur eine Voraussetzung nicht zutrifft, gilt die Verbindlichkeit als ungewiss. Für ungewisse Verbindlichkeiten besteht die Möglichkeit, als Rückstellungen berücksichtigungsfähig zu sein.

Eine Verbindlichkeit ist auch dann schon zu passivieren, wenn sie nur entstanden, aber noch nicht fällig ist. Beispielhaft sind hier Mietzahlungen, die vertraglich erst im folgenden Jahr zu leisten sind. Demnach ist eine Verbindlichkeit entstanden und zu passivieren.

Bei einem schwebenden Geschäft, d.h. bei gegenseitigen Verträgen, bei denen zwar gegenseitige Verpflichtungen entstanden sind, die aber noch zu keiner wirtschaftlichen Belastung führen, kommt es zu keiner buchungstechnischen Handlung. Hier gilt, dass sich Leistung und Gegenleistung wirtschaftlich entsprechen.

Der Erstansatz einer Verbindlichkeit ist in Höhe ihres Erfüllungsbetrags zu passivieren. Dem Realisationsprinzip gemäß wird bei Verbindlichkeiten der Nominalbetrag erfasst. Bei Verbindlichkeiten aus Lieferungen und Leistungen ist der Rechnungsbetrag anzusetzen (Skonto darf berücksichtigt werden). Um dem Vorsichtsprinzip gerecht zu werden, wird bei der Folgebewertung von Verbindlichkeiten das Höchstwertprinzip angewandt.

(Quelle: Bitz, Michael; Schneeloch, Dieter; Wittstock, Wilfried (2011): Der Jahresabschluss, 5. Aufl., München: Vahlen, S.166ff., 308ff.)

5.2 Rückstellungen

Lernziele

- Rückstellungen sind nach IFRS als Schulden anzusehen, deren Fälligkeit und/oder Höhe ungewiss sind.
- Nach IAS 37 sind Rückstellungen in der Bilanz anzusetzen, wenn das Unternehmen eine gegenwärtige rechtliche oder faktische Verpflichtung gegenüber Dritten in verlässlich schätzbarer Höhe hat, die durch ein Ereignis in der Vergangenheit verursacht wurde und wahrscheinlich zu einem Abfluss von wirtschaftlichem Nutzen führen wird.
- Wenn die Definitions- und Ansatzkriterien von Rückstellungen nicht erfüllt sind, kann gleichwohl eine Eventualschuld vorliegen, die in der Bilanz zwar nicht angesetzt werden darf, gegebenenfalls aber im Anhang berichtspflichtig ist.

Rückstellungen gehören zu den Schulden. Ihre Bilanzierung ist grundsätzlich in IAS 37 geregelt, der die Definition der Rückstellungen eng an die allgemeine Schulddefinition im Rahmenkonzept anlehnt. Allerdings wird im Standard klargestellt, dass es sich bei Rückstellungen um solche Schulden handelt, bei denen Fälligkeit und/oder Höhe ungewiss sind. Der Unsicherheitsgrad von Schulden bezieht sich also sowohl auf den Fälligkeitszeitpunkt beziehungsweise -raum als auch auf die Höhe des zukünftigen Ressourcenabflusses. Es wird damit ausdrücklich betont, dass eine bestehende Unsicherheit bei der Bewertung kein Ausschlusstatbestand hinsichtlich des Vorliegens einer Schuld sein kann.

Die Bildung von Rückstellungen ist ein erfolgswirksamer Vorgang. Der Ansatz einer Rückstellung von € 100.000 wird demnach etwa wie folgt gebucht:

865 Aufwand für Rückstellungen		100.000	
	an 512 Sonstige Rückstellungen		100.000

Eine Rückstellung muss nach IAS 37 angesetzt werden, wenn:

- das Unternehmen eine gegenwärtige rechtliche oder faktische Verpflichtung gegenüber Dritten hat, die durch ein Ereignis in der Vergangenheit verursacht wurde;
- der Abfluss von Ressourcen, die wirtschaftlichen Nutzen verkörpern und zur Erfüllung der Verpflichtung dienen, wahrscheinlich ist;
- die Höhe der Verpflichtung verlässlich geschätzt werden kann.

Beim Definitionskriterium ist wichtig, dass nicht nur rechtliche, sondern auch faktische Verpflichtungen zum Ansatz von Rückstellungen führen können. Ein rechtliches Durchsetzen wird typischerweise abgeleitet von einem Vertrag, einem Gesetz oder sonstigen unmittelbaren Auswirkungen der Gesetze. Unter die rechtlichen Verpflichtungen fallen damit etwa die gesetzlich vorgeschriebene Gewährleistung für veräußerte Produkte, zu erwartende Schadenersatzzahlungen aufgrund von Produkthaftungsklagen, aber auch die Verpflichtung, eine Prüfung des Jahresabschlusses durch einen Abschlussprüfer vornehmen zu lassen. Faktische Verpflichtungen entstehen durch Aktivitäten des Unternehmens, etwa durch bisher übliches Verhalten, öffentlich mitgeteilte Maßnahmen oder Äußerungen gegenüber anderen Parteien. Insofern folgt das IASB hier, ähnlich wie das deutsche Handelsrecht, einem weiten Verpflichtungsbegriff, der auch rein wirtschaftliche Verpflichtungen beinhaltet, also etwa Kulanzleistungen, die aus marken- bzw. unternehmenspolitischem Kalkül auch für fehlerhafte Produkte nach Ablauf der Gewährleistung zugesagt werden.

Neben den Rückstellungen für rechtliche und faktische Verpflichtungen sieht IAS 37 auch noch eine Rückstellungspflicht für sogenannte *onerous contracts* vor – das Pendant zur handelsrechtlichen „Rückstellung für drohende Verluste aus schwebenden Geschäften". Demnach ist eine solche Drohverlustrückstellung anzusetzen, wenn ein gegenseitiger Vertrag vorliegt, also etwa ein Kaufvertrag, der zum Abschlussstichtag noch nicht erfüllt worden ist, für den sich aber absehen lässt, dass die zu erbringende Leistung den Wert der zu erwartenden Gegenleistung überschreitet. Dies kann beispielsweise der Fall sein, wenn sich nach Abschluss des Vertrags für den Produzenten überraschend die Herstellungskosten erhöht haben, etwa aufgrund von Preissteigerungen bei bestimmten Rohstoffen. In Höhe des Verpflichtungsüberhangs, der Differenz zwischen den Kosten der eigenen Leistung und dem vereinbarten Verkaufspreis, ist dann eine Rückstellung anzusetzen und der „drohende Verlust" somit zu antizipieren.

Das zweite Ansatzkriterium fordert, dass die der Rückstellung zugrunde liegende Verpflichtung in Zukunft wahrscheinlich zum Abfluss wirtschaftlicher Ressourcen führen wird. Im Regelfall handelt es sich demnach um künftige Zahlungsverpflichtungen. Die Wahrscheinlichkeit dieser Verpflichtung ist dem Wortlaut des Standards nach dann zu bejahen, wenn die Wahrscheinlichkeit für eine Inanspruchnahme, also etwa eine Zahlungsverpflichtung, höher ist als die Wahrscheinlichkeit, dass nicht zu leisten ist. Anders formuliert: Die Wahrscheinlichkeit eines künftigen Zahlungsmittelabflusses muss größer als 50 Prozent sein. Das dritte Ansatzkriterium fordert, dass die Rückstellungshöhe verlässlich schätzbar ist. Schätzungen sind ein wesentlicher Bestandteil bei der Aufstellung von Jahresabschlüssen und es entspricht der Natur von Rückstellungen, dass ihnen eine größere Unsicherheit als anderen Bilanzpositionen innewohnt. Das Ansatzkriterium der verlässlichen Schätzung gilt im Fall der Rückstellungsbilanzierung deshalb bereits als erfüllt, wenn der erwartete Nutzenabfluss zumindest aus einer Bandbreite möglicher Werte abgeleitet werden kann.

Soweit die Definitions- und Ansatzkriterien erfüllt sind, ist eine Rückstellung anzusetzen. Diese ist nach IAS 37 gemäß der bestmöglichen Schätzung zu bewerten. Darunter wird der Betrag verstanden, den ein Unternehmen, vor einer Berücksichtigung steuerlicher Effekte, am Bilanzstichtag zur Erfüllung oder zur Übertragung der Verpflichtung zahlen würde. Bei der bestmöglichen Schätzung sind bestehende Risiken und Unsicherheiten zu berücksichtigen. Wichtig ist, dass solche Risiken und Unsicherheiten nach IAS 37 nicht als einseitige Verlustgefahr zu interpretieren sind, sondern eher im statistischen Sinne als Mehrwertigkeit von Erwartungen (vergleiche Hachmeister, 2006, S. 129). Entsprechend rechtfertigt die in IAS 37 geforderte vorsichtige Bewertung von Rückstellungen nicht, dass übermäßige Rückstellungen gebildet beziehungsweise Schulden vorsätzlich überbewertet werden, wodurch stille Reserven entstehen würden. Für die Bewertung der Rückstellung ist zudem entscheidend, ob es sich um Einzel- oder Massenrisiken handelt.

- *Massenrisiken:* Wird die Rückstellung für eine große Anzahl gleichartiger (Massen-) Risiken gebildet, kann ihre Höhe nach der Erwartungswertmethode bestimmt werden. Ein Beispiel hierfür sind Rückstellungen im Zusammenhang mit Produktgarantien. Im Beispiel (in Anlehnung an IAS 37.39) sei angenommen, dass ein Unternehmen Handelswaren verkauft. Falls diese Fehler aufweisen, übernimmt das Unternehmen bei einer Reklamation innerhalb von sechs Monaten die Reparaturkosten. Die bisherigen Erfahrungen legen nahe, dass 90 Prozent aller verkauften Produkte keine Fehler haben. Dagegen hat die Vergangenheit gezeigt, dass 8 Prozent der Handelswaren kleine Fehler und 2 Prozent große Fehler aufweisen. Bei kleinen Fehlern an allen verkauften Produkten würden Reparaturkosten in Höhe von € 1 Mio. entstehen, bei großen Fehlern an allen Produkten Kosten in Höhe von € 4 Mio. Die Höhe der Rückstellung beträgt somit:

  $$0{,}90 \times € \, 0 + 0{,}08 \times € \, 1.000.000 + 0{,}02 \times € \, 4.000.000 = € \, 160.000$$

- *Einzelrisiken:* Bei der Bewertung von einzelnen Verpflichtungen stellt gemäß IAS 37 das jeweils wahrscheinlichste Ereignis die bestmögliche Schätzung dar.[1] Liegen allerdings die anderen möglichen Ereignisse größtenteils über (unter) dem wahrscheinlichsten Wert, ist die bestmögliche Schätzung ein höherer (niedrigerer) Betrag.

Wenn davon auszugehen ist, dass der Zinseffekt eine wesentliche Wirkung auf den Wertansatz hat, weil die zu erwartende Auszahlung noch recht weit in der Zukunft liegt, ist der Rückstellungsbetrag nach IAS 37 als Barwert der geschätzten Ausgaben zu ermitteln. Bei der Berechnung des Barwerts sind Vorsteuerzinssätze zu verwenden, die alle nicht bereits in die Schätzung der Cashflows eingeflossenen Risiken enthalten. Eine Berücksichtigung des Risikos sowohl im Zinssatz als auch bei den zugrunde gelegten zukünftigen Zahlungsströmen ist aufgrund der damit unvermeidlichen Doppelerfassung unzulässig. Die Wahl des Diskontierungszinssatzes sollte sich zudem an der Fristigkeit der in der Zukunft zu begleichenden gegenwärtigen Verpflichtung orientieren.

Mit der Bildung von Rückstellungen sind zahlreiche Angabepflichten verbunden. Dazu gehören, für die unterschiedlichen Gruppen von Rückstellungen, unter anderem:

- eine kurze Beschreibung der Rückstellungsart;
- eine Darstellung der Ungewissheit über den Zahlungsabfluss und die Höhe aller möglichen Erstattungen.

Wenn erwartet wird, dass beim Eintreten der Verpflichtung, für die eine Rückstellung gebildet wurde, die erforderlichen Ausgaben ganz oder teilweise von einer anderen Partei übernommen werden, kann eine solche Erstattung als separater Vermögenswert angesetzt werden. Als Beispiel dafür können Versicherungen genannt werden. Verliert

1 Treten alle möglichen Ereignisse mit gleicher Wahrscheinlichkeit ein, ist das arithmetische Mittel zu berechnen.

etwa ein Unternehmen eine Schadensersatzklage und wurde für das damit verbundene Risiko eine Rückstellung angesetzt, kann bei Bestehen eines Versicherungsschutzes ein Ersatzanspruch (getrennt) bilanziert werden. Der für die Erstattung erfasste Betrag darf die Höhe der Rückstellung allerdings nicht übersteigen. In der Gewinn-und-Verlust-Rechnung kann aber der Ausweis des Rückstellungsaufwands nach Abzug der Erstattung netto erfasst werden.

An jedem Bilanzstichtag ist zu prüfen, ob die Ansatz- und Definitionskriterien für die bestehenden Rückstellungen weiterhin erfüllt sind. Sollte dies nicht mehr der Fall sein, ist die Rückstellung aufzulösen. Zu berücksichtigen ist außerdem, dass eine Rückstellung nur für die Ausgaben „verbraucht" werden darf, für die sie gebildet wurde. Im Folgenden sollen nun einige Arten von Rückstellungen und ihre Behandlung nach IAS 37 näher beschrieben werden; daran anschließend wird die separat in IAS 19 geregelte Bilanzierung von Pensionsrückstellungen betrachtet.

Rückstellungen für Restrukturierungsverpflichtungen

Rückstellungen für Restrukturierungsverpflichtungen werden etwa gebildet, wenn geplant wird, einzelne Geschäftszweige zu verkaufen oder zu schließen, Standorte stillzulegen, die Führungsstruktur eines Unternehmens zu verändern oder sonstige Umorganisationen vorzunehmen, die sich wesentlich auf die Art der Geschäftstätigkeit eines Unternehmens auswirken. Zum Ansatz einer Rückstellung kommt es bei geplanten Restrukturierungen allerdings nur, wenn neben den bereits genannten weitere Ansatzkriterien erfüllt sind. Ein Ansatz kommt demnach nur in Frage, wenn ein detaillierter und formaler Restrukturierungsplan vorliegt. Bei den von der Restrukturierung betroffenen Anspruchsgruppen, etwa Mitarbeitern, Kunden, Lieferanten oder der Öffentlichkeit, muss zudem eine gerechtfertigte Erwartung geweckt worden sein, dass die Restrukturierungsmaßnahmen tatsächlich durchgeführt werden. Im Fall eines Bereichsverkaufs liegt eine Verpflichtung etwa nur dann vor, wenn ein bindender Kaufvertrag abgeschlossen wurde.

Ein Beispiel soll die Vorgehensweise bei der Entscheidung, ob ein rückstellungswürdiger Sachverhalt vorliegt, verdeutlichen. Dazu sei angenommen, dass die Geschäftsleitung eines Unternehmens am 1. Dezember 20X1 beschließt, einen Unternehmensbereich zu schließen. Am 15. Dezember 20X1 wird von den verantwortlichen Gremien des Unternehmens einem detaillierten Plan der Schließung zugestimmt. Unmittelbar darauf wird die Schließung gegenüber den Kunden des Unternehmens angekündigt und es wird den Mitarbeitern des betroffenen Bereichs gekündigt. Liegt das Geschäftsjahresende nun am 31. Dezember 20X1, so wurde die Restrukturierung bereits vor dem Bilanzstichtag angekündigt und eingeleitet. Es liegt also eine faktische gegenwärtige Verpflichtung als Ergebnis eines vergangenen Ereignisses vor, denn durch die Mitteilung über die Umstrukturierung und die Kündigung der Mitarbeiter wurde eine berechtigte Erwartung geweckt, dass der Bereich tatsächlich geschlossen wird. Ein Abfluss von Ressourcen mit wirtschaftlichem Nutzen ist im vorliegenden Fall wahrscheinlich, sodass zum Bilanzstichtag ein Betrag in Höhe der bestmöglichen Schätzung des Aufwands für die Schließung des Bereichs angesetzt werden muss. In entsprechender Höhe ist aufwandswirksam eine Rückstellung zu bilden. Änderungen der

Rückstellungshöhe, beispielsweise durch Aufzinsung der diskontierten Verpflichtungen im Zeitablauf, durch eventuelle Änderungen im Zinsniveau oder durch eine Anpassung des eigentlichen Erfüllungsbetrags sind erfolgswirksam vorzunehmen. Eine Ausnahme bilden hierbei Änderungen bei Rückstellungen für Entsorgungsverpflichtungen. Diese werden gegen den entsprechenden aktivierten Vermögenswert gebucht; die erfolgswirksame Berücksichtigung findet im Rahmen der Abschreibung statt.

Abbruch-, Entsorgungs-, Rekultivierungs- und Rückbauverpflichtungen

In vielen Fällen ist die Genehmigung des Betreibens von Produktionsanlagen daran gebunden, dass der Standort nach der Nutzung wieder in seinen ursprünglichen Zustand versetzt wird. Für die Behandlung entsprechender Verpflichtungen ist neben IAS 37 auch auf IAS 16 zurückzugreifen. Üblicherweise entstehen Abbruch-, Entsorgungs-, Rekultivierungs- und Rückbauverpflichtungen bereits mit der Errichtung entsprechender Anlagen. Die Verpflichtung ist entsprechend auf der Aktivseite in die Anschaffungs- oder Herstellungskosten einzubeziehen. Auf der Passivseite kommt es zum Ansatz einer Rückstellung (soweit jedenfalls die Ansatzkriterien für Rückstellungen erfüllt sind) und damit, anders als bei anderen Rückstellungsbildungen, zu einer erfolgsneutralen Bilanzverlängerung. Eine Aufwandswirksamkeit der Rückstellung ergibt sich während der Nutzung der Anlage, da die Einbeziehung der Verpflichtung in die historischen Kosten die Abschreibungsbeträge erhöht, die während der Nutzungsdauer zu erfassen sind.

Ein Beispiel soll die Zusammenhänge verdeutlichen.[2] Hierbei sei angenommen, dass ein Unternehmen über zehn Jahre eine Bohrinsel betreiben will. Die Errichtung der Anlage ist mit Kosten in Höhe von € 100 Mio. verbunden. Für das Betreiben der Bohrinsel ist zudem ein Lizenzvertrag vonnöten. Dieser sieht vor, dass die Bohrinsel nach Beendigung der Förderung zu entfernen und der Meeresboden wiederherzustellen ist. Die Bohrinsel wurde vor dem Bilanzstichtag aufgestellt und es wurde auch bereits Erdöl gefördert. Es liegt also durch den Aufbau der Anlage und den Lizenzvertrag am Bilanzstichtag eine rechtliche Rückbau- und Rekultivierungsverpflichtung vor, die mit dem künftigen Abfluss von Ressourcen verbunden ist, die wirtschaftlichen Nutzen verkörpern. Das Unternehmen schätzt die Entsorgungsverpflichtung nach zehn Jahren auf € 12 Mio. Da der Zinseffekt bedeutsam ist, muss die Verpflichtung diskontiert werden. Dazu soll ein Zinssatz von 10 Prozent verwendet werden. Der Barwert der Verpflichtung beträgt dann zum Bilanzstichtag rund € 4,63 Mio. (€ 12 Mio. ÷ $(1+0,1)^{10}$). Die Verpflichtung ist in die Herstellungskosten der Bohrinsel einzubeziehen, was wie folgt zu buchen ist:

124 Technische Anlagen		4.630.000	
	an 512 Sonstige Rückstellungen		4.630.000

Wenn die Bohrinsel zum Bilanzstichtag am 31.12.20X1 erstmals aktiviert wird, betragen die Herstellungskosten insgesamt € 104,63 Mio. In der Folgeperiode ist, bei linearer

2 Vergleiche hierzu auch Beispiel 3 in IAS 37.

Abschreibung, am 31.12.20X2 ein Abschreibungsaufwand von € 10,463 Mio. zu erfassen. Dieser liegt also um € 0,463 Mio. über den Abschreibungen, die sich ohne Berücksichtigung der Entsorgungsverpflichtung ergeben hätten. Bei Aufstellung des Abschlusses zum 31.12.20X2 ist allerdings noch zu bedenken, dass die Rückstellung aufgrund des Zeiteffekts erhöht werden muss. Diese muss nun € 12 Mio. ÷ $(1+0,1)^9$) = € 5,09 Mio. betragen. Die erforderliche Erhöhung der Rückstellung um € 0,46 Millionen ist am Geschäftsjahresende aufwandswirksam zu erfassen:

851 Zinsaufwand		460.000	
	an 512 Sonstige Rückstellungen		460.000

Durch die Berücksichtigung der höheren Abschreibungen und der Finanzierungskosten wird damit, soweit jedenfalls positive Jahresüberschüsse erzielt werden, über die Nutzungsdauer der Bohrinsel der Betrag „verdient", der zur Erfüllung der Verpflichtung vonnöten ist. ▶ Exkurs 5.4 „Ausweis von Entsorgungsrückstellungen" enthält ein Praxisbeispiel zur bilanziellen Erfassung von Entsorgungsrückstellungen.

Exkurs 5.4 Ausweis von Entsorgungsrückstellungen

Im Anhang des Konzernabschlusses 2017 der RWE AG finden sich zur Bewertung von Entsorgungsrückstellungen – und den entsprechend aktivierten Vermögenswerten – unter anderem folgende Angaben: „Die Anschaffungs- oder Herstellungskosten von Sachanlagen enthalten ggf. auch die geschätzten Ausgaben für die Stilllegung von Anlagen oder die Wiedernutzbarmachung von Flächen."

Weiter heißt es: „Die Entsorgungsrückstellungen im Kernenergiebereich basieren auf öffentlich-rechtlichen Verpflichtungen, insbesondere dem Atomgesetz, sowie auf Auflagen, die in den Betriebsgenehmigungen festgeschrieben sind. Ihrer Bewertung liegen Schätzungen zugrunde, die auf konkretisierenden Verträgen sowie auf Angaben von internen und externen Experten (z.B. Fachgutachtern) beruhen."

(Quelle: Konzernabschluss der RWE AG 2017, Anhang S. 100)

Wie die Angaben im Anhang zeigen, ist das Bestehen einer Verbindlichkeit aufgrund von öffentlichen Verpflichtungen, Auflagen aus Betriebsgenehmigungen oder vertraglichen Absprachen unstrittig. Die Höhe der erst im Zeitablauf über die Abschreibung erfolgswirksam werdenden Aufwendungen erscheint durch die Expertenmeinungen und Gutachten, soweit überhaupt möglich, ausreichend objektiviert. Zukünftige Änderungen des Diskontierungszinssatzes, der die Höhe der jährlichen Zinsaufwendungen für die Aufzinsung der Verbindlichkeit determiniert, und/oder der Verpflichtung führen zu einer erfolgsneutralen Bilanzverlängerung und werden erst in den Folgeperioden über die Abschreibung erfolgswirksam.

Pensionsrückstellungen

Pensionsrückstellungen bilden in vielen IFRS-Bilanzen eine Position von wesentlichem Umfang. Ihre Behandlung im Jahresabschluss wird in IAS 19 „Leistungen an Arbeitnehmer“ (*employee benefits*) geregelt. Grundsätzlich sind zwei Arten von Pensionszusagen zu unterscheiden: Bei sogenannten beitragsorientierten Pensionszusagen (*defined contribution*) zahlt das Unternehmen als Arbeitgeber bestimmte Beträge an einen externen Versorgungsträger. Diese Beiträge erfasst das Unternehmen in derselben Periode aufwandswirksam. Im Laufe seiner Dienstjahre baut ein Arbeitnehmer so einen wachsenden Pensionsanspruch gegenüber dem externen Versorgungsträger auf. Das Risiko, dass die Pensionszahlungen unerwartet gering ausfallen, verbleibt somit im Wesentlichen beim Arbeitnehmer. Im zweiten Fall, den leistungsorientierten Pensionszusagen (*defined benefit*), verpflichtet sich das Unternehmen hingegen selbst zu einer bestimmten zukünftigen Pensionsleistung. In diesem Fall wird die Pflicht des Unternehmens, dem Arbeitnehmer in Zukunft eine Pension zu zahlen, als Pensionsrückstellung erfasst, da eine hinsichtlich Fälligkeit und Höhe unsichere Auszahlungsverpflichtung vorliegt.

Die Höhe der insgesamt auszuzahlenden Summe an den Arbeitnehmer hängt unter anderem davon ab, wie sich das Gehalt des Arbeitnehmers entwickelt (da sich Pensionsbeträge häufig am letzten Gehalt vor Pensionseintritt orientieren), ob der Arbeitnehmer ggf. vorzeitig das Unternehmen verlässt und schließlich auch, wie viele weitere Jahre er nach seinem Pensionseintritt noch leben wird. Zur Bewertung einer Pensionsrückstellung wird für jeden Arbeitnehmer anhand geeigneter Annahmen bezüglich solcher Einflussgrößen – den sogenannten versicherungsmathematischen Annahmen – eine erwartete Gesamthöhe der künftigen Pensionszahlungen ermittelt. Dieser Betrag wird dann auf den Pensionseintrittszeitpunkt abgezinst. Zuletzt wird der abgezinste Betrag auf die erwarteten Perioden der Dienstzeit des Arbeitnehmers verteilt. Durch diese Vorgehensweise wird den Pensionsrückstellungen in jedem Dienstjahr des Arbeitnehmers ein Teil der voraussichtlich in Zukunft zu leistenden Zahlungen zugeführt. Zum Pensionseintritt ist die Verpflichtung voll aufgebaut und wird danach durch Auszahlung der Pensionsbeträge an den Arbeitnehmer Jahr für Jahr wieder abgebaut. Die Summe der Pensionsverpflichtungen gegenüber allen Arbeitnehmern ergibt den bilanziellen Wert der Pensionsrückstellungen. Zu beachten ist, dass der Wert der Pensionsrückstellung regelmäßig zu überprüfen und ggf. Gegenstand einer Neubewertung ist, wenn ursprüngliche Annahmen nicht mehr standhalten (z.B. Änderungen im allgemeinen Zinsniveau, unerwarteter Tod eines Arbeitnehmers). In der Praxis ist die Bewertung von Pensionsrückstellungen aufgrund der vielen mit Unsicherheit behafteten Einflussfaktoren derart komplex, dass ein großer Teil der Unternehmen die Bewertung externen Dienstleistern mit versicherungsmathematischer Expertise überlässt. Hinzu kommt eine differenzierte Erfolgserfassung, wonach Zuführungen zu den Rückstellungen aufgrund der verstrichenen Dienstzeit der berechtigten Arbeitnehmer als Aufwand erfasst werden, Änderungen der Rückstellung aber, die auf Modifikationen der versicherungsmathematischen Annahmen zurückgehen, etwa zur Lebenserwartung oder zu den langfristigen Zinsen, „erfolgsneutral“ (im *other comprehensive income*) erfasst werden.

Die Mittel, die in der Zukunft zur Befriedigung der Pensionsansprüche der Arbeitnehmer genutzt werden sollen, müssen nicht unbedingt im Unternehmen verbleiben. Stattdessen kann das Unternehmen Mittel in einen langfristig angelegten Fonds eines externen Versorgungsträgers abführen. Man spricht bei diesen Mitteln vom „Planvermögen". Der Vorteil dieser Methode besteht darin, dass das Planvermögen und ein wertmäßig gleich großer Teil der Pensionsrückstellungen in der Bilanz saldiert werden dürfen, wodurch sich Bilanzkennzahlen verändern (bspw. sinkt der Verschuldungsgrad). Voraussetzung hierfür ist, dass der externe Versorgungsträger rechtlich unabhängig ist und die Gläubiger des Unternehmens auch im Insolvenzfall keinen Zugriff auf das Planvermögen haben. Der Anspruch des Arbeitnehmers auf die Pensionszahlungen besteht aber weiterhin gegen das Unternehmen, daher handelt es sich hierbei um eine leistungsorientierte Pensionszusage, aber mit externer Finanzierung.

Abschließend ist darauf hinzuweisen, dass, soweit die Ansatzkriterien für Rückstellungen nicht (oder nicht mehr) erfüllt sind, keine Passivierung (mehr) erfolgen darf. Es ist dann aber zu prüfen, ob gegebenenfalls eine Eventualschuld vorliegt.[3]

Exkurs 5.5 Pensionen

Die J&K AG räumt zum 1. Januar 20X1 ihren Managern Pensionszusagen ein. Beim Erreichen des 65. Lebensjahres soll eine monatliche Rente in Höhe von 50 % des laufenden Monatsgehalts ausgezahlt werden. Ein externer Gutachter ermittelt am 1. Januar 20X1 den Barwert (Soll-Wert) der Versorgungsverpflichtung von € 1.000.000 unter einem Diskontierungszinssatz von 4,0 %. Zum 31. Dezember wird der Barwert aufgrund einer Zinsänderung mit einem angepassten Diskontierungszinssatz von 3,5 % ermittelt. Dabei ergibt sich ein Ist-Wert der Verpflichtung von € 1.100.000. Somit ergibt sich ein versicherungsmathematischer Verlust in Höhe von € 100.000 für das Jahr 20X1. Dieser wird erfolgsneutral erfasst.

Drei Jahre später, zum 1. Januar 20X4 ermittelt der Gutachter einen Barwert (Soll-Wert) in Höhe von € 2.200.000. Der Ist-Wert zum 31. Dezember 20X4, unter Berücksichtigung von angepassten Rechnungsgrundlagen, beträgt lediglich € 2.000.000. Daraus folgt ein versicherungsmathematischer Gewinn von € 200.000.

3 Spiegelbildlich wird auch von Eventualforderungen gesprochen, die naturgemäß auf der Passivseite der Bilanz keine Rolle spielen und insofern hier nicht behandelt werden.

Aufgaben

1. Warum wird der versicherungsmathematische Verlust zum 31.12.20X1 erfolgsneutral erfasst?

2. Buchen Sie die Pensionsrückstellungen für die Jahre 20X1 und 20X4.

EXTRAS ONLINE

Eventualschulden

Eventualschulden zeichnen sich dadurch aus, dass

- eine Bestätigung noch aussteht, dass es zu einem Abfluss von Ressourcen kommen wird (ein verpflichtendes Ereignis liegt noch nicht definitiv vor);
- zwar gegenwärtige Verpflichtungen vorliegen, die Ansatzkriterien für Schulden beziehungsweise Rückstellungen aber nicht erfüllt sind, etwa weil ein Ressourcenabfluss nicht wahrscheinlich ist oder die Höhe der Verpflichtung nicht ausreichend verlässlich geschätzt werden kann.

Eine Eventualschuld darf in der Bilanz grundsätzlich nicht angesetzt werden. Unbeschadet des Passivierungsverbots müssen aber immer dann Angaben zu Eventualschulden im Abschluss erfolgen, wenn die Möglichkeit eines Ressourcenabflusses in der Zukunft als „nicht unwahrscheinlich" angesehen wird. Es bleibt allerdings unklar, ab welcher Grenze ein möglicher künftiger Nutzenabfluss als „unwahrscheinlich" anzusehen ist und entsprechend eine Angabepflicht im Anhang entfällt. Da in diesem Bereich eine objektive Nachprüfung schlechterdings unmöglich sein dürfte, verbleibt den Bilanzerstellern ein relativ großer Spielraum bei der Frage, inwieweit Eventualschulden offengelegt werden.

Gemäß IAS 37 sind für alle Gruppen von Eventualschulden Schätzungen der mit ihrem möglichen Eintreten verbundenen finanziellen Konsequenzen zu veröffentlichen; außerdem müssen Angaben zu Unsicherheiten bezüglich der Beträge und/oder Fälligkeiten erfolgen. Eventualverbindlichkeiten sind hinsichtlich einer zuverlässigen Schätzung und der Wahrscheinlichkeit des Ressourcenabflusses laufend zu beurteilen. Sollten sich diese anders entwickeln als erwartet, sind sie in dem Jahr als Rückstellung anzusetzen, in dem die Wahrscheinlichkeit des Eintritts die *more-likely-than-not*-Grenze (Wahrscheinlichkeit > 50 %) überschreitet beziehungsweise eine zuverlässige Schätzung möglich wird. Als Eventualschulden kommen grundsätzlich zum Beispiel Risiken aus einer steuerlichen Außenprüfung, Prozessrisiken und intern bekannt gewordene Patentverletzungen oder Umweltschäden in Betracht. ▶ Exkurs 5.9 „Ausweis von Eventualverbindlichkeiten" enthält ein Praxisbeispiel zum Ausweis von Eventualverbindlichkeiten.

Exkurs 5.6 Ausweis von Eventualverbindlichkeiten

Im Anhang des Konzernabschlusses 2017 weist die Deutsche Post DHL AG folgende Eventualverbindlichkeiten aus:

Eventualschulden	31.12.2017 (in Mio. €)	31.12.2016 (in Mio. €)
Bürgschaften	92	91
Gewährleistungen	95	59
Prozessrisiken	96	87
Sonstige	644	746
Summe	**927**	**983**

Eventualverbindlichkeiten stellen zum einen mögliche Verpflichtungen dar, deren tatsächliche Existenz aber erst noch durch das Eintreten eines oder mehrerer ungewisser zukünftiger Ereignisse, die nicht vollständig beeinflusst werden können, bestätigt werden muss. Zum anderen sind darunter bestehende Verpflichtungen zu verstehen, die aber wahrscheinlich zu keinem Vermögensabfluss führen oder deren Vermögensabfluss sich nicht zuverlässig quantifizieren lässt. Die Eventualverbindlichkeiten sind gemäß IAS 37 nicht in der Bilanz zu erfassen.

(Quelle: Konzernabschluss 2017 der Deutsche Post DHL AG, S. 162)

Beispiel 5.1: Eventualschulden – Volkswagen und die Dieselthematik

Der Skandal um manipulierte Selbstzünder-Motoren bei VW führte im Geschäftsjahr 2017 zum Ausweis hoher Eventualschulden in den Bilanzen des Autokonzerns. Die gesamten Eventualverbindlichkeiten belaufen sich zum 31.12.2017 auf € 8,413 Mrd. Unter der Position „sonstige Eventualverbindlichkeiten“, die € 7,909 Mrd. betragen, umfasst Volkswagen insbesondere mögliche steuer- und zollrechtliche Sachverhalte sowie Belastungen aus Rechtsstreitigkeiten und Verfahren im Verhältnis zu Lieferanten, Händlern, Kunden, Arbeitnehmern und Anlegern. Es wird also angenommen, dass es zu einem Abfluss von Ressourcen kommen wird, ein verpflichtendes Ereignis allerdings noch nicht vorliegt. Dabei betragen die Eventualschulden, die im Zusammenhang mit der Dieselthematik stehen, insgesamt € 4,3 Mrd., wobei € 3,4 Mrd. auf Anlegerklagen entfallen. Zudem sind bestimmte Umfänge von Sammel- und Massenverfahren und Strafverfahren/Ordnungswidrigkeiten in den sonstigen Eventualverbindlichkeiten enthalten, sofern sie bewertbar waren. Ein Teil dieser Verfahren befand sich zum Bilanzstichtag 2017 allerdings noch in einem so frühen Stadium, dass keine Spezifikation der Anspruchsgrundlage möglich war und/oder die Anzahl der Kläger sowie die geltend gemachten Beträge nicht ausreichend verlässlich geschätzt werden konnten. Aufgrund der mangelnden Bewertbarkeit wurde ein Teil dieser Verfahren nicht ausgewiesen. →

→ Fortsetzung

Eventualverbindlichkeiten	31.12.2017	31.12.2016
Bürgschaften	423	419
Gewährleistungsverträge	60	75
Sicherheiten für fremde Verbindlichkeiten	21	20
Sonstige Eventualverbindlichkeiten	7.909	6.305
Summe	**8.413**	**6.819**

(Quelle: Konzernabschluss 2017 der Volkswagen AG, S. 293-294)

Eventualverbindlichkeiten Volkswagen Geschäftsbericht 2017:

Exkurs 5.7 Bilanzierung von Rückstellungen nach HGB

Anders als in den IFRS existieren im Handelsgesetzbuch keine Definitionen von Schulden und Rückstellungen. Der Ansatz von Rückstellungen erfolgt gemäß § 249 HGB, in dem die Ansatzkriterien von Rückstellungen aufgelistet sind. Dazu zählen ungewisse Verbindlichkeiten und drohende Verluste aus schwebenden Geschäften sowie Instandhaltungsmaßnahmen, die im folgenden Geschäftsjahr innerhalb von drei Monaten nachgeholt werden, und Gewährleistungen, die ohne rechtliche Verpflichtung erbracht werden. Für andere Zwecke dürfen keine Rückstellungen gebildet werden. Die Auflösung von Rückstellungen darf nur erfolgen, wenn der Grund der Rückstellung entfallen ist. Das Handelsgesetzbuch bilanziert nach dem Vorsichtsprinzip. Nach § 252 Abs. 1 Satz 4 HGB sind alle bis zum Bilanzstichtag vorhersehbaren Risiken und Verluste zu berücksichtigen. Dies gilt selbst dann, wenn diese erst zwischen dem Bilanzstichtag und dem Tag der Erstellung des Jahresabschlusses bekannt geworden sind. Der Erstansatz von Rückstellungen ist in § 253 Abs. 1 HGB geregelt und erfolgt in Höhe des Erfüllungsbetrags, der kaufmännisch beurteilt ist. Rückstellungen mit einer Restlaufzeit von mehr als einem Jahr werden mit entsprechenden, in § 253 Abs. 2 HGB aufgeführten, durchschnittlichen Marktzinssätzen folgebewertet. Des Weiteren besteht gemäß § 285 Nr. 12 HGB eine Angabepflicht im Anhang für sonstige Rückstellung, die nicht gesondert ausgewiesen werden und soweit sie einen nicht unerheblichen Umfang haben.

EXTRAS ONLINE

Aufgaben

1. Was ist der Unterschied zwischen Schulden, Rückstellungen und Eventualschulden?

2. Wann sind Rückstellungen zu passivieren?

3. Nennen Sie wichtige Rückstellungsarten!

4. Die Firma Pleimeier hat im Geschäftsjahr 20X4 mit einem auf drei Jahre befristeten Mietvertrag eine Lagerhalle angemietet, in der die Betriebsstoffe der Firma gelagert werden. Die Jahresmiete beträgt € 15.000. Im Jahr 20X5 stellt sich heraus, dass aufgrund konjunktureller Schwankungen der Umsatz so dramatisch eingebrochen ist, dass 75 Prozent der gemieteten Lagerhalle wegen Personalfreisetzung betrieblich nicht mehr genutzt werden können. Eine anderweitige Verwertung kommt nicht in Betracht. Ist nach IAS 37 eine Rückstellung anzusetzen?

5. Unter welchen Bedingungen sind Eventualschulden im Abschluss auszuweisen?

6. Beurteilen Sie die Regelungen in IAS 37 im Hinblick auf das Vorsichtsprinzip! Welche Vor- und Nachteile sind aus Ihrer Sicht mit dem Passivierungsverbot für Eventualschulden verbunden?

Weiterführende Literatur Zur Bilanzierung von Rückstellungen und Eventualschulden nach IFRS kann etwa auf Beyhs et al., 2010, verwiesen werden, umfassender auf Torklus, 2007. Speziell mit Pensionsverpflichtungen befassen sich Sellhorn und Barthelme, 2014.

5.3 Schulden, die weder finanzielle Verbindlichkeiten noch Rückstellungen sind

5.3.1 Abgrenzungsposten

Lernziele

- Passive Rechnungsabgrenzungsposten sind in den IFRS – anders als nach HGB – keine eigenständigen Abschlussposten, sondern Teil der Schulden.
- Besondere Komplexität weisen nach IFRS transitorische passive Abgrenzungsposten auf, weil bei diesen hinterfragt werden muss, ob es sich unter wirtschaftlicher Betrachtung um Schulden handelt.
- IAS 20 gestattet die Erfassung transitorischer passiver Abgrenzungsposten für gewährte Zuwendungen der öffentlichen Hand.

In der deutschen Rechnungslegung werden die aktiven und passiven Rechnungsabgrenzungsposten als eigene Kategorie angesehen und gelten als sogenannte Korrekturposten zur Erweiterung des Ansatzes von Vermögenswerten und Schulden. Ein passiver Rechnungsabgrenzungsposten ist demnach für eine Aufwendung vor dem Bilanzstichtag zu bilden, die erst nach dem Bilanzstichtag zum Abfluss von Zahlungsmitteln führt (antizipativer Abgrenzungsposten), bzw. für eine Einnahme vor dem Bilanzstichtag, die in einer bestimmten Zeit nach diesem zur Erfassung eines Ertrags führt (transitorischer Abgrenzungsposten). Entgegen der deutschen Rechnungslegung dürfen passive Rechnungsabgrenzungsposten nach IFRS nur dann erfasst werden, wenn sie die Definitionskriterien für Schulden erfüllen. Dies folgt der Idee, dass in der Bilanz eigentlich alle Positionen „schwebend" in dem Sinne sind, dass es sich um Abgrenzungspositionen handelt und deshalb kein spezieller Grund besteht, diese Sachverhalte gesondert zu betrachten. Gemäß Rahmenkonzept muss es sich bei einer Schuld um „eine gegenwärtige Verpflichtung des Unternehmens" handeln, „die aus Ereignissen der Vergangenheit entsteht und deren Erfüllung für das Unternehmen erwartungsgemäß mit einem Abfluss von Ressourcen mit wirtschaftlichem Nutzen verbunden ist". Antizipative Rechnungsabgrenzungsposten erfüllen somit die geforderten Kriterien für Schulden und werden auch als solche betrachtet. Ein Beispiel ist der in einer Periode entstandene und aufwandswirksam erfasste Teil einer Zinsverbindlichkeit im Zusammenhang mit einer vom Unternehmen emittierten Anleihe. Die vertraglichen Bestimmungen verpflichten das Unternehmen, die vertraglichen Zahlungen nach Ablauf einer Periode zu leisten. Gleichzeitig werden die Effektivzinsen auf den Buchwert der Verbindlichkeit in der laufenden Periode aufwandswirksam erfasst.

Bedeutend komplizierter ist die Behandlung der transitorischen passiven Abgrenzungsposten, welche Einnahmen der aktuellen Rechnungsperiode darstellen, die nach dem Bilanzstichtag als Erträge erfasst werden. Im Einzelfall können Unklarheiten bestehen, ob es sich bei solchen Positionen tatsächlich um Schulden handelt. Ggf. kommt nach IFRS dann die Erfassung solcher Positionen nicht in Betracht. Zu bedenken ist aber, dass das Rahmenkonzept mit seiner Definition von Abschlussposten selbst keine Bilanzierungsregeln vorgibt. Werden also transitorische Abgrenzungsposten in bestimmten Standards eingefordert, so sind diese nach Maßgabe des Standards auch dann zu erfassen, wenn es sich nach Rahmenkonzept nicht zwingend um Schulden handelt. Exemplarisch sei an dieser Stelle IAS 20 („Bilanzierung und Darstellung von Zuwendungen der öffentlichen Hand") genannt, der nach herrschender Meinung auf alle Arten von Zuwendungen übertragbar ist, etwa auf Investitionszuschüsse. Dazu ein Beispiel: Die Zulieferer-AG ist rechtlich unabhängiger Zulieferer der Fertigungs-AG. Die Zulieferer-AG fertigt eine wichtige Komponente für finale Produkte der Fertigungs-AG. Die Fertigungs-AG benötigt für eines ihrer Produkte eine neue Spezifikation der Komponente. Die Zulieferer-AG bräuchte dafür allerdings eine neue Maschine M im Wert von € 5.000 (Nutzungsdauer: 5 Jahre, Restwert: € 0), in die sie wegen eines Engpasses an Liquidität derzeit nicht selbst investieren kann. Die Fertigungs-AG ist mit den Leistungen der Zulieferer-AG im Hinblick auf Qualität und Termintreue immer sehr zufrieden gewesen und würde auch im Hinblick auf die Suchkosten nur ungerne nach einem alternativen Zulieferer Ausschau halten. Die Fertigungs-AG selbst verfügt über eine hohe Liquidität, für die sie in Anbetracht der aktuellen Niedrigzinsphase und eigener Unklarheit über die künftigen Wirtschaftsaussichten allerdings keine vielversprechenden Anlagemöglichkeiten sieht. Die Fertigungs-AG offeriert der Zulieferer-AG daher für die Beschaffung der Maschine einen Investitionszuschuss in Höhe von € 2.500. Die Zulieferer-AG beschafft die Maschine daraufhin am 02.01.20X7, die Überweisung des Investitionszuschusses geht am 3.01.20X7 bei der Zulieferer-AG ein. Die Frage ist nun, wie die Zulieferer-AG die Maschine und den Investitionszuschuss bilanzieren muss. IAS 20 sieht für Zuwendungen ein Wahlrecht vor. Die Erfassung kann entweder brutto erfolgen, dargestellt als passivischer Abgrenzungsposten, oder netto, wobei der Zuschuss bei Bestimmung des Buchwerts des Vermögenswerts abzusetzen ist. Nach der Bruttomethode wird auf der Aktivseite der beizulegende Zeitwert der Maschine eingestellt, auf der Passivseite wird in gleicher Höhe ein Abgrenzungsposten gebildet. Der Kauf der Maschine am 02.01.20X7 wird wie folgt erfasst:

125 Maschinen		5.000	
	an 220 Bank		5.000

Der am 03.01.20X7 eingegangene Zuschuss wird dann wie folgt erfasst:

220 Bank		2.500	
	an 530 Abgrenzungsposten		2.500

Am Ende des Jahres wird die Abschreibung auf die Maschine erfasst. Unter Anwendung der linearen Abschreibungsmethode beträgt diese € 1.000 jährlich. Gleichzeitig wird der Abgrenzungsposten erfolgswirksam über die Laufzeit aufgelöst. Damit ergibt sich in jeder Periode ein Ertrag von € 500. Die gesamten Erfolgswirkungen können also mit folgendem Buchungssatz erfasst werden:

821 Abschreibung		1.000	
530 Abgrenzungsposten		500	
	an 125 Maschine		1.000
	720 Sonstiger Ertrag		500

Im Ergebnis wird also saldiert in jeder Periode ein Aufwand von € 500 erfasst.

Nach der Nettomethode wird die Zuwendung bei der Bestimmung des Buchwerts des Vermögenswerts abgesetzt. Wenn die Investitionszusage am 02.01.20X7 vertraglich zugesichert wird, könnte etwa folgender Buchungssatz erfasst werden:

125 Maschine		2.500	
234 Forderungen		2.500	
	an 220 Bank		5.000

Der am 03.01.20X7 eingegangene Zuschuss wird dann wie folgt erfasst:

220 Bank		2.500	
	an 234 Forderungen		2.500

Am Ende des Jahres wird wiederum die Abschreibung auf die Maschine vorgenommen. Bei linearer Abschreibung beträgt diese € 500. Damit ergibt sich abermals in jeder Periode ein Aufwand von € 500. Die Ergebniswirkung der beiden Methoden ist also gleich, allerdings informiert die Bruttomethode besser über den Wert der Maschine, denn dieser wird nach der Nettomethode bereits bei Zugang marktfern ausgewiesen. Jedoch wird bei Anwendung der Bruttomethode ein passiver Rechnungsabgrenzungsposten gebildet, bei dem sich die Frage ergibt, ob es sich aus konzeptioneller Sicht überhaupt um Schulden handelt. Zwar liegt ein Ereignis der Vergangenheit vor, die Erfüllung führt offenbar aber nicht zum Abfluss von Ressourcen, die wirtschaftlichen Nutzen verkörpern. Treffender wäre in diesem Zusammenhang das Wort „Bilanzierungshilfe“, denn der Abgrenzungsposten dient maßgeblich zur periodengerechten Erfolgsermittlung in der Zukunft. Die eigentliche Alternative wäre nämlich, den Zuschuss bei Zugang in voller Höhe als Ertrag zu erfassen. Wohlgemerkt: Der Ansatz einer entsprechenden Verbindlichkeit ist nach IAS 20 generell zulässig. Er könnte auch inhaltlich gerechtfertigt sein, wenn etwa die Bedingungen der Gewährung des Investitionszuschusses vorsehen, dass damit ausschließlich der Erwerb der Maschine gefördert wird, die über die gesamte Laufzeit im Unternehmen verbleiben muss und ansonsten – oder auch im Falle der Aufkündigung der Geschäftsbeziehung – die Fertigungs-AG einen anteiligen Rückerstattungsanspruch pro rata temporis gegen die Zulieferer-AG hat.

Beispiel 5.2: Aus dem Geschäftsbericht 2016 der PNE Wind-Gruppe

Passiva (in Mio. EUR)	31.12.2016	31.12.2015
Eigenkapital	242,5	205,5
Sonderposten für Investitionszuschüsse	0,9	0,9
Rückstellungen	9,3	16,2
Verbindlichkeiten	125,8	118,3
Rechnungsabgrenzungsposten	0,1	0,1
Summe	**378,6**	**341,0**

Die Gesellschaft hat seit dem Jahr 2000 Investitionszuschüsse in Höhe von insgesamt TEUR 1.746 für den Anbau eines Bürogebäudes, die Erweiterung des Geschäftsgebäudes und dessen Einrichtung erhalten. Die Auflösung der Investitionszuschüsse orientiert sich an der Nutzungsdauer der zugrundeliegenden Vermögenswerte. Im Berichtsjahr wurde insgesamt ein Betrag in Höhe von TEUR 47 (i. V. TEUR 47) aufgelöst.

Weiterführende Literatur Mit Rechnungsabgrenzungsposten nach IFRS beschäftigen sich etwa Ernst und Dreixler, 2011.

5.3.2 Schulden aus „virtuellen" Aktienoptionen

Lernziele

- „Virtuelle" Aktienoptionen werden nicht in Eigenkapitalinstrumenten, sondern mit Geld bedient.
- Die bilanzielle Behandlung unterscheidet sich von der „echter" Aktienoptionen: Zwar wird ebenfalls Personalaufwand erfasst, die Gegenbuchung erfolgt aber nicht im Eigenkapital. Vielmehr ist eine Verbindlichkeit zu erfassen, deren Höhe an jedem Bilanzstichtag und am Erfüllungstag erfolgswirksam neu zu bestimmen ist.

Die Bilanzierung virtueller Aktienoptionen ist, genauso wie die Bilanzierung „echter" Aktienoptionen, in IFRS 2 geregelt. Abermals vergütet das Unternehmen mittels dieser Wertsteigerungsrechte eine Gegenleistung, die in der Regel von Arbeitnehmern durch Bereitstellung ihrer Arbeitskraft im Erdienungszeitraum erbracht wird, wobei die Vergütung an das Erreichen bestimmter Ziele geknüpft ist. Wertsteigerungsrechte entfalten grundsätzlich die gleiche Anreizwirkung wie „echte" Aktienoptionen, allerdings wird dem Inhaber der Optionen nicht das Recht eingeräumt, Aktien zu beziehen, sondern eine andere Leistung zu empfangen, deren Wert allerdings vom Aktienkurs des Unternehmens in der Zukunft abhängt. Für die Bewertung der entsprechenden Rechte ist abermals ein Bewertungsmodell zu nutzen. Hinsichtlich der Bestimmung des beizulegenden Zeitwerts im Gewährungszeitraum ergibt sich zu „echten“ Aktienoptionen damit im Grunde kein Unterschied. Allerdings wird der beizulegende Zeitwert zu jedem Bilanzstichtag neu bestimmt. Dadurch wirken sich auf den Bilanzansatz der Schuld einerseits Veränderungen des beizulegenden Zeitwerts, andererseits auch veränderte Schätzungen bzw. Erkenntnisse im Hinblick auf die Anzahl der ausübbaren Rechte aus. Die Veränderung der Schuld wird jeweils erfolgswirksam erfasst.

Exkurs 5.8 Informationen zu anteilsbasierter Vergütung im Abschluss der Allianz

Im Geschäftsbericht 2013 der Allianz Gruppe finden sich folgende Angaben zu aktienbasierten Vergütungsplänen: „Die Group-Equity-Incentive-Pläne des Allianz Konzerns unterstützen die Ausrichtung des Top-Managements, insbesondere des Vorstands, auf die nachhaltige Steigerung des Unternehmenswerts.“

Des Weiteren wird vermerkt: „Die Stock-Appreciation Rights (SAR), die einem Planteilnehmer gewährt wurden, verpflichten den Allianz Konzern in Bezug auf jedes gewährte Recht, den Unterschiedsbetrag zwischen dem Börsenkurs der Allianz Aktie am Tag der Ausübung und dem Referenzkurs als Barzahlung zu leisten.

Der maximale Unterschied ist auf 150 % des Referenzkurses begrenzt. Der Referenzkurs entspricht dem Durchschnitt der Schlusskurse der Allianz SE Aktie an den zehn Börsentagen, die im Ausgabejahr der Bilanzpressekonferenz der Allianz SE folgen. Die bis 2008 gewährten SAR können nach einer Sperrfrist von zwei Jahren ausgeübt werden und verfallen nach sieben Jahren. Für SAR, die ab 2009 gewährt wurden, gilt eine Sperrfrist von vier Jahren; sie verfallen ebenfalls nach sieben Jahren.“

Zur Bewertung der Aktienoptionen wendet die Allianz Gruppe das Binomialmodell an: „Der Zeitwert der SAR zum Zeitpunkt der Gewährung wird mittels eines Cox-Ross-Rubinstein-Binomialmodells zur Optionsbewertung bestimmt. Die Volatilität wird aus beobachtbaren historischen Marktpreisen abgeleitet. Sind bezüglich des Ausübungsverhaltens der SAR keine historischen Informationen verfügbar (vor allem die Pläne, die 2007 und 2008 ausgegeben wurden, sind nicht im Geld), wird angenommen, dass die erwartete Laufzeit der Zeit bis zum Verfall der SAR entspricht.“

(Quelle: Konzernabschluss der Allianz Gruppe 2016, S. 145)

Weiterführende Literatur Für weitere Informationen zum Ansatz und zur Bewertung „echter“ und „virtueller“ Aktienoptionen und zu deren Auswirkungen auf Bilanzkennzahlen kann auf Richter und Rogler, 2010, sowie Blecher, 2011, verwiesen werden.

5.3.3 Sachleistungsverpflichtungen

Das Rahmenkonzept definiert eine Schuld allgemein als eine „gegenwärtige Verpflichtung, die aus Ereignissen der Vergangenheit entsteht und deren Erfüllung für das Unternehmen erwartungsgemäß mit einem Abfluss von Ressourcen mit wirtschaftlichem Nutzen verbunden ist.“ Bei einer Sachleistungsverpflichtung handelt es sich um eine Verpflichtung, die durch Lieferung einer bestimmten Sache erfüllt wird. Ein Beispiel ist etwa die Verpflichtung, bei einer Betriebsverpachtung nach Pachtende Vorratsvermögen in gleicher Art, Menge und Güte zurückzugeben, wie vom Verpächter bei Beginn der Verpachtung bereitgestellt. Wer sich etwa ein Auto mit vollem Tank mietet und die Verpflichtung eingeht, das Auto auch mit vollem Tank wieder abzugeben, der geht damit ebenfalls eine Sachleistungsverpflichtung über das erforderliche Benzin ein (die Rückgabeverpflichtung bezüglich des Autos wäre unter Bilanzierungsgesichtspunkten hingegen keine Sachleistungsverpflichtung, sondern eine bilanziell nicht zu erfassende Verpflichtung aus einem Operating-Lease-Verhältnis). Eine Sachleistungsverpflichtung ist gemäß Rahmenkonzept eine Schuld, denn

- es besteht eine *gegenwärtige Verpflichtung* zur Übertragung eines bestimmten Wirtschaftsguts;
- diese Verpflichtung resultiert aus vergangenen Ereignissen, typischerweise einer vertraglichen Vereinbarung;
- die Erfüllung der Verpflichtung führt zum Abfluss von Ressourcen in Form der zu leistenden Sache.

Problematisch ist, dass es sich bei einer Sachleistungsverpflichtung zwar, wie dargestellt, um eine Schuld handelt, dass aber die Bilanzierungsregeln für finanzielle Verbindlichkeiten und für Rückstellungen ausscheiden:

- Eine Sachleistungsverpflichtung ist *keine finanzielle Verbindlichkeit*, denn eine finanzielle Verbindlichkeit würde die Verpflichtung implizieren, Zahlungsmittel oder einen anderen finanziellen Vermögenswert zu liefern oder finanzielle Vermögenswerte (bzw. finanzielle Schulden) unter potenziell nachteiligen Bedingungen zu tauschen. Die Anwendung der Bilanzierungsregeln für Finanzinstrumente nach IAS 32/39 bzw. IFRS 9 kommt damit nicht in Betracht.
- Eine Sachleistungsverpflichtung ist in der Regel wohl auch *nicht als Rückstellung* nach IAS 37 zu erfassen, weil das zentrale Charakteristikum einer Rückstellung darin besteht, dass die Schuld (in IAS 37 analog zum Rahmenkonzept definiert) ihrer Fälligkeit oder Höhe nach ungewiss sein muss. Die Fälligkeit der Sachleistungsverpflichtung ist aber nicht ungewiss. Soweit das Unternehmen die Sachen bereits besitzt, die in der Zukunft zu leisten sind, besteht auch keine Ungewissheit im Hinblick auf die Höhe der Verpflichtung. Eine Rückstellungsbildung kommt damit allenfalls in Frage, wenn die Verpflichtung bereits eingetreten ist, die zu leistende Sache aber erst noch beschafft werden muss und der dafür erforderliche Beschaffungspreis am Bilanzstichtag nur geschätzt werden kann.

Wie aber wird eine Sachleistungsverpflichtung bilanziert, wenn weder die Bilanzierungsregeln für finanzielle Verbindlichkeiten noch für Rückstellungen greifen? Offensichtlich muss es sich in diesem Fall um eine „sonstige Verbindlichkeit" gemäß IAS 1.54(k) handeln. Für diese sonstigen Verbindlichkeiten existieren keine speziellen Bilanzierungsregeln, daher kommt ein Rückgriff auf die Leitlinien im Rahmenkonzept in Betracht.

Es kommt zum *Ansatz* einer Schuld, wenn es wahrscheinlich ist, dass sich aus der Erfüllung einer gegenwärtigen Verpflichtung ein direkter Abfluss von Ressourcen ergibt, die wirtschaftlichen Nutzen enthalten, und der Erfüllungsbetrag verlässlich ermittelt werden kann.

Das Rahmenkonzept schreibt für die *Bewertung* keinen spezifischen Wertmaßstab vor. Plausibel wäre der Ansatz zu Anschaffungskosten. Demnach werden Schulden entweder mit dem Betrag des im Austausch für die Verpflichtung erhaltenen Erlöses erfasst oder mit dem Betrag an Zahlungsmitteln, der erwartungsgemäß gezahlt werden muss, um die Schuld im normalen Geschäftsverlauf zu tilgen.

Weiterführende Literatur Die Bilanzierung von Sachleistungsverpflichtungen wird in Zwirner, Busch und Böcker, 2010, diskutiert.

5.4 Eigenkapital und Eigenkapitalveränderungsrechnung

5.4.1 Definition

Lernziele

- Das Eigenkapital eines Unternehmens entspricht der Differenz aus Vermögenswerten und Schulden.
- Beim bilanziellen Ausweis des Eigenkapitals ist eine zweckmäßige Untergliederung vorzunehmen, die den Informationsbedürfnissen der Adressaten gerecht wird.
- Zumindest sind dabei das gezeichnete Kapital, die Rücklagen und die Minderheitsanteile separat auszuweisen.
- Stille Reserven sind Rücklagen, die aus der Bilanz nicht direkt ersichtlich sind.

Als Eigenkapital (*equity*) werden im Wesentlichen die der Unternehmung von ihren Eigentümern zeitlich unbegrenzt zur Verfügung gestellten Mittel bezeichnet. Bilanziell entspricht das Eigenkapital der Differenz aus allen Aktiva (*assets*) und allen Schulden (*liabilities*). Es bildet mit den Verbindlichkeiten die bilanziellen Passiva.

Das bilanzielle Eigenkapital entsteht durch Eigenkapitalinstrumente, insbesondere Stammaktien, die Teil der Finanzinstrumente sind. Nach IAS 32 verbriefen Eigenkapitalinstrumente dem Inhaber (also dem Eigentümer) einen anteiligen Residualanspruch auf die Vermögenswerte des Emittenten (also des Unternehmens). Der „Residualanspruch" ist vor dem Hintergrund zu sehen, dass im Fall der Zerschlagung eines Unternehmens, etwa ausgelöst durch eine Unternehmensinsolvenz, kurzfristig alle Vermögenswerte verkauft werden müssen. Die generierten Zahlungsmittelzuflüsse werden dann genutzt, um die Gläubiger des Unternehmens zu befriedigen. Verbleibt noch ein positiver Betrag, steht dieser den Eigentümern zur Verfügung. Im Fall einer Insolvenz ist dieser Fall freilich eher unwahrscheinlich, er kommt aber doch bisweilen vor: Ein bekanntes Beispiel aus der deutschen Wirtschaftsgeschichte ist die Borgward-Pleite. Borgward war ein in den Nachkriegsjahren bedeutender deutscher Automobilhersteller mit Sitz in Bremen. In einer Krisensituation Anfang der 1960er-Jahre verweigerte das Land Bremen die Bürgschaft für einen Kredit. Das Unternehmen geriet damit in die Insolvenz. 1965 stellte sich nach Abschluss des Konkursverfahrens schließlich heraus, dass die Konkursmasse mehr als ausreichend war, um alle Schulden zu bedienen. Eine „[s]pektakuläre Pleite, die keine war", titelte daher auch „Die Welt" in einem Beitrag vom 17. Januar 2008, der den Fall näher beleuchtet.

Das Beispiel verdeutlicht, dass der Residualanspruch auf die Vermögenswerte erst zum Tragen kommt, wenn das Unternehmen zerschlagen wird. Davor verbrieft das Eigenkapitalinstrument keinerlei Zahlungs- bzw. Rückzahlungsansprüche, die das Unternehmen als Emittent erfüllen müsste. Zwar können die Inhaber von Stammaktien über Dividendenausschüttung abstimmen, allerdings kann nur ein Ergebnis nach Abzug der Fremdkapitalkosten ausgeschüttet werden. Auch aus dieser Perspektive sind die Eigentümer also nur residualanspruchsberechtigt.

Die IFRS orientieren sich alleine an einer wirtschaftlichen Betrachtungsweise, wenn die Frage zu klären ist, ob es sich bei einem bestimmten Instrument um Eigenkapital handelt. Eindeutig ist die Eigenkapitaleigenschaft im Grunde nur bei unkündbaren Stammaktien. Kündbare Instrumente, Vorzugsaktien, Optionsscheine oder geschriebene Verkaufsoptionen sowie Instrumente, die den Erhalt eines proportionalen Anteils am Nettovermögen im Liquidationsfall verbriefen, können sich als Eigenkapital qualifizieren, sind es aber nicht zwingend. Beispiele, in denen die rein rechtliche Betrachtung nahelegt, dass es sich um Eigenkapital handelt, die wirtschaftliche Betrachtung aber zu weniger eindeutigen Ergebnissen hinsichtlich der Klassifikation als Eigenkapital führt, sind etwa die folgenden:

- **Genossenschaftsanteile** verbriefen gemäß Genossenschaftsgesetz mitgliedschaftliche Rechte, insbesondere auch ein Stimmrecht auf der Generalversammlung. Über die Generalversammlung haben die Genossen weitreichende Entscheidungsbefugnisse, wozu etwa die Bestellung des Vorstands oder auch Entscheidungen über die Gewinnverwendung gehören. Auch sind die Genossen residualanspruchsberechtigt. Rechtlich spricht daher einiges für die Klassifikation als Eigenkapital. Allerdings können die Genossen ihre Mitgliedschaft durch Kündigung beenden. In diesem Fall haben die ausgeschiedenen Genossen Anspruch auf einen ihrem Anteil entsprechenden Teil des Geschäftsvermögens, was in dieser Form bei einer Aktiengesellschaft undenkbar ist. Ein Aktionär kann zwar Anteile auf dem Sekundärmarkt veräußern, nicht aber eine Rücknahme durch die Aktiengesellschaft selbst verlangen.
- **Vorzugsaktien** vereinen Eigenschaften von Eigen- und Fremdkapital (wobei es im Ermessen der Emittenten liegt, diese eher wie Eigen- oder eher wie Fremdkapital auszugestalten). Typischerweise sind die mitgliedschaftlichen Rechte eingeschränkt, etwa das Stimmrecht auf der Hauptversammlung. Auch Fremdkapitalgeber haben hier kein Stimmrecht. Bei der Ausschüttung haben die Inhaber von Vorzugsaktien typischerweise Vorrang. Obwohl die Vorzugsaktionäre zwar zuerst bedient und mit einer höheren Ausschüttung bedacht werden, aber keinen festen bzw. im Nichtausschüttungsfall auch keinen nachzuholenden Ausschüttungsanspruch haben, bleibt die Ähnlichkeit zu Stammaktien erhalten. Sehen die Ausstattungsmerkmale einer Vorzugsaktie Kündbarkeit oder eine Akkumulation ausgefallener Dividendenzahlungen mit späterem Ausschüttungsanspruch vor, ist die Ähnlichkeit zu Fremdkapital größer.

Die Abgrenzung von Eigen- und Fremdkapital ist abstrakt in IAS 32 geregelt. Ein Instrument ist demnach dann und nur dann ein Eigenkapitalinstrument, wenn es die beiden folgenden Kriterien erfüllt:

- **Kriterium 1:** Es besteht durch das Instrument *keine vertragliche Verpflichtung* zur Lieferung von Zahlungsmitteln (oder eines anderen finanziellen Vermögenswerts) und auch keine vertragliche Verpflichtung, mit einem anderen Unternehmen finanzielle Vermögenswerte (oder finanzielle Verbindlichkeiten) unter potenziell ungünstigen Bedingungen zu tauschen.

- **Kriterium 2:** Soweit das Instrument in eigenen Aktien erfüllt werden kann (oder gemäß den vertraglichen Bestimmungen in eigenen Aktien erfüllt werden muss), muss der Inhaber dieses Instruments ein *eigentümerspezifisches Risiko* tragen. Handelt es sich um ein nichtderivatives Instrument, zeichnet sich das eigentümerspezifische Risiko dadurch aus, dass die Erfüllung in einer bereits vorher fixierten Anzahl von Eigenkapitalinstrumenten erfolgt. Bei einem derivativen Instrument gilt ebenfalls die „fixed for fix"-Regel: So handelt es sich dann und nur dann um Eigenkapital, wenn das Instrument in einer Transaktion erfüllt wird, bei der Vermögenswerten in betragsmäßig ex ante festgelegter Höhe gegen eine ebenfalls ex ante festgelegte Anzahl von Eigenkapitalinstrumenten getauscht werden.

Die abstrakten Ausführungen sollen anhand einiger Beispiele verdeutlicht werden:

- Mit einer *Stammaktie* einer Aktiengesellschaft sind keinerlei vertragliche Verpflichtungen verbunden, Zahlungen oder andere Vermögenstransfers an die Inhaber zu leisten. Die Inhaber haben keinen unbedingten Dividendenanspruch, auch können sie die Stammaktie nicht kündigen, um Zahlungen oder Vermögenstransfers zu erwirken. Das Recht zum Verkauf der Aktie auf dem Sekundärmarkt berührt den Emittenten der Aktie nicht. Kriterium 1 ist damit erfüllt. Kriterium 2 ist in diesem Fall irrelevant. Es handelt sich also um ein Eigenkapitalinstrument.
- *Vorzugsaktien* können das Recht auf den Erhalt einer bestimmten Dividende vorsehen, weiterhin auch, dass ausgefallene Dividendenzahlungen nachgeholt werden. In einem solchen Fall besteht eine vertragliche Leistungsverpflichtung, die eine Klassifikation als Eigenkapital ausschließt. Kann hingegen die Dividende ausfallen, so besteht aus Sicht des Unternehmens keine unbedingte vertragliche Verpflichtung zur Dividendenzahlung. Sieht die Vorzugsaktie vor, bei dauerhafter Nichtgewährung der Vorzüge (etwa Ausbleiben der versprochenen Dividendenzahlungen) das Instrument in eine Stammaktie zu tauschen, so ist Kriterium 1 erfüllt und Kriterium 2 relevant. Kriterium 2 ist ebenfalls erfüllt: Es handelt sich um ein nichtderivatives Instrument, bei dem bereits vorher vertraglich festgelegt ist, wie viele Stammaktien für eine Vorzugsaktie gegeben werden müssen.
- Eine „echte" *Aktienoption* räumt das Recht ein, Aktien zum vorher festgelegten Bezugskurs zu erwerben. Aus Sicht des Unternehmens, das die Aktienoptionen gewährt hat, entsteht durch den Vertrag keine vertragliche Verpflichtung, Zahlungsmittel (oder andere finanzielle Vermögenswerte) zu liefern. Im Gegenteil: Im Fall der Ausübung wird das Unternehmen gar Zahlungsmittel empfangen. Getauscht wird dann ein finanzieller Vermögenswert (Zahlungsmittel) gegen Eigenkapitalinstrumente, sodass Kriterium 1 insgesamt erfüllt ist. Kriterium 2 ist relevant, weil es sich bei der Option um ein Instrument handelt, das bei Ausübung in eigenen Aktien erfüllt wird. Da bei Ausübung eine feste Anzahl von Aktien zum vorher festgelegten Bezugskurs getauscht wird, ist auch Kriterium 2 erfüllt. Es handelt sich bei der Aktienoption also um ein Eigenkapitalinstrument. Eine „virtuelle" Option wird dagegen nicht in Eigenkapitalinstrumenten, sondern durch Zahlung eines Betrags erfüllt, der von der künftigen Marktentwicklung abhängt. Daher ist Kriterium 1 verletzt: Es besteht die vertragliche Verpflichtung, bei Ausübung der Option Zahlungsmittel zu liefern.

- Ein Unternehmen kann die *Erfüllungsoption* haben, eine finanzielle Verbindlichkeit durch Hingabe eigener Eigenkapitalinstrumente abzulösen, wobei der Marktwert der gegebenen eigenen Aktien genau dem Erfüllungsbetrag der Schuld entsprechen muss. Kriterium 1 ist in diesem Fall erfüllt, da das Unternehmen bei Ausüben der Option nicht mehr gezwungen ist, Zahlungsmittel oder andere finanzielle Vermögenswerte zu übertragen. Nach Kriterium 2 handelt es sich aber nicht um Eigenkapital, weil eine feste Verpflichtung (der Erfüllungsbetrag) mit einer variablen Anzahl von Aktien (entsprechend der Kursentwicklung) bedient wird. Der Inhaber des Fremdkapitalinstruments, das durch Ausüben der Option in ein Eigenkapitalinstrument gewandelt werden kann, trägt also, zumindest bis zur Ausübung der Option, kein Eigentümerrisiko. Er muss dieses auch nicht eingehen, weil er die erhaltenen Eigenkapitalinstrumente direkt am Kapitalmarkt veräußern könnte, mithin genauso gestellt wäre, wie im Fall des direkten Erhalts von Zahlungsmitteln.
- *Kündbare Instrumente* – etwa Genossenschaftsanteile oder bestimmte Vorzugsaktien – stellen aus Sicht der IFRS kein Eigenkapital dar. Kriterium 1 ist stets verletzt, weil das Kündigungsrecht eine vertragliche Verpflichtung zur Rücknahme gegen Zahlungsmittel oder Übertragung eines anderen finanziellen Vermögenswerts enthält. IAS 32 enthält aber einige Sondervorschriften, die es ermöglichen, ein kündbares Instrument als Eigenkapitalinstrument zu klassifizieren. Demnach liegt ein Eigenkapitalinstrument auch vor, wenn es die in IAS 32.16A beschriebenen Kriterien kumulativ erfüllt. Demnach verbrieft das Instrument im Liquidationsfall einen Residualanspruch an den Vermögenswerten. Auch hängt die Wertentwicklung des Instruments im Wesentlichen von der wirtschaftlichen Entwicklung des Unternehmens ab. Es gehört zu der nachrangigsten Klasse von Instrumenten des Unternehmens. In dieser Klasse haben alle Instrumente die gleichen Eigenschaften (sind etwa alle kündbar oder unterliegen alle den gleichen Rücknahmevorschriften). Schließlich dürfen – neben der vertraglichen Rücknahmeverpflichtung – keine anderen Verletzungen des ersten oder zweiten Kriteriums bestehen. Zusammengenommen kann daher ein Genossenschaftsanteil durchaus als Eigenkapital klassifiziert werden.

EXTRAS ONLINE

Aufgaben

1. Handelt es sich bei den folgenden Instrumenten um Eigenkapital? Begründen Sie Ihre Antwort: (a) Unkündbare Vorzugsaktie, bei der das Stimmrecht auf der Hauptversammlung ausgeschlossen ist, die aber im Fall einer Ausschüttung eine um 20 Prozent höhere Ausschüttung verglichen mit der Ausschüttung an Inhaber von Stammaktien vorsieht. (b) Kündbare Vorzugsaktie, bei der das Stimmrecht auf der Hauptversammlung ausgeschlossen ist, die aber im Fall einer Ausschüttung eine um 20 Prozent höhere Ausschüttung verglichen mit der Ausschüttung an Inhaber von Stammaktien vorsieht. (c) Stammaktie. (d) Stillhalteposition bei Mitarbeiteraktienoptionen.

2. A liefert an B eine Ware im Wert von € 1.000. Die Zahlung wird erst nach einem Jahr fällig, wobei B wählen kann, Zahlungsmittel oder eigene Eigenkapitalinstrumente mit Marktwert von € 1.000 zu liefern. Handelt es sich aus Sicht von B um ein Eigenkapitalinstrument?

Weiterführende Literatur Wüstemann und Bischof, 2011, erläutern, dass die Definition von Eigenkapital als Saldo von Vermögenswerten und Schulden eine rein technisch-buchhalterische ist, die nicht mit einer bestimmten Auffassung über Kapital verbunden ist. Die Notwendigkeit einer Definition bzw. Abgrenzung von Eigen- und Fremdkapital ergibt sich aus informationsökonomischer Sicht nur auf nichtidealen (und damit auf realen) Kapitalmärkten, die weder vollständig noch vollkommen sind. Das IASB folgte hierbei traditionell einem rein betriebswirtschaftlichen Verständnis, das alleine das Risiko des Inhabers in Betracht zieht. Damit wurde aber die Praxis vor Probleme gestellt: So ist mit einer solchen Regelung ein Eigenkapitalausweis bei Genossenschaften eigentlich nicht möglich. Dies zog massive politische Interventionen beim IASB nach sich, sodass die Bilanzierungsregeln geändert wurden und nun kasuistische Ausnahmeregelungen enthalten.

5.4.2 Ausweis in der Bilanz

Grundlagen zum Ausweis des Eigenkapitals finden sich in IAS 1. Die IFRS schreiben kein Gliederungsschema für das Eigenkapital vor. In der Bilanz sind nach IAS 1 jedoch mindestens das gezeichnete Kapital (*issued capital*) und die Rücklagen (*reserves*) getrennt voneinander darzustellen. In einem Konzernabschluss handelt es sich dabei jeweils um die Positionen, die den Eigentümern des Mutterunternehmens zuzuordnen sind. In einem Konzernabschluss sind darüber hinaus auch die nicht beherrschenden Anteile der Minderheitsgesellschafter (*minority interest*) auszuweisen. ▶ Abbildung 5.1 zeigt eine Klassifikation der wichtigsten Bestandteile des Eigenkapitals, die in den Konzernabschlüssen deutscher Aktiengesellschaften eine Rolle spielen. Zu bedenken ist dabei allerdings, dass die Untergliederung des Eigenkapitals in der Praxis häufig auf handels- und gesellschaftrechtliche (deutsche) Vorschriften Bezug nimmt, die den IFRS naturgemäß keine Leitschnur sind. In den Erläuterungen wird daher auch auf Abweichungen in den deutschen Vorschriften eingegangen.

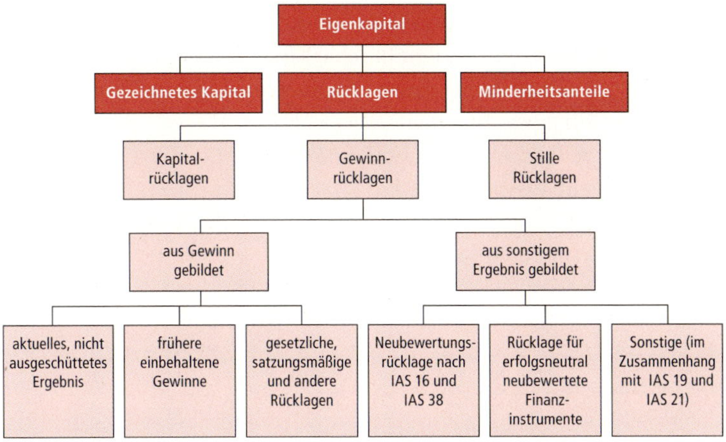

Abbildung 5.1: Klassifizierung des Eigenkapitals im IFRS-Abschluss einer Aktiengesellschaft

Gezeichnetes Kapital Beim gezeichneten Kapital, das bei einer Aktiengesellschaft auch als Grundkapital bezeichnet wird, handelt es sich um das Nominalkapital der Gesellschaft. Dieses ist als abstrakte und formelle Größe zu verstehen, die keiner selbstständigen Bewertung unterliegt, sondern lediglich durch den Nennbetrag beziehungsweise den rechnerischen Wert der Aktien (beziehungsweise Stammeinlagen) bestimmt ist. Geht man von einer Aktiengesellschaft aus, so ist hinsichtlich der Zusammensetzung des gezeichneten Kapitals zunächst zu klären, welcher Art die ausgegebenen Aktien sind. Zu unterscheiden sind hier Nennbetrags- von Stückaktien. Gibt eine Aktiengesellschaft Nennbetragsaktien aus, so entspricht das gezeichnete Kapital (Grundkapital) der Summe der Nennbeträge aller ausgegebenen Aktien. Gibt sie Stückaktien aus, so verfügt sie über ein festgesetztes Grundkapital, welches in eine festgelegte Stückzahl von Aktien zerlegt ist, die damit jeweils eine bestimmte Quote am Grundkapital verbriefen. Besondere Probleme werfen Vorzugsaktien auf. Bereits ihr Name legt nahe, dass sie mit bestimmten Vorteilen ausgestattet sind. Handelt es sich um eine höhere Dividende (etwa zulasten eines Stimmrechts), entstehen keine Probleme. Soweit sie jedoch einen festen Rückzahlungsanspruch verbriefen (*redeemable preferred shares*), handelt es sich unter wirtschaftlicher Betrachtung um Fremdkapital. ▶ Exkurs 5.9 („Ausweis des gezeichneten Kapitals bei der Volkswagen AG“) enthält ein Praxisbeispiel zum gezeichneten Kapital.

Exkurs 5.9 **Ausweis des gezeichneten Kapitals bei der Volkswagen AG**

Im Anhang des Konzernabschlusses 2017 der Volkswagen AG finden sich zum gezeichneten Kapital unter anderem folgende Angaben: „Das Gezeichnete Kapital der Volkswagen AG ist durch auf den Inhaber lautende nennwertlose Stückaktien unterlegt. Eine Aktie gewährt einen rechnerischen Anteil von € 2,56 am Gesellschaftskapital. Neben Stammaktien existieren Vorzugsaktien, die mit dem Recht auf eine um € 0,06 höhere Dividende als die Stammaktien, jedoch nicht mit einem Stimmrecht ausgestattet sind.
Das gezeichnete Kapital setzt sich zusammen aus 295.089.818 nennwertlosen Stammaktien und 206.205.445 Vorzugsaktien."

(Quelle: Konzernabschluss der Volkswagen AG 2017, Anhang, S. 88, 256)

Die Stammaktien der Volkswagen AG lauten zwar auf keinen Nennbetrag, allerdings ist eine Bestimmung des rechnerischen Anteils am Grundkapital möglich, indem das gezeichnete Kapital durch die im Umlauf befindlichen Aktien dividiert wird.

Kapitalrücklagen Kapitalrücklagen (*capital reserve*) zeichnen sich dadurch aus, dass sie zu keiner Zeit Ergebnisbestandteil waren. Sie bestehen hauptsächlich aus Aktienaufgeldern (Agios), also den kumulierten Beträgen, die bei der Ausgabe von Anteilen über den Nennbetrag hinaus erzielt wurden. Emittiert ein Unternehmen Aktien mit einem Nennwert von je € 1 und sind die Käufer bereit, für jede Aktie € 3,51 zu bezahlen, dann wird für jede Aktie ein Betrag von € 1 im gezeichneten Kapital und von je € 2,51 in der Kapitalrücklage erfasst. Darüber hinaus sind auch die Eigenkapitalkomponenten hybrider Finanzinstrumente in die Kapitalrücklage einzubeziehen. Beispielsweise beinhalten Wandelschuldverschreibungen das Recht, ein Fremdkapitalinstrument in ein Eigenkapitalinstrument umzuwandeln. Eigentlich wird ein Fremdkapitalinstrument erworben, das nicht im Eigenkapital zu erfassen ist. Allerdings erhält der Erwerber auch das Recht, das Fremdkapitalinstrument in ein Eigenkapitalinstrument zu wandeln. Der für das Wandlungsrecht gezahlte Aufschlag auf das Fremdkapitalinstrument wird in der Kapitalrücklage – also als Eigenkapital – erfasst.

Aus Gewinn oder Verlust gebildete Gewinnrücklagen Die aus dem Gewinn oder Verlust gebildeten Rücklagen (*revenue reserves*) setzen sich aus dem aktuellen Periodenergebnis sowie den nicht ausgeschütteten Ergebnissen der Vorperioden zusammen (*retained earnings*). Hierbei handelt es sich ideell um den insgesamt ausschüttungsfähigen Betrag (der im deutschen Recht am ehesten mit dem Ergebnisvortrag vergleichbar ist). Soweit solche Rücklagen aufgrund gesetzlicher oder satzungsmäßiger Vorschriften gebildet werden (und damit ggf. auch einer Ausschüttungssperre unterliegen), wird eine gesonderte Position abgesetzt (*legal and statutory reserves*). Nach deutschem Recht sind dabei drei Positionen zu unterscheiden, die im IFRS-Abschluss typischerweise zusammengefasst werden:

- Gesetzliche Rücklagen (*legal reserves*) werden auf Basis gesetzlicher Vorschriften gebildet. Eine Aktiengesellschaft muss in ihrem Einzelabschluss beispielsweise nach § 150 AktG so lange 5 Prozent des (ggf. um einen Verlustvortrag aus dem Vorjahr gekürzten) Jahresüberschusses einstellen, bis die gesetzliche und die Kapitalrücklage zusammen 10 Prozent (oder mehr, sollte dies die Satzung verlangen) des Grundkapitals erreichen.
- Satzungsgemäße Rücklagen (*statutory reserves*) müssen auf Basis der Satzung zwingend gebildet werden. Hierzu ein Beispiel: Die Satzung der Energiegenossenschaft Odenwald e.G. (vom August 2013) schreibt in § 39 etwa vor, dass „[n]eben der gesetzlichen ... eine andere Ergebnisrücklage gebildet" wird – namentlich eine satzungsgemäße – in die jährlich „mindestens 20 Prozent der vorgesehenen genossenschaftlichen Rückvergütung" eingestellt werden müssen. Die Unternehmensleitung hat also keine Entscheidungsmacht über die Bildung dieser Rücklagen.
- Andere Gewinnrücklagen (gemäß Aktiengesetz) sind eine Sammelposition für Rücklagen, die aufgrund sonstiger Verpflichtungen gebildet werden. Wenn bei einer Aktiengesellschaft der Abschluss durch Vorstand und Aufsichtsrat festgestellt wird, was dem Normalfall entspricht, dann können, ohne dass dies einer besonderen Ermächtigung bedürfte, gemäß §58 AktG bis zu 50 Prozent des Jahresüberschusses in die anderen Gewinnrücklagen eingestellt werden. Zu beachten ist allerdings die Satzung, die einen höheren oder niedrigeren Prozentsatz vorschreiben kann. In der Satzung der BMW AG vom 23. November 2011 heißt es etwa: „Stellen Vorstand und Aufsichtsrat den Jahresabschluss fest, so sind sie auch zur Einstellung eines größeren Teils als der Hälfte des Jahresabschlusses in die anderen Gewinnrücklagen ermächtigt."

Aus sonstigem Ergebnis gebildete Gewinnrücklagen Diese sonstigen Rücklagen (*other reserves*) entstehen insbesondere aus der Anwendung des Neubewertungsmodells, dessen Anwendung in verschiedenen Standards vorgeschrieben oder freigestellt ist. Allerdings wird die aus dem sonstigen Ergebnis gebildete Gewinnrücklage nur berührt, soweit es zu „erfolgsneutralen" Neubewertungen kommt. Effekte aus der Neubewertung von Wertpapieren im Handelsbestand werden etwa direkt im Ergebnis erfasst. In folgenden Fällen werden Änderungen des beizulegenden Zeitwerts hingegen erfolgsneutral im sonstigen Ergebnis erfasst (worauf etwa auch in IAS 1.7 hingewiesen wird):

- Bei der Neubewertung von Sachanlagen nach IAS 16 werden positive Neubewertungsbeträge erfolgsneutral erfasst, soweit sie nicht lediglich eine vorher erfolgswirksam erfasste Neubewertung mit einem niedrigeren beizulegenden Zeitwert kompensieren. Analoges gilt für die Neubewertung von als Finanzinvestitionen gehaltenen Immobilien nach IAS 38. In beiden Fällen schreiben die Standards vor, dass die entsprechenden Neubewertungsbeträge direkt im Eigenkapital – und zwar in der sogenannten Neubewertungsrücklage (*revaluation surplus*) erfasst werden. In diesen Fällen kommt es auch zu einem späteren Zeitpunkt nicht zu einer Umgliederung vom sonstigen Ergebnis in den Gewinn oder Verlust. Damit verbleiben alle jemals im Zusammenhang mit der Neubewertung von Sachanlagen oder immateriellen Vermögenswerte erfassten Neubewertungsbeträge im sonstigen Ergebnis, soweit die Bilanzierenden jedenfalls nicht von der Möglichkeit Gebrauch machen, die entsprechenden Beträge anteilig während der Nutzung oder spätestens bei Ausbuchung zugunsten der Gewinnrücklage aufzulösen. Damit handelt es sich bei der Neubewertung dieser Positionen um einen Spezialfall, der die gesonderte Erfassung im Eigenkapital rechtfertigt.

- Auch die Neubewertung von zur Veräußerung verfügbaren finanziellen Vermögenswerten (*available for sale*) nach IAS 39 ist zunächst erfolgsneutral. Die Neubewertungen während der Halteperiode werden im sonstigen Ergebnis (*other comprehensive income*) erfasst. Allerdings kommt es bei Ausbuchung (oder auch bei der Erfassung einer Wertminderung) zu einer Umgliederung der kumulierten erfolgsneutral erfassten Beträge vom sonstigen Ergebnis in den Gewinn oder Verlust. Dieser Vorgang wird auch als *recycling* bezeichnet und rechtfertigt eine getrennte Erfassung von den Neubewertungsrücklagen, für die eine solche Vorschrift nicht besteht. IFRS 9 sieht diese Kategorie nur noch in Ausnahmefällen vor; von einem *recycling* wird in diesen Fällen dann abgesehen.
- IFRS 9 sieht dann (und nur dann) eine erfolgsneutrale Erfassung der Veränderung des Zeitwerts finanzieller Verbindlichkeiten vor, wenn diese eigentlich erfolgswirksam zum beizulegenden Zeitwert bewertet werden, die Veränderung des Zeitwerts aber nur auf eine Veränderung des eigenen Ausfallrisikos zurückzuführen ist und durch die dadurch entstehende Ergebniswirkung kein Accounting Mismatch beseitigt wird (vergleiche hierzu auch ▶ Kapitel 5.2.2). Im Hinblick auf Finanzinstrumente sei schließlich noch erwähnt, dass sich auch nach den (hier nicht weiter behandelten) Hedge-Accounting-Regeln des IAS 39 der effektive Teil der Gewinne oder Verluste aus Sicherungsinstrumenten im Fall der Absicherung von Zahlungsströmen auf das sonstige Ergebnis auswirkt.
- Weiterhin wirken sich die Neubewertung leistungsorientierter Pläne nach IAS 19, Gewinne oder Verluste im Zusammenhang mit der Umrechnung des Abschlusses eines ausländischen Geschäftsbetriebs gemäß IAS 21 auf das sonstige Ergebnis aus.

Ein getrennter Ausweis bietet sich insbesondere für Rücklagen aus sonstigem Ergebnis an, die einem *recycling* unterliegen, die also zu einem späteren Zeitpunkt ins Ergebnis umgegliedert werden müssen.

Minderheitsanteile Minderheitsanteile entstehen im Konzernabschluss, wenn ein Mutterunternehmen eine Tochter nicht vollständig erworben hat, also weitere Eigentümer existieren, die einen Residual- und Gewinnanspruch innehaben.

Stille Rücklagen Die Rücklagen stellen den variablen Teil des Eigenkapitals dar und sind damit die eigentliche Residualgröße im Eigenkapital. Sie speichern erzielte und nicht ausgeschüttete Erfolgsbestandteile und dienen dazu, auftretende Verluste auszugleichen, ohne dass das konstante Nominalkapital angegriffen wird, wodurch wiederum die Widerstandsfähigkeit des Unternehmens gegenüber wirtschaftlichen Krisen gestärkt wird. Zu den offenen (ausgewiesenen) Rücklagen zählen, wie oben beschrieben, die Kapitalrücklage sowie die aus dem Ergebnis und dem sonstigen Ergebnis gebildeten Gewinnrücklagen. Da diese Rücklagen aus der Bilanz ersichtlich sind, wird zusammenfassend auch von offenen Rücklagen gesprochen.

Neben den offenen Rücklagen gibt es auch stille Rücklagen bzw. stille Reserven. Diese grenzen sich von den offenen Rücklagen dahingehend ab, dass sie im Gegensatz zu Letzteren in der Bilanz nicht ersichtlich sind. Es handelt sich also ausdrücklich nicht um eine Bilanzposition. Auf der Aktivseite entstehen stille Reserven durch eine – im Vergleich zu den Zeitwerten – „zu niedrige" Bewertung beziehungsweise durch Nichtaktivierung von Vermögenswerten, auf der Passivseite durch „zu hohe" Wertansätze, also eine Überbewertung finanzieller Verbindlichkeiten. Die Höhe der stillen Reserven ergibt sich aus der Differenz von Buchwerten und höheren (niedrigeren) „tatsächlichen" Werten der entsprechenden Aktiva (Passiva). Nach Art der Entstehung stiller Rücklagen sind Zwangsreserven, Ermessensreserven und Willkürreserven zu unterscheiden. Die Auflösung beziehungsweise Entstehung stiller Reserven kann zu bilanzpolitischen Zwecken genutzt beziehungsweise auf diese zurückgeführt werden. Nimmt man etwa an, dass eine Sachanlage zu € 1.000 beschafft wurde und über zehn Jahre linear abgeschrieben wird, hat sie nach drei Jahren einen Restbuchwert von € 700. Liegt der Marktwert nach drei Jahren aber bei € 1.200 – und wird die Sachanlage im Unternehmen nicht zwingend benötigt –, könnte sie vom Vorstand im darauffolgenden Jahr (etwa in einer Sale-and-Lease-Back-Transaktion) verkauft und nunmehr vom neuen Eigentümer gemietet werden. Es ließe sich dann eine stille Reserve von € 500 „heben", die den Periodengewinn erhöht. Besteht das bilanzpolitische Ziel, in der Berichtsperiode einen hohen Jahresüberschuss auszuweisen, wäre dies also ein Ansatzpunkt.

▸ Exkurs 5.10 „Eigenkapitalausweis in der Bilanz" enthält abschließend ein Praxisbeispiel zum bilanziellen Eigenkapitalausweis.

Exkurs 5.10 Eigenkapitalausweis in der Bilanz der Metro AG

Im Konzernabschluss 2017 der Metro AG findet sich folgende Untergliederung des Eigenkapitals (die hier in leicht modifizierter Struktur wiedergegeben wird):

Posten	Eigenkapitalpositionen	2017 (in Mio. €)	2016 (in Mio. €)
(1)	Gezeichnetes Kapital	363	0
(2)	Kapitalrücklage	6.118	0
(3)	Gewinnrücklagen	-3.320	0
(4)	Anteile nicht beherrschender Gesellschafter	46	36
(5)	**Summe**	**3.207**	**2.924**

→

→ Fortsetzung

Das gesamte Eigenkapital setzt sich aus den Positionen (1) bis (4) zusammen. Laut Angaben im Anhang besteht das gezeichnete Kapital (1) aus 360.121.736 Stamm- und 2.975.517 Vorzugsaktien. Bei den Stammaktien handelt es sich um nennwertlose Stückaktien, die einen anteiligen Wert am Grundkapital von je rund € 1,00 und außerdem jeweils ein Stimmrecht auf der Hauptversammlung verbriefen. Die Satzung der Metro AG legt ferner fest, dass Vorzugsaktien kein Stimmrecht verbriefen, dafür aber eine Vorzugsdividende von zunächst jeweils € 0,17 erhalten. Steht nicht genügend verteilbarer Gewinn zur Deckung dieses Anspruchs zur Verfügung, wird die Zahlung ohne Verzinsung im nächsten Jahr nachgeholt. Steht hingegen ausreichend verteilbarer Gewinn zur Verfügung, werden in einem nächsten Schritt die Inhaber der Stammaktien bedient. Danach erhalten wiederum die Inhaber von Vorzugsaktien ohne Stimmrecht eine nicht nachzahlbare Mehrdividende gezahlt, die je Vorzugsaktie 10 vom Hundert der an die Inhaber von Stammaktien gezahlten Dividende beträgt, vorausgesetzt dass diese € 1,02 je Stammaktie erreicht oder übersteigt.

Zur Kapitalrücklage (2) finden sich im Anhang keine näheren Ausführungen. Allerdings rührt die einzige Veränderung der Kapitalrücklage aus einer Umbuchung innerhalb des Eigenkapitals, die auf eine geänderte Ausweispraktik zurückzuführen ist.

Die Gewinnrücklagen (3) setzen sich zusammen aus (a) der Rücklage für den effektiven Teil der Gewinne/Verluste aus Cashflow Hedges, (b) der Rücklage für Bewertungseffekte auf zur Veräußerung verfügbare finanzielle Vermögenswerte, (c) der Rücklage für Währungsumrechnungen, (d) der Neubewertungsrücklage für leistungsorientierte Pensionspläne und (e) der Rücklage für auf Komponenten des „Sonstigen Ergebnisses" entfallende Ertragsteuer.

Im Anhang wird darauf verwiesen, dass es im Berichtsjahr sowohl positive als auch negative Einflüsse auf die Rücklage für Währungsumrechnungen gegeben hat. Der Netto-Effekt aus Währungsumrechnungen war im Berichtsjahr negativ, sodass die Gewinnrücklagen hieraus insgesamt sinken. Die übrigen Gewinnrücklagen haben per 30. September 2017 einen Stand von € –2.478.000.000. Gegenläufig zu der negativen Einstellung der Residualgröße aus der Verteilung des Nettovermögens wirkt hierbei das den Anteilseignern der METRO AG zuzurechnende Periodenergebnis von € 325.000.000.

(Quelle: Konzernabschluss der Metro AG 2017, S. 198–200)

Die Veränderungen der verschiedenen Eigenkapitalkomponenten sind in der Eigenkapitalveränderungsrechnung zu erläutern. Bei der Eigenkapitalveränderungsrechnung handelt es sich um ein eigenständiges Element eines IFRS-Abschlusses. Die Eigenkapitalveränderungsrechnung berichtet zunächst über das Gesamtergebnis. Sodann ist für alle Komponenten des Eigenkapitals darzustellen,

- welcher Effekt sich durch die rückwirkende Anwendung oder Anpassung von Rechnungslegungsstandards gemäß IAS 8 ergibt;
- wie sich die Buchwerte in der Berichtsperiode verändert haben und ob diese Veränderungen im Gewinn oder Verlust bzw. im sonstigen Ergebnis erfasst wurden oder auf Transaktionen mit den Eigentümern zurückzuführen sind.

In IAS 1 werden weitere Informationen bezüglich der Zusammensetzung des Eigenkapitals verlangt. Häufig besteht ein Wahlrecht, diese Informationen in Bilanz, Eigenkapitalveränderungsrechnung oder im Anhang offenzulegen, so auch in IAS 1.79, der zu jeder Klasse von Anteilen unter anderem folgende Angaben verlangt:

- Angabe der Anzahl genehmigter, ausgegebener und voll eingezahlter sowie auch der ausgegebenen und nicht voll eingezahlten Anteile nebst Überleitungsrechnung vom Anfang zum Ende der Periode;
- Nennwert der Anteile oder Angabe, dass diese keinen Nennwert haben, sowie Angaben zu den jeweils mit den Anteilen eingeräumten Rechten;
- Anteile am Unternehmen, die vom Unternehmen selbst oder von Tochterbeziehungsweise assoziierten Unternehmen gehalten werden bzw. die wegen Optionen oder Verkaufsverträgen vorgehalten werden, wobei dann auch die Modalitäten und Beträge anzugeben sind.

Aufgaben

EXTRAS ONLINE

1. Was ist der Unterschied zwischen gezeichnetem Kapital und Rücklagen?
2. Führt eher die Folgebewertung nach dem Kosten- oder nach dem Neubewertungsmodell zur Bildung stiller Reserven?
3. Wie ist die Existenz stiller Reserven im Lichte der Informationsfunktion der Rechnungslegung zu beurteilen?

Weiterführende Literatur Die Gliederung des Eigenkapitals ist typischerweise an nationale Gepflogenheiten beziehungsweise Rechtsvorschriften gebunden. Es kann hier praktisch auf beliebige (deutsche) Standardlehrbücher zurückgegriffen werden, etwa Coenenberg, Haller und Schultze, 2014. Ausführlich befasst sich Scheffler, 2006, mit der Bilanzierung des Eigenkapitals nach IFRS. Inwiefern deutsche Banken stille Reserven (bilanziert nach HGB) nutzen, um Ergebniserwartungen zu übertreffen, analysieren Bornemann, Kick, Memmel und Pfingsten, 2012.

5.4.3 Geschäftsvorfälle mit direkter Wirkung auf das Eigenkapital

Lernziele

- Grundsätzlich wirkt sich jeder erfolgswirksam erfasste Geschäftsvorfall auf die Höhe des Eigenkapitals aus, weil jeder Ertrag (Aufwand) entweder den Gewinn oder das sonstige Ergebnis erhöht (vermindert), mithin das Eigenkapital positiv oder negativ beeinflusst.
- In diesem Abschnitt geht es um Geschäftsvorfälle, die eine direkte Wirkung auf das Eigenkapital haben.
- Kapitalerhöhungen und Ausschüttungen stellen Transaktionen mit den Eigentümern dar, die zwar das Eigenkapital berühren, aber keinen Effekt auf den Gewinn oder Verlust bzw. das sonstige Ergebnis haben.
- Die Gewährung bestimmter Aktienoptionen führt zur Erfassung von (Personal-)Aufwand, um im Jahresabschluss deutlich zu machen, dass auch diese Form der Vergütung einen zu periodisierenden Preis hat. Allerdings kommt es bei der Gewährung und Ausübung „echter" Aktienoptionen (aus bedingtem Kapital) niemals zu einem Zahlungsmittelabfluss, weshalb eine Korrektur im Eigenkapital für den erfassten Aufwand erfolgen muss.

Gewinnverwendung und Dividendenausschüttung

Lernziele

- Bei Gewinnausschüttungen handelt es sich um die Verteilung von Überschüssen an die Anteilseigner.
- Rechtlicher Anknüpfungspunkt der Ausschüttungsbemessung in Deutschland ist der Einzelabschluss nach HGB.
- Gesellschaftsrechtliche Regelungen spielen bei der Gewinnverwendung und Ausschüttung eine bedeutende Rolle.

Die IFRS enthalten keine spezifischen Regelungen hinsichtlich der Gewinnverwendung, insbesondere auch keine Vorschriften für die Gewinnverwendungsrechnung oder die Vorschrift, einen Bilanzgewinn zu bestimmen. Gleichwohl muss festgehalten werden, dass der rechtliche Anknüpfungspunkt für die Ausschüttung in Deutschland stets der Einzelabschluss einer Gesellschaft ist. Insofern soll die Ausschüttung hier für das Mutterunternehmen eines Unternehmens vorgestellt werden, das einen konsolidierten Abschluss nach IFRS erstellen muss. Dabei rückt nun der im HGB-Einzelabschluss ausgewiesene Jahresüberschuss des Unternehmens in den Vordergrund, der Ausgangspunkt der Gewinnverwendung ist. Über die Ausschüttung befindet innerhalb gewisser Grenzen die Gesellschafterversammlung (diese mag dabei auch das Konzernergebnis im Blick haben). Bei einer Aktiengesellschaft wird der Gewinnverwendungsbeschluss folglich auf der Hauptversammlung gefasst.

Allgemein gibt es im Hinblick auf das Zusammenspiel zwischen Aufstellung bzw. Feststellung des Jahresabschlusses und der Gewinnverwendung einer Aktiengesellschaft drei Fälle:

- Der Jahresabschluss wird vor der Gewinnverwendung aufgestellt: Im Eigenkapital wird dann das volle Jahresergebnis ausgewiesen sowie, falls vorhanden, ein Gewinn- oder Verlustvortrag. Dieser Fall kommt für eine Aktiengesellschaft eigentlich nicht in Frage, weil § 150 Abs. 1 AktG die Bildung der gesetzlichen Rücklage bereits bei Aufstellung des Jahresabschlusses verlangt.
- Der Jahresabschluss wird unter teilweiser Gewinnverwendung aufgestellt (der typische Fall für eine Aktiengesellschaft): Im Eigenkapital erscheint neben gezeichnetem Kapital und Rücklagen der Bilanzgewinn (bzw. -verlust). Dieser tritt also an die Stelle der Posten Jahresergebnis und Gewinn- oder Verlustvortrag. Der Bilanzgewinn setzt sich aus dem Jahresergebnis des aktuellen Jahres sowie ggf. bestehender Gewinn- oder Verlustvorträge zusammen und speist sich ferner auch durch Entnahmen bzw. Zuführungen zu den Rücklagen.
- Der Jahresabschluss wird nach der Gewinnverwendung aufgestellt: Die Positionen Bilanzgewinn (bzw. -verlust) und Jahresergebnis entfallen, eine eventuell beschlossene Ausschüttung ist bereits als Verbindlichkeit gegenüber den Gesellschaftern erfasst. Die Voraussetzungen für diesen Fall dürften in der Realität einer Aktiengesellschaft selten erfüllt sein, da der Abschluss typischerweise vor dem Zusammentreten der Hauptversammlung erstellt wird.

Die einzelnen Schritte der Gewinnverwendung bzw. Dividendenausschüttung sollen hier an einem Beispiel verdeutlicht werden. Dazu sei angenommen, dass ein Unternehmen – vor der Gewinnverwendung – folgende Daten ausweist:

Position	Betrag (in €)
Grundkapital	513.000.000
Kapitalrücklage	36.000.000
Gesetzliche Rücklage	6.000.000
Gewinnvortrag	600.000

Der Jahresüberschuss beträgt € 20.000.000. Grundlage für Gewinnverteilungen ist nicht der Jahresüberschuss, sondern der Bilanzgewinn. Es sei nun angenommen, dass der Jahresabschluss unter teilweiser Gewinnverwendung aufgestellt wird. Demnach wird zunächst in die gesetzliche Rücklage der zwanzigste Teil des um einen Verlustvortrag aus dem Vorjahr geminderten Jahresüberschusses eingestellt (jedenfalls so lange, bis die gesetzliche Rücklage und die Kapitalrücklagen zusammen den zehnten oder den in der Satzung bestimmten höheren Teil des Grundkapitals erreichen). Wird nicht davon ausgegangen, dass die Satzung vom Gesetz abweichende Regelungen enthält, beträgt die anzustrebende gesetzliche Rücklage im Fallbeispiel:

$$0{,}10 \times € \ 513.000.000 = € \ 51.300.000$$

Die noch vorhandene Lücke zur erforderlichen gesetzlichen Rücklage beträgt:

$$€\ 51.300.000 - (€\ 36.000.000 + €\ 6.000.000) = €\ 9.300.000$$

Einzustellen sind im vorliegenden Fall also 5 Prozent des Jahresüberschusses (ein Verlustvortrag liegt nicht vor), da der sich hieraus ergebende Betrag die noch vorhandene Lücke nicht überschreitet:

$$(€\ 20.000.000 - €\ 0) \times 0{,}05 = €\ 1.000.000$$

Neben der gesetzlichen Rücklage können satzungsgemäße und andere Rücklagen gebildet werden. Es sei hier angenommen, dass die Satzung keine besonderen Regeln enthält und insofern alleine die gesetzlichen Vorschriften greifen. Demnach kann im (Normal-)Fall, in dem der Aufsichtsrat den Jahresabschluss „feststellt" (also billigt), bereits ein Teil des Jahresüberschusses, höchstens jedoch die Hälfte, in andere Gewinnrücklagen eingestellt werden, ohne dass die Hauptversammlung hierbei ein Mitspracherecht hätte. Nach § 58 (1) AktG sind zur Ermittlung des einstellbaren Betrags vom Jahresüberschuss ein eventueller Verlustvortrag sowie die Einstellungen in die gesetzliche Rücklage abzuziehen. Im vorliegenden Fall beträgt demnach die maximal mögliche Einstellung in die anderen Rücklagen:

$$(€\ 20.000.000 - €\ 0 - €\ 1.000.000) \times 0{,}5 = €\ 9.500.000$$

Nach § 158 AktG wird auf Basis der vorliegenden Informationen die Gewinn-und-Verlust-Rechnung wie folgt fortgeführt:

No.	Position	Betrag (in €)
0.	Jahresüberschuss bzw. Fehlbetrag	20.000.000
1.	Gewinn- bzw. Verlustvortrag aus dem Vorjahr	+600.000
2.	Entnahmen aus der Kapitalrücklage (vergleiche § 150 AktG)	0
3.	Entnahmen aus der Gewinnrücklage	
	aus der gesetzlichen Rücklage	0
	aus der Rücklage für Anteile an einem herrschenden oder mehrheitlich beteiligten Unternehmen	0
	aus satzungsmäßigen Rücklagen	0
	d) aus anderen Gewinnrücklagen	0
4.	Einstellungen in die Gewinnrücklagen	
	in die gesetzlichen Rücklage	–1.000.000
	in die Rücklage für Anteile an einem herrschenden oder mehrheitlich beteiligten Unternehmen	0
	in satzungsmäßige Rücklagen	0
	d) in andere Gewinnrücklagen	–9.500.000
5.	Bilanzgewinn bzw. -verlust	10.100.000

In den Büchern wird die teilweise Gewinnverwendung etwa wie folgt erfasst.

Jahresergebnis	20.000.000	
Ergebnisvortrag	600.000	
an Gesetzliche Rücklage		1.000.000
Andere Gewinnrücklagen		9.500.000
Bilanzgewinn		10.100.000

Gemäß § 170 AktG hat der Vorstand dem Aufsichtsrat den Jahresabschluss nebst Lagebericht unverzüglich nach Aufstellung vorzulegen. Zugleich hat der Vorstand dem Aufsichtsrat den Vorschlag vorzulegen, den er der Hauptversammlung für die Verwendung des Bilanzgewinns unterbreiten möchte. Der Vorschlag ist, sofern er keine abweichende Gliederung bedingt, etwa wie folgt zu gliedern:

No.	Position	Erläuterung
1.	Verteilung an die Aktionäre	Gesamtbetrag, der nach dem Vorschlag des Vorstands an die Aktionäre ausgeschüttet werden soll. Sind mehrere Aktiengattungen mit unterschiedlichen Gewinnrechten im Umlauf, sind für jede Aktiengattung der Ausschüttungsbetrag und der Verteilungsschlüssel gesondert anzugeben.
2.	Einstellung in Gewinnrücklagen	Nicht die bereits bei der Feststellung des Jahresabschlusses gebildeten Rücklagen, sondern die der Hauptversammlung vorbehaltene Einstellung weiterer Beträge.
3.	Gewinnvortrag	Neuer Gewinnvortrag, den die Hauptversammlung bei ihrer Entscheidung über die Verwendung des diesjährigen Bilanzgewinns beschließen soll. In der Regel nicht verteilbare Spitzenbeträge (es kann aber auch ein größerer Teil des Bilanzgewinns vorgetragen werden).
4.	Bilanzgewinn	(Summe 1 bis 3)

Exkurs 5.11

Gewinnverwendungsvorschlag am Beispiel der Deutsche Börse AG

Im Geschäftsbericht 2017 findet sich folgender Gewinnverwendungsvorschlag des Vorstands der Deutsche Börse AG:

Posten	Betrag (in Mio. €)
(1) Jahresüberschuss	615,7
(2) Einstellung in Gewinnrücklagen	–145,7
(3) Bilanzgewinn	470,0
(4) Vorgeschlagene Ausschüttung	456,4
(5) Einstellung in Gewinnrücklagen	13,6

→

→ Fortsetzung

Dem Fallbeispiel ist zu entnehmen, dass sich der Bilanzgewinn durch Verrechnung des Jahresüberschusses mit den Gewinnrücklagen ergibt. Die Einstellung von € 145,6 Mio. im Rahmen der Aufstellung des Jahresabschlusses übersteigt nicht die Grenze von 50 Prozent des Jahresüberschusses, über die der Vorstand freihändig entscheiden darf. Die Aktionäre haben nun grundsätzlich Anspruch auf den Bilanzgewinn. Dieser beträgt € 470,0 Mio. Laut Geschäftsbericht beabsichtigt der Vorstand, der Hauptversammlung eine Ausschüttung von € 2,45 je dividendenberechtigter Stückaktie vorzuschlagen. Zum Zeitpunkt der Abschlusserstellung waren, auch dies ist dem Geschäftsbericht zu entnehmen, 186.278.047 dividendenberechtigte Stückaktien im Umlauf (nicht dividendenberechtigt sind etwa eigene Anteile, die eine Aktiengesellschaft hält), was zu einer vorgeschlagenen Gesamtausschüttung von rund € 456,4 Mio. führt. Der restliche Bilanzgewinn in Höhe von € 13,6 Mio. soll in die Gewinnrücklagen eingestellt werden.

(Quelle: Konzernabschluss der Deutsche Börse AG 2017, S. 248)

Für das Beispiel sei angenommen, dass keine weitere Einstellung in Gewinnrücklagen angedacht ist und insgesamt 20.000.000 Aktien ausstehen. Die maximale Ausschüttung je Aktie beträgt dann „theoretisch“:

$$€\ 10.100.000 \div 20.000.000 = €\ 0{,}5050$$

Praktisch beträgt die maximale Ausschüttung € 0,50 je Aktie (bzw. insgesamt € 10.000.000). Es verbleiben dann:

$$€\ 10.100.000 - (20.000.000 \times €\ 0{,}50) = €\ 100.000$$

Dieser Betrag kann wiederum – nach Gewinnverwendungsvorschlag – ins nächste Jahr vorgetragen werden. Die Entscheidung darüber trifft nach § 174 AktG die Hauptversammlung. Sie ist hierbei an den festgestellten Jahresabschluss gebunden, kann aber ansonsten in den genannten Grenzen frei über die Gewinnverwendung entscheiden. Unter der Annahme, dass die Hauptversammlung dem Gewinnverwendungsvorschlag folgt, wird dann wie folgt gebucht:

Bilanzgewinn	10.100.000	
an Ergebnisvortrag		100.000
Finanzverbindlichkeiten		10.000.000

Der auszuschüttende Teil wird im Beispiel zunächst als Verbindlichkeit an die Anteilseigner erfasst, die nach der Ausschüttung beglichen ist (Bilanzverkürzung). Wenn die eigentliche Ausschüttung vorgenommen wird, werden die kurzfristigen Verbindlichkeiten an die Aktionäre durch Ausschüttung kurzfristiger Vermögenswerte (etwa: liquider Mittel) beglichen. Gebucht wird dann etwa wie folgt:

Finanzverbindlichkeiten		10.000.000	
	an Bank		10.000.000

Abschließend sei auf zwei Aspekte hingewiesen:

- Ausschüttungen führen zu einem Abfluss liquider Mittel. Das ausschüttende Unternehmen hat daher sicherzustellen, dass ausreichend liquide Mittel vorhanden sind und das Kapital nicht ausschließlich in Form langfristiger Investitionen gebunden ist. Zu bedenken ist, dass der Abfluss an Liquidität zwar zum Vorteil der Anteilseigner geschieht, durch eine überhöhte Ausschüttung aber andere Anspruchsgruppen des Unternehmens geschädigt werden könnten. Dies ist kritisch zu sehen, weil dem Management bei der Bestimmung der Höhe des Bilanzgewinns ein erheblicher Spielraum zukommt. Zum einen kann der Bilanzgewinn über die Ausübung von Wahlrechten der Rechnungslegung beeinflusst werden, die Einfluss auf die Höhe des Jahresüberschusses haben. Zum anderen kann das Management über die Entnahmen beziehungsweise Einstellungen in die Rücklagen Einfluss auf die Höhe des Bilanzgewinns nehmen. Eine „vorsichtige" Gewinnermittlung hat insofern eine ausschüttungsbegrenzende Wirkung. Daher kann nicht überraschen, dass sich der deutsche Gesetzgeber bislang nicht dazu durchringen konnte, die Ausschüttungsbemessung an IFRS-Abschlüsse zu knüpfen, die im Hinblick auf den Erfolgsausweis im Vergleich zum HGB als weniger vorsichtig gelten.
- Im IFRS-Konzernabschluss spielt der Bilanzgewinn keine Rolle, weshalb die vorherigen Buchungssätze auch ohne Kontonummern auskommen mussten, da einige Konten im IFRS-Kontenrahmen nicht vorgesehen sind. Aus dem Konzernergebnis folgt auch keine direkte Ausschüttung. Im IFRS-Konzernabschluss werden schlichtweg die einbehaltenen Gewinne im Konzern ausgewiesen. Diese informieren den Kapitalmarkt darüber, welche Beträge insgesamt (zumindest theoretisch) für Ausschüttungen zur Verfügung stehen. Soweit bei der Aufstellung nicht bereits ein Gewinnverwendungsbeschluss gefasst ist, führt ein Gewinnverwendungsvorschlag nicht zu einer passivierungspflichtigen finanziellen Verbindlichkeit.

Aufgaben

EXTRAS ONLINE

1. Inwieweit sind in Deutschland die IFRS für die Bestimmung von Ausschüttungen maßgeblich?

2. Gibt es in einer IFRS-Bilanz die Position „Bilanzgewinn"?

3. Im IFRS-Konzernabschluss wird am Bilanzstichtag zum 31.12.20X1 ein Ergebnis von € 1.400.000 ausgewiesen. Daraus wurden bereits vor dem Zusammenkommen der Hauptversammlung im Einklang mit den gesellschaftsrechtlichen und satzungsgemäßen Vorschriften € 150.000 in die entsprechenden Rücklagen eingestellt. Die Hauptversammlung beschließt im Einklang mit dem Gewinnverwendungsvorschlag Dividendenausschüttungen in Höhe von insgesamt € 700.000. Der Rest wird einbehalten. Wie sind die Sachverhalte zu buchen?

Weiterführende Literatur Der HGB-Einzelabschluss ist aus rechtlicher Sicht eindeutig die Basis der Ausschüttungsbemessung. Wie über die Höhe von Ausschüttungen entschieden wird und welche Ausweiskonsequenzen dies nach sich zieht, ist vornehmlich eine gesellschaftsrechtliche Frage. Der geneigte Leser wird daher die kommentierende Literatur etwa zu § 268 (1) HGB („Vorschriften zu einzelnen Posten der Bilanz. Bilanzvermerke), § 272 HGB („Eigenkapital") bzw. § 158 AktG („Vorschriften zur Gewinn-und-Verlust-Rechnung") zu Rate ziehen. Beispielhaft sei zu Einstellungen in die Kapital- und Gewinnrücklagen auf Förschle und K. Hoffmann, 2014, Rn. 160–288, verwiesen. Unbeschadet der rechtlichen Anknüpfung an den Einzelabschluss gibt es für deutsche kapitalmarktorientierte Unternehmen Evidenz dafür, dass diese die Höhe der Ausschüttungen faktisch unter Beachtung der Dividendenkontinuität und des Konzernergebnisses festlegen. Darauf deuten jedenfalls die Ergebnisse einer von Pellens, Fülbier und Gassen, 2003, vorgelegten Befragungsstudie hin. Gestützt wird diese Erkenntnis auch in einer empirischen Untersuchung der Eigenschaften von Einzel- und Konzernabschlüssen – auch im Hinblick auf die prognostische Eignung zukünftiger Ausschüttungen – in Goncharov, Werner und Zimmermann, 2006. Die Eignung der IFRS für Ausschüttungszwecke untersuchen Haaker und Hoffmann, 2009.

Kapitalerhöhungen

Lernziele

- Kapitalerhöhungen dienen im Wesentlichen der Unternehmensfinanzierung. Sie führen zu einer Bilanzverlängerung.
- Die Unternehmensleitung muss bei der Vornahme von Kapitalerhöhungen den gesellschaftsrechtlichen Rahmen beachten.

Eine Kapitalerhöhung bewirkt grundsätzlich eine Erhöhung des bilanziellen Eigenkapitals. Dabei werden neue Aktien ausgegeben (emittiert), wodurch Eigenmittel ins Unternehmen fließen. Die Gründe für eine solche Kapitalerhöhung sind vielseitig. So kann beispielsweise eine Geschäftsausweitung in Form von Investitionen anstehen. Anstatt diese über die Aufnahme eines Kredits (Fremdkapital) zu finanzieren, werden dazu Eigenmittel (Eigenkapital) herangezogen, die aus einer zuvor durchgeführten Kapitalerhöhung stammen. So gab etwa die *adidas-Salomon AG* im Jahr 2005 eine Kapitalerhöhung in Höhe von € 640 Mio. Euro bekannt. Dieser Betrag sollte durch die Ausgabe von rund 4,5 Mio. Stammaktien aufgebracht werden und zur Finanzierung der Übernahme des US-Unternehmens *Reebok* dienen. Weitere Gründe für Eigenkapitalemissionen können die Verbesserung der Kreditwürdigkeit (Bonität) des Unternehmens sein oder auch die Finanzierung von Investitionsplänen. Kapitalerhöhungen sind Transaktionen auf dem sogenannten Primärmarkt, auf dem Emittenten und Eigentümer direkt miteinander handeln. Will ein Anteilseigner eine bei einem Börsengang direkt erworbene Aktie hingegen wieder verkaufen, so ist das Unternehmen nicht zur Rücknahme verpflichtet. Gleichwohl wird sich bei kapitalmarktorientierten

Unternehmen unter der Annahme aktiver Märkte jederzeit eine Vielzahl potenzieller Käufer finden lassen, dies ist dann allerdings ein Handel der Aktien auf dem Sekundärmarkt.

Bei der Vornahme von Kapitalerhöhungen ist wiederum der gesellschaftsrechtliche Rahmen zu beachten, der sich nicht aus den internationalen Bilanzierungsregeln, sondern vielmehr den nationalen Rechtsquellen, ergibt. Grundsätzlich kann die Unternehmensleitung nicht frei über die Vornahme von Kapitalerhöhungen entscheiden. Sie benötigt hierzu eine Ermächtigung durch die Hauptversammlung. Dies ist vor dem Hintergrund zu sehen, dass eine Erhöhung des Grundkapitals zu einer „Verwässerung" der Ansprüche der Alteigentümer führt. Unter sonst gleichen Bedingungen muss etwa ein betragsmäßig unveränderter Bilanzgewinn nach einer Kapitalerhöhung auf mehr Aktien verteilt werden als vor der Kapitalerhöhung. Auch sind verschiedene Formen von Kapitalerhöhungen denkbar. Eine Übersicht gibt folgende Tabelle:

Art der Kapitalerhöhung	Gegen Einlage	Bedingte Kapitalerhöhung	aus Gesellschaftermitteln	Genehmigtes Kapital
Zweck	Erhöhung des Kapitals durch Bar- oder Sacheinlage	Bereitstellung von Kapital für potenzielle Bedienung der Inhaber von Wandelschuldverschreibungen, zur Vorbereitung eines Unternehmenszusammenschlusses und zur Gewährung von Aktienoptionen an eigene Mitarbeiter	Erhöhung des Kapitals aus "eigener Kraft" durch Umwandlung von Gewinn- oder Kapitalrücklagen in das Grundkapital	Flexible und bedarfsorientierte Erhöhung des Eigenkapitals über einen längeren Zeitraum (maximal 5 Jahre) um einen in der Satzung vorgegebenen Betrag, ggf. auch zur Gewinnbeteiligung von Arbeitnehmern
Voraussetzungen	Qualifizierte Mehrheit des vertretenen Grundkapitals bei der beschließenden Hauptversammlung			
	Es sollen keine ausstehenden Einlagen auf das Grundkapital mehr erlangt werden können.	Beachtung der gesetzlichen Beschränkung des Nennbetrag des bedingten Kapitals auf 50 Prozent des Grundkapitals.	Kein Unterschreiten der geforderten gesetzlich oder satzungsgemäßen Mindesthöhe von Kapitalrücklagen und gesetzlichen Rücklagen.	Aufnahme einer entsprechenden Ermächtigung in die Satzung unter Beachtung der gesetzlichen Beschränkung des Nennbetrag des genehmigten Kapitals auf 50 Prozent des Grundkapitals.
Ausführung	Nur gegen Ausgabe und Zeichnung neuer Aktien	Ausgabe von Bezugsaktien (Erhöhung wird nur so weit durchgeführt, wie von einem Umtausch- oder Bezugsrecht auf neue Aktien Gebrauch gemacht wird)	Durch reine Umgliederung (bei Stückaktien) oder durch Umgliederung und Ausgabe neuer Aktien, die den Alteigentümern zustehen	Ausgabe neuer Aktien
Gegenleistung		Geld- oder Sacheinlage	Verminderung der Kapital- bzw. Gewinnrücklagen, mithin Verzicht auf Ausschüttungspotenzial	Geld- oder Sacheinlage
Wirksamwerden der Kapitalerhöhung	Mit Eintragung der Durchführung ins Handelsregister	Mit Ausgabe der Bezugsaktien	Mit Eintragung des Beschlusses ins Handelsregister	Mit Eintragung der Durchführung ins Handelsregister

Abbildung 5.2: Arten von Kapitalerhöhungen nach deutschem Gesellschaftsrecht

Zu beachten ist, dass eine Zunahme des Eigenkapitals erst erfolgt, wenn die Kapitalerhöhung wirksam ist. Wie in der Tabelle dargestellt, geschieht dies in der Regel durch Eintragung der Kapitalerhöhung ins Handelsregister. Hat das Unternehmen bereits vor der Eintragung eine Gegenleistung – also die Einlage – erhalten, so erfasst es bis zur Eintragung einen Vermögenswert und eine entsprechende Schuld. Zum Zeitpunkt des Wirksamwerdens wird die Schuld dann in Eigenkapital umgebucht. Ist die Gegenleistung allerdings nach Wirksamwerden der Kapitalerhöhung noch nicht voll erbracht, so ist zu prüfen, ob es sich um ein schwebendes Geschäft handelt. In der Regel erfolgt allerdings in der IFRS-Bilanz ein Ausweis aller eingeforderten und nichteingeforderten ausstehenden Einlagen (*capital not yet paid in*) als Forderungsposition auf der Aktivseite.

Exkurs 5.12 Kapitalerhöhung am Beispiel der Metro AG

Im Konzernabschluss 2017 der Metro AG finden sich folgende Informationen zu Kapitalerhöhungen:

Genehmigtes Kapital

„Die Hauptversammlung vom 11. April 2017 hat den Vorstand ermächtigt, mit Zustimmung des Aufsichtsrats bis zum 28. Februar 2022 das Grundkapital der Gesellschaft durch Ausgabe neuer auf den Inhaber lautender Stammaktien gegen Geld- oder Sacheinlagen einmalig oder mehrmals, höchstens jedoch um bis zu € 181.000.000 zu erhöhen (genehmigtes Kapital I). Der Vorstand kann mit Zustimmung des Aufsichtsrats das Bezugsrecht der Aktionäre in bestimmten festgelegten Fällen ausschließen. Das genehmigte Kapital I wurde bisher nicht ausgenutzt."

Bedingtes Kapital

„Die Hauptversammlung vom 11. April 2017 hat eine bedingte Erhöhung des Grundkapitals um bis zu € 16.339.376, eingeteilt in bis zu 16.339.376 Stück auf den Inhaber lautende Stammaktien, beschlossen (bedingtes Kapital I). Diese bedingte Kapitalerhöhung steht im Zusammenhang mit der Schaffung einer Ermächtigung des Vorstands, mit Zustimmung des Aufsichtsrats bis zum 28. Februar 2022 einmalig oder mehrmals auf den Inhaber lautende Options- oder Wandelschuldverschreibungen (zusammen „Schuldverschreibungen") im Gesamtnennbetrag von bis zu € 1.500.000.000 zu begeben und den Inhabern von Optionsschuldverschreibungen Optionsrechte oder -pflichten und den Inhabern von Wandelschuldverschreibungen Wandlungsrechte oder -pflichten für auf den Inhaber lautende Stammaktien der METRO AG mit einem anteiligen Betrag des Grundkapitals von insgesamt bis zu € 16.339.376 nach näherer Maßgabe der Bedingungen der Schuldverschreibungen zu gewähren oder aufzuerlegen oder das Recht der Gesellschaft vorzusehen, statt einer Rückzahlung der Schuldverschreibung in bar ganz oder teilweise Stammaktien der Gesellschaft zu liefern. Der Vorstand kann mit Zustimmung des Aufsichtsrats das Bezugsrecht der Aktionäre in bestimmten festgelegten Fällen ausschließen. Es wurden bisher keine Options- und/oder Wandelschuldverschreibungen aufgrund der vorgenannten Ermächtigung begeben."

→

→ Fortsetzung

Erwerb eigener Aktien

„Die Hauptversammlung vom 11. April 2017 hat die Gesellschaft gemäß § 71 Abs. 1 Nr. 8 AktG ermächtigt, bis zum 28. Februar 2022 eigene Aktien, gleich welcher Gattung, von bis zu insgesamt 10 vom Hundert des Grundkapitals zu erwerben, das zum Zeitpunkt des Wirksamwerdens der Ermächtigung bestand oder – falls dieser Wert geringer ist – das zum Zeitpunkt der Ausübung der Ermächtigung besteht. Von dieser Ermächtigung hat bisher weder die Gesellschaft noch ein abhängiges oder im Mehrheitsbesitz der Gesellschaft stehendes Unternehmen oder ein anderer für Rechnung der Gesellschaft oder eines abhängigen oder eines in Mehrheitsbesitz der Gesellschaft stehenden Unternehmens Gebrauch gemacht."

Der Erwerb eigener Aktien wurde in diesem Kapitel nicht diskutiert. Der Erwerb eigener Aktien lässt sich ökonomisch als Ausschüttung interpretieren, er kann aber auch der Kapitalherabsetzung dienen, wenn die Einziehung geplant ist. Auch mag ein solches Manöver der Kurspflege dienen. Nach IFRS stellen eigene Aktien keinen aktivierungsfähigen Vermögenswert dar. Der Erwerbspreis wird daher vom Eigenkapital erfolgsneutral abgesetzt – der Erwerb wirkt damit also bereits wie eine Kapitalherabsetzung.

(Quelle: Konzernabschluss der Metro AG 2017, S. 199)

Ein Beispiel soll die technischen Aspekte bei der Durchführung von Kapitalerhöhungen verdeutlichen. So sei angenommen, dass ein Unternehmen plant, in ein neues Geschäftsgebäude zu investieren. Die erforderlichen Mittel sollen durch Eigenfinanzierung und zwar auf dem Weg einer ordentlichen Kapitalerhöhung bereitgestellt werden. Es sollen dazu 3.000.000 neue Aktien emittiert werden, die einen Nennwert von € 1 haben und am Tag der Emission zu € 15 pro Aktie abgesetzt werden können. Die Bilanz des Unternehmens vor der Kapitalerhöhung habe folgendes Aussehen:

Bilanz			
Aktiva (in Mio. €)		**Passiva (in Mio. €)**	
Kurzfristige Vermögenswerte	70	Gezeichnetes Kapital	20
Langfristige Vermögenswerte	130	Kapitalrücklage	30
		Gewinnrücklage	15
		Verbindlichkeiten	135
Bilanzsumme	**200**	**Bilanzsumme**	**200**

Der Mittelzufluss in Höhe von € 45 Mio. (3.000.000 Aktien × € 15 je Aktie) wird nun wie folgt gebucht (Beträge in Millionen €):

200 Kurzfristige Vermögenswerte		45	
	an 410 Gezeichnetes Kapital		3
	440 Kapitalrücklagen		42

Die Bilanz des Unternehmens nach Vornahme der Kapitalerhöhung hat folgende Gestalt:

Bilanz			
Aktiva (in Mio. €)		**Passiva (in Mio. €)**	
Kurzfristige Vermögenswerte	115	Gezeichnetes Kapital	23
Langfristige Vermögenswerte	130	Kapitalrücklage	72
		Gewinnrücklage	15
		Verbindlichkeiten	135
Bilanzsumme	**245**	**Bilanzsumme**	**245**

Typischerweise zeigen Unternehmen kurz nach einer Kapitalaufnahme einen höheren Bestand an liquiden Mitteln, als für den normalen Geschäftsbetrieb üblich. Diese Mittel werden in der Regel für Investitionszwecke verwendet. Erkennbar ist im Beispiel auch, dass der Anteil des Eigenkapitals steigt. Außenstehende können dies als eine Steigerung der Bonität interpretieren.

EXTRAS ONLINE

Aufgaben

1. Erläutern Sie die Buchungssystematik bei Kapitalerhöhungen!

2. Was versteht man unter bedingtem Kapital? Warum werden „echte" Aktienoptionen bei Ausübung typischerweise aus bedingtem Kapital bedient?

Weiterführende Literatur Einen Überblick über die handels- und gesellschaftsrechtlichen Aspekte von Kapitalerhöhungen geben Förschle und K. Hoffmann, 2014, Rn. 50–70. Mit Transaktionskosten und Steuern bei Börsengängen und Kapitalerhöhung beschäftigt sich Lüdenbach, 2013.

Ausgabe „echter" Aktienoptionen

Lernziele

- Aktienoptionen werden zur anreizorientierten Vergütung von Führungskräften eingesetzt.
- Es gibt unterschiedliche Typen von Aktienoptionen. Eine „echte" Aktienoption wird, bei Ausübung, mit Eigenkapitalinstrumenten des Unternehmens bedient.
- Bei der Bilanzierung „echter" Aktienoptionen kommt es zur Erfassung von Personalaufwand und entsprechender Gegenbuchung im Eigenkapital.
- Wertmäßig sind für die Berechnung des Aufwands die Marktbedingungen zum Gewährungszeitpunkt maßgeblich, allerdings wird über den Erdienungszeitraum das für die Aufwandshöhe ebenfalls relevante Mengengerüst an die bestmögliche Schätzung über die Erfüllung der Ausübungsbedingungen angepasst.

Aktienoptionen (*share options*) dienen insbesondere der Vergütung von Führungskräften eines Unternehmens und sollen für diese Anreize schaffen, sich für die Wertsteigerung des Unternehmens einzusetzen. Im klassischen Fall erhält ein Mitarbeiter mit einer Aktienoption das Recht, diese nach einer bestimmten Laufzeit (oft erst nach mehreren Jahren) in Aktien des Unternehmens, für das er arbeitet, umzuwandeln. Ein Arbeitnehmer muss für den Erhalt einer Option keine monetäre Gegenleistung erbringen (gezahlt wird gewissermaßen mit dem Einsatz der eigenen Arbeitskraft), allerdings muss bei Ausübung der Option ein gewisser Preis für den Erwerb der eigentlichen Aktien bezahlt werden. Dieser Bezugskurs ist in der Option festgelegt. Es besteht damit ein Anreiz, mit Einsatz der eigenen Arbeitsleistung weiter dazu beizutragen, den Aktienkurs in die Höhe zu treiben, denn je höher die Differenz zwischen Bezugskurs und Aktienkurs im Ausübungszeitpunkt, desto höher der (Buch-)Gewinn des Arbeitnehmers, den er jederzeit realisieren kann, wenn er die Aktien verkauft. Naturgemäß kann der Aktienkurs auch unter den Bezugskurs fallen. Der Arbeitnehmer wird in diesem Fall die Option nicht ausüben, denn er müsste dann für den Erwerb einer Aktie einen höheren Preis als den Marktwert entrichten.

Die Gewährung von Optionen soll dazu beitragen, die Interessen der Eigentümer und Mitarbeiter in Einklang zu bringen. Die Mitarbeiter haben nun ein eigenes Interesse daran, den Aktienkurs eines Unternehmens nachhaltig zu steigern. Aus Bilanzierungssicht sind gewährte Aktienoptionen allerdings eines der kompliziertesten Phänomene überhaupt. Sie werden (scheinbar) kostenlos gewährt, jedenfalls findet im Gewährungszeitpunkt aus Sicht des Unternehmens kein monetärer Ressourcenabfluss statt. Anders sieht es freilich der Arbeitnehmer, der einer gewährten Aktienoption durchaus einen Wert beimisst. Die Vergütungswirkung kommt schließlich zum Tragen, wenn der Mitarbeiter die Aktienoption einlöst. Aus Sicht des Unternehmens stellt es sich so dar, dass es dem Mitarbeiter Aktien gegen eine Zahlung überträgt. Die Vergütung der Mitarbeiter führt also aus Sicht des Unternehmens nicht zu einem Zahlungsmittelabfluss, sondern -zufluss. Diese scheinbaren Paradoxien lassen sich leicht erklären: Die Aktienoption verbrieft das Recht, in der Zukunft Aktien zu einem niedrigeren Wert als dem Marktwert zu erhalten. Das Unternehmen muss also in der Zukunft eine bestimmte Anzahl von Aktien zu einem vorher festgelegten Preis liefern (es handelt sich um ein „*fixed for fixed*"-Geschäft). Dazu muss es die Aktien überhaupt erst besitzen. Dies könnte etwa dadurch geschehen, dass das Unternehmen die Aktien auf dem Kapitalmarkt erwirbt, womit ein Zahlungsmittelabfluss verbunden ist. Es könnte auch neue Aktien emittieren, womit die Ansprüche der Altaktionäre verwässert werden, zudem mit dieser Abgabe Opportunitätskosten verbunden sind, weil ein Absatz auf dem Kapitalmarkt einen höheren Zahlungsmittelzufluss generieren würde als bei Abgabe an die Mitarbeiter.

Die Bilanzierung anteilsbasierter Vergütungen ist in IFRS 2 geregelt. Dabei ist zunächst nicht speziell von Aktienoptionen die Rede. Vielmehr handelt es sich bei einer anteilsbasierten Vergütung abstrakt um die Übertragung von Vermögenswerten im Austausch gegen Leistungen, die das Unternehmen von einem Lieferanten erhält, wobei der Wert der seitens des Unternehmens übertragenen Vermögenswerte vom Kurs oder Wert der eigenen Aktien abhängt. Bezogen auf eine Aktienoption für Mitarbeiter bedeutet das: Der Mitarbeiter liefert seine Arbeitskraft, im Gegenzug wird er (auch) in Aktienoptionen bezahlt, bei denen es sich offensichtlich um Vermögenswerte handelt, deren Wert vom Aktienkurs des Unternehmens abhängt. Warum spricht IFRS 2 nicht explizit von Aktienoptionen? Der Grund ist, dass die mit einer Aktienoption verbundenen Anreize auch ohne das tatsächliche Gewähren einer Option auf den Erwerb von Aktien geschaffen werden können. Das Verfahren wird dabei insofern vereinfacht, als dass im Ausübungszeitpunkt keine Aktie, sondern ein entsprechend hoher Geldbetrag geliefert wird. Hierbei handelt es sich dann um eine sogenannte „unechte" Aktienoption. Die Bilanzierungsfolgen echter und unechter Aktienoptionen unterscheiden sich. In diesem Kapitel werden nur „echte" Aktienoptionen behandelt. Die Gewährung solcher Aktienoptionen führt zur Erfassung von (Personal-)Aufwand mit Gegenbuchung im Eigenkapital.

Für die bilanzielle Abbildung der Aktienoption ist es zunächst erforderlich, den Wert eines Optionsrechts bei Gewährung zu bestimmen. Zu beachten ist dabei, dass die Logik der IFRS eigentlich etwas anderes nahelegt. Demnach ist nicht der Wert der gegebenen (Aktienoption), sondern die erhaltene Leistung (Arbeitsleistung) maßgeblich. „Bezahlt" das Unternehmen etwa eine maschinelle Anlage durch Herausgabe von Aktienoptionen, so ist der Wert der maschinellen Anlage für den Bilanzansatz entscheidend. Erfasst wird dann die maschinelle Anlage auf der Aktivseite, auf der Passivseite wird entsprechend im Eigenkapital gegengebucht. Der Aufwand ergibt sich später durch Abschreibung der maschinellen Anlage. Werden allerdings Mitarbeiter über Aktienoptionen „bezahlt", so ist die Bestimmung des Werts der erhaltenen Gegenleistung weniger eindeutig als im Fall der erworbenen maschinellen Anlage. In diesem Fall wird der Sachverhalt dann durch Bewertung der gegebenen Leistung, also der Aktienoptionen, bewertet. Ein Aufwand wird in einer bestimmten Periode aber nur in der Höhe erfasst, in der ein Arbeitnehmer auch eine Gegenleistung erbracht hat. Wäre die Option etwa die Vergütung einer in einem bestimmten Geschäftsjahr voll erbrachten Arbeitsleistung, dann würde in diesem Jahr auch der entsprechende Aufwand in voller Höhe erfasst. Da Optionen in der Regel aber langfristige Anreize setzen sollen, ist dieser Fall eher unwahrscheinlich. Stellen sie etwa eine Vergütung für eine über vier Jahre erbrachte Arbeitsleistung dar, so wird der Aufwand *pro rata temporis* erfasst. Für die Bewertung des Aufwands sind allerdings stets und ausschließlich die Gegebenheiten am Bewertungsstichtag (*grant date*) maßgeblich, also dem Tag, an dem den Mitarbeitern die Optionen gewährt werden. Um zu einer konkreten Bewertung zu gelangen, bedarf es allerdings noch weiterer „Zutaten“:

- *Wertgerüst auf Basis der Marktbedingungen (market conditions):* Für Mitarbeiteroptionen gibt es typischerweise keine aktiven Märkte, auf denen sich Preise beobachten ließen. Daher sind Bewertungsmodelle erforderlich. Ein Beispiel ist das Binomialmodell. IFRS 2 schreibt allerdings kein bestimmtes Bewertungsmodell vor. Allgemein werden die Bewertungsmodelle Informationen über den Ausübungspreis, die Laufzeit, den aktuellen Kurs der den Optionen zugrundeliegenden Aktien, die erwartete Volatilität des Aktienkurses, Erwartungen über Dividendenzahlungen und schließlich den risikolosen Zins für die Laufzeit der Option benötigen. Aus diesen marktbezogenen Inputs lässt sich der beizulegende Zeitwert einer Option bestimmen. Dabei sind – neben den Marktbedingungen – auch alle weiteren Bedingungen zu berücksichtigen, die keine Ausübungsbedingungen darstellen (sogenannte „Nicht-Ausübungsbedingungen“ bzw. „*non-vesting conditions*“). Das zum Gewährungszeitpunkt auf diese Weise festgelegte Wertgerüst wird später nicht mehr geändert.
- *Mengengerüst auf Basis der Ausübungsbedingungen (vesting conditions):* Das Recht zur Ausübung einer Option kann an bestimmte Bedingungen geknüpft sein. Aus Sicht des Unternehmens führt die Erfüllung der Ausübungsbedingungen durch die begünstigten Arbeitnehmer zu einer Leistungsverpflichtung. Eine Dienstbedingung besagt, dass eine Option nur ausgeübt werden kann, wenn vorher eine festgelegte Dienstzeit abgeleistet wurde (z.B. kann verlangt sein, dass der Arbeitnehmer weitere drei Jahre im Unternehmen verbleibt). Eine Leistungsbedingung fordert darüber hinaus auch das Erreichen eines konkreten Erfolgsziels (z.B. die Steigerung des Umsatzes um 10 Prozent innerhalb eines gewissen Zeitraums). Die Ausübungsbedingungen fließen nicht in die Berechnung des beizulegenden Zeitwerts der Option ein (soweit es sich jedenfalls nicht um eine Leistungsbedingung handelt, die eine Marktbedingung darstellt). Vielmehr bestimmen sie lediglich das Mengengerüst. Das Mengengerüst kann über die Laufzeit auf Basis revidierter Schätzungen oder Kenntnisse angepasst werden.

Es wird also stets das Portfolio der begünstigten Mitarbeiter betrachtet und es müssen jeweils die bestmöglichen Schätzungen dafür vorgenommen werden, wie viele Mitarbeiter ihre Optionen tatsächlich ausüben werden. Der in einer Periode zu erfassende Personalaufwand ergibt sich damit hinsichtlich der Wertkomponente aus den Marktbedingungen bei Gewährung der Option, hinsichtlich der Mengenkomponente jeweils aus der bestmöglichen Schätzung darüber, wie viele Aktienoptionen ausübbar werden, wobei die Ausübungsbedingungen in Betracht zu ziehen sind. Verlässt etwa ein Mitarbeiter vor Erfüllung der Dienstbedingung das Unternehmen, wird für diesen Mitarbeiter kein entsprechender Personalaufwand (mehr) erfasst.

Exkurs 5.13 Gewährung „echter" Aktienoptionen am Beispiel der XING AG

Im Konzernabschluss 2017 der XING AG finden sich folgende Informationen zu anteilsbasierten Vergütungen nach IFRS 2:

Bedingtes Kapital und ausstehende Optionsrechte

Seit 2006 wurde regelmäßig bedingtes Kapital für das Bedienen von Aktienoptionen geschaffen, die Mitarbeitern gewährt wurden. So wurde etwa durch „Beschluss der Hauptversammlung der Gesellschaft vom 27. Mai 2010 ... zum Zwecke eines Aktienoptionsprogramms ein bedingtes Kapital (Bedingtes Kapital 2010) im Umfang von bis zu € 94.318,00 geschaffen. In der Folge wurden im Dezember 2010 und März 2011 im Rahmen des „Aktienoptionsplans 2010" (AOP 2010) insgesamt 50.000 Optionsrechte an den Vorstand von XING ausgegeben, von denen am Bilanzstichtag 40.000 (Vorjahr: 50.000) Optionsrechte nicht verfallen sind."

Eigenschaften des Aktienoptionsplans

Im Anhang des Konzernabschlusses beschreibt die XING AG die wesentlichen Charakteristika der Aktienoptionspläne 2006–2010 wie folgt: „Im Zuge des AOP [Aktienoptionsplans, d.V.] dürfen Aktienoptionen nur an Mitglieder des Vorstandes ..., an Mitglieder der Geschäftsführung von Tochtergesellschaften sowie an ausgewählte Führungskräfte, sonstige Leistungsträger und sonstige Mitarbeiter ... ausgegeben werden. Die Aktienoptionen gewähren dem Inhaber das Recht zum Bezug von auf den Inhaber lautenden stimmberechtigten Stückaktien ... Dabei gewährt jede Aktienoption das Recht auf den Bezug von je einer Aktie ... gegen Zahlung des Ausübungspreises. Die Optionsbedingungen können vorsehen, dass die Gesellschaft dem Bezugsberechtigten in Erfüllung des Bezugsrechts wahlweise anstelle von neuen Aktien unter Inanspruchnahme des bedingten Kapitals auch eigene Aktien oder einen Barausgleich gewährt." Soweit eine solche Bedingung in einem Plan enthalten ist, liegt nicht mehr eine „echte" Aktienoption in Reinform vor. Zu der Behandlung ist IFRS 2 zu konsultieren. Zur Ausübung der Optionsrechte heißt es im Anhang des Konzernabschlusses weiter: „Die Bezugsrechte ... können erstmals nach Ablauf einer Wartezeit ausgeübt werden ... Im Aktienoptionsprogramm 2010 beträgt die Wartezeit vier Jahre.

Sie beginnt am Tag nach Ausgabe der jeweiligen Aktienoptionen. In den Aktienoptionsprogrammen 2006 und 2010 ist die Ausübung der Bezugsrechte innerhalb von bis zu fünf Jahren, beginnend mit dem Tag der Ausgabe der Aktienoptionen, möglich." Für den 2010er Plan heißt dies, dass die Optionen innerhalb eines Fensters von einem Jahr ausgeübt werden können, nämlich innerhalb eines Fünfjahreszeitraums nach Ende der Wartezeit von vier Jahren. Zum Bilanzstichtag waren Optionen aus dem 2010er Programm damit noch nicht ausübbar.

→

→ Fortsetzung

Ausübungskurs

Die Bemessung des Ausübungspreises wird sehr genau vorgegeben. Er entspricht „dem arithmetischen Mittel der Schlussauktionspreise der Aktien der Gesellschaft im Xetra-Handel (oder einem vergleichbaren Nachfolgesystem) an der Frankfurter Wertpapierbörse an den letzten fünf Börsentagen vor Ausgabe der jeweiligen Aktienoption (Tag der Annahme der Zeichnungserklärung des Berechtigten durch die Gesellschaft oder das von ihr für die Abwicklung eingeschaltete Kreditinstitut)." Der Ausübungspreis hängt also vom Tag der Gewährung ab. So wurde der Ausübungspreis für im Dezember 2010 gewährte Optionen auf € 32,87 festgelegt. Für im März 2011 gewährte Optionen ist der Ausübungspreis unter demselben Programm auf € 41,23 gestiegen. Zu beachten ist ferner, dass das Programm den Ausübungsgewinn auf € 35 je Option beschränkt. Wie dies erreicht wird, ist im Abschluss nicht näher erläutert. Der Effekt könnte etwa durch eine entsprechende Erhöhung des Ausübungspreises erreicht werden.

Ausübungsbedingungen

„Aus den Aktienoptionen können Bezugsrechte nur ausgeübt werden, wenn sich der Schlussauktionspreis der Aktien der Gesellschaft ... innerhalb eines Jahres vor dem Tag der Ausübung des Bezugsrechts an mindestens zehn aufeinanderfolgenden Handelstagen positiver entwickelt hat als der SDAX-Index (oder ein vergleichbarer Nachfolgeindex)." Die Ausübungsbedingungen enthalten also eine Marktbedingung, die bei der Ermittlung des beizulegenden Zeitwerts der Option im Ausgabezeitpunkt einzubeziehen ist.

Bewertungsmodell

„Der beizulegende Zeitwert der Optionsrechte aus dem Aktienoptionsprogramm 2010 wurde mithilfe eines Binomialmodells zum Ausgabetag (29. März 2011) ermittelt. Die erwartete Volatilität wurde mit 30 % berücksichtigt. Als Laufzeit wurden 4,5 Jahre, als risikoloser Zinssatz 2,59 % angesetzt. Der so ermittelte beizulegende Zeitwert beträgt € 6,07 pro Option."

Effekte auf den Abschluss

„Die über den Erdienungszeitraum aufwandswirksam zu erfassenden Vergütungskomponenten entsprechen dem Zeitwert der gewährten Option zum Gewährungszeitpunkt (bei Ausgleich durch Aktien) ... Der beizulegende Zeitwert wird durch externe Sachverständige ... unter Anwendung anerkannter Bewertungsmodelle ermittelt. In korrespondierender Höhe wird eine Erhöhung der Rücklage (bei Ausgleich durch Aktien) ... bilanziert. (...) Rückstellungszuführungen werden im Personalaufwand, Auflösungen in den sonstigen betrieblichen Erträgen ausgewiesen."

→

→ Fortsetzung

Die im Eigenkapital kumulierten Personalaufwendungen aus den „echten" Optionsprogrammen hatten 2013 bei etwa € 0,515 Mio. gelegen. Die Ausübung von vorher gewährten Aktienoptionen führte 2013 (2012) zum Zufluss von Zahlungsmitteln in Höhe von € 2,7 (€ 3,8) Mio. Der gesamte Nettozahlungsmittelzufluss der Periode hatte dagegen € 0,206 (€ 0,594) Mio. betragen.

(Quelle: Konzernabschluss der XING AG 2017, verschiedene Fundorte)

Das nachfolgende Beispiel befasst sich mit der Bilanzierung der Vergütung mittels Eigenkapitalinstrumenten aus bedingtem Kapital sowie den damit einhergehenden Auswirkungen auf das Jahresergebnis und das Eigenkapital. Hierzu sei angenommen, dass die Alpha AG am 01.01.20X1 einen Aktienoptionsplan festlegt, der 20 Führungskräften je 1.000 Aktienoptionen einräumt. Es wird erwartet, dass jedes Jahr zwei Führungskräfte das Unternehmen verlassen werden. Der Bezugskurs sowie der Börsenkurs bei Gewährung der Optionen betragen jeweils € 100 je Aktie. Das gezeichnete Kapital umfasst 500.000 Stückaktien zu je € 10. Der Erdienungszeitraum, bis zu dem alle festgelegten Ausübungsbedingungen erfüllt werden müssen, endet zum 31.12.20X3. Eine Dienstbedingung besagt, dass die Optionen nur ausgeübt werden können, wenn eine Führungskraft nach Gewährung weitere drei Jahre im Unternehmen verbleibt. Die Dienstbedingung hat keinen Einfluss auf die Ermittlung des beizulegenden Zeitwerts der Option. Als Leistungsbedingung wird weiterhin festgelegt, dass der Aktienkurs während des Erdienungszeitraums um 10 Prozent steigen muss. Bei dieser Leistungsbedingung handelt es sich um eine Marktbedingung, die bei der Ermittlung des beizulegenden Zeitwerts der Option eine Rolle spielt.

Zu ermitteln sind nun die Auswirkungen des Aktienoptionsplans auf das Eigenkapital und das Jahresergebnis der Alpha AG.

Im ersten Schritt ist der beizulegende Zeitwert der gewährten Eigenkapitalinstrumente beziehungsweise der Option zum Zeitpunkt der Gewährung (Bewertungsstichtag) zu bestimmen. Dabei sind nur die Marktbedingungen (bzw. die hier nicht vorliegenden Nicht-Ausübungsbedingungen) zu berücksichtigen. Für die Bewertung sei hier auf ein Binomialmodell für Optionen zurückgegriffen,[4] wobei von den folgenden Bewertungsprämissen ausgegangen sei:

- Der Kurs liege an jedem Bilanzstichtag mit je 40-prozentiger Wahrscheinlichkeit über und mit 60-prozentiger Wahrscheinlichkeit unter dem Kurs des vorigen Bilanzstichtags (die Wahrscheinlichkeit einer Kurssteigerung p beträgt 0,4).

4 Hierbei handelt es sich, wie ausgeführt, um ein mögliches Verfahren nach IFRS 2, allerdings nicht das einzig denkbare. Zu den weiteren denkbaren Verfahren zählen das Black-Scholes-Modell und das Monte-Carlo-Simulationsmodell, die hier nicht weiter vertieft werden sollen.

- Bei Kurssteigerungen wird davon ausgegangen, dass der neue Kurs bei 130 Prozent des alten liegt (der proportionale Aufwärtsfaktor *y* beträgt 1,3).
- Bei Kursrückgängen wird davon ausgegangen, dass der neue Kurs bei 70 Prozent des alten liegt (der proportionale Abwärtsfaktor *z* beträgt 0,7).
- Der Kalkulationszinssatz *r* liegt bei 0,1.

Die sich aus den Bewertungsprämissen ergebenden möglichen Aktienkurse zu den einzelnen Stichtagen können Abbildung 5.3 entnommen werden. Der Wert von € 219,70 (oben rechts in der Abbildung) entspricht dem Aktienkurs, der sich im Fall dreier aufeinanderfolgender Kurssteigerungen ergibt (100 × 1,3 × 1,3 × 1,3). Die Wahrscheinlichkeit *p* für drei aufeinanderfolgende Kurssteigerungen liegt bei $0{,}4^3 = 0{,}064$, also 6,4 Prozent. Bei drei aufeinanderfolgenden Kursrückgängen liegt der Kurs bei 100 × 0,7 × 0,7 × 0,7 = 34,30, was mit 21,6-prozentiger Wahrscheinlichkeit eintritt. Die übrigen Abschlusskurse und Wahrscheinlichkeiten (*p*) des Eintretens ergeben sich aus den verschiedenen Kombinationen von Kurssteigerungen und -rückgängen.

Es muss nun auf Basis der Marktbedingungen und Bewertungsprämissen berechnet werden, welchen Wert eine Option zum Zeitpunkt der Gewährung hat. Dazu ist zunächst festzustellen, dass die Option überhaupt nur dann einen „inneren Wert" größer null hat, wenn der Kurs über € 100,00 liegt – denn nur dann lohnt es sich auch, die Option auszuüben und Aktien zu einem Kurs von € 100,00 zu beziehen. Ferner ist hier die Leistungsbedingung zu beachten, die eine Marktbedingung darstellt: Die Option kann überhaupt nur ausgeübt werden, wenn der Preis über € 110,00 liegt. Der innere Wert der Option am Ende der Laufzeit, also zum Ausübungszeitpunkt, ergibt sich daher als Differenz zwischen dem Kurswert und dem Bezugspreis der Aktie von € 100,00, soweit jedenfalls der Kurswert der Aktie über € 110,00 liegt. Aus der Abbildung ist ersichtlich, dass die Option nur in vier von acht möglichen Fällen einen inneren Wert größer null zum Ausübungszeitpunkt hat. Dieser beträgt zum 31.12.20X3, je nach Verlauf der Kursentwicklung, entweder € 119,70 oder € 18,30. In diesen Fällen ist jeweils auch das Leistungsziel erreicht, das eine Marktbedingung darstellt: Der Marktwert ist also um mehr als 10 Prozent gestiegen. In den anderen Fällen beträgt der Wert der Option € 0.

Um herauszufinden, welchen Wert die Option zum Zeitpunkt der Gewährung hatte, muss nun schrittweise zurückgerechnet werden. Dabei ist einerseits die Unsicherheit bezüglich der eintretenden Kurse, andererseits auch der Kalkulationszinsfuß zu berücksichtigen. Das Zurückrechnen sei nun für den oberen Zweig in der ▶ Abbildung 5.3 dargestellt. Liegt am 31.12.20X2 ein Aktienkurs von € 169,00 vor, dann liegt der Kurs in der Folgeperiode mit 40-prozentiger Wahrscheinlichkeit bei € 219,70 und mit 60-prozentiger Wahrscheinlichkeit bei € 118,30.[5] Im ersten Fall hat die Option zum

5 Es handelt sich hierbei nicht um die tatsächlichen, sondern um risikoneutrale Wahrscheinlichkeiten. Die tatsächliche Wahrscheinlichkeit des Eintretens eines Optionswertes von € 119,70 liegt, wie gezeigt, bei 6,4 Prozent. Die risikoneutralen Wahrscheinlichkeiten entsprechen dagegen den Eintrittswahrscheinlichkeiten für die beiden möglichen Optionswerte am 31.12.20X3, wenn der Optionswert am 31.12.20X2 gegeben ist.

Ausübungszeitpunkt einen Wert von € 119,70, im zweiten Fall von € 18,30. Liegt also am 31.12.20X2 ein Aktienkurs von € 169,00 vor, dann entspricht der Zeitwert der Option dem mit Eintrittswahrscheinlichkeiten gewichteten Erwartungsbarwert der künftigen Optionswerte. Dieser Wert ergibt sich durch Diskontierung des Erwartungswerts und wird wie folgt berechnet:

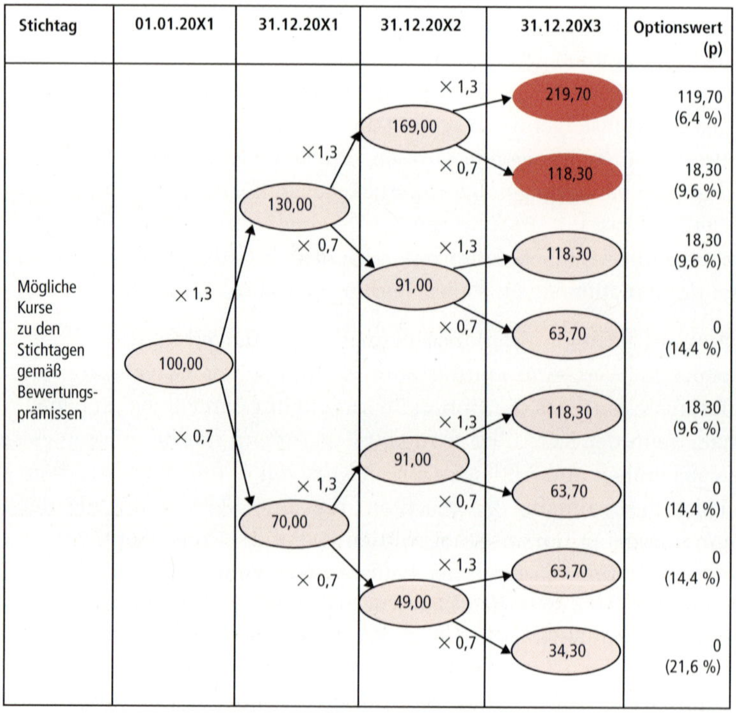

Abbildung 5.3: Angenommene Kursentwicklung einer Aktie der Alpha AG

$$(€\ 119{,}70 \times 0{,}4 + €\ 18{,}30 \times 0{,}6) \div 1{,}1 = €\ 53{,}51$$

Analog zu dieser Rechnung müssen nun die weiteren Zeitwerte berechnet werden. Durch diese Rückwärtsrechnung erhält man letztendlich den Optionswert zum Gewährungszeitpunkt, der hier (rund) € 9,72 beträgt (▶ Abbildung 5.4). Der gleiche Wert ergibt sich, wenn die möglichen Optionswerte zum 31.12.20X3 mit ihren jeweiligen (tatsächlichen) Eintrittswahrscheinlichkeiten gewichtet und über drei Perioden diskontiert werden. Die Rechnung lautet wie folgt:

$(€\ 119{,}70 \times 0{,}064 + €\ 18{,}30 \times 0{,}096 + €\ 18{,}30 \times 0{,}096 + €\ 0 \times 0{,}144 + €\ 18{,}30 \times 0{,}096 + €\ 0 \times 0{,}144 + €\ 0 \times 0{,}144 + €\ 0 \times 0{,}216) \div 1{,}1^3 = €\ 9{,}72$ (gerundet)

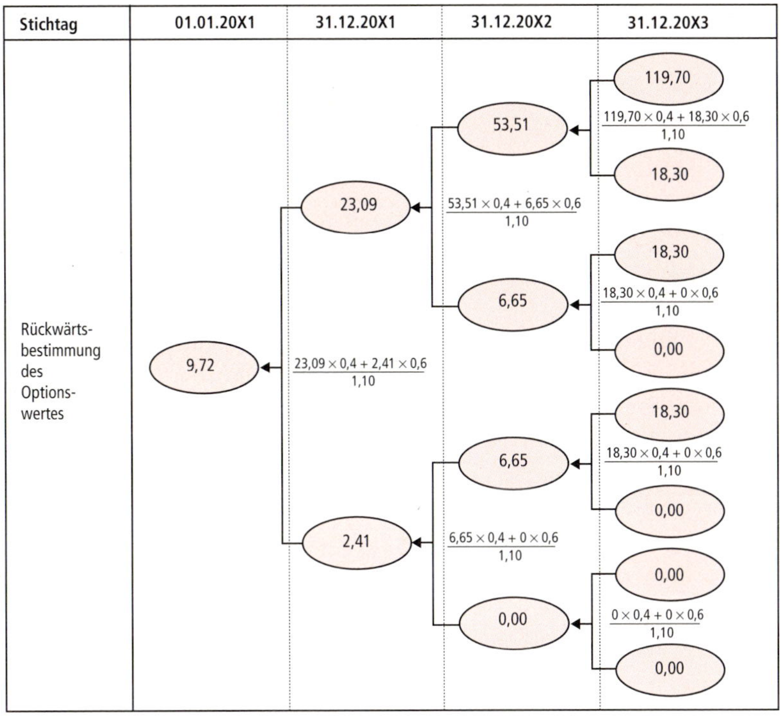

Abbildung 5.4: Rückwärtsrechnung zur Bestimmung des Optionswerts im Gewährungszeitpunkt

Nach Bestimmung des Optionswerts – bei dem die Annahmen über die Anzahl der berechtigten Führungskräfte keinerlei Rolle spielen – muss nun geprüft werden, welche Auswirkungen sich auf Bilanz und Gewinn-und-Verlust-Rechnung an den Bilanzstichtagen ergeben. Im Sachverhalt werden am 1.1.20X1 20 Führungskräften jeweils 1.000 Optionen gewährt und es wird davon ausgegangen, dass jedes Jahr zwei Führungskräfte das Unternehmen verlassen. Die Gewährung der Optionen zielt auf eine Steigerung des Aktienkurses über den Erdienungszeitraum. Im Zeitpunkt der Gewährung können die Mitarbeiter noch keine entsprechende Gegenleistung erbracht haben. Die Gewährung der Option bleibt also zunächst unberücksichtigt.

Zum 31.12.20X1 hat eine Führungskraft das Unternehmen verlassen. Es wird weiterhin davon ausgegangen, dass in den nächsten beiden Geschäftsjahren je zwei Führungskräfte das Unternehmen verlassen und ihre Option damit nicht ausüben können. Die bestmögliche Schätzung über die Anzahl der ausübbaren Optionen ist demnach:

$$(20 - 1 - 2 - 2) \times 1.000 = 15.000$$

Ziel der Gewährung der Aktienoption ist, dass die Führungskräfte über die Laufzeit des Optionsprogramms dazu beitragen, den Aktienkurs um mindestens 10 Prozent zu steigern. Im vorliegenden Fall kann davon ausgegangen werden, dass die Arbeitsleistungen über die drei Perioden der Laufzeit gleichmäßig erbracht werden. Demnach ergibt sich der in 20X1 zu erfassende Personalaufwand durch Multiplikation des beizulegenden Zeitwerts der Option im Gewährungszeitpunkt mit der bestmöglichen

Schätzung über die Anzahl der ausgeübten Optionen zum Bilanzstichtag, wobei der daraus resultierende (erwartete) Gesamtaufwand periodengerecht zu erfassen ist. Entsprechend wird in 20X1 folgender Personalaufwand erfasst:

$$1/3 \times (€\ 9{,}72 \times 15.000) = €\ 48.600$$

Der Buchungssatz zum Geschäftsjahresende am 31.12.20X1 lautet daher wie folgt:

831 Personalaufwand		48.600	
	an 440 Kapitalrücklagen		48.600

Zu bemerken ist hierbei, dass – unter sonst gleichen Bedingungen – der Personalaufwand (über den Periodengewinn) das Eigenkapital schmälert. Es wird allerdings durch die Einstellung in die Kapitalrücklage um den gleichen Betrag erhöht, sodass der Nettoeffekt im Eigenkapital bis zum Ende der Laufzeit jeweils 0 ist. Erst nach Ausübung der Optionen ergeben sich bilanzielle Veränderungen im Eigenkapital. Angenommen, es werden nach Ablauf der Sperrfrist die 15.000 Optionen tatsächlich ausgeübt, so fließen dem Unternehmen 15.000 × € 100 = € 1.500.000 liquide Mittel zu. Diese erhöhen im Umfang von 15.000 × € 10 = € 150.000 das gezeichnete Kapital und die Kapitalrücklage um € 1.350.000. Gebucht wird dann wie folgt:

210 Zahlungsmittel		1.500.000	
	an 410 Gezeichnetes Kapital		150.000
	440 Kapitalrücklagen		1.350.000

Die Besonderheit bei der Entlohnung der Manager über Aktienoptionen besteht also darin, dass das Unternehmen nach den Rechnungslegungsregeln zwar Personalaufwand zu erfassen hat, die Gewährung und mögliche Ausübung der Optionen aber niemals mit dem Abfluss von Zahlungsmitteln verbunden ist. Den wirtschaftlichen Nachteil tragen vollständig die Altaktionäre, deren Gewinnansprüche durch die Schaffung von neuem Aktienkapital (bei Bedienung einer ausgeübten Option mit jungen Aktien) geschmälert werden. Dies wird aus dem Jahresabschluss indirekt über die Erfassung des Aufwands sichtbar und kann ein wichtiges Signal für die Abschlussadressaten darstellen. Im vorliegenden Fall wird insgesamt Personalaufwand in Höhe von € 145.800 erfasst. Dies entspricht ungefähr dem Betrag, auf den das Unternehmen verzichtet, hätte es alternativ die jungen Aktien zu ihrem Marktpreis am Kapitalmarkt veräußert.

Aufgaben

EXTRAS ONLINE

1. Erläutern Sie die Buchungssystematik bei Gewährung und Ausübung von Aktienoptionen.

2. Warum wird das Eigenkapital bei der Bilanzierung von Aktienoptionen während der Sperrfrist der Höhe nach nicht beeinflusst?

3. Erläutern Sie die Buchungssystematik bei Gewinnausschüttungen! Welche Relevanz haben IFRS-Abschlüsse in Deutschland für die Gewinnausschüttung?

4. Zum 1.1.20X1 gewährt ein Unternehmen zehn Führungskräften jeweils 100.000 Aktienoptionen. Der Kurswert der Aktie zum Zeitpunkt der Gewährung liegt bei € 7. Die Option räumt das Recht ein, nach drei Jahren (Sperrfrist) Aktien zum Kurs von € 7 zu beziehen, soweit der Kurs – seit der Gewährung – um mindestens 10 Prozent gestiegen ist. Für die Optionsbewertung sollen folgende Annahmen gelten:

- Aufwärtsfaktor: 1,1;
- Abwärtsfaktor: 0,6;
- Wahrscheinlichkeit für einen Kursanstieg: 0,5;
- Wahrscheinlichkeit für einen Kursrückgang: 0,5;
- Kalkulationszinssatz: 10 Prozent.

Berechnen Sie den Optionswert zum Zeitpunkt der Gewährung. Wie ist während der Laufzeit des Optionsprogramms zu buchen, wenn angenommen wird, dass zwei Mitarbeiter vor Ablauf der Sperrfrist das Unternehmen verlassen und dies auch tatsächlich tun, also nur acht Mitarbeiter ihre Optionen ausüben?

Weiterführende Literatur Der Beitrag von Cox et al., 1979, befasst sich grundlegend mit der Bewertung von Aktienoptionen nach dem hier vorgestellten Binomialmodell. Erläuterungen hierzu finden sich etwa in Copeland et al., 2008. Für Anwendungsbeispiele dieses Modells im Bereich der internationalen Rechnungslegung kann auf Crasselt, 2005, sowie Eiselt und Wulf, 2006, verwiesen werden. Mit IFRS 2 befassen sich bereits Pellens und Crasselt, 2004. Grundlegende Aspekte von Aktienoptionen und Binomialbäumen finden sich in Hull, 2012. ▶ Kapitel 5.4.2 in diesem Buch behandelt die Bilanzierung virtueller Aktienoptionen.

Darstellung der Ertragslage

6

ÜBERBLICK

6.1 Aufbau der Gesamtergebnisrechnung

Lernziele

- Die Gesamtergebnisrechnung informiert über die Ertragslage, also die in einer Abrechnungsperiode erzielten Erfolge. Es besteht ein Wahlrecht für den Aufbau der Gesamtergebnisrechnung.
- Nach der ersten Variante besteht die Gesamtergebnisrechnung aus zwei getrennten Aufstellungen: einer klassischen Gewinn-und-Verlust-Rechnung sowie einer Überleitungsrechnung zum Gesamtergebnis.
- Nach der zweiten Variante wird *eine* Gesamtergebnisrechnung erstellt, bei der das Periodenergebnis (Gewinn oder Verlust) eine Zwischensumme darstellt.
- Der Gewinn oder Verlust kann nach dem Umsatzkosten- oder Gesamtkostenverfahren ermittelt werden.

In der Gesamtergebnisrechnung wird die periodische Wertschöpfung in Form von positiven und negativen Komponenten, den Erträgen und Aufwendungen, erfasst. Das Gesamtergebnis eines Unternehmens enthält neben dem als Gewinn oder Verlust bezeichneten „klassischen" Periodenergebnis einen als „sonstiges Ergebnis" bezeichneten Erfolgsbestandteil. Somit ergibt sich das Gesamtergebnis durch folgende Gleichung:

Gesamtergebnis = Gewinn oder Verlust + sonstiges Ergebnis

Sowohl die im Gewinn oder Verlust als auch die im sonstigen Ergebnis verrechneten Positionen werden als Aufwendungen und Erträge bezeichnet. Da zumeist der Gewinn oder Verlust – und nicht das Gesamtergebnis – durch Kapitalanleger als zentrale Wertschöpfungsgröße verstanden wird, unterscheidet man bisweilen im praktischen Sprachgebrauch die im Gewinn oder Verlust enthaltenen „erfolgswirksamen" Erträge und Aufwendungen von den „erfolgsneutralen", die im sonstigen Ergebnis erfasst werden.

Das **sonstige Ergebnis** (*other comprehensive income, OCI*) beinhaltet Änderungen des Eigenkapitals, die nicht auf Transaktionen mit Anteilseignern, wie Einlagen und Ausschüttungen, zurückzuführen sind und die ebenfalls nicht im Gewinn oder Verlust der Periode erfasst wurden. Nach IAS 1 sind die folgenden Sachverhalte als Aufwands- oder Ertragspositionen im sonstigen Ergebnis zu erfassen:

- *Veränderungen der Neubewertungsrücklage bei Sachanlagen (IAS 16) und immateriellen Vermögenswerten (IAS 38)*: In beiden Standards besteht ein Wahlrecht bzgl. der Anwendung des Neubewertungsmodells, wobei dieses Wahlrecht für immaterielle Vermögenswerte nur dann besteht, wenn aktive Märkte vorliegen, auf denen der beizulegende Zeitwert ermittelt werden kann. Ein Beispiel für eine Neubewertung nach IAS 16 ist der Kauf einer Maschine für € 1.000.000 am Ende des Jahres 20X4. Am Geschäftsjahresende ist der Wert der Maschine auf € 1.500.000 gestiegen. Der Anstieg in Höhe von € 500.000 wird im sonstigen Ergebnis erfasst und führt zu einem Anstieg der Neubewertungsrücklage. Der Gewinn oder Verlust wird durch diesen Sachverhalt nicht beeinflusst.

- *Neubewertungen von leistungsorientierten Pensionsplänen (IAS 19)*: Bei leistungsorientierten Plänen handelt es sich um Pensionszusagen, bei denen der Arbeitgeber nach Beendigung des Arbeitsverhältnisses eine bestimmte Leistung, etwa eine monatliche Rentenzahlung in bestimmter Höhe, zusichert. Der Anspruch entsteht im Wesentlichen durch die Arbeitsleistung des Arbeitnehmers während des Arbeitslebens und führt zum Aufbau einer entsprechenden Pensionsverbindlichkeit. Der Bemessung der Verbindlichkeit liegen bestimmte versicherungsmathematische Annahmen zugrunde (etwa über die Lebenserwartung, Gehaltstrends usw.), die sich im Zeitablauf ändern können. Eine Änderung der Annahmen wirkt sich auf die Höhe der Verbindlichkeit aus, die als Neubewertung bezeichnete Veränderung der Verbindlichkeit wird im sonstigen Ergebnis erfasst.
- *Gewinne und Verluste aus der Umrechnung eines ausländischen Geschäftsbetriebs (IAS 21)*: Es sei angenommen, dass ein Unternehmen einen Geschäftsbetrieb in einem anderen Währungsraum betreibt. Am Geschäftsjahresende wird eine Bilanz in der Währung des Heimatlandes erstellt. Entsprechend müssen die Vermögenswerte und Schulden des ausländischen Geschäftsbetriebs, die in Fremdwährung erfasst sind, in die Währung des Heimatlandes umgerechnet werden. Soweit sich die Wechselkurse ändern, können durch die Währungsumrechnung „Erfolge“ entstehen. Diese sind sehr häufig reine Buchgewinne, weil nicht die Absicht besteht, solche Vermögenswerte anders als durch Nutzung zu realisieren. Zu denken ist etwa an ein betriebsnotwendiges Grundstück, das nicht abgeschrieben wird und das vom ausländischen Geschäftsbetrieb in Fremdwährung gehalten wird. Durch die Währungsumrechnung können sich aus dem Halten dieses Grundstücks für das Unternehmen am Bilanzstichtag Erfolgswirkungen ergeben, die aufgrund ihres besonderen Charakters nur im sonstigen Ergebnis zu erfassen sind.
- *Verschiedene Sachverhalte im Zusammenhang mit Finanzinstrumenten (IFRS 9)*: Erfolgsneutral zu behandeln sind Gewinne und Verluste von Finanzinstrumenten der Kategorie FVTOCI, die also erfolgsneutral zum beizulegenden Zeitwert bewertet werden (IFRS 9). Ebenfalls erfolgsneutral erfasst werden der wirksame Teil der Gewinne und Verluste aus Instrumenten zur Absicherung von Zahlungsströmen (*cash flow hedges*) sowie die Gewinne oder Verluste aus Sicherungsinstrumenten zur Absicherung von Finanzinvestitionen in Eigenkapitalinstrumente der Kategorie FVTOCI. Auch die Veränderung des beizulegenden Zeitwerts bestimmter Fremdkapitalinstrumente in der Kategorie FVTPL wird erfolgsneutral erfasst, soweit die Änderung des beizulegenden Zeitwerts durch eine Änderung des eigenen Kreditrisikos verursacht ist. Schließlich werden auch bestimmte Änderungen im Zeitwert von Optionen und Terminkontrakten ausschließlich im sonstigen Ergebnis erfasst.

Für die **Aufstellung der Gesamtergebnisrechnung** besteht nach IAS 1 ein **Wahlrecht**. Sie kann aus einer einzigen Gesamtergebnisrechnung bestehen oder aus zwei direkt aufeinanderfolgenden Rechnungen. In letzterem Fall wird weiterhin eine klassische Gewinn-und-Verlust-Rechnung aufgestellt, die durch eine separate Überleitungsrechnung mit Ausweis des sonstigen Ergebnisses sowie des Gesamtergebnisses ergänzt wird.

Nach IAS 1 sind in der Gesamtergebnisrechnung alle in einer Periode erfassten Ertrags- und Aufwandsposten zu berücksichtigen, soweit jedenfalls kein anderer Standard etwas anderes vorschreibt oder gestattet. In der Gesamtergebnisrechnung müssen zudem mindestens die folgenden Positionen separat ausgewiesen werden:

- Umsatzerlöse (Ertrag);
- Finanzierungsaufwendungen (Aufwand);
- Gewinn- und Verlustanteile an assoziierten Unternehmen und Joint-Ventures, die nach der Equity-Methode bilanziert werden (Ertrag oder Aufwand);
- Steueraufwendungen (Aufwand);
- ggf. ein gesonderter Betrag im Zusammenhang mit aufgegebenen Geschäftsbereichen (Aufwand oder Ertrag);
- Ergebnis (als Saldo der Gewinn-und-Verlust-Rechnung);
- nach der Art gegliederte Bestandteile des sonstigen Ergebnisses;
- Anteil des sonstigen Ergebnisses, der auf assoziierte Unternehmen und Joint-Ventures entfällt, die nach der Equity-Methode bilanziert werden;
- Gesamtergebnis.

Alle Ertrags- und Aufwandsposten, die als wesentlich eingeschätzt werden, sind in der Gesamterfolgsrechnung gesondert auszuweisen. Eine solche **Aufgliederung** hilft den Abschlussadressaten bei der Beurteilung, ob das Ergebnis nachhaltig (*persistent*) ist und damit auch in ähnlicher Höhe in den nächsten Perioden erzielt werden kann. Erträge und Aufwendungen werden unterteilt, um die Erfolgsbestandteile hervorzuheben, die sich bezüglich Häufigkeit, Gewinn- oder Verlustpotenzial und Vorhersagbarkeit unterscheiden können. Eine Position gilt als nachhaltig, wenn erwartet werden kann, dass sie in gleicher oder ähnlicher Höhe auch im nächsten und den folgenden Jahren auftreten wird. Ein einfaches Beispiel sind lineare Abschreibungen auf das Sachanlagevermögen. Solche Abschreibungen fallen jährlich in ähnlicher Höhe an, zeichnen sich also durch eine hohe Persistenz aus. Eine in einer Periode eingetretene Wertminderung sollte dagegen keine hohe Persistenz aufweisen, da es sich sonst nicht um eine außerplanmäßige Position handeln würde. Solche Positionen belasten das Periodenergebnis demnach nicht nachhaltig, sodass sie weniger relevant in Bezug auf die Beurteilung des langfristigen Erfolgspotenzials eines Unternehmens sind. Eine naheliegende Idee wäre nun, diese Positionen in der Gewinn-und-Verlust-Rechnung auch als nicht nachhaltig kenntlich zu machen. Nach IAS 1 ist dies jedoch nur in engen Grenzen gestattet. So dürfen weder in der Gewinn-und-Verlust-Rechnung noch im Anhang Ertrags- oder Aufwandsposten als „außerordentlich" bezeichnet werden. Dies soll das Management vor allem davon abhalten, unerwünschte (meistens negative) Ergebnisbestandteile nach Belieben als „außerordentlich" zu klassifizieren, da dies die Bilanzadressaten bezüglich der Nachhaltigkeit des ausgewiesenen Ergebnisses in die Irre führen könnte. Gestattet ist jedoch – in bestimmten Fällen – ein gesonderter Ausweis von Positionen, von denen vermutet werden kann, dass sie sich durch eine eher geringe Persistenz auszeichnen werden. Dazu gehören insbesondere Aufwendungen und Erträge im Zusammenhang mit:

- außerplanmäßigen Abschreibungen der Vorräte auf den Nettoveräußerungswert;
- außerplanmäßigen Abschreibungen von Sachanlagen auf den erzielbaren Betrag;
- Wertaufholungen (nach außerplanmäßigen Abschreibungen in früheren Perioden);
- Restrukturierung der Tätigkeiten eines Unternehmens;
- dem (außerplanmäßigen) Abgang von Sachanlagen;
- der Veräußerung von Finanzanlagen;
- der Aufgabe von Geschäftsbereichen;
- der Beendigung von Rechtsstreitigkeiten;
- sonstigen Auflösungen von Rückstellungen.

Die Möglichkeit des getrennten Ausweises bei gleichzeitigem Verbot der Kenntlichmachung als „außerordentliche“ Position führt dazu, dass die Bilanzadressaten die Nachhaltigkeit einzelner Positionen selbst beurteilen müssen, was ihnen über die Aufgliederung der entsprechenden Positionen erst möglich wird. Auch die bereits vorgestellten Pro-forma-Ergebnisgrößen spielen hier eine wichtige Rolle, wenn Unternehmen die Möglichkeit nutzen, solche freiwillig erstellten Ergebnisse zu nutzen, um Anleger über nicht bzw. wenig persistente Komponenten des Periodenergebnisses zu informieren.

Exkurs 6.1 **Restrukturierungsaufwand als nichtpersistente Erfolgskomponente**

In ihrem Konzernabschluss 2013 weist die Deutsche Bank in der Gewinn-und-Verlust-Rechnung einen Restrukturierungsaufwand in Höhe von € 399 Mio. aus. Dieser ergab sich im Rahmen des *Operational-Excellence-Programms*, das Teil eines Updates zur Strategie 2015+ ist. Das Unternehmen gibt an, dass auch in 2012 ein Restrukturierungsaufwand von € 394 Mio. anfiel. Die Persistenz solcher Ergebnisbelastungen ist gleichwohl typischerweise als eher gering anzusehen – so gab es etwa in 2011 keine Restrukturierungsaufwendungen.

(Quelle: Geschäftsbericht der Deutsche Bank AG 2013, S. 71)

Die Gewinn-und-Verlust-Rechnung kann nach zwei unterschiedlichen Verfahren aufgestellt werden: dem Umsatz- und dem Gesamtkostenverfahren. Hierbei handelt es sich um ein reines Ausweiswahlrecht: Beide Verfahren führen zum Gewinnausweis in derselben Höhe; die Zusammensetzung bzw. Entstehung des Gewinns wird aber anders dargestellt. Die Darstellung der Aufwendungen ist nach dem **Umsatzkostenverfahren** (*function of expenses*), dessen Anwendung international üblich ist, kostenstellen- beziehungsweise kostenträgerorientiert. Unter den Kostenträgern werden die erzeugten Produkte verstanden, durch deren Absatz die Umsätze generiert werden.

Dabei entsprechen die Umsatzkosten den Kosten, die den Kostenträgern direkt zurechenbar sind. Dabei handelt es sich um die Einzelkosten sowie die produktionsbezogenen Gemeinkosten. Die nicht in die Bestimmung der Umsatzkosten eingeflossenen Aufwendungen der Periode werden Kostenstellen (Vertrieb, Verwaltung) zugeordnet. Bei Anwendung des Umsatzkostenverfahrens folgt die Ermittlung des Gewinns oder Verlusts dem in ▶ Tabelle 6.1 dargestellten Schema.

Tabelle 6.1

Struktur der Gewinn-und-Verlust-Rechnung nach dem Umsatzkostenverfahren

	Umsatzerlöse
–	Umsatzkosten (Kostenträger: Produkte)
=	**Bruttomarge (nicht zwingend auszuweisen)**
+	Sonstige Erträge
–	Vertriebskosten (Kostenstelle Vertrieb)
–	Verwaltungsaufwendungen (Kostenstelle Verwaltung)
–	Andere Aufwendungen
–	Finanzierungsaufwendungen
=	**Gewinn oder Verlust vor Steuern**

Das Umsatzkostenverfahren liefert mit der Bruttomarge einen leicht interpretierbaren Indikator für im operativen Geschäft erzielte Margen. Allerdings ist aus der Erfolgsrechnung dann nicht mehr ersichtlich, in welcher Höhe etwa insgesamt Personalaufwand angefallen ist. IAS 1 verlangt daher gesonderte Angaben zu Aufwendungen im Zusammenhang mit planmäßigen Abschreibungen sowie Leistungen an Arbeitnehmer.

Beim **Gesamtkostenverfahren** (*nature of expenses*) sind Startpunkt (Umsatzerlöse) und Ziel (Gewinn vor Steuern) identisch zum Umsatzkostenverfahren. Nach diesem Verfahren erfolgt die Gewinnermittlung hingegen kostenartenorientiert. Dies ist relativ einfach möglich, da die betrieblichen Aufwendungen nicht erst einzelnen Funktionsbereichen des Unternehmens separat zuzuordnen sind. Von den Umsätzen werden dann die in einer Periode insgesamt angefallenen, nach ihren Arten aggregierten Kosten abgezogen, also etwa der für Personal, Material und Abschreibungen erfasste Aufwand. Die nach IAS 1 vorgegebene Struktur der Erfolgsermittlung nach dem Gesamtkostenverfahren kann ▶ Tabelle 6.2 entnommen werden.

Tabelle 6.2

Struktur der Gewinn-und-Verlust-Rechnung nach dem Gesamtkostenverfahren

	Umsatzerlöse
+	Sonstige Erträge
±	Zunahme (Abnahme) des Bestands an fertigen und unfertigen Erzeugnissen
–	Aufwendungen für Roh-, Hilfs- und Betriebsstoffe
–	Aufwendungen für Leistungen an Arbeitnehmer
–	Aufwand für planmäßige Abschreibungen
–	Andere Aufwendungen
±	Finanzierungsaufwendungen (bzw. -erträge)
=	**Gewinn**

Allerdings stellt sich nach dem Gesamtkostenverfahren die Frage, ob die Aufwendungen brutto gemessen werden und damit auch solche Kosten enthalten sollen, die in der Periode nicht als Aufwand erfasst wurden, weil sie in andere Vermögenswerte – insbesondere produzierte, aber (noch) nicht abgesetzte Vorratsgegenstände – einbezogen wurden. Soweit solche Kosten von den ausgewiesenen Aufwendungen bereits abgesetzt wurden, sind keine weiteren Korrekturen erforderlich. Werden die Aufwendungen hingegen brutto ausgewiesen (etwa weil kein Verfahren der Zurechnung von Aufwendungen auf produzierte Einheiten besteht), dann ergibt sich ohne weitere Korrekturen ein *Accounting Mismatch*. Die erfassten Erlöse beziehen sich auf die abgesetzte Menge, die erfassten Aufwendungen jedoch auf die insgesamt produzierte Menge. Von der produzierten Menge wurde aber nur ein Teil bereits abgesetzt, ein anderer Teil stellt eine Bestandserhöhung dar. Dies gilt jedenfalls für den Fall, dass in der Periode mehr produziert als abgesetzt wurde. Auch der umgekehrte Fall ist denkbar: Die Erlöse beziehen sich wiederum auf die insgesamt abgesetzte Menge, die Aufwendungen dagegen nur auf den Teil der abgesetzten Menge, die auch in der aktuellen Periode produziert wurde. Der Einsatz von Waren aus dem Bestand bleibt dann – ohne weitere Korrektur – zunächst unberücksichtigt. Daher ist für das Gesamtkostenverfahren eine entsprechende Korrekturbuchung charakteristisch: Wurden mehr Erzeugnisse produziert als abgesetzt, so ist folglich der Aufwand „zu hoch“ ausgewiesen und es wird eine Korrekturbuchung vorgenommen, indem erfolgserhöhend Bestandserhöhungen erfasst werden. Im umgekehrten Fall, dass zusätzlich Erzeugnisse vom Lager veräußert wurden und somit mehr abgesetzt als produziert wurde, kommt es zu einer Erhöhung des Periodenaufwands durch die Buchung einer Bestandsminderung.

Den Zusammenhang zwischen Umsatzkosten- und Gesamtkostenverfahren verdeutlicht ▶ Abbildung 6.1 für den Fall, dass in einer Periode mehr Waren produziert als abgesetzt und die Aufwendungen nach der Bruttomethode erfasst wurden. In der Erfolgsrechnung wird die Bestandserhöhung dann als zusätzlicher Ertrag erfasst.

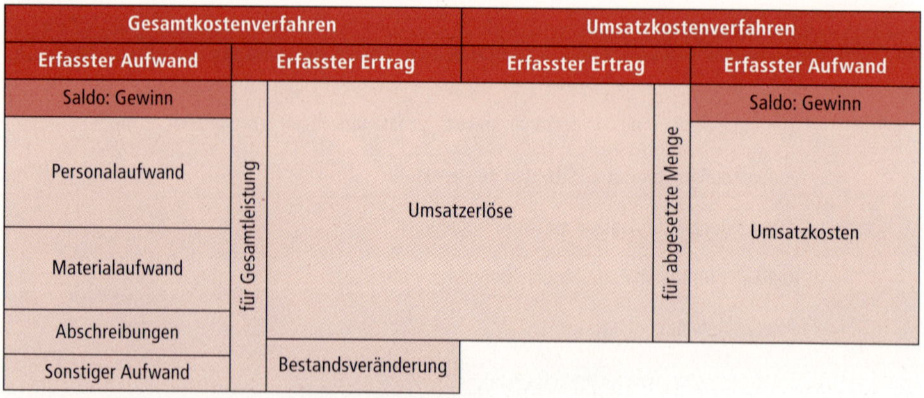

Abbildung 6.1: Zusammenhang zwischen Umsatz- und Gesamtkostenverfahren

Beispiel 6.1 : Umsatzkosten- vs. Gesamtkostenverfahren

Ein Fertigungsunternehmen produziert in einer Periode 100.000 Stück eines Gutes. Davon werden in derselben Periode 80.000 Stück (zu je € 12,50) abgesetzt. Die Materialeinzelkosten pro Stück betragen € 2,00. Die Personaleinzelkosten pro Stück betragen € 1,80. Die jährlichen Abschreibungen auf den in der Produktion eingesetzten Maschinenpark betragen € 30.000. Die Abschreibungen werden nach Maßgabe der normalen Kapazität von 100.000 Stück in die Herstellungskosten einbezogen. Es sind Finanzierungskosten in Höhe von € 3.000 angefallen. Weiterhin sind Gehälter für Führungskräfte in Höhe von insgesamt € 300.000 und für Vertriebsmitarbeiter in Höhe von € 90.000 angefallen.

Lösung nach dem Umsatzkostenverfahren

Es werden die Umsatzerlöse für die abgesetzte Menge bestimmt. Von diesen werden die Umsatzkosten für die abgesetzte Menge abgezogen. Diese setzen sich aus den Einzelkosten und den produktionsbezogenen Gemeinkosten zusammen, enthalten also auch Abschreibungen, allerdings nur im Umfang der abgesetzten Menge (der Rest wird erfolgsneutral in den Bilanzansatz der Vorräte einbezogen). Vertriebs-, Verwaltungs- und Finanzierungskosten werden gesondert erfasst. Die Bruttomarge zeigt, dass das Unternehmen mit jedem abgesetzten Stück € 8,40 erwirtschaftet, die zur Deckung sonstiger Kosten sowie zur Generierung eines positiven Ergebnisses beitragen:

→

→ Fortsetzung

	Umsatzerlöse	80.000 × € 12,50	€ 1.000.000
–	Umsatzkosten	80.000 × (€ 2,00 + € 1,80 + € 0,30)	€ 328.000
=	**Bruttomarge**		**€ 672.000**
+	Sonstige Erträge	N/A	€ 0
–	Vertriebskosten		€ 90.000
–	Verwaltungsaufwendungen		€ 300.000
–	Andere Aufwendungen	N/A	€ 0
–	Finanzierungsaufwendungen		€ 3.000
=	**Gewinn**		**€ 279.000**

Lösung nach dem Gesamtkostenverfahren:

Es werden abermals die Umsatzerlöse für die abgesetzte Menge bestimmt. Die Bruttoaufwendungen sind nun nach Kostenarten erfasst, auch wenn diese nicht mit der abgesetzten Menge korrespondieren. Im vorliegenden Fall muss dann die Bestandserhöhung dem Ergebnis zugefügt werden:

	Umsatzerlöse	80.000 × € 12,50	€ 1.000.000
+	Sonstige Erträge		€ 0
+	Zunahme (Abnahme) des Bestands an fertigen und unfertigen Erzeugnissen	20.000 × (€ 2,00 + € 1,80 + € 0,30)	€ 82.000
–	Aufwendungen für Roh-, Hilfs- und Betriebsstoffe	100.000 × € 2,00	€ 200.000
–	Aufwendungen für Leistungen an Arbeitnehmer	100.000 × € 1,80 + € 300.000 + € 90.000	€ 570.000
–	Aufwand für planmäßige Abschreibungen		€ 30.000
–	Andere Aufwendungen		€ 0
–	Finanzierungsaufwendungen (bzw. -erträge)		€ 3.000
=	**Gewinn vor Steuern**		**€ 279.000**

EXTRAS ONLINE

Aufgaben

1. Was spricht für eine Aufspaltung des Erfolgs?

2. Warum sollten Ihrer Meinung nach keine Ergebnisbestandteile als außergewöhnlich deklariert werden?

3. Werden beim Umsatzkostenverfahren die einzelnen Aufwandsarten dem Umsatz gegenübergestellt?

4. Werden beim Umsatzkostenverfahren nur die Umsatzkosten der abgesetzten Menge ausgewiesen?

5. Nach welchem Verfahren (Gesamtkostenverfahren oder Umsatzkostenverfahren) entsteht kurzfristig ein höherer Gewinn in der GuV?

6. Die Durchblick AG hat sich auf die Produktion von Lampenschirmen spezialisiert. Im Jahr 20X2 stellt sie 20.000 Lampenschirme her, von denen sie 15.000 Stück noch im gleichen Jahr veräußert. Die restlichen Lampenschirme werden 20X3 verkauft. 20X3 werden keine weiteren Lampenschirme produziert. Die in der Produktion verbrauchten Materialien wurden für € 400.000 beschafft. Des Weiteren fallen in beiden Jahren Personalkosten für den Vertrieb in Höhe von € 50.000 an. Der Verkaufspreis pro Lampenschirm beträgt € 35.

a. Berechnen Sie den Erfolg des Unternehmens für 20X2 und 20X3 nach dem Gesamtkostenverfahren! Geben Sie die Buchungssätze für die Beschaffung der Rohstoffe, den Verbrauch, die Bestandsveränderung und den Absatz für das Jahr 20X2 an!

b. Berechnen Sie den Erfolg des Unternehmens für 20X2 und 20X3 nach dem Umsatzkostenverfahren. Geben Sie die Buchungssätze für den Umsatzaufwand im Jahr 20X2 an!

c. Erläutern Sie die Unterschiede zwischen den beiden Verfahren!

6.2 Erfassung von Erlösen nach IFRS 15

Lernziele

- Ausgangspunkt der Ermittlung von Gewinn oder Verlust sind die in einer Periode erzielten Erlöse. Die Erlöserfassung ist in IFRS 15 geregelt.
- Erlöse sind Erträge aus der gewöhnlichen Geschäftstätigkeit eines Unternehmens.
- Erlöse werden erfasst, wenn ein Unternehmen eine Leistungsverpflichtung erfüllt hat.

Überblick Nach der **Definition** in IFRS 15 handelt es sich bei Erlösen um den „Ertrag aus der gewöhnlichen Geschäftstätigkeit eines Unternehmens." Laut Rahmenkonzept gehören unter anderem Umsatzerlöse, Dienstleistungsentgelte, Zinsen, Mieten, Dividenden und Lizenzerträge zu den Erträgen, die typischerweise aus gewöhnlicher Geschäftstätigkeit entstehen und insofern den Erlösen zuzurechnen sind.

Ein genaues Verständnis, was unter die Erlöse fällt, ist wichtig, da die Erlöse ein zentraler Treiber des operativen Erfolgs eines Unternehmens sind. Eine „Aufblähung" der Umsatzerlöse könnte daher zu erheblichen Fehlurteilen bzgl. der Ertragslage eines Unternehmens führen. Dies soll anhand zweier Beispiele verdeutlicht werden:

- Über die Website eines Reisebüros werden *last minute* freie Hotelzimmer eines örtlichen Grand Hotels vermittelt. Das Reisebüro bietet eine Suite zum Preis von € 360 je Übernachtung an (Listenpreis: € 600). Das Reisebüro stellt dem Kunden eine Rechnung über € 360 und leitet die Einnahme an das Hotel weiter, darf aber eine Vermittlungsprämie in Höhe von 5% der erzielten Einnahmen einbehalten. Hier kann die Frage aufgeworfen werden, ob das Reisebüro (a) Umsatzerlöse in Höhe von € 360, Umsatzkosten in Höhe von € 342 und einen Gewinn in Höhe von € 18 ausweist oder (b) Erlöse nur in Höhe von € 18. Beide Varianten führen offenbar zum selben Gewinn oder Verlust, indes sind bei Variante (a) die Erlöse deutlich aufgebläht. Dies kann irreführend sein. IFRS 15 stellt daher klar, dass für *Agenten*, deren alleinige Aufgabe im Vermitteln von Geschäften besteht, nur die erhaltenen Provisionen Umsatzerlöse sind, nicht aber die volle Gegenleistung des Kunden.
- Die zwei von Studienfreunden gegründeten Internet-Startups *MeNet* und *YouNet* schließen einen Vertrag, nach dem beide Parteien per Link gegenseitig auf ihre jeweiligen Internetpräsenzen verweisen. Die beiden Parteien stimmen darin überein, dass die Unternehmen sich für diese Leistungen gegenseitig € 100.000 für Werbung in Rechnung stellen. Beide Unternehmen erzielen ihre Erlöse hauptsächlich durch Werbung. Das Störgefühl bei dieser Transaktion liegt darin, dass bei Kollusion der beiden Vertragsparteien im Vertrag ein beliebiger Betrag aufgerufen werden könnte, der wiederum erheblich die Umsatzerlöse beider Unternehmen aufblähen könnte. IFRS 15 begrenzt die Spielräume unter anderem dadurch, dass gefordert wird, dass ein Vertrag eine wirtschaftliche Substanz haben muss. Durch den Vertrag muss sich also das Risiko, der Zeitpunkt oder die Höhe der künftigen Zahlungsströme eines Unternehmens ändern. Ferner muss für die Erfassung von Erlösen

auch gewährleistet sein, dass eine Leistungsverpflichtung eingegangen wird, die sich klar identifizieren lässt und aus welcher der Kunde Nutzen zieht, sobald diese erfüllt wird. Schließlich lässt sich der Vertrag auch so verstehen, dass für die Erbringung der Leistung (Schaltung von Werbung für ein anderes Unternehmen) eine unbare Gegenleistung (Bewerbung des eigenen Unternehmens) erfolgt. Bei einer nicht zahlungswirksamen Gegenleistung ist bei der Bestimmung des Transaktionspreises die nicht zahlungswirksame Gegenleistung zu ihrem beizulegenden Zeitwert zu erfassen. Sollte im vorliegenden Fall der Wert der Werbung bei € 0 liegen, etwa weil beide Websites gemäß ihrer Klickraten völlig unbekannt sind, dürften entsprechend keine Umsatzerlöse erfasst werden.

Wichtig ist auch, dass es sich bei Erlösen grundsätzlich um einen **Bruttozufluss** wirtschaftlichen Nutzens handelt (auch wenn dieser Aspekt in IFRS 15 anders als noch im Vorgängerstandard IAS 18 nicht mehr explizit hervorgehoben wird). Der Verweis auf den „Bruttozufluss" bezieht sich nicht auf Steuern (für den Fiskus eingenommene Umsatzsteuer ist beispielsweise kein Umsatzerlös). Gemeint ist damit vielmehr, dass den Leistungen zwar Kosten zuzurechnen sind, insbesondere in Form von Umsatzkosten (in Höhe des bilanziellen Werts der erbrachten Leistungen, die zum Zeitpunkt der Umsatzerfassung abgehen), diese aber für die Bestimmung der Umsatzerlöse unberücksichtigt bleiben. Der Umsatzerlös ist nach dem Bruttokonzept damit kein (Roh-)Gewinn, der eine Nettogröße nach zugehörigem Aufwand darstellt. Der Hintergrund dieser Festlegung ist, dass es für Abschlussadressaten wichtig ist, zu verstehen, welche Erlöse und welche zugehörigen Aufwendungen aus den **gewöhnlichen Geschäftstätigkeiten** resultieren. Daraus ergeben sich indes je nach Geschäftsvorfall Unterschiede in der Art und Weise, wie die Entstehung von Gewinnen und Verlusten abgebildet wird:

- Ein Maschinenbauer verkauft eine Maschine aus dem Vorratsvermögen (Fertigerzeugnisse) für € 350.000. Die Herstellungskosten der Maschine hatten € 250.000 betragen. Dieser Geschäftsvorfall führt zur Erfassung von Erlösen in Höhe von € 350.000, die Umsatzkosten betragen € 250.000 und es fällt aus dem Geschäftsvorfall ein Gewinn in Höhe von € 100.000 an.
- Der Maschinenbauer verkauft weiterhin eine nach Umstellung der Produktion nicht mehr benötigte Maschine aus dem Sachanlagevermögen. Die Maschine wurde zur Herstellung anderer Maschinen genutzt und hat einen Restbuchwert von € 550.000. Die Maschine wird für € 650.000 verkauft. Da es sich hier um einen nicht gewöhnlichen Geschäftsvorfall handelt, werden für diesen Sachverhalt keine Umsatzerlöse erfasst. Stattdessen wird ein sonstiger betrieblicher Ertrag in Höhe von € 650.000 – € 550.000 = € 100.000 erfasst. Dies entspricht der Differenz aus dem buchmäßigen Abgang des Vermögenswerts und der erhaltenen Zahlung. Offensichtlich kommt in diesem Fall ein Netto-Konzept des wirtschaftlichen Erfolgs zur Anwendung.

IFRS 15 unterteilt den Prozess der **Erfassung von Erlösen** in fünf aufeinander aufbauende Schritte:

1. Zunächst ist zu identifizieren, ob ein Vertrag mit einem Kunden vorliegt.
2. Soweit ein Vertrag vorliegt, sind in diesem die Leistungsverpflichtung(en) zu identifizieren.
3. Die Leistungsverpflichtungen müssen erfüllt sein.
4. Der gesamte Transaktionspreis des Vertrags ist zu bestimmen.
5. Umsatzerlöse werden jeweils nach Erfüllen einer Leistungsverpflichtung erfasst.

Die fünf Schritte werden im Folgenden näher betrachtet.

Identifikation eines Vertrags mit einem Kunden Als **Kunde** wird eine Partei bezeichnet, die mit einem Unternehmen einen Vertrag über den Erhalt von Leistungen abschließt. Bei den Leistungen kann es sich um Güter oder Dienstleistungen handeln, die aber eine gewöhnliche Geschäftstätigkeit des Unternehmens darstellen müssen. Für den Erhalt der entsprechenden Güter und Dienstleistungen bietet der Kunde im Austausch eine Gegenleistung. Dem Geschäft liegt ein **Vertrag** zwischen dem Unternehmen und dem Kunden zugrunde. Dabei handelt es sich um eine Vereinbarung zwischen zwei oder mehreren Parteien, die durchsetzbare Rechte und Pflichten begründet. Beide Parteien müssen dem Vertrag zugestimmt und zugesagt haben, ihre vertraglichen Pflichten zu erfüllen. Der Vertrag ist also durchsetzbar. Einer bestimmten Form bedarf es dabei nicht. Für jede Partei muss sich zudem auf Basis des Vertrags feststellen lassen, auf welche Güter und Dienstleistungen sie jeweils Anspruch hat. Auch die Zahlungsbedingungen für die zu übertragenden Güter oder Dienstleistungen müssen im Vertrag festgelegt sein. Der Vertrag muss auch wirtschaftliche Substanz besitzen, das heißt, durch einen Vertrag mit einem Kunden ändert sich das Risiko, der Zeitpunkt oder die Höhe der künftigen Zahlungsströme. Schließlich muss es wahrscheinlich sein, dass die vom Kunden zu entrichtende Gegenleistung erhalten wird. Hierfür sind ausschließlich die Fähigkeit und die Absicht des Kunden entscheidend, bei Fälligkeit die entsprechende Gegenleistung zu erbringen.

Identifizierung der Leistungsverpflichtungen Verträge zeichnen sich dadurch aus, dass in ihnen gegenüber einem Kunden eine **Leistungsverpflichtung** eingegangen wird. Es kann sich auch um mehrere Leistungsverpflichtungen handeln. Eine Leistungsverpflichtung ist die Zusage, dem Kunden Güter oder Dienstleistungen zu übertragen. Von zentraler Bedeutung ist dabei die Art und Weise, in der Kunden die Güter oder Dienstleistungen übertragen werden:

- Es kann sich um die Übertragung einer eigenständig abgrenzbaren Leistung (ein Gut oder eine Dienstleistung oder ein abgrenzbares Bündel aus Gütern und Dienstleistungen) handeln. Die Leistungserbringung erfolgt hier zu einem bestimmten *Zeitpunkt*. Beispiele sind der Verkauf eines Autos durch einen Autohändler, wobei das Auto das abgrenzbare Gut darstellt, oder die Herstellung eines Vermögenswerts im Auftrag des Kunden.

- Die Leistung kann auch über einen *Zeitraum* erbracht werden. Es handelt sich dann um eine Reihe eigenständig abgrenzbarer Leistungen (Güter oder Dienstleistungen), die im Wesentlichen gleich sind und nach dem gleichen Muster auf den Kunden übertragen werden. Naheliegende Beispiele sind Erlöse, die aus erhaltenen Zinsen oder Nutzungsentgelten für die Überlassung von Kapital oder anderer Wirtschaftsgüter entstehen.

Garantien und Gewährleistungen können ihrer Natur nach identifizierbare Leistungsverpflichtungen darstellen. In diesem Fall muss die Garantie oder Gewährleistung für den Kunden aber tatsächlich eine zusätzliche Leistung darstellen. Es kann sich hingegen auch schlichtweg um gesetzliche Pflichten handeln, in letzterem Fall ist keine Leistungsverpflichtung zu identifizieren, sondern eine Rückstellung nach IAS 37 zu bilden.

Soweit ein Vertrag mit einem Kunden Finanzierungsleistungen vorsieht, stellt sich die Frage, ob die **Finanzierung** ebenfalls eine identifizierbare Leistungsverpflichtung darstellt. Das ist nicht der Fall soweit der Kunde die Leistungen im Voraus bezahlt. In diesem Fall würde das Unternehmen eine Finanzierung in Anspruch nehmen. Eine Finanzierungskomponente liegt ebenfalls nicht vor, wenn die Differenz zwischen dem Barverkaufspreis und der zugesagten Gegenleistung darin begründet ist, gegenseitige Anreize für die Vertragserfüllung zu schaffen.

Erfüllung der Leistungsverpflichtung Ein Umsatz wird in dem Maße erfasst, in dem in der Periode vertragliche Leistungsverpflichtungen durch Transfer von Gütern oder Dienstleistungen an Kunden erfüllt wurden. Ein solcher Transfer findet in der Periode statt, in welcher der Kunde Verfügungsmacht über die Waren oder Dienstleistungen gewinnt. **Verfügungsmacht** liegt vor, wenn der Kunde die Nutzung eines übertragenen Vermögenswerts bestimmen und den wesentlichen Nutzen aus dem Vermögenswert ziehen kann. Für die Erfüllung der Leistungsverpflichtung ist entscheidend, ob die Leistungen zu einem bestimmten Zeitpunkt oder über einen Zeitraum erbracht werden.

Im ersten Fall stellt sich die Frage, zu welchem **Zeitpunkt** die Leistung als erbracht gilt. Allgemein ist dies der Fall, wenn die Güter oder Dienstleistungen insoweit übertragen sind, als dass der Kunde über diese Verfügungsmacht erhält. Zusätzlich können zur Bestimmung des relevanten Zeitpunkts auch weitere Hinweise berücksichtigt werden:

- Das Unternehmen hat gegenwärtig einen Anspruch auf eine Zahlung für die Übertragung eines Vermögenswerts;
- der Kunde hat ein Eigentumsrecht an dem übertragenen Vermögenswert erhalten;
- das Unternehmen hat den physischen Besitz des Vermögenswerts an den Kunden übertragen.

Wird hingegen die Leistung über einen bestimmten **Zeitraum** erfüllt, dann wird auch der Erlös über eben diesen Zeitraum erfasst, soweit jedenfalls eines der folgenden Kriterien erfüllt ist:

- Der Kunde nutzt die Leistung bereits während sie erbracht wird;
- durch die Leistung wird ein Vermögenswert erstellt oder verbessert und der Kunde erlangt während dieses Prozesses Verfügungsgewalt über den Vermögenswert;
- durch die Leistung wird ein Vermögenswert erstellt, der spezifisch für einen bestimmten Kunden ist und keine alternativen Nutzungsmöglichkeiten aufweist, und das Unternehmen hat einen Rechtsanspruch auf Bezahlung der bereits erbrachten Leistung.

Exkurs 6.2 Ertragsrealisierung bei der TUI AG

Ein Beispiel für Mehrkomponentengeschäfte sind Pauschalreisen, bei denen der Kunde beim Veranstalter mehrere Bausteine gemeinsam bucht. Zu entscheiden ist hier, wann ein Umsatz als realisiert angesehen wird, wenn der Beginn einer Reise vor und die Rückkehr nach dem Bilanzstichtag erfolgt. Im Anhang des Konzernabschlusses 2018 der TUI AG finden sich dazu folgende Angaben:

„Die von Reisebüros erzielten Provisionserlöse für die Vermittlung von Pauschalreisen werden realisiert, wenn die Reisebüros ihre vertragliche Verpflichtung gegenüber dem Veranstalter erfüllt haben. Dies ist in der Regel bei Zahlung des Kunden, spätestens jedoch bei Abreise gegeben. Die Leistung des Reiseveranstalters besteht im Wesentlichen aus der Organisation und Koordination einer Pauschalreise. Deshalb werden Umsatzerlöse aus der Veranstaltung von Pauschalreisen vollständig bei Reiseantritt realisiert. Die Realisierung von Umsatzerlösen aus einzelnen Reisebausteinen, die durch Kunden direkt bei Flug- oder Hotelgesellschaften oder bei Zielgebietsagenturen gebucht werden, erfolgt zum Zeitpunkt der Inanspruchnahme der Leistung durch den Reisenden. Erlöse für noch nicht beendete Kreuzfahrten werden anteilig gemäß Fertigstellungsgrad am Bilanzstichtag realisiert. Dabei bestimmt sich der Fertigstellungsgrad aus dem Verhältnis der bis zum Bilanzstichtag vergangenen Reisetage zu den Gesamtreisetagen."

(Quelle: Anhang zum Konzernabschluss 2018 der TUI AG, S. 169)

Dass auch andere Realisationskriterien in Frage kommen, zeigt ein historischer Rückblick: So wurde traditionell im 2009 von TUI verkauften Geschäftsbereich Containerschifffahrt der Fertigstellungsgrad von noch im Bau befindlichen Containerschiffen nach den bereits angefallenen Aufwendungen, also nach der *Cost-to-cost-Methode* bestimmt.

Der in einer Periode erzielte Leistungsfortschritt wird am Fertigstellungsgrad (*percentage of completion*) gemessen. Der Fertigstellungsgrad kann auf Basis von Output- oder Input-orientierten Methoden ermittelt werden. Beispiele sind:

- nach dem Verhältnis der bisher angefallenen Auftragskosten zu den geschätzten Gesamtkosten (*cost-to-cost*-Methode);
- nach dem Verhältnis der bisher erbrachten Leistung zur geschätzten Gesamtleistung (*efforts-expended*-Methode);
- nach dem Verhältnis des physikalischen Anteils des bisher erstellten Fertigungsauftrags zur vereinbarten Gesamtleistung.

Beispiel 6.2: Erlöserfassung nach Leistungsfortschritt

Eine Werft beginnt am 01.01.20X1 mit dem Bau einer Yacht. Die Yacht wird voraussichtlich am 31.12.20X3 fertiggestellt sein. Der Verkaufspreis beträgt (bei Abnahme) € 5.000.000. Es liegt ein Festpreisvertrag zugrunde. Die beim Bau der Yacht anfallenden Kosten werden von der Werft mit insgesamt € 4.000.000 veranschlagt, davon € 1.500.000 im Jahr 20X1, € 2.000.000 im Jahr 20X2 sowie € 500.000 im Jahr 20X3. Der aus dem Auftrag voraussichtlich entstehende Erfolg (also die Differenz aus Erlösen und Kosten) beträgt € 1.000.000 (€ 5.000.000 – € 4.000.000). Der Grad der Fertigstellung soll nun nach der Cost-to-cost-Methode gemessen werden. Am Ende des Jahres 20X1 liegt der Fertigstellungsgrad bei

$$\frac{€\,1.500.000}{€\,4.000.000} = 0{,}3750 = 37{,}5\ \%\,.$$

Dem Jahr 20X1 werden demnach 37,5 Prozent der gesamten Erlöse zugerechnet, also insgesamt € 1.875.000. Der Aufwand der Periode ist durch die Angabe der Kosten gegeben und beträgt € 1.500.000. Die Zuordnung der Erlöse und Kosten auf die einzelnen Perioden stellt sich für die gesamte Fertigungszeit wie folgt dar:

Jahr (Ende)	Jährl. Leistungsanteil	Umsatz	Aufwand	Erfasster Gewinn
20X1	37,5 %	€ 1.875.000	€ 1.500.000	€ 375.000
20X2	50,0 %	€ 2.500.000	€ 2.000.000	€ 500.000
20X3	12,5 %	€ 625.000	€ 500.000	€ 125.000
Summe	**100,0 %**	**€ 5.000.000**	**€ 4.000.000**	**€ 1.000.000**

Exkurs 6.3 **Thyssen Krupp**

Die *Thyssen Krupp AG* hat insbesondere in den Segmenten Business Areas Elevator Technology und Industrial Solutions die Percentage-of-Completion-Methode angewandt. Im Anhang des Konzernabschlusses 2017/2018 fanden sich dazu unter anderem folgende Ausführungen: „Bestimmte Konzerngesellschaften tätigen einen Teil ihrer Geschäfte als Fertigungsaufträge, die nach der Percentage-of-Completion-Methode bilanziert werden, wonach die Umsätze entsprechend dem Fertigstellungsgrad auszuweisen sind. Diese Methode erfordert eine exakte Schätzung des Ausmaßes des Auftragsfortschritts. In Abhängigkeit von der Methode zur Bestimmung des Fertigstellungsgrads umfassen die wesentlichen Schätzungen die gesamten Auftragskosten, die bis zur Fertigstellung noch anfallenden Kosten, die gesamten Auftragserlöse, die Auftragsrisiken und andere Beurteilungen. Das Management der operativen Einheiten überprüft kontinuierlich alle Schätzungen, die im Rahmen der Fertigungsaufträge erforderlich sind, und passt diese gegebenenfalls an."

(Quelle: Konzernabschluss der Thyssen Krupp AG 2017/2018, Anhang S. 153)

Den Angaben ist im Weiteren zu entnehmen, dass die Thyssen Krupp AG zur Ermittlung des Fertigstellungsgrads, etwa von Containerschiffen und Yachten, die *Cost-to-cost*-Methode anwendet.

Dies gilt unabhängig von der Frage, ob der Kunde Abschlagszahlungen leistet, denn diese spiegeln den Auftragsfortschritt häufig nicht angemessen wider. Naturgemäß ist die Teilgewinnrealisierung abhängig von vielerlei Schätzungen, die sich im Zeitablauf auch ändern können. Änderungen von Schätzungen werden nach IAS 8 behandelt und in der Periode im Gewinn oder Verlust erfasst, in dem die Schätzung geändert wurde.

Bestimmung des Transaktionspreises Der **Transaktionspreis** ist in IFRS 15 definiert als die Gegenleistung, die ein Unternehmen im Austausch für die Übertragung von Leistungen auf einen Kunden *voraussichtlich* erhalten wird. Nicht Teil des Transaktionspreises sind Beträge, die vom Kunden im Namen Dritter eingezogen werden. Hierunter fallen insbesondere eingezogene Umsatzsteuern. Häufig ist die Bestimmung des Transaktionspreises einfach möglich. Es gibt aber auch zahlreiche Situationen, in denen der Transaktionspreis weniger eindeutig zu bestimmen ist. Insbesondere ist das der Fall, wenn die Gegenleistung variabel ist, der Vertrag eine signifikante Finanzierungskomponente enthält, eine unbare Gegenleistung vereinbart wird oder eine an den Kunden zu zahlende Gegenleistung erforderlich ist.

In einem Vertrag kann explizit eine **variable Gegenleistung** vereinbart sein. Beispiele sind Verträge, in denen Skonti, Rabatte, Rückerstattungen, Gutschriften oder auch Strafzuschläge vereinbart sind. Möglich ist indes auch, dass die Gegenleistung variabel ist, weil Geschäftsgepflogenheiten oder spezifische Aussagen des Unternehmens eine gerechtfertigte Erwartung geweckt haben, dass es zu einem Preisnachlass kommt. Bei einer variablen Gegenleistung muss das Unternehmen die wahrscheinlich zufließenden Ressourcen der Höhe nach schätzen. Dies kann geschehen, indem das Unternehmen den Erwartungswert der Gegenleistung oder den wahrscheinlichsten Betrag der Gegenleistung schätzt. In extremer Form kann die Variabilität der Gegenleistung auch darin bestehen, dass sie überhaupt nicht zustande kommt, weil der Kunde die Leistung zurückgibt. Die Gegenleistung darf insofern nur in dem Umfang zu Erlösen führen, in dem hochwahrscheinlich ist, dass es nicht zu einer Stornierung kommt. Wird hingegen erwartet, dass die Gegenleistung erstattet werden muss, weil der Kunde das Produkt zurückgibt, wird – statt eines Erlöses – in Höhe der Gegenleistung eine **Rückerstattungsverbindlichkeiten** erfasst. Soweit die Leistung bereits erfolgt ist, wird entsprechend auch ein Vermögenswert (Rückgabeanspruch) erfasst.

Soweit in einem Vertrag eine **signifikante Finanzierungskomponente** identifiziert wurde, entsprechen die Erlöse dem beizulegenden Zeitwert der erwarteten Gegenleistung bei Erfüllung der Leistungsverpflichtung. Im Sinne einer Vereinfachung kann darauf verzichtet werden, die Erlöse auch bei Vorliegen einer signifikanten Finanzierungskomponente anzupassen, soweit bei Vertragsbeginn erwartet wird, dass die Kundenfinanzierung eine Laufzeit von weniger als einem Jahr hat. Etwaige Erträge aus der Finanzierungskomponente sind dann im Gewinn oder Verlust getrennt von den Erlösen darzustellen.

Schließlich kann der **Transaktionspreis unbar** zufließen, entsprechend kommt es in solchen Situationen nicht unmittelbar zum Zugang von Zahlungsmitteln oder Zahlungsmitteläquivalenten. In diesem Fall ist die Gegenleistung mit ihrem beizulegenden Zeitwert zu bewerten. Falls dieser nicht hinreichend verlässlich ermittelt werden kann, wird zur Bewertung der Einzelveräußerungspreis der Leistung herangezogen. Der Einzelveräußerungspreis ist der Preis, zu dem ein Unternehmen einem Kunden eine zugesagte Leistung separat verkaufen würde.

Denkbar ist schließlich auch, dass in einem Vertrag eine **an den Kunden zu zahlende Gegenleistung** vereinbart wird. Hierbei kann es sich etwa um einen Gutschein handeln, der mit Beträgen verrechnet werden kann, die dem Unternehmen geschuldet werden. Solche Gegenleistungen sind als Verringerung des Transaktionspreises zu behandeln, soweit es sich nicht um eine vom Kunden übertragene, eigenständige Leistung handelt.

Verteilung des Transaktionspreises auf die Leistungsverpflichtungen Im letzten Schritt ist der Transaktionspreis auf die einzelnen Leistungsverpflichtungen aufzuteilen. Die Verteilung auf einzelne Komponenten der Leistungsverpflichtung soll auf Basis der relativen Einzelveräußerungspreise bei einer gesonderten Veräußerung der Komponenten vorgenommen werden. Der beste Anhaltspunkt für die Einzelveräußerungspreise sind beobachtbare Preise, die das Unternehmen bei separaten Verkäufen der jeweiligen Leistungen erzielt. Soweit sich der Verkaufspreis einzelner Komponenten nicht beobachten lässt, sind Schätzungen vorzunehmen. Die folgenden Verfahren werden in IFRS 15 als geeignete Schätzverfahren angeführt:

- *Adjusted-market-assessment-Ansatz*: Die Schätzung der Einzelveräußerungspreise kann beispielsweise dadurch erfolgen, dass Preise herangezogen werden, die konkurrierende Unternehmen für ähnliche Leistungen aufrufen, ggf. adjustiert auf Kosten- und Margenunterschiede zur Konkurrenz.
- *Expected-cost-plus-a-margin-Ansatz*: In diesem Fall werden die anfallenden Kosten für die Leistung geschätzt und auf diese wird eine Marge aufgeschlagen.
- *Residualwertansatz*: Das Vorgehen besteht hier darin, vom gesamten Transaktionspreis alle beobachtbaren Einzelveräußerungspreise abzuziehen.

Eine besondere Problematik besteht, wenn die Gegenleistung für ein Bündel von Leistungen niedriger ist als im Fall der Einzelveräußerung aller Leistungen im Bündel. In diesem Fall ist der **Preisnachlass auf das Bündel** auf die einzelnen Leistungsverpflichtungen zu verteilen. In diesem Fall soll der Preisnachlass anteilig auf alle Leistungsverpflichtungen innerhalb des Bündels verteilt werden, soweit nicht Anhaltspunkte dafür bestehen, dass sich der Preisnachlass vollständig auf eine oder einzelne Leistungsverpflichtungen bezieht.

Beispiel 6.3: Erlöse aus Verträgen mit Kunden

Am 4. Januar 20X1 unterzeichnen ein Autohändler und ein Kunde einen schriftlichen Vertrag, der vorsieht, dass der Autohändler am selben Tag einen Jahreswagen (mit einer vertraglich spezifizierten Seriennummer) ausliefert und dafür eine entsprechende Gegenleistung in bar vom Kunden erhält. Nach Erhalt der Gegenleistung wird der Wagen am selben Tag an den Kunden ausgeliefert. Der Kunde hat die aus dem Verbraucherschutzrecht resultierenden Rechte auf Schadensersatz und Rückgabe. Der Vertrag enthält zudem eine Regelung, nach welcher der Kunde fünf Jahre lang das Auto „kostenfrei" in den Werkstätten des Verkäufers warten lassen kann. Der Vertrag verweist dazu auf eine Liste von Wartungsarbeiten, die der Kunde kostenfrei in Anspruch nehmen kann. Der Autohändler verkauft die Wartungen nicht alleine. Der Vertrag sieht vor, dass der Kunde eine einmalige Zahlung in Höhe von € 30.000 zzgl. Umsatzsteuer (19%) leistet. Das Geschäftsjahr des Autohändlers endet am 31. Dezember eines Jahres.

Identifikation des Vertrags: Es liegt ein (schriftlicher) Vertrag zwischen dem Autohändler und dem Käufer vor, der für beide Parteien durchsetzbare Rechte und Pflichten begründet. Aus Sicht des Autohändlers handelt es sich bei dem Verkauf von Gebrauchtwagen um eine gewöhnliche Geschäftstätigkeit. IFRS 15 ist anwendbar und es sind Erlöse zu erfassen.

→

→ Fortsetzung

Leistungsverpflichtung: Der Autohändler geht zwei Leistungsverpflichtungen ein: Erstens verpflichtet er sich, an einem bestimmten Zeitpunkt (hier: 4. Januar 20X1) ein Gut (hier: Jahreswagen) im Sinne einer eigenständig abgrenzbaren Leistung zu übertragen. Zweitens geht der Händler auch die Verpflichtung ein, dass der Kunde über einen bestimmten Zeitraum (hier: fünf Jahre) sein Auto in den Werkstätten des Verkäufers ohne weitere Zahlung warten lassen kann. Hierbei handelt es sich um eine Reihe eigenständig abgrenzbarer Leistungen (hier: Wartungen), die im Wesentlichen gleich sind und nach dem gleichen Muster auf den Kunden übertragen werden. Schließlich ist noch zu klären, ob die eingegangene Garantie eine eigenständige Leistungsverpflichtung darstellt. Diese stellt laut Aufgabentext keine zusätzliche Leistung für den Kunden dar. Vielmehr handelt es sich um gesetzliche Pflichten des Autohändlers, entsprechend ist eine Rückstellung nach IAS 37 für solche Verpflichtungen zu bilden (hier nicht weiter behandelt). Eine Finanzierung des Kunden durch den Autohändler liegt nicht vor.

Erfüllung der Leistungsverpflichtung: Die erste Leistungsverpflichtung wird zeitpunktbezogen dadurch erbracht, dass der Kunde durch Auslieferung des Autos Verfügungsmacht über dieses gewinnt. Mit der Lieferung des Autos hat der Händler einen Anspruch auf Zahlung des Kaufpreises, der Kunde hat das Eigentumsrecht sowie den physischen Besitz erhalten. Die zweite Leistungsverpflichtung wird über einen Zeitraum von fünf Jahren erfüllt. Die Erlöse aus dieser Leistungsverpflichtung sind ebenfalls über diesen Zeitraum zu erfassen, da der Kunde die Leistung bereits nutzt, während sie erbracht wird bzw. ein Vermögenswert (das Auto) erstellt oder verbessert wird und der Kunde zeitgleich Verfügungsgewalt über den Vermögenswert besitzt. Zur Erfassung bietet sich eine zeitkontinuierliche Methode an.

Transaktionspreis: Beim Transaktionspreis handelt es sich um die Gegenleistung, welche der Kunde im Austausch für die Übertragung des Autos sowie der Wartung voraussichtlich erbringen wird. Soweit der Kunde das Auto mit einer verbraucherrechtlichen Begründung zurückgibt, wäre der Transaktionspreis 0. Es gibt aber keine Hinweise darauf, dass es hochwahrscheinlich wäre, dass der Kunde den Kauf storniert. Wäre das der Fall, wäre die vom Kunden erhaltene Gegenleistung als Rückerstattungsverpflichtung zu bilanzieren; gleichzeitig würde dann auch ein Anspruch auf Herausgabe des Autos durch den Kunden bestehen. Eine variable Gegenleistung besteht nicht. Nicht Teil des Transaktionspreises sind Beträge, die vom Kunden im Namen Dritter eingezogen werden. Der gesamte Betrag, der vom Kunden erhalten wird, entspricht dem Kaufpreis in Höhe von € 30.000 zuzüglich der Umsatzsteuer in Höhe von € 5.700. Die Umsatzsteuer wird indes für den Fiskus eingezogen, entsprechend beläuft sich der Transaktionspreis auf € 30.000 in bar.

→

→ Fortsetzung

Verteilung des Transaktionspreises auf die Leistungsverpflichtungen: Die Gegenleistung in Höhe von € 30.000 ist nun auf die beiden Leistungsverpflichtungen zu verteilen. Dabei sind die Einzelveräußerungspreise heranzuziehen, also die Preise, die bei einer gesonderten Veräußerung der Komponenten in Rechnung gestellt würden. Im vorliegenden Fall ist der Preis für den Wartungsvertrag nicht beobachtbar. Es muss daher ein Schätzverfahren zur Anwendung kommen. Plausibel erscheint hier insbesondere der *Expected-cost-plus-a-margin*-Ansatz. Zunächst müssen nach diesem Ansatz die Kosten geschätzt werden. Annahmegemäß sollen sich diese auf € 300 im Jahr belaufen. Hierauf wird nun eine Marge geschlagen. Bei einer Marge von 25 % ergibt sich ein geschätzter Einzelveräußerungspreis für den Wartungsvertrag in Höhe von € 400 im Jahr und € 2.000 über die gesamte Laufzeit des Vertrags. Die Summe der Einzelveräußerungspreise liegt also bei € 32.000. Offensichtlich erfolgt der Verkauf beider Komponenten „im Paket" mit einem Preisnachlass. Die Verteilung auf einzelne Komponenten der Leistungsverpflichtung soll nach IFRS 15 auf Basis der relativen Einzelveräußerungspreise vorgenommen werden, soweit nicht Anhaltspunkte dafür bestehen, dass sich der Preisnachlass vollständig auf eine bestimmte Leistungsverpflichtung bezieht. Im vorliegenden Fall könnte argumentiert werden, dass es mit dem Anbieten des Wartungsvertrags hauptsächlich darum geht, eine Rabattierung des Autos zu erreichen. Aus Sicht des Kunden besteht der Rabatt darin, eine Dienstleistung im Wert von insgesamt € 2.000 zu erhalten, ohne dass dafür zusätzliche Zahlungen anfallen. Indes vermindert sich auch nicht die Zahlung für das Auto; der Verkäufer hat also den Vorteil, dass er immer noch eine Zahlung in Höhe von € 30.000 erhält, obwohl die Zahlungsbereitschaft des Kunden für das Auto nur € 28.000 betragen hatte. Für den Händler bedeutet dies, dass er letztlich nur einen Rabatt von € 1.500 einräumen muss. Die folgende Tabelle zeigt die beiden Varianten, in denen (a) der Rabatt auf beide Komponenten verteilt wird und (b) nur auf das Auto entfällt:

Leistungsverpflichtung	Einzelveräußerungspreis (ggf. geschätzt)	Relativer Einzelveräußerungspreis	Verteilung der Gegenleistung
(a) Verteilung auf Basis der relativen Einzelveräußerungspreise			
Auto	30.000	93,75%	28.125
Wartung	2.000	6,25%	1.875
Summe	**32.000**	**100,000%**	**30.000**
(b) Verteilung des Rabatts ausschließlich auf das Auto			
Auto			28.000
Wartung			2.000
Summe			**30.000**

→

→ Fortsetzung

Entsprechend der Allokation des Rabatts ergibt sich ein unterschiedlicher zeitlicher Anfall von Erlösen über die gesamte Vertragslaufzeit: (a) Bei Verteilung auf Basis der relativen Einzelveräußerungspreise werden am 4. Januar 20X1 Erlöse in Höhe von € 28.125 erfasst. Die Erlöse aus dem Wartungsvertrag werden jeweils nach Ablauf eines Jahres erfasst. Weil die Zahlung bereits vereinnahmt wurde, ist am 4. Januar 20X1 eine Vertragsverbindlichkeit zu bilden. Dabei handelt es sich um die Verpflichtung des Autohändlers, Dienstleistungen auf den Käufer zu übertragen, für die er bereits eine Gegenleistung erhalten hat. Am 31. Dezember werden dann die anteiligen Erlöse des Wartungsvertrags erfasst, also € 1.875 : 5 = € 375. Dies geschieht technisch durch anteilige Auflösung der Vertragsverbindlichkeit. (b) Erfolgt ausschließlich eine Rabattierung des Autos, betragen die Erlöse am 4. Januar 20X1 nur € 28.000 und an jedem Bilanzstichtag werden über die nächsten fünf Jahre Erlöse in Höhe von € 2.000 : 5 = € 400 aus dem Wartungsvertrag erfasst.

Exkurs 6.4 Umsatzerlöse nach HGB

In § 277 HGB sind die Umsatzerlöse definiert als Erlöse aus dem Verkauf und der Vermietung oder Verpachtung von Produkten sowie aus der Erbringung von Dienstleistungen der Kapitalgesellschaft nach Abzug von Erlösschmälerungen und der Umsatzsteuer sowie sonstiger direkt mit dem Umsatz verbundener Steuern. Im Unterschied zu den IFRS wird der Umsatzbegriff in der HGB-Definition nicht auf „gewöhnliche Geschäftstätigkeiten" begrenzt, dadurch ist die HGB-Definition potenziell breiter. Gleichwohl wird auch hier der Verkauf von Anlagevermögen mangels „Produkteigenschaft" nicht zur Erfassung von Umsatzerlösen führen. Vermietet aber beispielsweise ein Supermarkt einige Parkplätze an Anwohner, so wird dies zur Erfassung von Umsatzerlösen führen, weil es sich um eine Dienstleistung handelt, die gleichwohl nicht unter die gewöhnlichen Geschäftstätigkeiten des Supermarkts fällt.

Umsatzerlöse werden mit Realisation erfasst. Das HGB stellt im Vergleich zu den IFRS potenziell strengere Anforderungen an den Realisationszeitpunkt. Dieser ist aus den Grundsätzen ordnungsgemäßer Buchführung abgeleitet und entspricht grundsätzlich dem Zeitpunkt von Lieferung oder Leistung bzw. dem Gefahrenübergang auf den Erwerber. Konzeptionell ähnelt dies dem IFRS-Grundsatz, dass Erlöse zu erfassen sind, sobald eine Leistungsverpflichtung erfüllt wurde. Im deutschen Handelsrecht ist das Realisationsprinzip in § 252 (4) HGB kodifiziert. Demnach sind „Gewinne nur zu berücksichtigen, wenn sie am Abschlussstichtag realisiert sind." Das Realisationsprinzip wird im HGB im Zusammengang mit der Vorschrift eingeführt, dass „vorsichtig zu bewerten" ist.

→

→ Fortsetzung

Damit kommt zum Ausdruck, dass eine Gefahr (auch) in einem zu zeitnahen bzw. voreiligen Ausweis von Gewinnen liegen kann. Insbesondere sind nach deutschem Handelsrecht keine nur „erwarteten" Gewinne zu erfassen. Dementsprechend wird ein Umsatz dann als realisiert betrachtet und erfolgserhöhend gebucht, wenn das bilanzierende Unternehmen seine Leistungsverpflichtungen erfüllt und beispielsweise das vereinbarte Produkt geliefert oder die zugesagte Dienstleistung erbracht hat („Lieferung und Leistung"). Die Anknüpfung an Lieferung und Leistung kann als vorsichtige, aber dennoch kompromisshafte Risikoberücksichtigung verstanden werden. Der Erfolg ist schon weit konkretisiert, da das Unternehmen etwa das Produktions-, Absatz- und auch Lieferrisiko bewältigt hat. Eine gewisse Restunsicherheit verbleibt indes noch vor der Geldwerdung des Geschäfts, da etwa das Kreditrisiko (der Kunde zahlt nicht) noch besteht, daneben auch etwaige Gewährleistungsrisiken; so wird es etwa zu einer Erfolgsschmälerung kommen, wenn sich ein geliefertes Produkt als fehlerhaft erweist.

Eine Teilgewinnrealisation kommt entsprechend nach herrschender Meinung nach HGB nur beim Vorliegen bestimmter Voraussetzungen in Betracht, etwa getrennt abrechenbarer und „gelieferter" Teilfertigungen (*completed contract*).

Aufgaben

EXTRAS ONLINE

1. Kommentieren Sie folgende Aussage: „Die erfolgswirksame Erfassung der Zunahme des Marktwerts von Finanzinstrumenten im Handelsbestand stellt innerhalb der IFRS eine Durchbrechung des Realisationsprinzips dar."

2. Welcher Form der Zahlungsabgrenzung sind die Regelungen der Ertragsrealisation gemäß IFRS 15 zuzuordnen? Handelt es sich (a) um eine transaktionsbasierte Form der Zahlungsabgrenzung, (b) um eine vermögens- und schuldbasierte Form der Zahlungsabgrenzung oder (c) um eine marktgebundene Form der Zahlungsabgrenzung?

3. Die Alpha AG schließt einen Vertrag mit einem Kunden. Die Alpha AG muss gemäß den vertraglichen Bestimmungen folgende Leistungen erbringen: Es wird am Tag des Vertragsschlusses am 01.07.20X4 eine IT-Anlage mit einem Listenpreis von € 27.000 geliefert. Außerdem wird die Alpha AG zwei Jahre lang die Wartung der Hardware übernehmen (beginnend am 01.07.20X4). Schließlich erhält der Kunde auch für ein Jahr (ab 01.07.20X4) Zugang zu einer Online-Dokumentation mit technischen Updates durch die Entwicklergruppe. Der Kunde zahlt für diese drei Leistungen im Gegenzug am 01.07.20X4 insgesamt € 40.000. →

→ Fortsetzung

Weiterhin ist bekannt, dass die Alpha AG die Wartung der IT-Infrastruktur auch Kunden anbietet, die ihre Hardware nicht von der Alpha AG bezogen haben. Die Alpha AG stellt diesen Kunden dafür € 10.000 p.a. in Rechnung. Für die Verlängerung des Zugangs zur Online-Dokumentation für Kunden, die Hardware von der Alpha AG beziehen, werden € 5.000 p.a. in Rechnung gestellt. Das Geschäftsjahr der Alpha AG endet zum 30.06. eines Jahres, steuerliche Aspekte sollen in dieser Aufgabe vernachlässigt werden. Der Kunde bezahlt am 01.07.20X4 in bar. Wann werden Erlöse in welcher Höhe erfasst?

4. Ein Beratungsunternehmen schließt mit einem Kunden einen Vertrag. Gegenstand des Vertrags ist die Erbringung von Beratungsleistungen über vier Perioden (t = 1,..., 4). Der Kostenanfall wird vom Beratungsunternehmen auf insgesamt € 100.000 geschätzt, wobei € 20.000 in $t = 1$, € 24.000 in $t = 2$ und jeweils € 28.000 in $t = 3$ und $t = 4$ anfallen. Als Gegenleistung des Kunden werden € 125.000 vertraglich fixiert. Die Bezahlung der Gesamtsumme soll zum Ende von $t = 4$ erfolgen. Stellen Sie tabellarisch dar, wann sich im vorliegenden Fall welche Erträge und Aufwendungen realisieren und zu welchen Zeitpunkten Forderungen und Verpflichtungen für das Beratungsunternehmen entstehen!

5. Grenzen Sie in eigenen Worten die *Completed-Contract-* von der *Percentage-of-Completion*-Methode ab!

6. Wie ist nach IFRS 15 vorzugehen, wenn sich die ursprünglichen Schätzungen bezüglich der gesamten Kosten eines Auftrags während der Laufzeit ändern?

7. Hat die Methode, nach welcher der Leistungsfortschritt gemessen wird, eine Wirkung auf die während der Laufzeit ausgewiesenen Gewinne?

8. Die Bauprofi AG hat einen Auftrag zum Bau einer Zugbrücke über die Hunte erhalten. Sie kalkuliert mit Gesamtkosten von € 3,7 Mio. In dem Vertrag wurde ein Festpreis für die Brücke von € 4,4 Mio. vereinbart. Der Bau beginnt am 01.06.20X1. Die Brücke wird zum 01.08.20X4 fertiggestellt. Folgende Kosten wurden für die einzelnen Jahre veranschlagt:

Jahr	Betrag (in €)
20X1	0,5 Mio.
20X2	1,3 Mio.
20X3	1,1 Mio.
20X4	0,8 Mio.

Berechnen Sie die Periodenerfolge der Bauprofi AG, die sich aus diesen Angaben für die Jahre 20X1 – 20X4 ergeben!

6.3 Zuordnung von Aufwendungen zu Perioden

Lernziele

- Die Zuordnung von Aufwendungen zu Perioden kann nach sachlichen und zeitlichen Aspekten vorgenommen werden.
- Die zeitnahe Erfassung von Aufwendungen für erwartete Verluste sorgt für eine vorsichtige Rechnungslegung.

Sachliche Zuordnung von Aufwendungen zu Erlösen Die Zurechnung von Aufwendungen zu Abrechnungsperioden kann nach zeitlichen und sachlichen Aspekten vorgenommen werden. Die Erfassung von Erlösen löst die Erfassung zugehöriger Aufwendungen aus. Dies wird typischerweise als (sachliches) Matching von Aufwendungen zu Umsatzerlösen bezeichnet. Ein Beispiel ist der Barverkauf einer Handelsware. Die Gegenbuchung zu den Erlösen erfasst den Zufluss an Zahlungsmitteln. Im gleichen Zeitpunkt löst die Erlöserfassung die Erfassung des sachlich zugehörigen Aufwands aus. Dieser besteht aus dem Warenverbrauch bzw. -einsatz. Entsprechend wird der Vorratsbestand aufwandswirksam gemindert. Die dahinterstehende Idee ist, dass die Generierung von Erlösen, die einer bestimmten Abrechnungsperiode wirtschaftlich zuzurechnen sind, die Erfassung von Aufwendungen verursacht.

Zeitliche Zuordnung von Aufwendungen zu Perioden Die Zurechnung von Aufwendungen zu Abrechnungsperioden kann auch nach rein zeitlichen Aspekten vorgenommen werden. Die Erfassung von Aufwendungen wird damit – unabhängig von den Erlösen – durch das Verstreichen von Zeit notwendig. Hierzu einige Beispiele:

- Ein Beispiel ist die nach zeitlichen Gesichtspunkten vorgenommene *Abschreibung* einer Maschine. Durch das Vergehen von Zeit altert die Maschine. Auch mag der in einer Periode angefallene Abnutzungsgrad berücksichtigt werden. Der Verzehr des wirtschaftlichen Nutzens während der Abrechnungsperiode wird dieser dann als Aufwand zugerechnet. Dies geschieht allerdings nur in dem Umfang, in dem die Abschreibungen nicht in die Herstellungskosten anderer Vermögenswerte (z.B. Vorräte, Anlagen in Herstellung) eingehen. Soweit Abschreibungen in die Herstellungskosten anderer Vermögenswerte einbezogen sind, werden diese Abschreibungen erst Aufwand, wenn diese anderen Vermögenswerte realisiert werden. Dies kann wiederum eine Zuordnung zu künftigen Perioden nach sachlichen Aspekten (Verkauf der Vorräte) oder nach zeitlichen Aspekten (spätere Abschreibung der selbst erstellten Anlage) beinhalten.
- Aufwand für die *Bildung einer Rückstellung* wird in der Periode erfasst, in der für das Unternehmen eine Verpflichtung entsteht. Eine Rückstellung ist etwa für eine erwartete Strafzahlung zu bilden, wenn das Unternehmen verklagt wird und mit einer Verurteilung rechnet.
- *Zinsaufwand* für das aufgenommene Fremdkapital ist ebenfalls der Periode der Entstehung zuzurechnen (häufig gemäß der Effektivzinsmethode). Der Zins ist der

Preis für die Überlassung von Kapital in einer bestimmten Abrechnungsperiode. Wiederum mag es sein, dass die Fremdkapitalkosten in die Herstellungskosten eines anderen (qualifizierten) Vermögenswerts einbezogen werden, was in IAS 23 geregelt ist. Der entsprechende Anteil des Zinsaufwands wird dann nicht mehr nach rein zeitlichen Aspekten einer bestimmten Abrechnungsperiode zugerechnet, sondern dann, wenn der Vermögenswert, in den die Fremdkapitalkosten einbezogen werden, realisiert wird, was durch Verkauf oder Nutzung geschehen kann.

- Eine *Wertminderung* wird in der Periode erfasst, in der erstmals unternehmensinterne oder -externe Hinweise darauf bekannt werden, dass eine Wertminderung eingetreten ist. Abermals ist es kein verbundener Erlös, der die Aufwandserfassung auflöst, sondern ein in einer bestimmten Abrechnungsperiode eingetretenes Ereignis.

Die Rolle des Vorsichtsprinzips Für die Erfassung von Erlösen bzw. Erträgen wird häufig zumindest implizit ein höherer Sicherheitsgrad der Vereinnahmung der erwarteten Gegenleistung verlangt als bei der Erfassung von Aufwendungen. Die Regel, nach der Verluste zu antizipieren und Gewinne nur nach Maßgabe ihrer (eng ausgelegten) Realisation zu vereinnahmen sind, gilt insbesondere für das deutsche Handelsrecht und lässt sich unter dem Vorsichtsprinzip subsummieren. Auch wenn die IFRS sich eher einer neutralen Rechnungslegung verschrieben haben, gibt es auch innerhalb dieser Regeln zahlreiche Beispiele für **Vorsicht**. Dies ist nicht überraschend, denn auch in der Literatur wird dem Vorsichtsprinzip eine wichtige Bedeutung in der Rechnungslegung zugemessen. Vorsicht wird in der internationalen Literatur (durchaus abweichend vom klassisch-deutschen Verständnis eines „Armrechnens") so verstanden, dass in jeder Periode positive und negative Entwicklungen mit Wirkungen auf die künftigen Cashflows eintreten und dass bei vorsichtiger Rechnungslegung die negativen Ereignisse schneller und umfassender im aktuellen Ergebnis erfasst werden, als dies bei positiven Ereignissen der Fall ist (*asymmetric timeliness of earnings*). Sie lässt Rechnungslegung „konservativ" in dem Sinne erscheinen, dass die Abbildung im Vergleich zu den jeweils (statistisch) erwarteten Werten negativ verzerrt ist. Eine solche Verzerrung durch die Messvorschriften der Rechnungslegung soll letztlich dem Schutz der Adressaten des Jahresabschlusses dienen. Da Adressaten schlechte Nachrichten sofort bekannt gemacht werden, können sie Maßnahmen ergreifen, um ihre Rechte zu sichern.

Das Wesen der **asymmetrischen Gewinnerfassung** kann durch eine Analogie veranschaulicht werden: So ist es nach der Straßenverkehrszulassungsordnung1[1] ausdrücklich verboten, dass der Tachometer in Kraftfahrzeugen eine niedrigere als die tatsächlich gefahrene Geschwindigkeit anzeigt. Er darf dagegen – und tut dies in vielen Fällen auch – eine höhere als die tatsächlich gefahrene Geschwindigkeit anzeigen. Im Vergleich zum wahren Wert ist die Messung also auch hier verzerrt: Die angezeigte Geschwindigkeit darf höher ausgewiesen werden (und wird dies oft) als die tatsächlich gefahrene, niemals aber niedriger. Der Grund könnte in den Konsequenzen einer

1 Vergleiche auch Richtlinie 75/443/EWG des Rates vom 26. Juni 1975 zur Angleichung der Rechtsvorschriften der Mitgliedstaaten über den Rückwärtsgang und das Geschwindigkeitsmessgerät in Kraftfahrzeugen.

Geschwindigkeitsüberschreitung liegen, die weitaus negativer sein können als die einer Geschwindigkeitsunterschreitung. Genauso verhält es sich mit der Rechnungslegung, allerdings mit anderen Vorzeichen: Wird hier, im Vergleich mit dem ökonomisch „richtigen" Wert, der gleichwohl schwerer zu messen ist als Geschwindigkeit, der Gewinn zu hoch ausgewiesen, kann dies sehr nachteilige Folgen haben, insbesondere wenn an die Gewinngröße Auszahlungen geknüpft sind.

Die Konsequenzen eines zu niedrigen Gewinnausweises sind dagegen weit weniger problematisch. Gleichwohl soll die Gewinnmessung auch nicht zu grob verzerrt sein, denn damit wäre der ausgewiesene Erfolg kein guter Schätzer mehr für die in den folgenden Jahren zu erwartenden Gewinne. Genauso verhält es sich mit der Geschwindigkeitsmessung: Würde der tatsächlich gefahrenen Geschwindigkeit ein sehr hoher Aufschlag hinzugerechnet, der zudem noch überproportional stiege, so würde die Geschwindigkeit vom Tachometer völlig unzutreffend angegeben werden und der Fahrer würde den Tachometerausweis wahrscheinlich überhaupt nicht mehr beachten, weil dieser ihm keine entscheidungsnützlichen Informationen mehr liefern würde. Bezogen auf die Rechnungslegung kann das Ziel also nicht sein, durch überzogene Aufwandserfassung einfach stets einen sehr niedrigen Gewinn auszuweisen, denn der Gewinn soll (auch) ein möglichst gutes Bild der Ertragslage des Unternehmens zeichnen. Demnach sollte auch bei einer asymmetrischen Erfolgserfassung ein Aufwand stets nur dann erfasst werden, wenn dies auch durch das Vorliegen beziehungsweise Eintreten eines entsprechenden ökonomischen Tatbestands (*Ereignis*) gerechtfertigt ist. Es wird dann von einer bedingt vorsichtigen Bilanzierung (*conditional conservatism*) gesprochen. Bei einem Ereignis handelt es sich allgemein um Nachrichten bezüglich der erwarteten künftigen Zahlungsströme. Wird bekannt, dass diese wahrscheinlich niedriger als erwartet ausfallen werden, ist sofort ein Aufwand zu erfassen, dagegen nicht sofort ein Ertrag, wenn bekannt wird, dass diese wahrscheinlich höher sein werden als erwartet. Zudem sollte der Bilanzadressat stets in der Lage sein, zu identifizieren, welche außerordentlichen (beziehungsweise unerwarteten) Bestandteile das Periodenergebnis beeinflussen. Davon zu unterscheiden ist die unbedingt vorsichtige Rechnungslegung (*unconditional conservatism*). In diesem Fall werden Gewinne stets niedrig ausgewiesen, außerdem Vermögenswerte mit einem möglichst geringen und Schulden mit einem möglichst hohen Wert angesetzt. Die Vorsicht ist „unbedingt", weil dies immer geschieht, also keine Bedingung erfüllt sein muss, damit es zu diesen Ausweispraktiken kommt.

Aufgaben

EXTRAS ONLINE

1. Nennen Sie ein Beispiel, das die Asymmetrie bei der Behandlung positiver und negativer Entwicklungen verdeutlicht!

2. Wiederholen Sie in eigenen Worten, was der Unterschied zwischen bedingter und unbedingter Vorsicht ist!

Weiterführende Literatur Zur Messung von bedingter Vorsicht kann auf die Studie von Basu, 1997, verwiesen werden. In einem international vergleichenden Forschungsdesign wurde das Modell etwa von Ball et al., 2008, angewendet und erweitert. Mit der Verbreitung des Vorsichtsprinzips in der Rechnungslegung befasst sich auch Watts, 2003a, beziehungsweise Watts, 2003b.

Kapitalflussrechnung

7

ÜBERBLICK

7.1 Grundlagen

Lernziele

- Die Kapitalflussrechnung ist nach IFRS der Bestandteil des Jahresabschlusses, der vornehmlich Auskunft über die Finanzlage eines Unternehmens geben soll.
- Die Kapitalflussrechnung ist technisch mit der Bilanz verknüpft. Die Veränderung des Zahlungsmittelbestands kann durch Vergleich der Bilanzen zweier aufeinanderfolgender Jahre errechnet werden.
- Rechengrößen in der Kapitalflussrechnung sind Ein- und Auszahlungen beziehungsweise die Veränderungen in den Zahlungsmitteln und Zahlungsmitteläquivalenten.
- Die Kapitalflussrechnung ordnet Zahlungsmittelveränderungen betrieblichen Aktivitäten sowie Investitions- und Finanzierungstätigkeiten zu.

Die Periodisierung von Zahlungen im Rechnungswesen erzeugt wichtige Informationen im Hinblick auf die Messung der Vermögens- und Ertragslage. Jedoch sind auch Informationen über die Zahlungsströme selbst von Interesse. Unternehmen benötigen Zahlungsmittel unter anderem zur Durchführung ihrer operativen Tätigkeiten, zur Erfüllung ihrer finanziellen Verpflichtungen, zur Tätigung zukünftiger Investitionen ohne Rückgriff auf externe Finanzierungsquellen sowie zur Zahlung von Dividenden an Eigentümer. Stehen einer Unternehmung nur unzureichende Finanzmittel zur Verfügung, besteht die Gefahr einer Insolvenz. Adressaten werden daher daran interessiert sein, auf welche Weise und in welcher Höhe ein Unternehmen Zahlungsmittel erwirtschaftet und verwendet.

Diese Informationen werden in der Gewinn-und-Verlust-Rechnung nicht bereitgestellt, da in ihr Erträge und Aufwendungen, nicht aber Ein- und Auszahlungen gegenübergestellt werden (zum Zusammenhang der Rechenwerke siehe ▶ Abbildung 7.1). Damit Abschlüsse auch Informationen über die Finanzlage enthalten, ist nach IFRS eine Kapitalflussrechnung verpflichtend zu erstellen. Sie gibt Auskunft über die Fähigkeit eines Unternehmens, Zahlungsmittel und Zahlungsmitteläquivalente zu generieren.

Die Kapitalflussrechnung ist bislang in IAS 7 geregelt. Bereits seit vielen Jahren arbeitet das IASB allerdings an einem Projekt zur Neugestaltung der Ausweisvorschriften zu den verschiedenen Bestandteilen eines Abschlusses. Im Rahmen des Projekts sollen die Ausweisstandards IAS 1 und IAS 7 schließlich durch einen neuen, einheitlichen Standard ersetzt werden. Derzeit ist dieses Projekt jedoch auf unbestimmte Zeit verschoben worden.

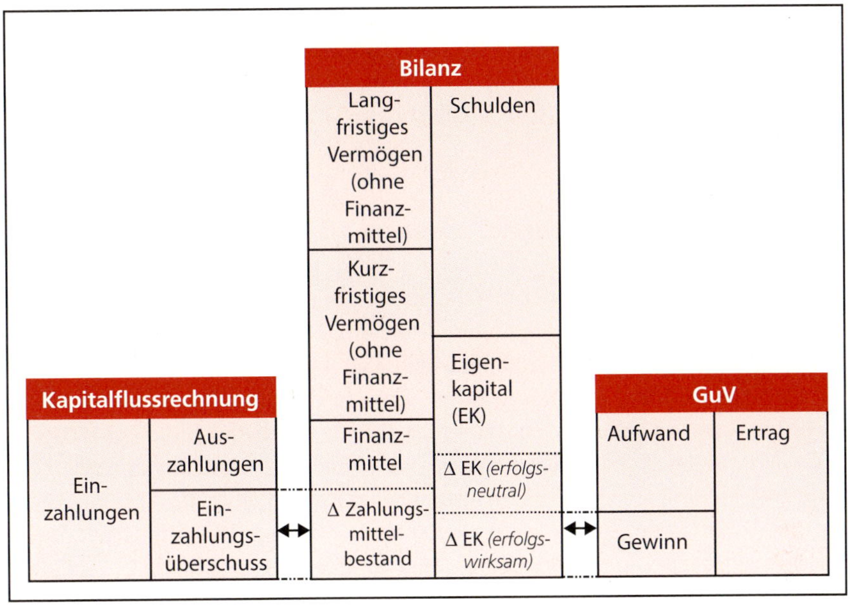

Abbildung 7.1: Zusammenhang der Kapitalflussrechnung mit Bilanz und Gewinn-und-Verlust-Rechnung (Darstellung in Anlehnung an Coenenberg, 2009)

Ausgangspunkt der Kapitalflussrechnung ist der am Beginn einer Periode bestehende Fonds an Zahlungsmitteln. Der Zahlungsmittelfonds setzt sich aus dem Bestand an Zahlungsmitteln und Zahlungsmitteläquivalenten zusammen. Unter Zahlungsmitteln werden nach IAS 7 Barmittel und Sichteinlagen verstanden, unter Zahlungsmitteläquivalenten kurzfristige, äußerst liquide Finanzinvestitionen, die jederzeit in bestimmte Zahlungsmittelbeträge umgewandelt werden können und nur unwesentlichen Risiken von Wertschwankungen ausgesetzt sind. Typischerweise handelt es sich um Instrumente mit einer maximalen Laufzeit von bis zu drei Monaten. Der Zahlungsmittelfonds wird während der Abrechnungsperiode in seiner Höhe im Wesentlichen durch Ein- und Auszahlungen (Cashflows) verändert. Weiterhin können sich Änderungen des Zahlungsmittelfonds während der Abrechnungsperiode auch durch Entwicklungen ergeben, die nicht mit Ein- und Auszahlungen in Zusammenhang stehen und deshalb nicht in den Cashflows berücksichtigt sind. Beispielhaft zu nennen sind hier insbesondere Wechselkurs-, Konsolidierungskreis- und bewertungsbedingte Veränderungen des Zahlungsmittelfonds. Die Höhe des Zahlungsmittelfonds am Ende der Periode ergibt sich demnach wie folgt:

	Bestand an Zahlungsmitteln und Zahlungsmitteläquivalenten am Periodenbeginn
+	Zuflüsse von Zahlungsmitteln und Zahlungsmitteläquivalenten
–	Abflüsse von Zahlungsmitteln und Zahlungsmitteläquivalenten
±	Nicht zahlungswirksame Veränderungen des Zahlungsmittelfonds
=	Bestand an Zahlungsmitteln und Zahlungsmitteläquivalenten am Periodenende

Der Netto-Cashflow einer Periode ergibt sich durch Saldierung der Zu- und Abflüsse von Zahlungsmitteln und Zahlungsmitteläquivalenten. Allerdings sind die Cashflows in der Kapitalflussrechnung getrennt nach ihren jeweiligen Entstehungsquellen auszuweisen. Dazu gehören gemäß IAS 7 betriebliche beziehungsweise operative Investitions- sowie Finanzierungstätigkeiten eines Unternehmens, die im Folgenden näher beschrieben werden.

Cashflow aus betrieblicher Tätigkeit Cashflows aus betrieblicher Tätigkeit sind mit der operativen, erlösbringenden Tätigkeit eines Unternehmens verbunden. Für die Beurteilung der Finanzlage eines Unternehmens nimmt gerade der Cashflow aus laufender Geschäftstätigkeit eine bedeutende Rolle ein: Nur wenn ein Unternehmen dauerhaft in der Lage ist, durch seine operativen Tätigkeiten einen Zahlungsmittelüberschuss zu erzielen, kann es auch künftig seine Betriebsaktivitäten fortsetzen. Auch IAS 7 spricht daher von einem „Schlüsselindikator", der Rückschlüsse erlaubt, inwieweit ein Unternehmen selbst in der Lage ist, seine Leistungsfähigkeit zu erhalten, Investitionen zu tätigen und die Ansprüche der Kapitalgeber im Hinblick auf Tilgungs- und Dividendenzahlungen zu befriedigen. Wichtige Ein- und Auszahlungen, die den betrieblichen Tätigkeiten zuzurechnen sind, sind in ▶ Tabelle 7.1 aufgeführt.

Tabelle 7.1

Beispiele für Ein- und Auszahlungen aus betrieblicher Tätigkeit

Aktivitäten, die zu Einzahlungen führen	Aktivitäten, die zu Auszahlungen führen
Absatz von Waren und Dienstleistungen	Bezug von Gütern und Dienstleistungen von Lieferanten
Nutzungsentgelte, Honorare, Provisionen	Bezahlung der eigenen Mitarbeiter, Steuer- und Zinszahlungen (soweit nicht Finanzierung zuzurechnen)
Verkauf von Versicherungsverträgen	Schadensregulierung (bei Versicherungen)
Absatz von zu Handelszwecken gehaltenen Finanzinstrumenten bzw. Verträgen	Kauf von Finanzinstrumenten, die zu Handelszwecken gehalten werden

Während der Verkauf von Käse und Milch zu Einzahlungen führt, die der betrieblichen Tätigkeit zuzurechnen sind, wäre dies beim Verkauf einer ausgedienten Kühlanlage nicht der Fall, denn der Verkauf von Sachanlagen zählt nicht zur „normalen" betrieblichen Tätigkeit einer Molkerei. Vielmehr handelt es sich um eine Desinvestition, die damit verbundenen Zahlungsmittelzuflüsse wären also der Investitionstätigkeit zuzurechnen.

Cashflow aus Investitionstätigkeit Unter den Investitionstätigkeiten eines Unternehmens werden gemäß IAS 7 der Erwerb und die Veräußerung langfristig gehaltener Vermögenswerte (zum Beispiel Sachanlagen) sowie Finanzinvestitionen verstanden. Gemein ist den Investitionstätigkeiten, dass sie dazu dienen, zu einem späteren Zeitpunkt größere Einzahlungen oder eine Reduktion der Auszahlungen zu erreichen. Investitionen führen daher in der Periode, in der sie getätigt werden, zu Auszahlungen. Einzahlungen ergeben sich in dieser Kategorie vor allem durch Desinvestitionen, also den Verkauf langfristig gehaltener Vermögenswerte.

Der Cashflow aus Investitionstätigkeit ist eigenständig interpretierbar. Er erlaubt etwa Rückschlüsse auf die Fähigkeit eines Unternehmens, künftige Einzahlungen zu erreichen beziehungsweise Auszahlungen zu vermeiden. In einigen Unternehmen findet sich in der Kapitalflussrechnung auch eine Saldierung der Cashflows aus betrieblicher und Investitionstätigkeit wieder, die als freier Cashflow (*free cash flow*) bezeichnet wird. Dieser entspricht den Zahlungsmitteln, die im Umsatzprozess generiert wurden und nach Abzug der betriebsnotwendigen Investitionen übrigbleiben. Diese Zahlungsmittel stehen also entweder für Ausschüttungen oder neue Investitionsprojekte zur Verfügung.

Anzumerken ist, dass in der Kapitalflussrechnung nur solche Investitionstätigkeiten erfasst werden, die tatsächlich zahlungswirksam waren – wird etwa eine Investition mit Aktien des eigenen Unternehmens oder durch Ausgabe neuer Aktien „bezahlt", bleibt sie in der Kapitalflussrechnung unberücksichtigt. Auch dürfen nur solche Zahlungen der Investitionstätigkeit zugeordnet werden, die mit Vermögenswerten zusammenhängen, die in der Bilanz angesetzt werden. Beispiele für Ein- und Auszahlungen aus Investitionstätigkeiten finden sich in ▶ Tabelle 7.2.

Tabelle 7.2

Beispiele für Ein- und Auszahlungen aus Investitionstätigkeit

Aktivitäten, die zu Einzahlungen führen	Aktivitäten, die zu Auszahlungen führen
Verkauf von Sachanlagen, immateriellen und anderen Vermögenswerten	Kauf von Sachanlagen, immateriellen und anderen Vermögenswerten
Verkauf von Eigenkapital- oder Schuldinstrumenten Dritter, die nicht zu Handelszwecken gehalten werden (und ggf. darauf erhaltene Zinsen)	Kauf von Eigenkapital- oder Schuldinstrumenten Dritter, die nicht zu Handelszwecken gehalten werden
Vergütungen für Ausleihungen an Dritte oder Erlöse aus dem Verkauf von Fremdkapitalinstrumenten Dritter	Kreditgewährung an einen Dritten (außer bei einem Finanzinstitut, wo dies eine betriebliche Tätigkeit wäre)

Bei selbst erstellten immateriellen Vermögenswerten aus der Entwicklungsphase besteht ein Ansatzgebot, soweit jedenfalls die erforderlichen Nachweise erbracht werden können. Im Zusammenhang mit solchen Vermögenswerten besteht dann auch die Pflicht, die entsprechenden Auszahlungen zu ihrer Entwicklung (etwa für Gehälter) der Investitionstätigkeit zuzuordnen. Soweit die erforderlichen Nachweise für einen Bilanzansatz nicht erbracht werden können, sind die entsprechenden Zahlungen für die Entwicklung der betrieblichen Tätigkeit zuzurechnen. Unternehmen sind verpflichtet, die Hauptgruppen der Bruttoeinzahlungen und -auszahlungen im Zusammenhang mit Investitionstätigkeiten separat auszuweisen. In Frage kommt etwa eine Untergliederung in die Hauptgruppen Sachanlagen, immaterielle Vermögenswerte und Finanzanlagen.

Cashflow aus Finanzierungstätigkeit Durch Finanzierungstätigkeiten werden sowohl die Höhe als auch die Zusammensetzung von Eigen- und Fremdkapital eines Unternehmens verändert. Die Darstellung des Cashflows aus Finanzierungstätigkeit ermöglicht unter anderem eine Abschätzung zukünftiger Ansprüche der Kapitalgeber gegenüber dem Unternehmen. Beispiele für Einzahlungen aus Finanzierungstätigkeiten sind Einzahlungen aus der Ausgabe von Aktien oder aus der Aufnahme kurz- oder langfristiger Schulden (etwa im Zusammenhang mit der Emission einer Anleihe). Auszahlungen im Bereich der Finanzierungstätigkeiten sind zum Beispiel Dividendenzahlungen (an Aktionäre einer Aktiengesellschaft) oder Auszahlungen im Zusammenhang mit dem Rückkauf eigener Aktien (siehe ▸ Tabelle 7.3). Die Hauptgruppen der Bruttoeinzahlungen und -auszahlungen im Zusammenhang mit Finanzierungstätigkeiten sind in der Kapitalflussrechnung separat auszuweisen.

Tabelle 7.3

Beispiele für Ein- und Auszahlungen aus Finanzierungstätigkeit

Aktivitäten, die zu Einzahlungen führen	Aktivitäten, die zu Auszahlungen führen
Ausgabe einer Anleihe	Tilgung von Schulden
Ausgabe von Aktien (Kapitalerhöhung)	Rückkauf eigener Aktien
Aufnahme eines Hypothekendarlehens	Dividendenausschüttung

Exkurs 7.1 Kapitalflussrechnung der Fresenius SE

Die folgende Tabelle zeigt die Kapitalflussrechnung der Fresenius SE zum 31.12.2013:

In Mio. €	**2013**	**2012**
Ergebnis nach Ertragsteuern	1.738	1.732
Abschreibungen	843	776
Forderungen aus Lieferungen und Leistungen, netto	18	−193
Vorräte	−268	−37
Sonstige kurz- und langfristige Vermögenswerte	78	−68
Forderungen an/Verbindlichkeiten gegenüber verbundenen Unternehmen	−8	−23
Verbindlichkeiten aus Lieferungen und Leistungen, Rückstellungen und sonstige kurz- und langfristige Verbindlichkeiten	48	284
Sonstige Änderungen	−129	−33
Mittelzufluss aus laufender Geschäftstätigkeit	**2.320**	**2.438**
Erwerb von Sachanlagen	−1.071	−970
Erlöse aus dem Verkauf von Sachanlagen	24	18
Erwerb von Anteilen an verbundenen Unternehmen, Beteiligungen und immateriellen Vermögenswerten, netto	−2.703	−2.500
Erlöse aus dem Verkauf von verbundenen Unternehmen	147	201
Mittelabfluss aus Investitionstätigkeit	**−3.603**	**−3.251**
Einzahlungen aus kurzfristigen Darlehen	1.088	161
Tilgung kurzfristiger Darlehen	−319	−168
Einzahlungen aus langfristigen Darlehen und aktivierten Leasingverträgen	3.810	2.937
Tilgung von langfristigen Darlehen und aktivierten Leasingverträgen	−2.042	−3.881
Einzahlungen aus der Begebung von Anleihen	500	1.755
Tilgung von Verbindlichkeiten aus Anleihen	−1.150	0
Dividendenzahlungen	−491	−446
Sonstige Änderungen	−91	717
Mittelabfluss/-zufluss aus Finanzierungstätigkeit	**1.305**	**1.075**
Wechselkursbedingte Veränderung der flüssigen Mittel	**−43**	**−12**
Nettoabnahme/-zunahme der flüssigen Mittel	**−21**	**250**

(Quelle: Konzernabschluss 2013 der Fresenius SE, S. 97. Aus Vereinfachungsgründen verkürzte Darstellung).

→

→ Fortsetzung

Der Tabelle ist zu entnehmen, dass die Kapitalflussrechnung nach indirekter Methode erstellt wurde und ihren Ausgang in der Bereinigung des Gewinns um nichtzahlungswirksame Vorgänge findet. So werden etwa Abschreibungen hinzugezählt, welche zwar das Ergebnis mindern, jedoch nicht mit Auszahlungen verbunden sind. Forderungen aus Lieferungen und Leistungen werden abgezogen. Ihre Entstehung steigert das Ergebnis, es findet aber – noch – kein Zufluss von Zahlungsmitteln statt. Verbindlichkeiten werden dementsprechend hinzugezählt, da – analog zu den Forderungen – mit ihrer Entstehung noch kein Abfluss von Zahlungsmitteln verbunden ist. Die folgende Tabelle zeigt, dass die Kapitalflussrechnung die Veränderung des Bestands an Zahlungsmitteln und Zahlungsmitteläquivalenten erklärt:

In Mio. €	2013	2012
Flüssige Mittel am Anfang der Berichtsperiode	885	635
Mittelzufluss aus laufender Geschäftstätigkeit	2.320	2.438
Mittelabfluss aus Investitionstätigkeit	−3.603	−3.251
Mittelabfluss/-zufluss aus Finanzierungstätigkeit	1.305	1.075
Wechselkursbedingte Veränderung der flüssigen Mittel	−43	−12
Flüssige Mittel am Ende der Berichtsperiode	864	885

Kritische Würdigung Die Zuordnung von Cashflows zu einem der drei oben genannten Bereiche kann von Unternehmen zu Unternehmen variieren und hängt im Wesentlichen von der Art der jeweiligen Geschäftstätigkeit ab. Gleichwohl gibt es einige allgemeine Probleme:

- Einzelne Geschäftsvorfälle können mit Zahlungsflüssen verbunden sein, die verschiedenen Bereichen zuzuordnen sind. Beispielsweise können Zahlungen an Kreditgeber wie folgt zerlegt werden: Der Zinsanteil wird der betrieblichen Tätigkeit zugerechnet, der Tilgungsanteil der Finanzierungstätigkeit.
- Inwieweit gezahlte bzw. erhaltene Zinsen und Dividenden zu den betrieblichen Tätigkeiten zählen, ist umstritten. Im Hinblick auf die Zinsen dürfte zumindest bei Finanzinstitutionen einiges dafür sprechen, diese der betrieblichen Tätigkeit zuzurechnen. Für Unternehmen, die nicht zur Finanzbranche gehören, besteht ein weitreichendes Wahlrecht, das in der Bilanzierungspraxis sehr unterschiedlich ausgeübt wird: Die Zuordnung solcher Ein- und Auszahlungen kann statt zum Cashflow aus betrieblicher Tätigkeit auch zum Cashflow aus Investitions- oder aus Finanzierungstätigkeit vorgenommen werden.

Trotz der Bedeutung der Kapitalflussrechnung für die Beurteilung der Finanzlage eines Unternehmens bestehen nach wie vor Zuordnungsfragen, deren höchst unterschiedliche Beantwortung in der Bilanzierungspraxis die Vergleichbarkeit von Kapitalflussrechnungen erheblich einschränkt.

Aufgaben

EXTRAS ONLINE

1. Warum gibt es die Kapitalflussrechnung als eigenes Rechenwerk im Abschluss? Welche Informationen lassen sich aus ihr ableiten?

2. Welche Argumente sprechen dafür, Zins- und Dividendenzahlungen den betrieblichen Tätigkeiten eines Unternehmens zuzurechnen, welche dafür, sie der Finanzierungstätigkeit zuzuordnen?

3. Welche der folgenden Tätigkeiten führt beziehungsweise führen zu einer Veränderung der Cashflows: (a) Ausgabe von Aktien; (b) Ausgabe von Aktienoptionen; (c) Erfassung einer Abschreibung; (d) Neubewertung von Sachanlagevermögen? Begründen Sie!

Weiterführende Literatur Einführende Darstellungen zur Kapitalflussrechnung finden sich etwa in Alexander und Nobes, 2013, Coenenberg, 2009, S. 769–853, und Pellens, Fülbier, Gassen und Sellhorn, 2014, sowie Ruhnke und Simons, 2012. Scheffler, 2007, weist darauf hin, dass aus Sicht der deutschen Prüfstelle für Rechnungslegung (DPR) viele Unternehmen die Kapitalflussrechnung eher stiefmütterlich behandeln. Dafür werden vornehmlich Unsicherheiten im Umgang mit der Kapitalflussrechnung verantwortlich gemacht, die in der deutschen Rechnungslegungstradition als ein vergleichsweise junger Abschlussbestandteil angesehen werden muss. Bereits die deutsche Bezeichnung „Kapitalflussrechnung“ ist irreführend, denn es geht in ihr nicht um Kapitalflüsse, sondern um die Veränderung des Zahlungsmittelfonds in einer Abrechnungsperiode. Die Probleme wurden bislang kaum gelöst. Haller, Groß und Rauscher, 2014, sehen daher die Notwendigkeit einer Reform der Kapitalflussrechnung nach IAS 7.

7.2 Ausgestaltung der Kapitalflussrechnung

Lernziele

- Die Kapitalflussrechnung kann nach der direkten oder nach der indirekten Methode erstellt werden.
- Nach der direkten Methode wird der (Netto-)Cashflow einer Periode als Saldo der (Brutto-) Geldzuflüsse und (Brutto-)Geldabflüsse berechnet.
- Bei der indirekten Methode wird an den (Netto-)Periodengewinn gemäß Gewinn-und-Verlust-Rechnung angeknüpft, der um alle nicht liquiditätswirksamen Transaktionen sowie um Ein- oder Auszahlungen, die den Cashflows aus Investitions- oder Finanzierungstätigkeit zuzurechnen sind, korrigiert wird.

Die Erstellung einer Kapitalflussrechnung beginnt mit der Ermittlung des Cashflows aus laufender Geschäftstätigkeit. Hierfür kommen nach IAS 7 die direkte oder die indirekte Methode in Betracht. Nach der direkten Methode wird der (Netto-)Cashflow als Saldo aus (Brutto-)Geldzuflüssen und (Brutto-)Geldabflüssen einer Periode berechnet. Grundsätzlich hat die direkte Methode einen höheren Informationsgehalt, weil die einzelnen Komponenten des operativen Cashflows näher aufgeschlüsselt werden können. Sie ist allerdings weniger verbreitet, da die Ermittlung schwerer fällt als bei der indirekten Methode. Grundsätzlich muss dazu bei jedem zahlungswirksamen Geschäftsvorfall eine Zuordnung der Zahlungswirkung zu einem der drei Bereiche – betriebliche Tätigkeit, Investitions- oder Finanzierungstätigkeit – erfolgen.

Bei der indirekten Methode kann darauf verzichtet werden. Der Cashflow aus betrieblicher Tätigkeit wird ermittelt, indem der Periodengewinn gemäß Gewinn-und-Verlust-Rechnung adjustiert wird um:

- *Veränderungen bei Vorräten, Forderungen und Verbindlichkeiten aus Lieferungen und Leistungen* (beispielsweise enthält der Gewinn alle Umsatzerlöse, die auch die Umsätze aus Zielverkäufen enthalten; das Anwachsen der Forderungen in der Abrechnungsperiode wird daher vom Periodenergebnis in Abzug gebracht);
- *nichtzahlungswirksame Positionen* (dazu gehört insbesondere die Hinzurechnung der nichtzahlungswirksamen Aufwendungen für Abschreibungen, Rückstellungen, Steuern; dagegen müssen alle sonstigen, nichtzahlungswirksamen Erträge in Abzug gebracht werden);
- *Ein- oder Auszahlungen, die den Cashflows aus Investitions- oder Finanzierungstätigkeit zuzurechnen sind* (beispielsweise kann im Periodenergebnis ein erfolgswirksam erfasster Nettoertrag aus der Veräußerung langfristiger Vermögenswerte enthalten sein, der nach IAS 7 allerdings der Investitionstätigkeit zuzurechnen und daher zum Zwecke der Ermittlung des Cashflows aus betrieblicher Tätigkeit vom Gewinn in Abzug gebracht werden muss).

Die indirekte Methode soll im Folgenden anhand eines Beispiels näher dargestellt werden. In ▶ Tabelle 7.4 finden sich die Bilanzen der Jahre 20X1 und 20X2 eines Unternehmens. Die Aufgabe besteht nun darin, für dieses Unternehmen eine Kapitalflussrechnung für das Jahr 20X2 nach der indirekten Methode zu erstellen.

Tabelle 7.4

Bilanzen der Jahre 20X1 und 20X2 eines Unternehmens

Bilanz	**20X2 (in Tsd. €)**	**20X1 (in Tsd. €)**
Aktiva		
Langfristige Vermögenswerte		
Sachanlagevermögen	74.200	72.600
Kumulierte Abschreibungen	−25.500	−23.700
Kurzfristige Vermögenswerte		
Vorräte	2.900	3.200
Forderungen aus Lieferungen und Leistungen	14.400	13.200
Zahlungsmittel und Äquivalente	4.600	3.400
Gesamte Aktiva	**70.600**	**68.700**
Passiva		
Eigenkapital		
Gezeichnetes Kapital	12.000	4.500
Kapitalrücklage	16.800	9.700
Einbehaltene Gewinne	6.200	4.100
Schulden		
Verbindlichkeiten gegenüber Kreditinstituten	22.100	35.900
Rückstellungen	13.500	14.500
Gesamte Passiva	**70.600**	**68.700**

Aus den Bilanzen lässt sich nun nach indirekter Methode die Kapitalflussrechnung ableiten. Dabei sollen die folgenden Sachverhalte berücksichtigt werden (von steuerlichen Gesichtspunkten sei hier abgesehen):

- Es wurden keine Dividenden ausgeschüttet, das heißt, die Periodengewinne wurden vollständig einbehalten.
- 20X2 wurden Barmittel in Höhe von € 1.600.000 zur Investition in langfristige Vermögenswerte aufgewendet. Die planmäßigen Abschreibungen auf Sachanlagen betragen € 1.800.000. Es wurden keine Sachanlagen veräußert.

- Im Geschäftsjahr wird eine Kapitalerhöhung vorgenommen. Es werden 1.000.000 Aktien zum Nennwert von € 7,50 ausgegeben, am Markt werden je Aktie € 14,60 erzielt.

Die Herleitung der Kapitalflussrechnung nach der indirekten Methode erfolgt in drei Schritten. Im *ersten Schritt* wird eine Hilfstabelle erstellt, in der die Differenzen zwischen Anfangs- und Endbeständen der einzelnen Bilanzpositionen erfasst werden (vergleiche ▶ Tabelle 7.5).

Tabelle 7.5

Differenzen der Bilanzpositionen

Differenzen der Bilanzpositionen	**20X2 (in Tsd. €)**	**20X1 (in Tsd. €)**	**Differenz (in Tsd. €)**
Aktiva			
Langfristige Vermögenswerte			
Sachanlagevermögen	74.200	72.600	1.600
Kumulierte Abschreibungen	−25.500	−23.700	−1.800
Kurzfristige Vermögenswerte			
Vorräte	2.900	3.200	−300
Forderungen aus Lieferungen und Leistungen	14.400	13.200	1.200
Zahlungsmittel und Äquivalente	4.600	3.400	1.200
Gesamte Aktiva	**70.600**	**68.700**	
Passiva			
Eigenkapital			
Gezeichnetes Kapital	12.000	4.500	7.500
Kapitalrücklage	16.800	9.700	7.100
Einbehaltene Gewinne	6.200	4.100	2.100
Schulden			
Verbindlichkeiten gegenüber Kreditinstituten	22.100	35.900	−13.800
Rückstellungen	13.500	14.500	−1.000
Gesamte Passiva	**70.600**	**68.700**	

Diese Differenzen werden in einem *zweiten Schritt* analysiert. Dabei ist zu beachten, dass der Ausgangspunkt der Ermittlung des operativen Cashflows nach der indirekten Methode der (Netto-)Periodengewinn gemäß Gewinn-und-Verlust-Rechnung ist. In der Gewinn-und-Verlust-Rechnung wird allerdings nicht mit Ein- und Auszahlungen, sondern mit Erträgen und Aufwendungen gerechnet. Einzahlungen und Erträge einerseits und Auszahlungen und Aufwendungen andererseits sind durch die Periodisierungsregeln typischerweise nicht deckungsgleich. Wurde etwa in der Gewinn-und-Verlust-Rechnung ein Aufwand gebucht, der in der Periode seiner Erfassung nicht zahlungswirksam war, so hat dieser Aufwand zwar zu einer Schmälerung des Gewinns geführt, nicht aber zum Abfluss von Zahlungsmitteln. Um vom Periodenergebnis zum (Netto-) Cashflow der Periode zu kommen, muss der erfasste Aufwand dem Periodenergebnis wieder hinzugerechnet werden. Spiegelbildlich sind alle Erträge, die in der Berichtsperiode nicht mit Zahlungsmittelzuflüssen verbunden waren, vom Gewinn abzuziehen, um auf den (Netto-)Cashflow zu kommen. In ▶ Tabelle 7.6 werden entsprechend die in Tabelle 7.5 ermittelten Differenzen der Bilanzpositionen dahingehend klassifiziert, ob sie, ausgehend vom Periodenergebnis, den operativen Cashflow mindern oder mehren. Außerdem ist zu klären, ob die Beträge in die Berechnung des operativen Cashflows oder in den Cashflow aus Investitions- oder Finanzierungstätigkeit einzubeziehen sind.

Tabelle 7.6

Zuordnung der Differenzen

Zuordnung der Differenzen	**Differenz (in Tsd. €)**	**Minderung (in Tsd. €)**	**Mehrung (in Tsd. €)**	**Referenznummer**
Aktiva				
Langfristige Vermögenswerte				
Sachanlagevermögen	1.600	1.600		1.
Kumulierte Abschreibungen	–1.800		1.800	2.
Kurzfristige Vermögenswerte				
Vorräte	–300		300	3.
Forderungen aus Lieferungen und Leistungen	1.200	1.200		4.
Zahlungsmittel und Äquivalente	1.200	*1.200*		5.
Passiva				
Eigenkapital				
Gezeichnetes Kapital	7.500		7.500	6.
Kapitalrücklage	7.100		7.100	6.
Einbehaltene Gewinne	2.100		2.100	7.
Schulden				
Verbindlichkeiten ggü. Kreditinstituten	–13.800	13.800		8.
Rückstellungen	–1.000	1.000		9.
Gesamte Minderungen/Mehrungen		18.800	18.800	

Die einzelnen Posten erklären sich wie folgt (siehe die Referenznummern in Tabelle 7.6):

1. Die positive Differenz bedeutet, dass es zu einer Zunahme des Sachanlagevermögens gekommen ist, dass folglich Vermögenswerte gekauft wurden. Dies ist typischerweise mit einem Abgang von Zahlungsmitteln verbunden. In der Gewinn-und-Verlust-Rechnung wird der Abgang von Zahlungsmitteln nicht erfasst, da der Beschaffungsvorgang erfolgsneutral ist. In der Kapitalflussrechnung muss der Abgang allerdings ausgewiesen werden, weshalb die Differenz als Minderung des Zahlungsmittelfonds klassifiziert wird. Dieser Abfluss ist dem Cashflow aus Investitionstätigkeit zuzuordnen. Zu beachten ist, dass die Differenz der Bilanzpositionen allgemein dem Saldo aus Zu- und Abgängen einer Periode entspricht. Nähere Auskunft zur Veränderung des Sachanlagevermögens gibt der Anlagenspiegel eines Unternehmens. Im Beispiel kann auf die Auswertung des Anlagenspiegels verzichtet werden, da in der Periode keine Sachanlagen abgegangen sind.

2. Die negative Differenz bei den kumulierten Abschreibungen bedeutet, dass die kumulierten Abschreibungen zugenommen haben und somit Abschreibungen in der Gewinn-und-Verlust-Rechnung erfasst wurden. Soweit keine kumulierten Abschreibungen abgehen (etwa durch den Verkauf von Sachanlagen), entspricht die Veränderung der kumulierten Abschreibungen den in der Periode erfolgswirksam erfassten Abschreibungen, was hier der Fall ist. Abschreibungen stellen in der Gewinn-und-Verlust-Rechnung einen Aufwand dar, mindern also das Periodenergebnis. Allerdings ist dieser Aufwand nicht zahlungswirksam. Um vom Periodengewinn zum operativen Cashflow zu kommen, ist dem Periodenergebnis der Aufwand wieder zuzurechnen, da die Abschreibungen den Zahlungsmittelfonds nicht mindern.

3. Das negative Vorzeichen bei den Vorräten bedeutet, dass das Vorratsvermögen abgenommen hat, mithin Vorräte das Unternehmen verlassen haben. Dies geschieht typischerweise durch den Absatz von Erzeugnissen. Die abgesetzten Vorräte finden sich in der Gewinn-und-Verlust-Rechnung in den Umsatzkosten, werden also zu einem Aufwand, der in der Periode des Absatzes allerdings nicht zu Auszahlungen führt. Die Abnahme der Vorräte mindert demnach den Zahlungsmittelfonds nicht und muss zur Berechnung des operativen Cashflows dem Periodenergebnis wieder hinzugefügt werden.

4. Das positive Vorzeichen bei den Forderungen ist so zu interpretieren, dass diese zugenommen haben. Forderungen aus Lieferungen und Leistungen entstehen im Umsatzprozess. Verkäufe auf Ziel werden in der Periode ihres Anfallens als Ertrag (Umsatz) erfasst, ohne dass sie zahlungswirksam wären. Sie mehren also den Zahlungsmittelfonds nicht. Um vom Periodenergebnis auf den operativen Cashflow zu kommen, muss die Zunahme der Forderungen aus Lieferungen und Leistungen vom Periodenergebnis abgezogen werden.

5. Die positive Veränderung der Position Zahlungsmittel und Zahlungsmitteläquivalente bedeutet, dass der Zahlungsmittelfonds in der Periode gewachsen ist. Die Differenz entspricht also dem Netto-Cashflow der Periode, der sich wiederum als Saldo aus allen Mehrungen (€ 18.800.000) und allen sonstigen Minderungen (€ 17.600.000) ergibt. Die Erfassung als Minderung sorgt für den Ausgleich aller Mehrungen und Minderungen (*balancing number*) und ist daher in Tabelle 7.6 *kursiv* hervorgehoben.

6. Die positiven Differenzen beim gezeichneten Kapital und bei der Kapitalrücklage sind auf die vorgenommene Kapitalerhöhung zurückzuführen. Mit der Kapitalerhöhung werden liquide Mittel eingenommen, die in der Gewinn-und-Verlust-Rechnung nicht erfasst sind. Entsprechend mehrt die Kapitalerhöhung den Cashflow der Periode. Die Zuordnung erfolgt zum Cashflow aus Finanzierungstätigkeit.

7. Die positive Differenz bei den einbehaltenen Gewinnen entsteht, weil der Gewinn der Vorperiode annahmegemäß vollständig einbehalten wurde. Der Periodengewinn in Höhe von € 2.100.000 ist Ausgangspunkt der indirekten Berechnung des operativen Cashflows. Nicht liquiditätswirksame Bestandteile werden später korrigiert, deshalb wird er hier zunächst vollständig als Mehrung der Zahlungsmittel angesehen.

8. Der Rückgang der Verbindlichkeiten gegenüber Kreditinstituten impliziert, dass Schulden getilgt wurden. Dies führt zu einem Abgang von Zahlungsmitteln, der in der Gewinn-und-Verlust-Rechnung nicht aufwandswirksam ist und deshalb als Minderung des Cashflows klassifiziert werden muss. Die Tilgung langfristiger Schulden ist dem Cashflow aus Finanzierungstätigkeit zuzuordnen.

9. Die Abnahme der Rückstellungen (negatives Vorzeichen) deutet darauf hin, dass ein Teil der Rückstellungen bestimmungsgemäß verbraucht wurde. Es ist daher zu Auszahlungen gekommen, die in der Gewinn-und-Verlust-Rechnung nicht als Aufwendungen erfasst werden. Entsprechend mindert die Abnahme bei den Rückstellungen den operativen Cashflow der Periode.

Mit dem *dritten Schritt* werden die einzelnen Mehrungen und Minderungen den drei Bereichen betriebliche Tätigkeit, Investition und Finanzierung zugeordnet. Unter Berücksichtigung sonstiger liquiditätswirksamer Transaktionen kann so nach der indirekten Methode die Kapitalflussrechnung aus dem Jahresüberschuss abgeleitet werden (vergleiche ▶ Tabelle 7.7).

Tabelle 7.7

Aufstellung der Kapitalflussrechnung

Kapitalflussrechnung 20X2	In Tsd. €	Referenz
Cashflow aus betrieblicher Tätigkeit		
Jahresüberschuss	2.100	1.
Anpassungen für Abschreibungen	1.800	2.
Änderung der Vorräte	300	3.
Änderung der Forderungen aus Lieferungen u. Leistungen	– 1.200	4.
Änderungen der Rückstellungen	– 1.000	5.
Aus betrieblichen Tätigkeiten erhaltene Zahlungsmittel	2.000	
Cashflow aus Investitionstätigkeit		
Auszahlungen für Investitionen in langfristige Vermögenswerte	– 1.600	6.
Für Investitionen eingesetzte Zahlungsmittel	– 1.600	
Cashflow aus Finanzierungstätigkeit		
Einzahlungen aus einer Kapitalerhöhung	14.600	7.
Auszahlungen für die Tilgung eines Darlehens	– 13.800	8.
Aus Finanzierungstätigkeit erhaltene Zahlungsmittel	800	
Gesamter Cashflow	1.200	9.
Änderung der Zahlungsmittel und Äquivalente		
Höhe des Zahlungsmittelfonds am 01.01.20X2	3.400	10.
(Netto-)Cashflow	1.200	10.
Höhe des Zahlungsmittelfonds am 31.12.20X2	4.600	10.

Die Posten der Kapitalflussrechnung ergeben sich folgendermaßen (siehe Referenznummern in Tabelle 7.7):

1. Der Jahresüberschuss ist nach der indirekten Methode der Ausgangspunkt für die Berechnung des Cashflows.

2. Abschreibungen haben den Jahresüberschuss geschmälert. Da sie aber nicht liquiditätswirksam sind, werden sie in der Cashflow-Betrachtung wieder hinzugerechnet.

3. Die Bestandsabnahme der Vorräte führt in der Gewinn-und-Verlust-Rechnung zu einem nicht zahlungswirksamen Aufwand, der zur Ermittlung des Cashflows aus betrieblicher Tätigkeit wieder rückgängig zu machen ist.

4. Erfolgswirksam erfasste Verkäufe auf Ziel haben zu einer Mehrung des operativen Gewinns geführt, die nicht zahlungswirksam war und deshalb bei der Ermittlung des Cashflows aus betrieblicher Tätigkeit wieder abzuziehen ist.

5. Die bestimmungsgemäße Verwendung von Rückstellungen zählt in der Regel zum operativen Geschäft und erfolgt üblicherweise erfolgsneutral. Der Abfluss von Zahlungsmitteln muss also im operativen Cashflow erfasst werden, was nach der indirekten Methode eine Adjustierung des Periodengewinns erfordert.

6. Durch den getätigten Erwerb von langfristigen Vermögenswerten sind Zahlungsmittelabflüsse entstanden, welche die Investitionstätigkeit betreffen.

7. Die Kapitalerhöhung, die zur Finanzierungstätigkeit des Unternehmens zählt, mehrt die Zahlungsmittel.

8. Die Tilgung des Darlehens ist ebenfalls der Finanzierungstätigkeit zuzurechnen und ist mit einem Abfluss von Zahlungsmitteln verbunden.

9. Der gesamte Cashflow des Geschäftsjahres errechnet sich als Summe der Netto-Cashflows der drei Teilbereiche (€ 2.000.000 – € 1.600.000 + € 800.000).

10. Die Höhe des Zahlungsmittelfonds zum Geschäftsjahresende ergibt sich einerseits aus der Veränderung der Zahlungsmittel und Zahlungsmitteläquivalente während des Geschäftsjahrs, andererseits auch als Summe von Netto-Cashflow der Periode und Höhe des Zahlungsmittelfonds zum Geschäftsjahresbeginn.

Aufgaben

EXTRAS ONLINE

1. Wie lassen sich operativer Cashflow sowie Cashflow aus Investitions- und Finanzierungstätigkeit interpretieren?

2. Führt eine Änderung der Abschreibungssätze zu einer Veränderung der Cashflows aus operativer Geschäftstätigkeit? Begründen Sie Ihre Antwort!

3. Welche Nachteile hat Ihrer Einschätzung nach die indirekte Methode zur Ermittlung von Cashflows?

4. Gegeben sind folgende Bilanzen zweier aufeinander folgender Jahre:

→

→ Fortsetzung

Bilanzposition	31.12.20X1	31.12.20X2
Aktiva		
Sachanlagen	500.000	600.000
Kumulierte Abschreibungen	100.000	200.000
Vorräte	100.000	120.000
Forderungen aus Lieferungen und Leistungen	20.000	25.000
Zahlungsmittel	10.000	25.000
Summe der Aktiva	**530.000**	**570.000**
Passiva		
Stammkapital der AG	200.000	200.000
Einbehaltene Gewinne	80.000	200.000
Verbindlichkeiten	250.000	170.000
Summe der Passiva	**530.000**	**570.000**

Berechnen Sie den Netto-Cashflow aus betrieblicher Tätigkeit, den Netto-Cashflow aus Investitionstätigkeit, den Netto-Cashflow aus Finanzierungstätigkeit sowie den Netto-Cashflow der Periode unter folgenden Nebenbedingungen: (a) die Änderungen der Verbindlichkeiten werden nicht als operativer Cashflow erfasst; (b) es wurden keine Sachanlagen verkauft; es wurden keine (Unternehmens-)Steuern bezahlt.

5. Die Hexatoast AG muss ihre Kapitalflussrechnung für das Geschäftsjahr 20X1 zum 31.12.20X1 erstellen. Die Gesellschaft produziert und vertreibt Toaster in unterschiedlichen Designs. Zum betreffenden Geschäftsjahr liegen folgende Informationen vor:

- Für die geplante Ausweitung der Produktion hat das Unternehmen ein benachbartes Grundstück erworben. Der Kaufpreis lag bei € 350.000.
- Des Weiteren wurde eine Maschine für die Produktion der Heizstäbe beschafft. Der Kaufpreis, einschließlich Montage, lag bei € 80.000.
- 20X1 wurde ein Jahresüberschuss von € 120.000 erwirtschaftet. Aus den einbehaltenen Gewinnen des Vorjahres wurden im Geschäftsjahr € 50.000 ausgeschüttet.
- Es wurde im Geschäftsjahr 20X1 eine ausgediente Maschine verkauft. Hierbei konnte ein Ertrag von € 7.000 realisiert werden. Dabei handelte es sich um den einzigen Abgang von langfristigen Vermögenswerten im Geschäftsjahr.
- Die Inanspruchnahme der Rückstellungen erfolgte erfolgsneutral für operative Zwecke. Im Geschäftsjahr wurde zudem ein langfristiges Darlehen aufgenommen. Nach den Bilanzierungsgepflogenheiten des Unternehmens werden die Veränderungen langfristiger Verbindlichkeiten dem Cashflow aus Finanzierungstätigkeit und Veränderungen kurzfristiger Verbindlichkeiten dem operativen Cashflow zugerechnet. →

➔ Fortsetzung

Die Bilanzen der Hexatoast AG zum 31.12.20X1 und zum 31.12.20X0 können Anlage 1 entnommen werden. Anlage 2 enthält eine Übersicht zur Eigenkapitalveränderung im Geschäftsjahr. Über die im Text behandelten Fälle hinaus ist in Anlage 3 zudem ein Anlagespiegel wiedergegeben, der Auskunft über die Veränderungen bei den langfristigen Vermögenswerten und den kumulierten Abschreibungen gibt.

Erstellen Sie unter Nutzung der bereitgestellten Informationen nach indirekter Methode die Kapitalflussrechnung für das Jahr 20X1!

Anlage 1: Bilanzen

Bilanzen	**31.12.20X1 (in €)**	**31.12.20X0 (in €)**
Langfristige Vermögenswerte		
Sachanlagevermögen	3.438.000	3.180.000
Finanzanlagevermögen	60.600	60.600
Immaterielle Vermögenswerte	6.000	9.000
Kurzfristige Vermögenswerte		
Vorräte	50.000	40.000
Forderungen	100.000	90.000
Zahlungsmittel	50.000	45.000
Gesamte Aktiva	3.704.600	3.424.600
Eigenkapital		
Gezeichnetes Kapital	500.000	500.000
Kapitalrücklage	1.000.000	1.000.000
Einbehaltene Gewinne	270.000	200.000
Schulden		
Rückstellungen	180.000	200.000
Langfristige Verbindlichkeiten	1.454.600	1.100.000
Kurzfristige Verbindlichkeiten	300.000	424.600
Gesamte Passiva	3.704.600	3.424.600

➔

→ Fortsetzung

Anlage 2: Eigenkapitalveränderung

Position	Buchwert 31.12.20X0	Jahres-überschuss	Dividenden-zahlung	Buchwert 31.12.20X1
Gezeichnetes Kapital	500.000	–	–	500.000
Kapitalrücklage	1.000.000	–	–	1.000.000
Einbehaltene Gewinne	200.000	120.000	50.000	270.000

Anlage 3: Anlagenspiegel

Anlagenspiegel 20X1	Grundstücke und Gebäude	Anlagen und Maschinen	Betriebs- und Geschäftsausstattung	Gesamte Sachanlagen	Finanzanlagen	Immaterielle Vermögenswerte
Historische Kosten						
Stand zum 31.12.20X0	2.500.000	1.300.000	300.000	4.100.000	100.000	15.000
Zugänge	350.000	80.000	–	430.000	–	–
Abgänge	–	85.000	–	85.000	–	–
Stand zum 31.12.20X1	2.850.000	1.295.000	300.000	4.445.000	100.000	15.000
Kumulierte Abschreibungen						
Stand zum 31.12.20X0	500.000	300.000	120.000	920.000	39.400	6.000
Zugänge	80.000	40.000	12.000	132.000	–	3.000
Abgänge	–	45.000	–	45.000	–	–
Stand zum 31.12.20X1	580.000	295.000	132.000	1.007.000	39.400	9.000
Buchwerte						
Stand zum 31.12.20X0	2.000.000	1.000.000	180.000	3.180.000	60.600	9.000
Stand zum 31.12.20X1	2.270.000	1.000.000	168.000	3.438.000	60.600	6.000

Weiterführende Literatur Pollmann, 2012, diskutiert Struktur und Gliederung einer Kapitalflussrechnung nach IAS 7. Ruprecht und Nösberger, 2012, weisen auf praktische Probleme hin.

Abkürzungsverzeichnis

Abs.	Absatz
AG	Aktiengesellschaft
AG & Co. KG	Aktiengesellschaft und Compagnie Kommanditgesellschaft
AktG	Aktiengesetz
BMW AG	Bayrische Motorenwerke Aktiengesellschaft
BaFin	Bundesanstalt für Finanzdienstleistungsaufsicht
BFH	Bundesfinanzhof
BilMoG	Bilanzrechtsmodernsierungsgesetz
CSR	Corporate Social Responsibility
DFL	Deutsche Fußball Liga
DKI	Dekarbonisierungsindex
DPR	Deutsche Prüfstelle für Rechnungslegung
DRS	Deutsche Rechnungslegungs Standards
DRSC	Deutsches Rechnungslegungs Standards Committee
EB	Earnings Before
EBIT	Earnings before Interest and Taxes
EBITDA	Earnings before Interest, Taxes, Depreciation and Amortization
et al.	et alii, und andere
EU	Europäische Union
EWG	Europäische Wirtschaftsgemeinschaft
XETRA	Exchange Electronic Trading
F&E	Forschung & Entwicklung
FIFA	Fédération Internationale de Football Association
FIFO	First in, first out
GbR	Gesellschaft bürgerlichen Rechts
GmbH	Gesellschaft mit beschränkter Haftung
GmbH & Co. KG	Gesellschaft mit beschränkter Haftung und Compagnie Kommanditgesellschaft
GuV	Gewinn-und-Verlust-Rechnung
GoB	Grundsätze ordnungsgemäßer Buchführung
GRI	Global Reporting Initiative
HGB	Handelsgesetzbuch
IAS	International Accounting Standard[s]

IASB	International Accounting Standards Board
IASC	International Accounting Standards Committee
IASCF	International Accounting Standards Committee Foundation
IFRIC	International Financial Reporting Interpretations Committee
IFRS	International Financial Reporting Standard[s]
IKR	Industrieller Kontenrahmen
IPO	Initial Public Offering
KG	Kommanditgesellschaft
KGaA	Kommanditgesellschaften auf Aktien
KPIs	Key Performance Indicators
LIFO	Last in, first out
Lkw	Lastkraftwagen
no.	Number
OCI	Other Comprehensive Income
OHG	Offene Handelsgesellschaft
p.a.	per annum
RK	Rahmenkonzept
Rn.	Randnummer
RWE AG	Rheinisch-Westfälisches Elektrizitätswerk AG
SAR	Stock-Appreciation Rights
SDAX	Deutscher Aktienindex für Small Caps
SE	Societas Europaea
SPPI	Solely Payments of Principle and Interest
TEUR	Tausend Euro
UEP	Umweltentlastung Produktion
UN	United Nations
US GAAP	United States Generally Accepted Accounting Principles
USA	United States of America
VOC	Volatile Organic Compounds
VW	Volkswagen
WpHG	Wertpapierhandelsgesetz

Literaturverzeichnis

Achleitner, Ann-Kristin und Behr, Giorgio. 2003. *International Accounting Standards: ein Lehrbuch zur internationalen Rechnungslegung*. 3. Auflage. München: Vahlen.

Alexander, David und Nobes, Christopher. 2013. *Financial Accounting: An International Introduction*. 5. Auflage. Harlow et al.: Pearson.

Assmann, Heinz-Dieter und Schneider, Uwe H. (Hrsg.). 2012. *Wertpapierhandelsgesetz: Kommentar*. 7. Auflage. Köln: Schmidt.

Atwood, T.J., Drake, Michael S. und Myers, Linda A. 2010. Book-tax conformity, earnings persistence and the association between earnings and future cash flows. *Journal of Accounting & Economics*, 50. Jg., Nr. 1, S. 111–125.

Baetge, Jörg, Kirsch, Hans-Jürgen und Thiele, Stefan. 2013a. *Bilanzen*. 14. Auflage. Düsseldorf: IDW-Verlag.

Baetge, Jörg, Kirsch, Hans-Jürgen und Thiele, Stefan. 2013b. *Konzernbilanzen*. 11. Auflage. Düsseldorf: IDW-Verlag.

Ball, Ray. 2001. Infrastructure requirements for an economically efficient system of public financial reporting and disclosure. *Brookings-Wharton Papers on Financial Services*, 2. Jg., Nr. 1, S. 127–181.

Ball, Ray, Ashok, Robin und Sadka, Gil. 2008. Is Financial Reporting Shaped by Equity Markets or by Debt Markets? *Review of Accounting Studies*, 13. Jg., Nr. 2–3, S. 168–205.

Ball, Ray und Brown, Philip. 1968. An Empirical Evaluation of Accounting Income Numbers. *Journal of Accounting Research*, 6. Jg., Nr. 2, S. 159–178.

Basu, Sudipta. 1997. The conservatism principle and the asymmetric timeliness of earnings. *Journal of Accounting & Economics*, 24. Jg., Nr. 1, S. 3–38.

Beyhs, Oliver, Barth, Daniela und Hausen, Raphael. 2010. Neue Regelungen zur Bilanzierung von Schulden nach IAS 37 – Herausforderung für die Unternehmenspraxis? *Kapitalmarktorientierte Rechnungslegung*, 10. Jg., Nr. 7–8, S. 395–404.

Bitz, Michael, Schneeloch, Dieter, Wittstock, Wilfried. 2011. *Der Jahresabschluss: nationale und internationale Rechtsvorschriften, Analyse und Politik*. 6. Auflage. München: Vahlen.

Blecher, Christian. 2011. Zur Bilanzierung von realen und virtuellen Aktienoptionsprogrammen aus ökonomischer Sicht. *Die Wirtschaftsprüfung*. 64. Jg., Nr. 13, S. 625–633.

Bornemann, Sven, Kick, Thomas, Memmel, Christoph und Pfingsten, Andreas. 2012. Are banks using hidden reserves to beat earnings benchmarks? Evidence from Germany. *Journal Of Banking & Finance*, 36. Jg., Nr. 8, S. 2403–2415.

Buchner, Robert. 2005. *Buchführung und Jahresabschluss.* 7. Auflage. München: Vahlen.

Bushman, Robert M. und Smith, Abbie J. 2001. Financial accounting information and corporate governance. *Journal of Accounting and Economics,* 32. Jg., S. 237–333.

Busse von Colbe, Walther, Ordelheide, Dieter, Gebhardt, Günther, Pellens, Bernhard. 2010. *Konzernabschlüsse: Rechnungslegung nach betriebswirtschaftlichen Grundsätzen sowie nach Vorschriften des HGB und der IAS/ IFRS.* 9. Auflage. Wiesbaden: Gabler.

Christensen, Hans B., Hail, Luzi, Leuz, Christian. 2013. Mandatory IFRS reporting and changes in enforcement. *Journal of Accounting and Economics*, 56. Jg., Nr. 2–3, Supplement 1, S. 147–177.

Christian, Dieter. 2011. Erweiterung von IFRS 9 um finanzielle Verbindlichkeiten: Financial Instruments. *Praxis der internationalen Rechnungslegung*, 7. Jg., Nr. 1, S. 6–12.

Coenenberg, Adolf G., Haller, Axel und Schultze, Wolfgang. 2014. *Jahresabschluss und Jahresabschlussanalyse. Betriebswirtschaftliche, handelsrechtliche, steuerrechtliche und internationale Grundlagen – HGB, IAS/IFRS, US-GAAP, DRS.* 25. Auflage. Stuttgart: Schäffer-Poeschel.

Copeland, Thomas E., Weston, J. Fred und Shastri, Kuldeep. 2008. *Finanzierungstheorie und Unternehmenspolitik: Konzepte der kapitalmarktorientierten Unternehmensfinanzierung.* 4. Auflage. München et al.: Pearson Studium.

Cox, John C., Ross, Stephen A. und Rubinstein, Mark. 1979. Option pricing: A simplified approach. *Journal of Financial Economics*, 7. Jg., Nr. 3, S. 229–263.

Crasselt, Nils. 2005. Bewertung indexierter Mitarbeiter-Aktienoptionen im Binomialmodell. *KoR*, 5. Jg., Nr. 10, S. 444–449.

Dhaliwal, Dan S.; Khurana, Inder K.; Pereira, Raynolde. 2011. Firm Disclosure Policy and the Choice Between Private and Public Debt. *Contemporary Accounting Research*, 28 Jg., Nr. 1, S. 293–330.

Dhaliwal, Dan S.; Radhakrishnan, Suresh; Tsang, Albert; Yang, Yong George. 2012. Nonfinancial Disclosure and Analyst Forecast Accuracy – International Evidence on Eckes, Burkhard, Flick, Peter und Sierlejav, Sierleja. 2010. Kategorisierung und Bewertung von Finanzinstrumenten nach IFRS 9 bei Kreditinstituten. *Die Wirtschaftsprüfung*, 63. Jg., Nr. 12, S. 627–636.

Eisele, Wolfgang, Knobloch, Alois Paul. 2011. *Technik des betrieblichen Rechnungswesens: Buchführung und Bilanzierung, Kosten- und Leistungsrechnung, Sonderbilanzen.* 9. Auflage. München: Vahlen.

Eiselt, Andreas und Wulf, Inge. 2006. Bilanzierung von Aktienoptionen: Eine Fallstudie zur Anwendung von IFRS 2 und IAS 33. *KoR*, 6. Jg., Nr. 10, S. 639–643.

Ernst, Carsten und Dreixler, Tobias. 2011. Rechnungsabgrenzungsposten in der IFRS-Rechnungslegung: Grundsatz der Periodenabgrenzung mithilfe von Rechnungsabgrenzungsposten. *Praxis der internationalen Rechnungslegung*, 7. Jg., Nr. 10, S, 269–274.

Fama, Eugene F. 1970. Efficient Capital Markets: A Review of Theory and Empirical Work. *Journal of Finance*, 25. Jg., Nr. 2, S. 383–417.

Feldhoff, Michael. 1992. *Die Regulierung der Rechnungslegung: eine systematische Darstellung der Grundlagen mit einer Anwendung auf die Frage der Publizität*. Frankfurt am Main [u.a.]: Peter Lang.

Finke, Jost und Kümpel, Thomas. 2013. Bilanzierung finanzieller Verbindlichkeiten nach IFRS: Untersuchung der Fair Value-Bewertung bei ausgewählten Banken in der EU. *Zeitschrift für internationale Rechnungslegung*, 8. Jg, Nr. 7–8., S. 292–301.

Förschle, Gerhard und Hoffmann, Karl. 2014. *§ 272 Eigenkapital*, in: Förschle, Gerhard, Grottel, Bernd, Schmidt, Stefan, Schubert, Wolfgang J. und Winkeljohann, Norbert (Hrsg.): *Beck'scher Bilanzkommentar*. 9. Auflage. München: Verlag C.H. Beck.

Fülbier, Rolf Uwe. 1998. *Regulierung der Ad-hoc-Publizität: ein Beitrag zur ökonomischen Analyse des Rechts*. Wiesbaden: Gabler.

Freiberg, Jens. 2010. Ausweis von Verbindlichkeiten als lang- oder kurzfristig? *Praxis der internationalen Rechnungslegung*. 6. Jg., Nr. 5, S. 142–144.

Freiberg, Jens und Lukat, Kevin. 2013. Saldierung von Finanzinstrumenten: Klarstellung oder zusätzliche Zweifel durch das Amendment. *Kapitalmarktorientierte Rechnungslegung*, 9. Jg., Nr. 5, S. 113–118.

Gantzhorn, Andrea. 2016. Determinanten und Auswirkungen der freiwilligen prüferischen Durchsicht von Halbjahresfinanzberichten nach §37w WpHG: Eine empirische Analyse für den deutschen Kapitalmarkt. 1. Auflage. Wiesbaden: Springer Gabler

Goncharov, Igor. 2005. *Earnings Management and Its Determinants: Closing Gaps in Empirical Accounting Research*. Frankfurt am Main [u.a.]: Peter Lang.

Goncharov, Igor, Werner, Joerg R. und Zimmermann, Jochen. 2009. Legislative demands and economic realities: Company and group accounts compared. *The International Journal of Accounting*. 44. Jg., Nr. 4, S. 334–362.

Goncharov, Igor, Werner, Joerg Richard Zimmermann, Jochen. 2006. *Does Compliance with the German Corporate Governance Code Have an Impact on Stock Valuation? An empirical analysis*. In: Corporate Governance: An International Review, 14:5, 432-445.

Haaker, Andreas und Hoffmann, Wolf-Dieter. 2009. Eignung der IFRS für Ausschüttungszwecke? *Praxis der internationalen Rechnungslegung*. 13. Jg., Nr. 6, S. 172–173.

Hachmeister, Dirk. 2006. *Verbindlichkeiten nach IFRS: Bilanzierung von kurz- und langfristigen Verbindlichkeiten, Rückstellungen und Eventualverbindlichkeiten*. München: Vahlen.

Haller, Axel, Forschhammer, Matthias und Groß, Tobias. 2010. Die Bilanzierung von Entwicklungskosten nach IFRS bei deutschen börsennotierten Unternehmen – Eine empirische Analyse. *Der Betrieb*, 63. Jg., Nr. 13, S. 681–689.

Haller, Axel, Groß, Tobias und Rauscher, Alois. 2014. Notwendigkeit und Ansatzpunkte für eine Reform des Statement of Cashflows nach IAS 7 – Empirische Evidenz aus der deutschen Rechnungslegungspraxis. *Kapitalmarktorientierte Rechnungslegung*. 14. Jg., Nr. 6, S. 298–306.

Harms, Jens E. und Marx, Franz Jürgen. 2012. *Bilanzrecht in Fällen: Handelsbilanz nach BilMoG, Steuerbilanz, IFRS-Abschluss*. 11. Auflage. Herne u.a.: Verlag Neue Wirtschafts-Briefe.

Healy, Paul M. und Palepu, Krishna G. 2001. Information asymmetry, corporate disclosure, and the capital markets: A review of the empirical disclosure literature. *Journal of Accounting & Economics*, 31. Jg., Nr. 1–3, S. 405–440.

Hinz, Michael, Tettenborn, Maya, Nell, Tobias. 2016. *Die Segmentberichterstattung nach IFRS und DRS: Entscheidungsnützlichkeit für Adressaten sowie Gestaltungsmöglichkeiten auf Unternehmensseite*. In: PiR-Internationale Rechnungslegung, 5/2016 S. 137.

Hitz, Jörg-Markus. 2005. *Rechnungslegung zum fair value: Konzeption und Entscheidungsnützlichkeit*. Frankfurt am Main [et al.]: Peter Lang.

Hitz, Jörg-Markus. 2014. *Enforcement der IFRS in Europa, in: Rechnungslegung, Prüfung und Unternehmensbewertung*, Festschrift zum 65. Geburtstag von Wolfgang Ballwieser, hrsg. v. Dobler, Michael, Hachmeister, Dirk, Kuhner, Christoph, und Rammert, Stefan, Stuttgart: Schäffer-Poeschel, S. 271–300.

Hitz, Jörg-Markus, Ernstberger, Jürgen und Stich, Michael. 2012. Enforcement of Accounting Standards in Europe: Capital Market Based Evidence for the Two-tier Mechanism in Germany. *European Accounting Review*, 21. Jg., Nr. 2, S. 253–281.

Hitz, Jörg-Markus und Jenniges, Verena. 2009. Publizität von Pro-forma-Ergebnisgrößen am deutschen Kapitalmarkt: empirischer Befund für die IFRS-Rechnungslegung großer deutscher Kapitalgesellschaften. *Zeitschrift für kapitalmarktorientierte Rechnungslegung*. 6. Jg., Nr. 4, S. 236–245.

Holthausen, Robert W. und Watts, Ross L. 2001. The relevance of the value-relevance literature for financial accounting standard setting. *Journal of Accounting & Economics*, 31. Jg., Nr.1, S. 3–76.

Hull, John C. 2012. *Optionen, Futures und andere Derivate*. 8. Auflage. München et al.: Pearson.

Kirchner, Christian. 2001. Publizität. In: Ballwieser, Wolfgang, Coenenberg, Adolf Gerhard und Wysocki, Klaus von (Hrsg.): *Handwörterbuch der Rechnungslegung und Prüfung*. Stuttgart: Schäffer-Poeschel, S. 1938–1949.

Kübler, Friedrich und Assmann, Heinz-Dieter. 2006. *Gesellschaftsrecht: Die privatrechtlichen Ordnungsstrukturen und Regelungsprobleme von Verbänden und Unternehmen.* 6. Auflage. Heidelberg: C.F. Müller.

Kümpel, Siegfried. 2004. *Kapitalmarktrecht: Eine Einführung.* 3. Auflage. Berlin: Erich Schmidt.

Laux, Christian und Leuz, Christian. 2009. The crisis of fair-value accounting: Making sense of the recent debate. *Accounting, Organizations & Society*, 34. Jg., Nr. 6–7, S. 826–834.

Laux, Christian und Leuz, Christian. 2010. Did Fair-Value Accounting Contribute to the Financial Crisis? *Journal of Economic Perspectives*, 24. Jg., Nr. 1, S. 93–118.

Lüdenbach, Norbert. 2013. Transaktionskosten und Steuern bei Börsengang und Kapitalerhöhung. *Praxis der internationalen Rechnungslegung*, 9. Jg., Nr. 8, S. 268.

Manne, Henry G. 1966. In Defense of Insider Trading. *Harvard Business Review*, 44. Jg., Nr. 6, S. 113–122.

Manne, Henry G. 2005. Insider Trading: Hayek, Virtual Markets, and the Dog that Did not Bark. *Journal of Corporation Law*, 31. Jg., Nr. 1, S. 167–185.

Merkt, Hanno. 2001. *Unternehmenspublizität: Offenlegung von Unternehmensdaten als Korrelat der Marktteilnahme.* Tübingen: Mohr-Siebeck.

Möller, Hans Peter und Hüfner, Bernd. 2012. *Betriebswirtschaftliches Rechnungswesen: die Grundlagen von Buchführung und Finanzberichten.* München [et al.]: Pearson Studium.

Moxter, Adolf. 1987. *Zum Sinn und Zweck des handelsrechtlichen Jahresabschlusses nach neuem Recht*, in: Havermann, Hans (Hrsg.): Bilanz- und Konzernrecht, Festschrift zum 65. Geburtstag von Dr. Dr. h.c. Reinhard Goerdeler, Düsseldorf: IdW-Verl., S. 361–374.

Norton, Simon D. 2011. Bank Failures and Accounting During the Financial Crisis of 2008–2009. In: Jones, Michael (Hrsg.): *Creative Accounting, Frauds and international Accounting Scandals.* Chichester: John Wiley & Sons; S. 425–452.

Pelger, Christoph, 2010. Rechnungslegungszweck und qualitative Anforderungen im Conceptual Framework for Financial Reporting (2010). *Die Wirtschaftsprüfung*, 64. Jg., Nr. 19, S. 908–916.

Pellens, Bernhard. 2001. Publizität. In: Gerke, Wolfgang und Steiner, Manfred (Hrsg.): *Handwörterbuch des Bank- und Finanzwesens.* Stuttgart: Schäffer-Poeschel, S. 1742–1754.

Pellens, Bernhard und Crasselt, Nils. 2004. Bilanzierung von Aktienoptionsplänen und ähnlichen Entgeltformen nach IFRS 2 „Share-based Payment“. *KoR*, 4. Jg., Nr. 4, S. 113–118.

Pellens, Bernhard, Fülbier, Rolf Uwe, Gassen, Joachim und Sellhorn, Thorsten. 2014. *Internationale Rechnungslegung: IFRS 1 bis 9, IAS 1 bis 41, IFRIC-Interpretationen, Standardentwürfe. Mit Beispielen, Aufgaben und Fallstudie.* 9. Auflage. Stuttgart: Schäffer-Poeschel.

Pellens, Bernhard, Gassen, Joachim und Richard, Mark. 2003. Ausschüttungspolitik börsennotierter Unternehmen in Deutschland. *Die Betriebswirtschaft*, 63. Jg., Nr. 3, S. 309–332.

Pollmann, René. 2012. Struktur und Gliederung der Kapitalflussrechnung nach IAS 7. *Zeitschrift für internationale Rechnungslegung.* 7. Jg., Nr. 5, S. 191–198.

Richter, Frank und Rogler, Silvia. 2010. Anteilsbasierte Mitarbeitervergütungen gem. IFRS 2: Ansatz und Bewertung echter und virtueller Aktienoptionen sowie sich daraus ergebenden Auswirkungen auf Bilanzkennzahlen. *Zeitschrift für Internationale Rechnungslegung.* 5. Jg., Nr. 7–8, S. 333–338.

Roloff, Martin. 2014. Nachhaltigkeitsberichterstattung entsprechend der GRI G4: Strategische Bedeutung und Implementierung. *Kapitalmarktorientierte Rechnungslegung*, 14. Jg., Nr. 04, S. 203 – 210.

Ruhnke, Klaus und Simons, Dirk. 2012. *Rechnungslegung nach IFRS und HGB: Lehrbuch zur Theorie und Praxis der Unternehmenspublizität mit Beispielen und Übungen.* 3. Auflage. Stuttgart: Schäffer-Poeschel.

Ruprecht, Roland und Nösberger, Thomas. 2012. Kapitalflussrechnungen nach IAS 7: Praktische Probleme. *Zeitschrift für internationale Rechnungslegung*, 7. Jg., Nr. 3, S. 109–114.

Scheffler, Eberhard. 2007. Was der DPR aufgefallen ist: Die vernachlässigte Kapitalflussrechnung. *Der Betrieb*, 60. Jg., Nr. 38, S. 2045–2048.

Scheffler, Eberhard. 2006. *Eigenkapital im Jahres- und Konzernabschluss nach IFRS: Abgrenzung, Konsolidierung und Veränderung.* München: Vahlen.

Schmidt, Reinhard H. 1982. Rechnungslegung als Informationsproduktion auf nahezu effizienten Kapitalmärkten. *Zfbf*, 34. Jg., Nr. 8–9, S. 728–749.

Sellhorn, Thorsten und Barthelme, Christian.2014. *Pensionsverpflichtungen in der Rechnungslegung – Abbildung der betrieblichen Altersvorsorge nach IFRS, HGB und US-GAAP*, Betriebswirtschaftliche Handlungshilfe im Auftrag der Hans-Böckler-Stiftung, 2. Auflage, Düsseldorf.

Thurow, Christian. 2012. Probleme der Ermittlung und Berücksichtigung des Eigenbonitätseffekts bei der Fair-Value-Bewertung von Verbindlichkeiten. *Zeitschrift für internationale Rechnungslegung*, 7. Jg., Nr. 3, S. 92–94.

Torklus, Alexander V. 2007. *Rückstellungen nach internationalen Normen: Eine theoretische und empirische Analyse.* Düsseldorf: IDW-Verlag.

Wagenhofer, Alfred und Ewert, Ralf. 2007. *Externe Unternehmensrechnung*. 2. Auflage. Berlin u.a.: Springer.

Watrin, Christoph. 2001. *Internationale Rechnungslegung und Regulierungstheorie*. Wiesbaden: DUV.

Watts, Ross L. 2003a. Conservatism in Accounting Part I: Explanations and Implications. *Accounting Horizons*, 17. Jg., Nr. 3, S. 207–221.

Watts, Ross L. 2003b. Conservatism in Accounting Part II: Evidence and Research Opportunities. *Accounting Horizons*, 17. Jg., Nr. 4, S. 287–301.

Werner, Jörg R. 2008. *Unternehmenspublizität und Corporate Governance im Wandel: Staatliche Steuerungsmodelle im internationalen Vergleich*. Frankfurt am Main: Campus.

Wüstemann, Jens. 2003. Disclosure Regimes and Corporate Governance. *Journal of Institutional and Theoretical Economics*, 159. Jg., Nr. 4, S. 717–726.

Wüstemann, Jens und Bischof, Jannis. 2011. Eigenkapital im nationalen und internationalen Bilanzrecht: Eine ökonomische Analyse. *Zeitschrift für das gesamte Handelsrecht und Wirtschaftsrecht*, 175. Jg., Nr. 6, S. 210–247.

Zetzsche, Dirk. 2006. *Aktionärsinformation in der börsennotierten Aktiengesellschaft*. Köln u.a.: Carl Heymanns.

Zimmermann, Jochen, Werner, Jörg Richard und Volmer, Philipp. 2008. *Global Governance in Accounting: Rebalancing Public Power and Private Commitment*. Basingstoke et al.: Palgrave MacMillan.

Zwirner, Christian, Busch, Julia und Boecker, Corinna. 2010. Bilanzielle Abbildung von Sachleistungsverpflichtungen nach HGB und IFRS – eine Fallstudie zur Ermittlung der Wertansätze im Rahmen der Zugangs- und der Folgebewertung. In: *Kapitalmarktorientierte Rechnungslegung*, KoR, 10. Jg., Nr. 12, S. 664–669.

Register

K

N

O

P

Q

R

S

T

U

V

W

Z